DESIGN CONSTRUCTION AND

OPERATION OF

MODERN URBAN UNDERGROUND COMPREHENSIVE

PIPE GALLERY

人民交通出版社

北 京

内 容 提 要

本书依托翠亨新区起步区科学城片区配套市政路网建设工程项目成果，结合典型工程实践经验，系统总结了城市地下综合管廊的建设发展情况、规划设计、施工建造技术等方面的建造技术体系。

本书不仅可供城市规划者、设计师、施工人员和管理者参考，对相关政策制定者和学术研究者也具有重要的参考价值。

图书在版编目(CIP)数据

现代城市地下综合管廊设计施工与运维 / 张顺先，戴祖生主编 .— 北京 : 人民交通出版社股份有限公司，2025.2. — ISBN 978-7-114-19980-6

Ⅰ. TU990.3

中国国家版本馆 CIP 数据核字第 2025UD8968 号

Xiandai Chengshi Dixia Zonghe Guanlang Sheji Shigong yu Yunwei

书　　名: 现代城市地下综合管廊设计施工与运维
著 作 者: 张顺先　戴祖生
责任编辑: 郭晓旭
责任校对: 赵媛媛　刘　璇
责任印制: 张　凯
出版发行: 人民交通出版社
地　　址: (100011)北京市朝阳区安定门外外馆斜街 3 号
网　　址: http:// www. ccpcl. com. cn
销售电话: (010)85285857
总 经 销: 人民交通出版社发行部
经　　销: 各地新华书店
印　　刷: 北京建宏印刷有限公司
开　　本: 787×1092　1/16
印　　张: 27
字　　数: 581 千
版　　次: 2025 年 2 月　第 1 版
印　　次: 2025 年 2 月　第 1 次印刷
书　　号: ISBN 978-7-114-19980-6
定　　价: 88.00 元

编　委　会

前　　言
PREFACE

在21世纪的城市化浪潮中，我们见证了城市基础设施的迅速扩张与更新。传统敷设方式带来诸多问题，如城区道路反复开挖、争夺地下空间、浪费地下资源等，地上空间的拥挤和资源的有限性促使我们将发展的目光转向地下空间的利用。地下综合管廊是城市地下用于集中敷设电力、通信、广播电视、给水、排水、热力、燃气等市政管线的公共隧道，是综合利用城市地下空间的一种有效途径。作为一种新型的城市地下基础设施，城市综合管廊应运而生，它不仅提高了城市运行的效率，还改善了城市环境，提升了城市管理的智能化水平。

本书依托翠亨新区起步区科学城片区配套市政路网建设工程项目成果，结合工程实际经验和国内外典型工程成功经验，多维度介绍了城市地下综合管廊规划、设计、施工、运维等内容，同时紧扣国内外现状，对城市地下综合管廊全过程技术与管理进行了全面系统的阐述，具有很强的实践性和指导性。

在编写本书的过程中，我们深刻感受到城市综合管廊建设与管理的复杂性和跨学科的特点，这也是我们在本书中不断强调的一个主题。我们希望本书能够成为工程技术人员、城市规划者、政策制定者以及学术研究者的一本重要参考书籍。更重要的是，我们期望本书能够为城市综合管廊的建设与管理实践提供指导和灵感，从而推动城市地下空间的科学开发和可持续利用。城市综合管廊的发展是一个长期而复杂的过程，它需要政府、企业、科研机构和公众的共同努力。我们希望本书能够激发更多的关注和研究，进一步推动这一领域的发展。我们也期待着与读者共同探讨和学习，不断进步。

在此，我们对所有参与本书撰写的同仁表示衷心的感谢。他们的专业知识和宝贵经验是本书得以完成的关键。同时，我们也要感谢家人的理解和支持，没有他们的鼓励和帮助，我们无法专心于本书的创作。最后，我们对读者的关注和反馈表示感谢，正是你们的兴趣和期待，使得我们的努力变得更加有意义。带着对城市未来的美好愿景，我们将本书奉献给所有对城市综合管廊建设与管理感兴趣的读者。

编　　者

2024年4月

目　录

CONTENTS

1

城市综合管廊概述

1.1 城市综合管廊综述

1.1.1 城市综合管廊简述

住房和城乡建设部2015年6月颁布的《城市综合管廊工程技术规范》(GB 50838—2015)中对综合管廊的定义[1]如下:“建于城市地下用于容纳两类及以上城市工程管线的构筑物及附属设施。”其中,“城市工程管线”包括满足人们日常生活、生产需要的给水、污水、再生水、天然气、热力、电力、通信等市政公用管线,但不包括工业管线。在我国有综合管廊、综合管沟,共同管道等多种称呼方式;在日本称“共同沟”,在欧美等国家和地区多称“Urban Municipal Tunnel”或者“Utility Tunnel”,是指在城市地下用于集中敷设电力、通信、广播电视、给水、排水、热力、燃气等市政管线的公共隧道。

近年来,我国城镇经济发展迅速,大中型城市地上建设面积已基本处于饱和状态,而部分市政设施占用地上空间较为严重,如电线杆林立、高压线随意架设,造成“空中蜘蛛网”的局面,使得城区美观性和安全性不尽如人意。各种地下管线更是错综复杂,一旦局部管线出现问题,不但查找问题源头比较烦琐,维修起来也十分困难,时常需要开挖道路,造成所谓的“马路拉链”,严重影响着人民生活和社会效益。此外,一些城市还相继发生大雨内涝、管线泄漏爆炸、路面坍塌等事故,在给人民群众生命财产安全造成巨大威胁的同时也带来了更高的社会成本,并严重影响了城市的运行秩序。这些问题产生的原因主要是我国以往的市政管线建设普遍缺乏前瞻性和系统性,电力、给水、通信、燃气等各管线部门各自为政,从自身利益出发急于建设,缺乏对管网线路的规划和承载能力的设计等,进而导致管线纵横交错、缺乏安全距离、承载能力不足等。综上所述,不合理的市政管线建设给社会带来的民生、环境、经济等问题逐渐凸显,对我国城市的形象和健康发展产生较为严重的影响。而城市综合管廊的建设可有效减少以上问题的出现。

1.1.2 城市综合管廊的建设必要性

1)集约化发展

城市道路作为交通网络,既要承担繁重的地面车辆交通负荷,也为城市提供了市政、绿化和紧急避难空间。随着城市对水、暖、电、信号等需求的迅速扩大,地下生命线工程敷设更加频繁,管径、种类、管线数量迅速增大。在有限的道路红线宽度内,往往要同时敷设电力缆线、自来水管道、雨水管道、污水管道、中水管道、信息电缆、燃气管道、热力管道等众多的市政公用管线,有时还要考虑地铁隧道的建设。采用直埋法敷设的市政管线均处于城市道路的浅层地下空间,管线的空间使用率低下,相邻地下管线增设、扩容困难,频繁的道路开挖也导致城市交通拥堵的日益加重,城市环境恶化,严重阻碍了城市基础设施的建设步伐,制约了城市经济的高速发展。

图1.1-1　巴塞罗那综合管廊

由于人口不断增长，人们对更多样化服务的需求也随之增加，我们无法承受零敲碎打式的城市发展，必须将城市地下空间视为一种有限且不可再生的资源。一项对巴塞罗那综合管廊的研究表明[2]，综合管廊所占用的道路地下空间仅为直埋敷设各类管线所需空间的1/4，如图1.1-1所示。采用城市地下综合管廊可将这些管线集中收容于同一地下隧道内，综合利用道路地下空间，有效缓解道路地下空间资源的紧张情况，增加道路空间有效利用率，节约并保证城市地下空间的发展，促进城市地下空间从零散利用型向综合开发型转变，打造紧凑型立体城市。

2)城市可持续发展

随着居民物质生活水平的不断提高，人们对城市景观及居住区环境提出了更高的要求。优美的城市环境，是城市现代化和谐发展的基本要求。而目前有些城市内电线杆、架空线如蛛网般密布，造成严重的视觉污染，如图1.1-2所示。同时，架空线与城市绿化之间的矛盾以及地下管线因维修、扩容引起的城市“马路拉链”现象都对城市环境和人们生活出行造成了严重影响。综合管廊可以根治“城市蜘蛛网”与“马路拉链”等现象，避免因埋设、维修管线而导致道路反复开挖的情况，确保道路交通畅通。同时由于路面的重复开挖次数减少，道路使用年限增加，交通也会更加顺畅，并减少道路对周边绿化园林的占用，改善地面环境，为居民创造更好的生活环境。

图1.1-2　城市中的视觉污染

在设计城市服务设施时，不仅要考虑人们当前的需求，还要考虑未来对公用设施的需求。此外，还必须为未来城市公用事业系统的发展预留地下空间。为了实现城市地下空间公用设施的可持续发展，有必要利用综合管廊等系统整合城市服务，尽量避免开挖沟渠[3]。

3)安全运营

长期以来,我国城市地下管线都是分部门独立开展规划建设的,多采用直埋的形式进行敷设。这种模式不仅造成反复开挖、重复建设等现象,还引起了翻修困难、管理混乱等问题,更形成了巨大的城市安全隐患,如图1.1-3所示。近年来,因管线安全问题而引发的工程事故频发,造成了严重的生命财产损失,同时也对新时期城市“生命线”的安全运营管理提出了更高要求。城市地下管线是保障城市运行的重要基础设施和“生命线”。据统计,全国仅媒体报道的地下管线事故平均每天多达5.6起,每年由于路面开挖造成的直接经济损失高达2000亿元。在这种情形下,建设城市地下管廊、保证城市安全运营的价值凸显。地下综合管廊容纳管线的方式与传统管线的直埋式相比,安全可靠,抗震防灾能力更强。1995年日本阪神大地震的灾后调查表明,该地区灾后停水断电的受灾户多达百万户以上,为此政府投入了巨大的财力、物力,历经2个月才基本恢复供水供电,而在所有直埋管线受损的情况下,唯独地下综合管廊的管线完好无损,表明了地下综合管廊对城市生命线工程的保护具有良好的作用。

图1.1-3　施工不当造成的事故

公用设施中供水、供暖等管道结构是无法进入的,因为它们通常埋藏于地表下,并且所承载的介质是无法中断的,这就导致对这些结构的例行检查执行起来非常困难,甚至无法执行。因此,公用设施结构在不受控制的情况下发生退化,导致故障或毁坏,最终必须对其进行更换而不是修复,而这是运行此类结构的最昂贵修复方式。而采用地下综合管廊的方式,这些公用设施将可以得到很好的检查与维养,可以及时发现小问题,保障全生命周期经济性最优[4]。

4)经济社会效益

从社会效益来看,相较于传统直埋,建设地下综合管廊不仅能有效保障市政管道的运行安全,减少城市道路因管道维护产生的翻修,避免大规模交通拥堵,还可将架空电力电缆和高压电缆入廊,充分利用国土资源,积极释放土地资源,以建设更多公共设施,从而促进土地价值上升。从经济效益来看,虽然地下综合管廊的总建设相比直埋管线要高,然而地下综合管廊建设后使用周期较长,且对入廊管线有良好的保护作用。

田强等通过直埋管线和地下综合管廊建设和运行成本的经济比较分析得出,地下综合管廊直接建设费用约是传统直埋管线的5倍,但地下综合管廊一次建设长久受益,管廊主体使用年限能达到100年，在100年管廊使用年限内，地下综合管廊较直埋管线总建设和维护成本降低11%。经过效益分析和比较可知，地下综合管廊较直埋管线总的成本降低23%[5]。地下综合管廊建成后，能够有效地保障城市管道安全，降低城市道路的翻修破坏，减少交通拥堵，节省地下空间，空余出大量“干净土地”，促进周边土地升值，提高人民生活质量和效率，带来巨大的社会、经济和环境效益。城市地下综合管廊经济效益研究见表1.1-1。

城市地下综合管廊经济效益研究[6] 表1.1-1

类别	直埋式地下管网	地下综合管廊
布局	各类管线走向各异，交错复杂，容易相互影响	集约利用地下空间资源，空间管线亦可入地改善城市景观
施工	每类管线都需要单独施工，同一区域不得不多次开挖	一次施工、长期收益，杜绝“拉链马路”
建设	不同管线的产权与管理单位均不同，每次新建需要做大量前期协调和勘探工作，同时施工易造成其他管线破坏	管线统一敷设、运营和管理，资料共享，监控信息完成，新管线建设时需考虑入口与出口问题
维护	不同管线埋深不同，资料缺失严重，难以系统维护	管廊内配有全天候监视管理系统和应急抢修系统，便于维护
保养	管线与土壤、地下水、酸碱等有害物质直接接触，容易受到腐蚀，易受地震等自然灾害损坏，一旦泄漏易破坏环境	管线置于廊内，与土壤有害物质形成隔离，减少腐蚀和损坏

1.1.3 政策解读

1)国家层面政策

为了促进城市地下综合管廊的投资建设，同时规范城市地下综合管廊的规划、设计、建设、运营等，近年来，国家有关部门出台了一系列政策和指导意见，如表1.1-2所示。

国家层面政策汇总 表1.1-2

时间	部门	政策
2014年6月	国务院办公厅	《国务院办公厅关于加强城市地下管线建设管理的指导意见》(国办发〔2014〕27号)
2015年1月	住房和城乡建设部、国家开发银行	《住房城乡建设部　国家开发银行关于推进开发性金融支持城市地下综合管廊建设的通知》(建城〔2015〕165号)
2015年8月	国务院办公厅	《国务院办公厅关于推进城市地下综合管廊建设的指导意见》(国办发〔2015〕61号)
2015年12月	住房和城乡建设部	《关于城市地下综合管廊实行有偿使用制度的指导意见》
2016年2月	住房和城乡建设部	《住房城乡建设部关于印发城市综合管廊和海绵城市建设国家建筑标准设计体系的通知》(建质函〔2016〕18号)
2016年4月	财政部	《2016年中央财政支持地下综合管廊试点城市名单公示》
2016年5月	住房和城乡建设部、国家能源局	《住房城乡建设部　国家能源局关于推进电力管线纳入城市地下综合管廊的意见》(建城〔2016〕98号)

续上表

时间	部门	政策
2018年8月	住房和城乡建设部	《城市地下综合管廊工程投资估算指标》
2018年12月	住房和城乡建设部	《城市地下综合管廊工程维护消耗量定额》
2019年2月	住房和城乡建设部	《城市地下综合管廊运行维护及安全技术标准》(GB 51354—2019)
2022年5月	国务院	《国务院关于印发扎实稳住经济一揽子政策措施的通知》(国发〔2022〕12号)
2022年7月	住房和城乡建设部	《"十四五"全国城市基础设施建设规划》(建城〔2022〕57号)
2023年5月	住房和城乡建设部	《城市地下综合管廊建设规划技术导则》(建办城函〔2023〕134号)

2014年6月,国务院办公厅颁布了《国务院办公厅关于加强城市地下管线建设管理的指导意见》(国办发〔2014〕27号),主要目标是2015年底前,完成城市地下管线普查,建立综合管理信息系统,编制完成地下管线综合规划。力争用5年时间,完成城市地下老旧管网改造,将管网漏失率控制在国家标准以内,显著降低管网事故率,避免重大事故发生。用10年左右时间,建成较为完善的城市地下管线体系,使地下管线建设管理水平能够适应经济社会发展需要,应急防灾能力大幅提升。

2015年1月,住房和城乡建设部、国家开发银行联合发布了《住房城乡建设部　国家开发银行关于推进开发性金融支持城市地下综合管廊建设的通知》(建城〔2015〕165号),提出国家开发银行将充分发挥在重点领域、薄弱环节、关键时期的开发性金融支持作用,把地下综合管廊建设作为信贷支持的重点领域,服务国家战略。各级住房和城乡建设部门要把国家开发银行作为重点合作银行,加强合作,增强地下综合管廊建设项目资金保障,用好用足信贷资金,推进地下综合管廊建设。

2015年8月,国务院办公厅发布了《国务院办公厅关于推进城市地下综合管廊建设的指导意见》(国办发〔2015〕61号),主要目标是到2020年,建成一批具有国际先进水平的地下综合管廊并投入运营,反复开挖地面的"马路拉链"问题明显改善,管线安全水平和防灾抗灾能力明显提升,逐步消除主要街道蜘蛛网式架空线,城市地面景观明显好转。

2015年出台的《国务院办公厅关于推进城市地下综合管廊建设的指导意见》是国务院颁布的城市地下综合管廊独立政策。《国务院办公厅关于推进城市地下综合管廊建设的指导意见》从基本要求、统筹规划、有序建设、严格管理、支持政策五个方面提出意见。

基本要求指出了当前城市地下综合管廊建设的指导思想、工作目标和基本原则,为地下综合管廊建设工作的进行确立了基本方向。

统筹规划从编制专项规划和完善标准规范两个方面出发,指出城市地下综合管廊建设应满足"先规划,后建设"的原则,在地下管线普查的基础上统筹规划,并应根据城市发展需要抓紧制定和完善地下综合管廊建设和抗震防灾等方面的国家标准,积极、稳妥、有序推进地下综合管廊建设。

有序建设从划定建设区域、明确实施主体、确保质量安全三个方面对城市地下综合管廊建设提出了要求。鼓励由企业投资建设和运营管理，因地制宜、统筹安排地下综合管廊建设，切实把加强质量安全监管贯穿于规划、建设、运营全过程。

严格管理从明确入廊要求、实行有偿使用、提高管理水平三个方面对城市地下综合管廊建设管理提出要求。各行业主管部门和有关企业要积极配合城市人民政府做好各自管线入廊工作，入廊管线单位应向地下综合管廊建设运营单位交纳入廊费和日常维护费，城市人民政府要制定地下综合管廊具体管理办法，加强工作指导与监督。

支持政策包括加大政府投入和完善融资支持两个方面。对中央财政和地方各级人民政府提出要求，积极引导地下综合管廊建设，进一步加大地下综合管廊建设资金投入。同时，将地下综合管廊建设作为国家重点支持的民生工程，充分发挥开发性金融作用，鼓励相关金融机构积极加大对地下综合管廊建设的信贷支持力度。

2015年12月，住房和城乡建设部发布了《关于城市地下综合管廊实行有偿使用制度的指导意见》，主要目标是建立主要由市场形成的价格机制，城市地下综合管廊各入廊管线单位应向管廊建设运营单位支付管廊有偿使用费用，费用包括入廊费和日常维护费用。

2016年4月，财政部发布了《2016年中央财政支持地下综合管廊试点城市名单公示》，石家庄市、四平市、杭州市、合肥市、平潭综合实验区、景德镇市、威海市、青岛市、郑州市、广州市、南宁市、成都市、保山市、海东市和银川市进入中央财政支持地下综合管廊试点范围。

2016年2月，住房和城乡建设部发布了《住房城乡建设部关于印发城市综合管廊和海绵城市建设国家建筑标准设计体系的通知》（建质函〔2016〕18号），主要目标是为进一步推动城市综合管廊的技术发展和工程实践，提高城市综合管廊设计、施工的规范化程度，推进综合管廊主体结构构件标准化，确保工程质量，并初步构建了“城市综合管廊国家建筑标准设计体系”。

2016年5月，住房和城乡建设部、国家能源局联合发布了《住房城乡建设部国家能源局关于推进电力管线纳入城市地下综合管廊的意见》（建城〔2016〕98号），主要目标是贯彻落实中央城市工作会议精神和《中共中央　国务院关于进一步加强城市规划建设管理的若干意见》（中发〔2016〕6号）要求，按照《国务院办公厅关于推进城市地下综合管廊建设的指导意见》（国办发〔2015〕61号）有关部署，鼓励电网企业参与投资建设运营城市地下综合管廊，共同做好电力管线入廊工作。

2018年8月，住房和城乡建设部发布了《城市地下综合管廊工程投资估算指标》，主要目标是为贯彻落实中央城市工作会议精神，服务城市地下综合管廊建设，为城市地下综合管廊建设工程投资估算编制提供参考依据。

2018年12月，住房和城乡建设部发布了《城市地下综合管廊工程维护消耗量定额》，主要目标是为贯彻落实中央城市工作会议精神，服务城市地下综合管廊建设，满足工程计价需要。

2019年2月，住房和城乡建设部颁布了《城市地下综合管廊运行维护及安全技术标准》

(GB 51354—2019),主要目标是规范城市地下综合管廊的运行和维护,统一技术标准,保障综合管廊完好和安全稳定运行。

2022年5月,国务院办公厅颁布了《国务院关于印发扎实稳住经济一揽子政策措施的通知》(国发〔2022〕12号),主要目标是指导各地在城市老旧管网改造等工作中协同推进管廊建设,在城市新区根据功能需求积极发展干、支线管廊,合理布局管廊系统,统筹各类管线敷设。加快明确入廊收费政策,多措并举解决投融资受阻问题,推动实施一批具备条件的地下综合管廊项目。

2022年7月,住房和城乡建设部颁布了《"十四五"全国城市基础设施建设规划》(建城〔2022〕57号),主要目标是在城市老旧管网改造等工作中协同推进城市地下综合管廊建设,在城市新区根据功能需求积极发展干、支线管廊,合理布局管廊系统,加强市政基础设施体系化建设,促进城市地下设施之间竖向分层布局、横向紧密衔接。

2023年5月,住房和城乡建设部发布了《城市地下综合管廊建设规划技术导则》(建办城函〔2023〕134号),主要目标是加强地下管线建设,解决反复开挖路面、架空线网密集、管线事故频发等问题,保障城市"生命线"安全,提高城市综合承载能力和城镇化发展质量,指导各地进一步提高城市地下综合管廊建设规划编制水平,因地制宜推进综合管廊建设。

2)地方层面政策

《国务院办公厅关于推进城市地下综合管廊建设的指导意见》发布后,各省(自治区、直辖市)也纷纷发布关于推进城市地下综合管廊建设的实施意见,如表1.1-3所示。

地方层面政策汇总 表1.1-3

时间	地区	政策
2015年12月	山东省	《山东省人民政府办公厅关于贯彻国办发〔2015〕61号文件推进城市地下综合管廊建设的实施意见》
2016年5月	江苏省	《省政府办公厅关于推进城市地下综合管廊建设的实施意见》
2016年5月	福建省	《福建省"十三五"城乡基础设施建设专项规划》
2016年6月	广东省	《广东省城市地下综合管廊建设实施方案》
2016年8月	浙江省	《关于推进全省城市地下综合管廊建设的实施意见》
2018年3月	北京市	《北京市人民政府办公厅关于加强城市地下综合管廊建设管理的实施意见》

2015年12月,山东省发布了《山东省人民政府办公厅关于贯彻国办发〔2015〕61号文件推进城市地下综合管廊建设的实施意见》,主要目标是到2020年底,全省建成标准地下综合管廊长度力争达到800km以上。按照各市综合经济实力和城市规模,"十三五"期间,济南市和青岛市分别建成60km以上,淄博、烟台、潍坊、济宁、临沂等市分别建成40km以上,枣庄、东营、泰安、威海、日照、莱芜、德州、聊城、滨州、菏泽等市分别建成30km以上,逐步提高城市道路配建地下综合管廊的比例,有效解决反复开挖路面的"马路拉链"问题,切实提高管线安全水平和防灾抗灾能力,基本消除主要街道蜘蛛网式架空线,城市地面景观明显好转。

2016年5月，江苏省发布了《江苏省政府办公厅关于推进城市地下综合管廊建设的实施意见》，主要目标是在各省辖市和有条件县(市)开展地下综合管廊建设试点，2017年全面完成试点任务，形成较为成熟的建设和运营经验。到2020年，全省开工建设城市地下综合管廊300km以上，一批具有国际先进水平的地下综合管廊投入运营，“马路拉链”问题明显改善，主要街道蜘蛛网式架空线逐步消除，管线安全水平和防灾抗灾能力明显提升。

2016年5月，福建省发布了《福建省“十三五”城乡基础设施建设专项规划》，主要目标是积极推进厦门市、平潭综合实验区国家地下综合管廊建设试点，适时总结推广，逐步推开城市地下综合管廊建设，统筹各类管线敷设，综合利用地下空间资源，提高城市综合承载能力。到2020年，全省建成280km地下综合管廊，干线管廊、支线管廊和缆线管廊协调发展的格局初步建立，途经区域的各类管线应入尽入，“马路拉链”问题明显改善。

2016年6月，广东省发布了《广东省城市地下综合管廊建设实施方案》，主要目标是到2020年，全省建成不少于1000km的城市地下综合管廊，管理运营规范化，管线安全水平和防灾抗灾能力明显提升，充分发挥规模效益和社会效益，基本解决反复开挖地面的“马路拉链”问题，城市地面景观明显好转。

2016年8月，浙江省发布了《关于推进全省城市地下综合管廊建设的实施意见》，主要目标是按照统一规划、分步实施、以点带面、梯度推进的要求，有序推进全省地下综合管廊建设。2016年底前，各设区市编制完成地下综合管廊建设专项规划；有条件的县级城市在2017年底前编制完成。2016—2020年全省开工建设地下综合管廊200km以上，其中2016年开工建设80km以上；到2020年建成150km以上具有国内先进水平的地下综合管廊。

2018年3月，北京市发布了《北京市人民政府办公厅关于加强城市地下综合管廊建设管理的实施意见》，主要目标是到2020年，结合城市道路、轨道交通和城市新区建设，建成地下综合管廊150~200km，反复开挖地面的“马路拉链”现象显著减少，管线运行可靠性和防灾抗灾能力明显提升。到2035年，地下综合管廊达到450km左右，中心城区地下综合管廊骨干系统和重点区域综合管廊系统初步构建完成，地下综合管廊规模效应进一步显现。

1.2 发展历史

1.2.1 国外综合管廊发展概况

利用综合管廊整合城市服务的历史可以追溯到罗马帝国的工程师们，他们将供水管道置于下水道系统中。罗马的下水道就是这种技术的一个例子，其巨大的横截面至今仍在使用。这项技术在中世纪被人遗忘，但在1855年，当豪斯曼改革巴黎市公用事业系统的项目获得批准时，它又复活了。豪斯曼是罗马工程师的忠实崇拜者。巴黎的下水道系统被设计成一条可供人通行的隧道，并且能够整合其他城市服务设施。从那时起，综合管廊就在世界各地得到了应用。

1)法国

1832年,法国发生了霍乱,当时研究发现,城市的公共卫生系统建设对于抑制流行病的发生与传播至关重要。于是第二年,巴黎市着手规划市区下水道系统网络,并在管道中容纳自来水(包括饮用水及清洗用的两类自来水)、电信电缆、压缩空气管及交通信号电缆等五种管线,这是历史上最早规划建设的综合管廊形式。至1852年,巴黎建成排水廊道合计152km,市内每条街道都有排水廊道。至1878年,巴黎市共建成排水廊道长度达到600km,此后不断扩建。

在欧洲,法国可能是与其他国家有本质区别的国家,因为法国决心采用这种以综合管廊为代表的先进城市设施运行模式。此外,由于历史原因,法国的综合管廊还同时用作下水道系统,尽管这样做会带来健康问题,并且需要重述城市设施的网络。法国的一些城镇,如贝桑松或里昂,都使用了公共设施隧道,但巴黎市的设计在欧洲是最令人印象深刻的。法国未来的设计似乎将综合管廊网与下水道系统分开。或者像许多欧洲国家那样,将其适当隔离,置于综合管廊内。为了能够将下水道系统纳入综合管廊,必须采用分离模式。也就是说,卫生污水和雨水污水以不同的方式收集,并相互分离。最后一种方式需要的管道直径较大,因此很难将其纳入通常的综合管廊中。但是,欧洲许多城市的下水道系统采用的是统一模式,不根据水的来源对收集的水进行选择。由于这个原因,将这些城市污水服务网纳入综合管廊是不可行的[3]。

近代以来,巴黎市逐步推动综合管廊规划建设,在19世纪60年代末,规划了完整的综合管廊系统,收容自来水、电力、电信、冷热水管及集尘配管等,并且为适应现代城市管线的种类多和敷设要求高等特点,而把综合管廊的断面修改成为矩形形式。迄今为止,巴黎市区及郊区的综合管廊总长已达2400km。法国已制定了在所有条件的大城市中建设综合管廊的长远规划,为综合管廊在全世界的推广树立了良好的典范。

经了解,法国居民缴纳的税收种类繁多,与管廊建设有关的主要有土地税和居住税。由个人缴纳的水费中,除饮用水处理、污水收集处理、排污费、取水费国家农业供水基金等收费项目外,还征收一定的增值税。这些资金成为法国各级政府管廊建设运行管理的主要来源。同时,巴黎市还专门设置了下水道管理局,负责管廊的运营维护。巴黎各市辖区按照属地原则分段管护地下管廊。法国政府采取特许经营方式,与企业签订合同,约定对方的权利义务、职责范围、工程实施、资金筹集,同时,赋予地方各级政府充分的权限[7]。

2)德国

1893年,德国在汉堡市的威廉姆大帝街的两侧人行道下方兴建450m的综合管廊,容纳暖气管、自来水管、电力、电信缆线及煤气管,但不含下水道。在德国第一条综合管廊兴建完成后发生了使用上的问题:自来水管破裂使综合管廊内积水,当时因设计不佳,热水管的绝缘材料使用后无法全面更换。同时,因沿街建筑物的配管需要以及横越管路的设置,仍常发生“挖马路”的情况;此外,因沿街用户的增加,规划断面未预估日后的需求容量,而使原兴建的综合管廊断面空间不足，为了满足新增用户的需求，不得不在原综合管廊外的道路地面下再增设直埋管线。尽管有这些缺失，但在这种结构当时评价仍很高，故在1959年在布白鲁他市又兴建了300m的综合管廊，用以容纳煤气管和自来水管。

东德城市耶拿的第一条综合管廊建于1945年，如图1.2-1所示，内置蒸汽管道和电缆，以更合理地利用地下空间。如今，耶拿共有11条综合管廊，通常在地下2m深处，最深的一条位于地下30m处。1964年东德的苏尔市及哈利市开始兴建综合管廊，至1970年共完成15km以上的综合管廊建设，并开始运营，同时也拟定了推广综合管廊的网络系统计划。东德所建综合管廊容纳的管线包括雨水管、污水管、饮用水管、热水管、工业用水干管、电力、电缆、通信电缆、路灯用电缆及煤气管等。

图1.2-1 东德城市耶拿的第一条综合管廊

1986年，西德联邦议会在《联邦建设法》和《城镇建设促进法》的基础上颁布了新的《建设法典》，将管廊运维管理前置到设计阶段，对地下综合管廊进行系统的规划、建设、运维和安全监督。此外，西德政府为了统筹旧城更新和综合管廊建设发展，颁布了系统的社会保障制度，大力兴建住房，并在工业企业、高校、机场、医院等地规划地下综合管廊等城市公共设施，改善老城区住房与公共设施短缺状况[8]。

德国建筑研究所专家雅内特·西蒙介绍，地下综合管廊可容纳多种管线，水、气、电、通信、供暖所用管线均可共用同一管廊。这样，在管线检测、维修、更换或增减时较为便捷。廊道内，管线可放置在底部，也可用支架等固定在墙上。由于受到廊道保护，管线几乎不受土壤压力、地面交通负荷等外部因素影响，管线所用材料也可更轻便些。

德国的地下综合管廊并没有统一设计，所用材料也不尽相同。材料可以是钢筋混凝土，也可以是钢纤维混凝土或波纹钢板。横截面可能是圆形、椭圆形、正方形，也可能是拱形。建造管廊时需考虑到土壤、湿度等因素，因地制宜，同时，防火、通风和逃生通道等设施必不可少。地下综合管廊虽然初始投资较大，但长期来看，总体成本还是要较传统的直埋式低。在日常修理维护中，也不会因挖掘道路、堵塞交通而造成资源浪费。

3)英国

英国于1861年在伦敦市区兴建综合管廊，如图1.2-2所示，采用12m×7.6m的半圆形断面，除容纳自来水管、污水管及煤气管、电力、电信外，还敷设了连接用户的供给管线。迄今，伦敦市区建设综合管廊已超过22条，伦敦兴建的综合管廊建设经费完全由政府筹措，属伦敦市政府所有，完成后再由市政府出租给管线单位使用。2011年英国议会提出了《地下开发利用议案》，这是英国政府在长期开发地下空间的过程中，推进综合性立法的实质性举措之一[9]。

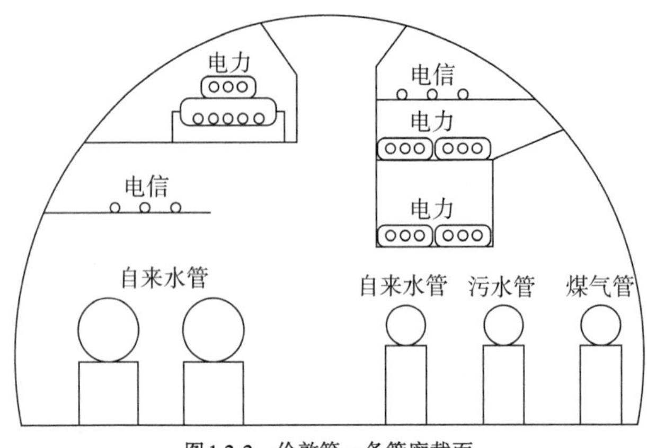

图1.2-2 伦敦第一条管廊截面

英国将不同类型的地下工程分为一般性地下工程、重大基础设施和地下交通设施工程三类，进行分类精细化管理，规定了不同审查审批主体、程序、要件等。各地方政府或地方规划部门更进一步作出了适合本地区的详细规定。重要基础设施包括地表下的基础设施，除地下电网（地下和地上电网的交换设备即使在地下，也需要规划批准）和小规模建设无须审批外，例如地下给排水管网、地下供气和供热管网、地下交通、地下电力设施、废弃物处理设施等都需要规划审批。地下综合管廊应属于重大基础设施一类，需经规划审批。重大基础设施项目的规划管理由相关国务大臣负责，危险废弃物项目由社区与地方政府大臣负责，给排水等其他项目由社区与地方政府大臣和环境大臣联合负责。所有这些项目申请在递交给各位大臣之前，必须提交给规划督察员。

在地下重大基础设施提出规划申请前，开发方需要向当地媒体和项目附近的公共场所发布开发项目的方案，并广泛听取意见。同时，与当地规划部门提前沟通对话，并召开社区咨询会，让地方规划部门和社区组织去游说督察员，然后开发方将申请报告正式递交给由相关国务大臣从中指定的“审查小组”。若审查意见认为申请符合要求，公开咨询充分，开发方才能正式注册成为申请者，将会随时被告知审查进度。在审查期间，开发方可进一步递交自己的意见，或要求举行听证会，进一步说明情况；督察员需要在半年内完成审查。国务大臣在三个月内决定是否批准该项目。作出决定之后，申请者如不满意决定，可提出法律上诉。

英国在对地下综合管廊等地下工程的规划管理过程中重视方案和有关信息的公开、征求相关业主的意见建议和公众利益的维护。媒体、公众和社区组织的意见和态度，能在很大程度上影响项目是否得以审批。在地下工程实施过程中，鉴于地下空间开发项目具有跨行政区域、跨专业、多部门、多主体的情况，英国不同政府层面和相关部门之间注重协调合作，建立清晰的职能职权界定、明确的程序要求和有效的监督机制[10]。

4）西班牙

西班牙在1933年开始计划建设综合管廊。1953年，马德里市首先开始进行综合管廊的规划与建设，当时称服务综合管廊计划（Plan for Service Galleries），以后演变成目前广泛使用的综合管廊管道系统。经市政府官员调查结果发现，建设综合管廊的道路，路面开挖的次数大幅减少，路面塌陷与交通阻塞的现象也得以消除，道路寿命也比其他道路显著延长，在技术和经济上都收到了满意的效果，于是，综合管廊逐步得以推广。截至1970年，已完成总长51km的地下综合管廊敷设。马德里的综合管廊分为槽(crib)与井(shaft)两种，前者为供给管，埋深较浅；后者为干线综合管廊，设计在道路底下较深处且规模较大，它容纳除煤气管外的其他所有管线。另外，有一家私人自来水公司拥有41km长的综合管廊，也是容纳除煤气管外的其他所有管线。历经40年的论证，马德里市政官员对综合管廊的技术与经济效益均感满意。马德里的综合管廊内所敷设的电力缆线原被限制在15kV以内，主要是为预防火灾或爆炸，但随着电缆材料的不断改进，目前已允许电压增至138kV，至今没有发生任何事故。

巴塞罗那的公用隧道计划由地方当局于1989年提出，旨在从新环形公路系统的通行权中获利。这些基础设施的主要目标是连接四个主要的奥运区。涉及区域是一条宽1km的地带，位于一条25km长的环形公路上，与环形公路平行[11]。

1996年，西班牙潘普洛纳老城区进行了城市综合管廊的改造工作，见图1.2-3、图1.2-4。在1996—2007年，进行了与圣尼古拉斯街道相对应的第一阶段工程，大约是3km的公用隧道的线性开发。在2001—2010年，第二阶段进行了与纳瓦雷里亚堡相对应的工程，开发了1.2km以上的综合管廊。2010年，进行了气动垃圾收集系统的建设。2011年，它开始被历史中心的邻居使用，他们是潘普洛纳第一批使用这种废物收集的公民。这种收集系统除了效率更高外，还通过用小型废物收集入口代替大型容器来消除大型容器产生的视觉影响。它还避免了垃圾收集货车在历史中心的狭窄街道上的运输，降低了风险、缓解了气味和噪声的影响[12]。

图1.2-3 西班牙潘普洛纳老城区城市综合管廊的改造

5)俄罗斯

1933年，俄罗斯在莫斯科、列宁格勒等地修建了地下综合管廊。俄罗斯的地下综合管廊也相当发达，莫斯科地下有130km的综合管廊，除煤气管外，各种管线均有。其特点是大部分的综合管廊为预制拼装结构，分为单室及双室两种。

图1.2-4　综合管廊的改造

俄罗斯对综合管廊设置的规定如下：①在拥有大量现状或规划地下管线的干道下面；②在改建地下工程设施很发达的城市干道下面；③需要同时埋设给水管线、供热管线及大量电力电缆情况下；④在没有余地专供埋设管线，特别是敷设在刚性基础的干道下面时；⑤在干道同铁路的交叉处。

6）日本

1926年，日本开始建设地下共同沟，到1992年，日本已经拥有共同沟长度约310km，而且里程在不断增长过程中。建设供排水、热力、燃气、电力、通信、广电等市政管线集中敷设的地下综合管廊系统，已成为日本城市发展现代化、科学化的标准之一。早在20世纪20年代，日本首都东京市政机构就在市中心九段地区的干线道路下，将电力、电话、供水和煤气等管线集中铺设，形成了东京第一条地下综合管廊[13]，详见图1.2-5。

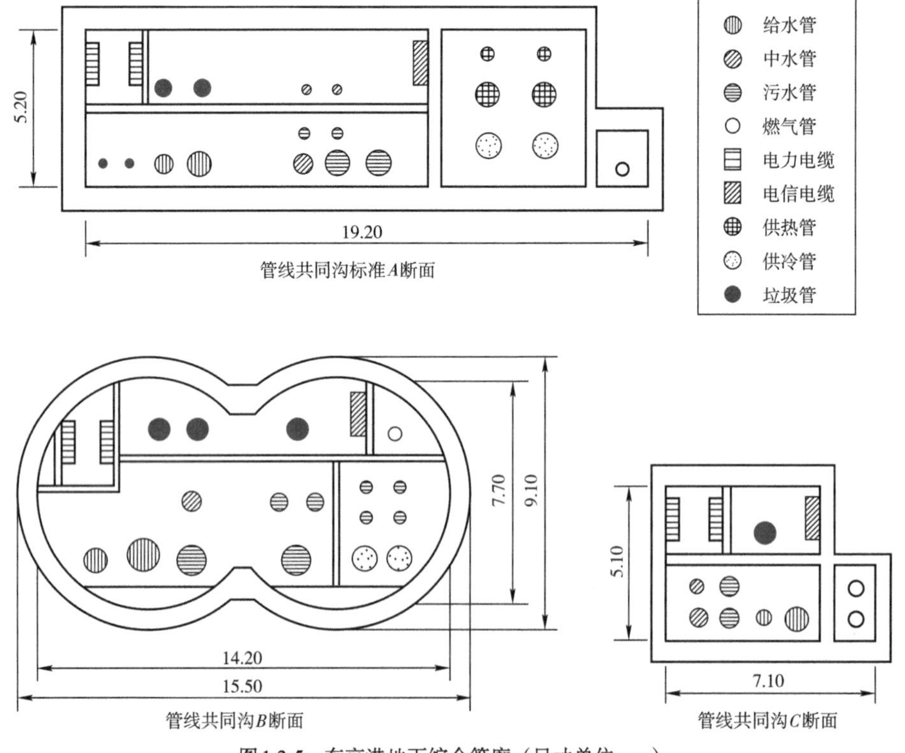

图1.2-5　东京港地下综合管廊（尺寸单位：m）

如今已投入使用的日比谷、麻布和青山地下综合管廊是东京最重要的地下管廊系统，如图1.2-6、图1.2-7所示。采用盾构法施工的日比谷地下管廊建于地表以下30多米处，全长约1550m，直径约7.5m，如同一条双向车道的地下高速公路。由于日本许多政府部门集中于日比谷地区，须时刻确保电力、通信、供排水等公共服务，因此，日比谷地下综合管廊的现代化程度非常高，它承担了该地区几乎所有的市政公共服务功能。

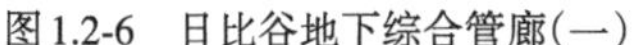

图1.2-6　日比谷地下综合管廊（一）

图1.2-7　日比谷地下综合管廊（二）

于20世纪80年代开始修建的麻布和青山地下综合管廊系统同样修建在东京核心区域地下30余米深处，其直径约为5m。这两条地下管廊系统内电力电缆、通信电缆、天然气管道和供排水管道排列有序，并且每月进行检修。其中，通信电缆全部用防火帆布包裹，以防出现火灾造成通信中断；天然气管道旁的照明用灯则由玻璃罩保护，防止出现电火花导致天然气爆炸等意外事故。这两条地下综合管廊已相互连接，形成了一条长度超过4km的地下综合管廊网络系统。

在东京的主城区还有日本桥、银座、上北泽、三田等地下综合管廊，经过了多年的共同开发建设，很多地下综合管廊已经连成网络。东京国道事务所公布的数据显示，在东京市区1100km的干线道路下已修建了总长度约为126km的地下综合管廊。在东京主城区内还有162km的地下综合管廊正在规划修建，如图1.2-8所示。

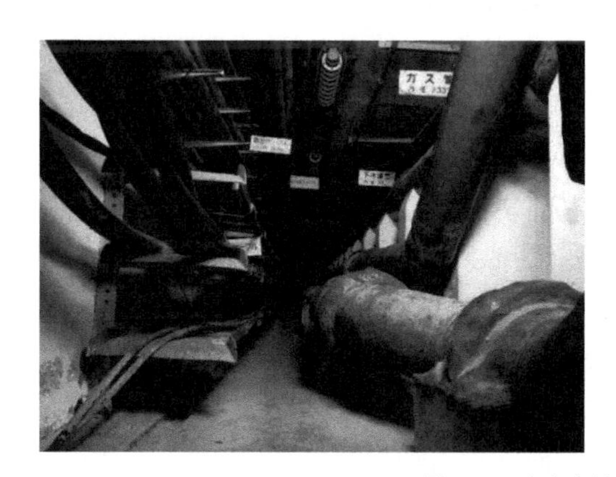

图1.2-8　东京主城区地下综合管廊

日本城市地下空间开发利用比较早，其地下空间开发利用经历了三个不断深入发展的阶段。

第一阶段：1923年，日本关东大地震造成重大灾害，为减轻以后再改造的困难，增强城市的防灾抗灾能力，政府针对地震破坏的大面积管线，在东京都复兴计划中试点建设了九段坂、滨町、八重洲等3处综合管廊。由于对建设费用分摊缺乏共识，当时政府对管线单位没有适当的补助制度，故日本政府在一段时期内没有继续推动综合管廊建设，进入停滞期。

第二阶段：第二次世界大战后，是日本对地下空间大规模开发利用的阶段。随着日本经济迅速复苏，从20世纪50年代开始，除东京、大阪外，先后有大约60个城市相继开始地铁（包括地下大厅）建设，并带动了地下街、地下停车场等其他地下市政设施的建设，形成了地下行人通行网络。1959年，日本政府再度于东京都淀桥旧净水厂及新宿西口建设综合管廊。1963年4月，日本政府颁布了《共同沟特别措施法》，规范在公路下面建造共同沟集成相关的管线，确保道路结构安全和保障交通运输安全，明确了综合管廊建设费用的分摊办法，并在全国各大城市拟定了5年期的综合管廊连续建设计划。随着工程经验的积累，日本的综合管廊逐渐形成4种类型。

20世纪90年代后，日本进入综合管廊建设的第三个阶段——快速发展阶段。1991年，成立了专门管理综合管廊的部门。日本中央政府以及各都、道、府、县、市及开发区均建有干线综合管廊或供应管综合管廊，仅国土交通省建设管理的干线综合管廊就有480km（主要限定在城市地区），未来计划建设约30km；东京都23个地区，有干线道路约1100km，按规划都应建设综合管廊。当前，已建有干线综合管廊165km（约占干线道路的15%），其中由国土交通省管理的干线道路约160km，建有干线综合管廊120km（占所管干线道路的75%）。据日本共同沟工业会统计数据，到2022年，全国范围内的缆线综合管廊长度已超过9000km；东京主城区架空线入地率约为41%，大阪市中心地区架空线入地率约为35%。

7）美国

自20世纪60年代起，美国即开始了综合管廊的研究，在当时看来，传统的直埋管线和架空缆线所能占用的土地日益减少，而且成本越来越高，随着管线种类的日益增多，因道路开挖而影响城市交通，破坏城市景观。研究结果认为，从技术上、管理上、城市发展上、社会成本上来看，建设综合管廊都是可行且必要的，只有建设成本的分摊难以形成定论，因此，1971年美国公共工程协会（American Public Works Association）和美国运输部联邦高速公路管理局赞助进行城市综合管廊可行性研究，针对美国独特的城市形态，评估其可行性。

1970年，美国在怀特兰市中心建设综合管廊，其他如大学校园内，军事机关或为特别目的而建设综合管廊，但均不成系统网络，除了煤气管外，几乎所有管线均容纳在综合管廊内。此外，美国较具代表性的综合管廊还有纽约市从束河下穿越并连接Astoria和Hell Gate Generatio Plants的隧道（Consolidated Edison Tunnel），该隧道长约1554m，高约67m，容纳有345kV输配电力缆线、电信缆线、污水管和自来水干线。而阿拉斯加的Fairbanks和Nome建设的政府所有的综合管廊系统，是为防止自来水和污水受到冰冻。Fairbanks系统长约有六个廊区，而Nome系统是唯一将整个城市市区的供水和污水系统纳入的系统，沟体长约4022m，而且是以木材建造的。

大学校园内综合管廊容纳的主要管线有热力、供冷、供水、燃气、电力、通信管线，部分也有污水、空气管、灌溉水管等。电力线在大部分管廊中都有，大约一半的管廊中有供水管，只有极少的管廊纳入了燃气管道，燃气管道直径仅为100～150mm，燃气管入廊比较慎重。污水管在管廊中没有安装，显然重力流和埋深问题使得其被排除在外，当采用压力输送时，污水是可以纳入的。随着社会发展，不少地方发现线路的需求超过了管廊的容纳能力，所以需要长期规划管线需求的发展。

开挖施工的管廊多为矩形钢筋混凝土结构，以现浇为主，也有预制的。圆形断面用于隧道法施工。矩形断面用于预制管廊和管涵，钢结构管廊用于化学管线、穿越铁路和人行通道。有些管廊的盖板是可打开的，管廊内人员不能通行。常规的管廊内布置如图1.2-9所示，大多数管廊有照明，当管廊内同时又有电力和蒸汽时，一般有通风以控制廊内温度。有报告显示管道膨胀引起螺栓和混凝土破坏的情况，同时指出，在综合管廊建设时，必须考虑安全和洪水这两个重要问题。

图1.2-9　开挖施工的管廊

在这一阶段，美国道路下管线的敷设一般有三种建设方式，即同沟敷设、多孔管道敷设和综合管廊。三种建设方式在城市道路下均可采用，其特点如下：①同沟敷设方式，可敷设多种管线，占用地下空间少，施工方便，对环境的影响小，可降低安装和维护成本。但需协调各管线单位，但需要一个管线单位牵头执行处理成本分摊问题。②多孔管道敷设方式，适用于电力通信等管线，节省地下空间，与各管线独立建设相比成本更低，扩容成本低，施工、扩容和检修方便，已大量用于地下管线。但同样需协调各管线单位，需要一个管线单位牵头执行并处理成本分摊问题。③综合管廊占用地下空间最小，管线的位置可见，管线的施工、安装、维修、扩容方便，为管线的扩容提供了可能，减少了故障的维修时间，管线施工的相互干扰最小。但其建设成本高，需要配置如照明、通风和排水等设施，对不兼容的管线需要特定的间距、位置要求，其建设需协调各管线单位，解决成本分摊问题，并需要一个牵头执行单位，且需制定长期的运行维护程序[14]。

8)加拿大

加拿大虽然国土辽阔，但因城市高度集中，城市公共空间用地矛盾依然十分尖锐。加拿

图1.2-10　加拿大约克地区2400mm综合管廊

大在20世纪逐步建成了较为完善的地下综合管廊系统，如图1.2-10所示。多伦多市和蒙特利尔市有很发达的地下综合管廊系统。在加拿大，阿尔伯塔大学校园内有一系列地下隧道，用于容纳电缆，蒸汽、生活用水、天然气、压缩空气管道等公用设施。这些地下隧道全长超过14km，其宽度足以容纳小型摩托车通行。加拿大建造地下综合管廊的费用，一部分由使用者负担，另一部分由道路管理者负担。其中，使用者负担的费用占全部工程费用的60%~70%。

9)新加坡

新加坡滨海湾商务中心区面积达360万m^2，是全岛最密集的写字楼群所在地。在滨海湾推行地下综合管廊建设，是新加坡在地下空间开发利用方面的一个成功案例。这条地下综合管廊也是保障滨海湾成为世界级商业和金融中心的"生命线"，根据规划，该区域城市地下综合管廊的建设分四个阶段进行，管廊总长度约为20km。综合管廊的第一阶段长度约1.4km，于2004年开始运营，主要服务于商业和金融中心；第二阶段建设管廊长度1.6km，已于2009年投入运营，主要服务于滨海湾综合性度假发展区；第三阶段建设管廊长度超过2.6km已于2011—2016年投入运营，其他部分仍在建设中[14]。

新加坡综合管廊大部分采用矩形断面钢筋混凝土结构，一般埋深超过地下8m。一般入廊管线包括给水、再生水、中央供冷、电力、通信及气动垃圾管道等，污水和燃气管道没有入廊。管廊采用两舱结构，分为管道舱与电信舱，管道舱内容纳给水(DN1200)、再生水(DN300)、中央供冷(2DN1500)及气动垃圾管道，电信舱内容纳电力和通信管线。

新加坡综合管廊内设置了安全系统和安保系统，安全系统主要包括火灾探测系统、通风系统、环境监测系统、通信系统、照明系统等；安保系统主要包括安全门禁和闭路电视系统和电磁接触器与红外探测器等。管廊内安全监控措施主要考虑以下三个方面：①管廊内公共空间设置各种气体实时探测器、闭路电视等；②管廊内各种管线由各管线公司针对不同类型的管线采用先进监控设施；③管廊内结构安全采用结构振荡探测器监测。

为加强管廊管理系统而设置的硬件包括通风系统及空气质量检测系统、开关设备组装、低压配电系统、灯具、备用发电机组、播音装置、内部通信系统、闭路电视、感应卡门禁系统、消防系统等。并与此配套了软件系统，包括设施设备管理系统、自动呼叫/短信报警系统、无线通信系统等。

新加坡综合管廊的管理组织结构主要由国家发展局、市区重建局、CPGFM和业务承包商组成。其中，业主为国家发展局，管理代表/部门为市区重建局，运营管理主导公司为CPG集团FM物业管理公司，FM公司管理管廊内各设施设备并收取管理费用。综合管廊运维费用分为固定运维费用和特例运维费用两部分。固定运维费用由CPGFM核算出总数，并平均分摊给各个公共事业供应商，再根据各个供应商所占管廊空间的大小在每月平摊费用的基础上进行微调，尽量让所有公共事业供应商达成共识。特例运维费用会根据每个入廊管线供应商的使用情况而定。

在综合管廊故障管理方面，制定了故障处理的优先次序，分为优先级1(危及生命的或资产的故障)、优先级2(紧急故障)和优先级3(常规故障)，对三类优先级的事故情况，分别制定了事故的回应时间和事故处理的完成时间要求。

1.2.2 国内综合管廊发展概况

1)北京

1958—1990年，北京在一些具体工程建设项目中出现了综合管廊雏形。从20世纪90年代起，上海、广州、佳木斯、济南、昆明等城市开始陆续出现综合管廊工程实例。上海世博会、广州亚运会也都同步建设了配套综合管廊工程。

以北京市的综合管廊为例，其发展历程为：

(1)1959年，在天安门广场改造工程中建设了1.07km综合管廊；

(2)1993年起，进行高碑店污水处理厂的综合管廊研究，一期、二期工程均建设有综合管廊；

(3)1995年，配合王府井地下商业街规划进行了综合管廊研究，如图1.2-11所示；

图1.2-11 王府井地下综合管廊(一)

(4)2000年，开始进行中关村西区综合管廊的研究工作；

(5)2005年，开展了国内外综合管廊的规划、设计、建设及运营管理的研究；

(6)2006年，结合三眼井历史文化街区整治建设，进行了综合管廊的研究工作；

(7)2006年，结合地铁4号线对西单北大街实施综合管廊的条件进行了研究；

(8)陆续在国内外进行了广泛的综合管廊调研。

2023年，在王府井步行街下方，北京市首条穿越老城区商业核心区，并与地铁8号线三期共建的综合管廊主体完工。未来，步行街地下能源繁忙输送，地上却丝毫不见“端倪”[15]。

王府井地下综合管廊位于首都核心商业区，人流量密集、地下空间市政开发密集，为实现与轨道共建，项目创新性利用地铁工程降水导洞建设综合管廊，同步建设节约地下共构面积近5000m²，节省投资1.6亿元，如图1.2-12所示。为减少对地面景观影响，配合王府井商业区更新提升，项目将管廊附属设施与轨道交通融合设计、同步建设，集约化设置，将步行街原有500个井盖降至46个，减少90%以上。

图1.2-12　王府井地下综合管廊(二)

与此同时，北京地铁3号线东坝中路综合管廊也在建设中，将实现管廊、道路、管线、地铁、地下空间一体化开发。这条首次采用盾构隧道修建的管廊，未来将纳入500kV高电压电缆，为中央商务区(Central Business District，CBD)经济发展服务。此外，大兴机场高速公路综合管廊将继续向城里延伸至南四环路，打造大兴区与中心城之间的能源输送干线。

根据《北京城市总体规划(2016年—2035年)》，北京以重点功能区，重要开发区和重大线性工程为先导规划建设综合管廊。到2035年，全市建成综合管廊长度将达到450km左右。

根据《北京城市副中心控制性详细规划(街区层面)(2016年—2035年)》，依托设施服务环、轨道交通、重点功能区建设，构建综合管廊主干系统。结合老城更新、棚户区改造等项目，因地制宜补充完善综合管廊建设。到2035年，城市副中心建成综合管廊长度达到100~150km，形成安全高效、功能完备的综合管廊体系。

2)上海

上海的管廊建设始于20世纪70年代，宝钢工业园区建设中借鉴当时国外先进经验，引入综合管廊，采用日本的建设理念，建造了工业生产专用的综合管廊，长度约为15km。

1994年，浦东新区张杨路地下综合管廊建成，这是国内真正意义上第一条现代化、高水准的地下综合管廊，西起浦东南路，东至金桥路，全长11.125km，管廊最宽处5.9m，埋设在道路两侧的人行道下，综合管廊为钢筋混凝土结构，其断面形状为矩形，分成燃气室和电力室两部分。这是国内首次尝试将易燃易爆的燃气管容纳在综合管廊中，也是国内第一条建在软土地基上的综合管廊。张杨路综合管廊的建设是城市市政基础设施集约化、廊道化的重要标志，在国内引起强烈反响，为后续城市市政综合管廊的建设不仅在设计上，也在运营维护方面提供了较多值得借鉴的地方。

安亭新镇结合当时上海重点发展的“一城九镇”，在嘉定安亭新镇实施了我国第一条设在新镇居住区的网络化综合管廊，2004年建成，长度约为5.78km，创造了我国大城市卫星城镇综合管廊规划建设的第一。

2007年，在上海世博园区首次使用预制装配技术建设地下综合管廊，这条管廊长约6km。结合这条综合管廊建设，开始研究创建技术标准——《2010中国上海世博会园区管线综合管沟工程技术规范》，为后续《综合管廊工程技术规范》的制定提供了范例。

目前，上海市大型地下综合管廊建设主要集中在松江、临港等区域的新城区，上海规模最大的松江南站大型居住社区综合管廊项目，一期工程已完工，二期工程在建中，入廊管线包括电力、通信、给水、雨水、污水、天然气等，管廊实施断面单舱、双舱、三舱、综合、六舱管廊，管线的整合，有效释放了地下空间，并结合“海绵城市理念”设置了初期雨水舱，遇到强降雨时可兼作雨水调蓄池，缓解河道压力，错峰排放，防止区域内涝，并有效提升区域水环境。

自2018年开始，上海市全面推进架空线入地工程。根据《上海市城市道路架空线管理办法》《关于开展本市架空线入地和合杆整治工作的实施意见》要求，结合道路新改扩工程以及成片区域开发实施架空线入地的，应因地制宜，采取综合管廊方式实施。中心城区、老城区实施架空线入地的，应以建设缆线型管廊为主。如黄浦区在实施瞿溪路、定福路、青龙桥街、马当路等架空线入地及合杆整治工程中，部分路段实施了缆线型综合管廊，将通信管线及电力管线入廊。

目前，上海一共有三个综合管廊建设试点区，分别位于临港地区、松江南部大型居住社区和普陀桃浦及真如地区。其中，松江南部新城规划管廊总长度24.7km，总投资约35亿元，为上海规模最大的综合管廊试点工程。

结合上海建设“海绵城市”的创新理念，在管廊建设中将污染雨水截留、防洪排涝考虑其中。在长度约2.768km的玉阳大道示范段，项目因地制宜设立六舱管廊，除了正常的雨水排水舱室，创新性布置了初期雨水舱室。冲刷街道污染物较多的初期5mm降雨，可以暂时被截留并排入初期雨水舱储存，然后错峰排入市政污水管网，从而提升片区水环境。

因此，较其他地区地下管廊的单一性功能，南部新城管廊最大的特点是：集成了“海绵城市”的雨水收集系统，成为复合型的多功能管廊。即“海绵”、管廊相结合，管廊里单独建立雨水调蓄仓，既有效利用了道路下的空间，节约了城市用地，又将“海绵”功能完美地结合起来。这条综合管廊还有个特点，即高度与前期地块的整体规划融合。受益于松江南部的整体规划，综合管廊从一开始就与交通、水系、管线等完美契合；入口井、出口井也都与各个地块使用对接，如图1.2-13、图1.2-14所示。

上海市规划和自然资源局发布的《关于推进高质量发展，全面提升基础设施品质的指导意见》指出，要发展通达高效、降碳降噪的交通路网，建设源头减排、蓄排并举的防洪排涝网络，构建安全高效、清洁低碳的能源供给系统，打造蓝绿交织、灰绿相融的生态环境，推进集约节约、安全长效的地下综合管廊等，为城市的安全韧性提供底线保障。

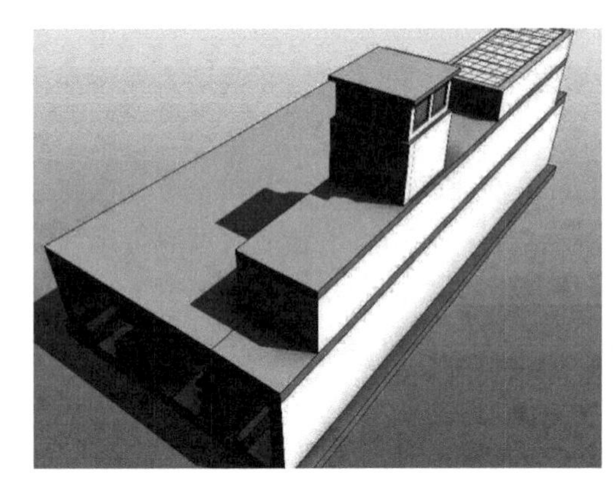

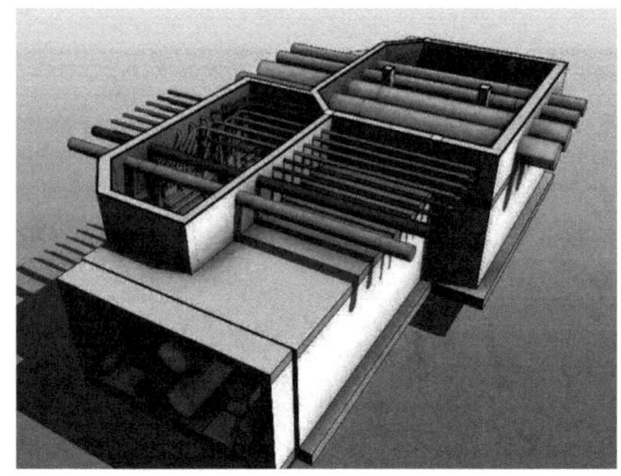

图1.2-13　松江综合管廊（一）

图1.2-14　松江综合管廊（二）

上海市《上海市人民政府办公厅印发关于推进本市地下综合管廊建设若干意见的通知》指出，到2020年，力争累计完成地下综合管廊建设80~100km，地下综合管廊逐步形成规模，“马路拉链”及架空线逐步减少，城市景观得到改善，地下管线应急防灾水平逐步提升，地下综合管廊建设管理水平处于国内领先水平。到2040年，力争累计完成综合管廊建设300km，地下综合管廊发挥规模效应，城市景观明显好转，地下管线的应急防灾水平明显提升，地下综合管廊建设管理水平处于国际先进水平。

3）广州

2002年，广东省在制订广州大学城规划时，确立了大学城（小谷围岛）综合管廊专项规划。该综合管廊建在小谷围岛中环路中央隔离绿化带的地下，沿中环路呈环状结构布局。规划主要布置供电、供水、供冷、电信、有线电视5种管线，预留部分管孔以备发展所需，见图1.2-15。广州大学城综合管廊属于大学城基础设施配套工程，是广东省规划建设的第一条综合管廊，也是当时国内最长、影响最大、体系最完整的一条综合管廊，管廊全长18km。项目总投资4.46亿元。该项目于2003年启动建设，2004年建成投入使用。

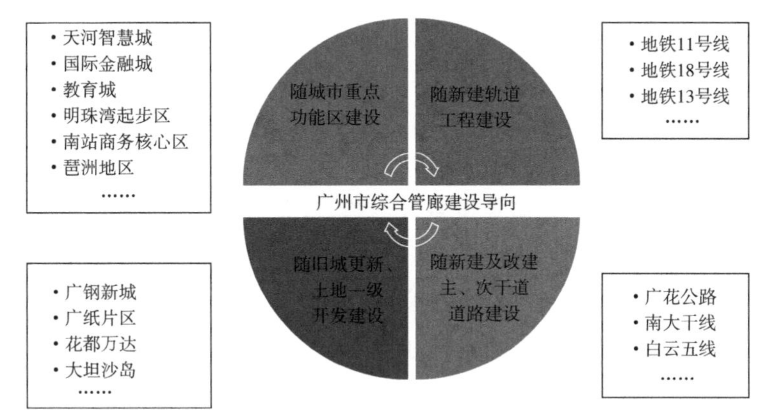

图1.2-15 广州市综合管廊建设导向

广州亚运城位于广州市番禺区石楼镇京珠高速公路以东，清河东路南侧，是为迎接第16届亚运会在广州举行而新建的高标准、大型基础设施项目。根据总体规划，在亚运城主干道一路、主干道二路、次干道一路、长南路4条主干道中央绿化带下分别设置干线综合管廊，总长约5.1km，标准断面形式为两孔矩形（管道舱和电力舱）；支路两侧人行道下设置缆线综合管廊，总长约1.75km，标准断面形式为单孔矩形（电力舱）[16]。工程范围内的河涌较多，且与规划地铁3号线、19号线平面交叉，所以综合管廊需按与河涌、地铁等交叉设计。

2023年5月30日，全长45.7km的广州地下“大动脉”——中心城区地下综合管廊工程全线廊体顺利贯通，见图1.2-16。这是国内规模最大、最长的地下综合管廊，又称环城管廊。沿地铁11号线（市区环线）敷设，穿越海珠、天河、白云、越秀、荔湾等5个主城区，共连通18座规划变电站、11座变电站、12座自来水厂及加压泵站和多个相关通信枢纽，能大幅提升老城区供电、供水的保障和应急能力，实现全市供电供水的综合平衡和远程调度[17]。

图1.2-16 广州地下“大动脉”

据广州市住房和城乡建设局介绍，截至2023年6月，广州全市累计开工建设管廊310km，建成投入使用90km，在建管廊220km，初步形成“以中心环线为核心、以若干放射线为延伸、干线支线缆线相结合的综合管廊骨架系统”。

4)深圳

深圳是国内较早建设地下综合管廊的城市。早在2005年,深圳就建成了第一条全长2.67km的地下综合管廊——大梅沙盐田坳综合管廊,长度超过2600m,管廊内集纳了给排水管、电信电缆,并配有照明、消防、监控设备等设施。这条管廊主要是将大梅沙片区生活污水直接送至盐田污水处理厂,从而保护大梅沙海滨浴场不受污染。这是深圳在综合管廊建设上的一次探索。2008年,在深圳市光明新区华夏路、光侨路、观光路三条主干道的地下10m处,建设了一条长约9km的大型管廊,供水、电力、通信、综合监控、消防、排水、通风、照明工程等各种线路的30余条管线集中于此,人在通道内可以直立行走。2023年6月2日,随着“DL623”大直径盾构机破土而出,深圳地铁16号线共建管廊盾构区间工程全部贯通。深圳地铁16号线共建管廊是首批全部采用盾构法施工建设的城市综合管廊工程,工程总长度约25.3km,起于龙岗区龙岗大道,终至坪山区银田路,线路长距离伴随深圳地铁16号线,最小水平净距仅有2m(图1.2-17)。

深圳地铁16号线共建管廊是集电力、通信、给水、再生水等各类地下管线于一体的大型城市综合管廊。建成后,将极大化解“马路拉链”“空中蜘蛛网”等城市管理问题,是保障城市高质量发展、增强区域综合承载能力的重要基础设施。

图1.2-17 深圳地铁16号线共建管廊

近年来,为避免城市轨道交通与市政地下综合管廊分别建设造成地下空间建设混乱、道路反复开挖、浪费建设成本,将两者结合同步规划建设已成为一个重要发展方向。深圳目前已经设计完成地铁12、13、14、16号线共建综合管廊,总长超过85km,主要根据深圳市轨道交通四期规划12、13、14、16号线走向,结合市政管线扩容需求确定。深圳市综合管廊建设经过十余年的发展,已成为国内超大型城市综合管廊的建设样本。根据《深圳市地下综合管廊工程规划(2016—2030)》,各区近期(至2020年)及远期(至2030年)综合管廊建设规划如

表1.2-1所示。可以看到，管廊规划多聚焦在城市建设的重点区域。按该文件要求，至2020年，深圳市将规划建设73条综合管廊，力争建成管廊100km，开工建设总长近300km（含已建成）。至2030年，全市将规划建设136条综合管廊，总里程达到约520km。

深圳市综合管廊规划表 表1.2-1

区或新区	近期建设		远期规划	
	线路（条）	里程（km）	线路（条）	里程（km）
前海合作区	2	5.7	5	10.46
南山区	11	35.7	14	45.4
福田区	2	8.5	9	28.1
罗湖区	5	12.1	7	21.7
盐田区	4	7.3	6	9
宝安区	12	58.6	25	108.4
龙岗区	18	79.3	38	154.9
坪山区	8	30.8	8	30.8
龙华区	4	39.4	12	64.3
光明区	5	12.2	9	38.4
大鹏新区	2	6.6	3	8.38

5）昆明

2003年，昆明市决定在彩云路、广福路启动综合管廊建设。彩云路综合管廊，全长23km，由昆明城市管网设施综合开发有限公司于2003年开工、2005年建成，供水管线入廊后管道漏失率由25%降为0，每年可节水700万m^3，节省水费2100万元。广福路综合管廊，全长16km，由昆明城市管网设施综合开发有限公司于2006年开工、2007年建成；沣源路综合管廊，全长7km，由昆明城市管网设施综合开发有限公司于2009年开工、2010年建成；飞虎大道南段综合管廊，长度3.4km，两舱式综合管沟，于2014年开工、2015年建成。

6）厦门

2007年，厦门湖边水库地下综合管廊正式开建，该综合管廊成为福建省第一条城市地下综合管廊。该综合管廊是国内最早采用预制拼装工艺建设的综合管廊，总长约5.2km，总投资1.79亿元，入廊管线包括电力、有线电视、通信、给水等管线，其建设经验被推广应用到全市范围。随着技术不断成熟，2009年，集美新城核心区综合管廊施工中开始大规模采用这种先进工艺，预制拼装施工的管廊长度达到7km，占比达90%。

2015年，厦门在财政部、住房和城乡建设部组织的竞争性评审中脱颖而出，入选全国首批地下综合管廊试点城市。获得中央财政支持的厦门地下综合管廊建设，驶入快车道。截至2023年5月，作为新机场“大动脉”的厦门翔安新机场片区地下综合管廊政府和企业资本合作（Public-Private Partnership，PPP）项目已有6条路段共15.362km的综合管廊已全面建成，并已顺利通过预验收并投入运营。项目位于厦门翔安区，是财政部第三批示范项目、国家发展改革委第二批典型案例，也是厦门首个以PPP模式建设的市政项目，见图1.2-18。该项目覆盖新机场片区8条主干道以及两处过海段，规划建设综合管廊总长19.8km，最大埋深21m，最大断面近40.7m²，是目前厦门埋深最大、断面最宽的管廊项目。项目建成后将为翔安新机场建设沿线区域经济和社会发展提供重要保障。该项目采用非开挖顶管施工工艺，由翔安陆地始发至大蹬岛陆地接收，跨越海域总长度968m。该顶管工程是国内目前跨海管廊施工领域顶距最长、直径最大的顶管工程。

图1.2-18　厦门翔安新机场片区地下综合管廊PPP项目

2023年6月19日，由中铁一局承建的厦门电力与清水进岛隧道工程海域段泥水盾构顺利始发，标志着厦门首条水电穿海综合管廊正式穿海掘进。该隧道主要满足敷设双回220kV高压双拼电缆线路和1根1.6m的清水管道，全长约6.2km。隧道起于海沧区嵩屿电厂，止于本岛小学路厦禾变电站，线路采用明挖、顶管、盾构、矿山法等多种工法进行施工。其中过海段长约3.1km，隧道外径采用直径6.7m的断面，是厦门最长的过海综合管廊隧道。项目建成后将进一步完善城市配套设施，隧道将替代原第三通道过海220kV高压架空线路，保障岛内居民用电需求，同时架空线路缆化入地，可以释放城市发展用地空间，改善城市景观环境，塑造厦门旅游花园城市形象。隧道内共廊敷设1.6m直径供水管进岛，实现日供水20万t，有力缓解岛内用水压力，更好地保障民生需求。

截至2022年底，厦门市现已建成投入运营的综合管廊约29.7km，断面有单舱、双舱形式，主要分布于岛内湖边水库片区，岛外集美新城片区、翔安新城片区；缆线管廊已建成投入运营约95.54km，分布于全市各区。

事实上，很早之前厦门市就高度重视抓好顶层设计——将地下综合管廊建设纳入《美丽厦门战略规划》和历次政府工作报告；参编《城市地下综合管廊运行维护及安全技术标准》等多部国家标准，牵头完成《福建省地下综合管廊标准体系》和《福建省城市综合管廊建设指南》的编制，并完成了《厦门市经济特区城市地下综合管廊管理办法》立法、《厦门市城市地下综合管廊运营维护管理考核办法》等一系列配套法规政策和技术规范。推进综合管廊有偿使用制度的建立和落实，使厦门成为全国率先颁布综合管廊收费标准并真正收取费用的城市，实现管廊收费难的突破，其成功经验被住房和城乡建设部编入综合管廊示范案例。

7）其他地区

2007年建成的武汉中央商务区综合管廊采用干线综合管廊和支线综合管廊相结合的布线方式，总长6.1km，其中干线管廊3.9km，主要沿云飞路、振兴二路等道路布设，呈“T”字形状；而支线管廊也有2.2km，主要沿珠江路、商务东路、泛海路等道路布设，呈“P”字形状，见

图1.2-19。2023年建成的武九综合管廊工程是省市两级重点工程，主要沿武九铁路北环线布设，分主线管廊和支线管廊两部分，全长约16.2km，是武汉市城市地下综合管廊专项规划确定的重要干线管廊，是国内城市核心即老城区内单次建设规模最大（长度、断面）的综合管廊，是服务城市核心功能区（武昌滨江商务区、青山滨江商务区、华中金融城）数量最多的综合管廊，其中建成的罗家港管廊桥是目前全国截面最大、单体荷载最重的管廊桥。

图1.2-19 武汉中央商务区综合管廊

苏州于2009年即建设月亮湾综合管廊，并于2011年正式投用。结合该管廊建设，配套颁布了相关运维管理办法。月亮湾综合管廊全长920m，断面尺寸为3m×3.4m，工程造价约3000万元，设计容纳的管线包括自来水、强电、弱电、冷水管等，见图1.2-20。为持续推进地下综合管廊的系统化建设，苏州市在2015年以94.29的高分入选国家第一批综合管廊试点城市，通过3年建设，苏州市于2018年9月顺利通过住房和城乡建设部组织的验收，在规划先行推进建设、探索创新投资模式、突破施工技术难关、规范管理智慧运维等方面取得了较为丰富的经验。除5个试点项目外，苏州市正按照规划开展其他道路综合管廊的建设，到2030年，将建设约193km综合管廊。

图1.2-20 月亮湾综合管廊

2016年4月，青岛入选全国第二批地下综合管廊试点城市，借着试点的东风，结合新区开发、重大基础设施和城市道路建设，青岛在李沧区、西海岸新区、高新区、蓝色硅谷核心区、青岛新机场等5个区域建设了21个地下综合管廊试点项目，总长度超49km，见图1.2-21。同时，青岛紧密结合城市更新和城市建设三年攻坚行动，因地制宜开展综合管廊建设，连同早期高新区已投入运营的55km综合管廊，全市建成各类管廊达170km。根据青岛批复实施的《青岛地下综合管廊专项规划（2016—2030年）》，全市规划综合管廊总长度约195.7km，其中近期规划（2016—2020年）建设综合管廊约93.7km，远期规划建设综合管廊约102km。

图1.2-21　青岛新机场地下综合管廊试点项目

横琴市政综合管廊项目位于珠海市横琴新区，是在海漫滩软土区建成的国内首个成系统的综合管廊，整体呈“日”字形布置，分为一舱式、两舱式和三舱式3种，长达33.4km，见图1.2-22。该管廊集电力、通信、燃气、供热、制冷、给排水、垃圾真空管等各种工程管线于一体，设置有远程监控、智能监测（温控及有害气体监测）、自动排水、智能通风消防等四大智能化系统。横琴市政综合管廊有效克服了管线分散直埋造成的对城市地下空间的大量占用，避免了高压电线架空敷设情况下因安全保护需要导致的土地闲置，总计节约土地超40万m^2。结合当时横琴的综合地价及城市容积率，由此产生的直接经济效益就超过80亿元。

图1.2-22　横琴市政综合管廊项目

成都市自2016年成为国家第二批地下综合管廊试点城市以来，地下综合管廊规划、建设及管理进入了快速发展时期。根据成都市正在修编的《成都市地下综合管廊专项规划

(2016—2035年)》,计划到2035年,成都将建成管廊约1000km。截至2022年底,成都在建管廊约180km,建成投运管廊约100km,见图1.2-23。预计到2025年,建成并投入运营的管廊将达到约200km。成都市构建起多层次网络化现代新型城镇化综合管廊体系,建立协作共建机制,印发城市地下综合管廊规划建设管理办法,规范规划建设管理流程,指导各责任主体协作完成管廊投资、建设、运营;联合行业主管部门、区(市)县及产权单位组成地下综合管廊管线入廊工作联席会,定期专题协调各类管线入廊实施及有偿使用等事宜,促进各类管线随管廊建设同步入廊。建立差异化指标体系,在遵循国家技术规范的前提下,制定《成都市下综合管廊设计导则》,区分新区新建市政道路、旧城改造及市政道路改扩建两类,把每一类创新地细分为"大中型综合管廊""小型综合管廊""微型管廊""缆线管廊",实现差异化指标控制。规范全周期管廊管理,制定地下综合管廊管线入廊合同示范文本,对管廊管线入廊进行规范指导。出台地下综合管廊管线入廊及协商收费实施意见,明确入廊收费标准。开发"综合管廊全周期管理平台",集成监控硬件、建筑信息模型(Building Information Modeling,BIM)、大数据分析等手段,实现管线智能化管理。建立多层次管理架构,构建"1+2+N"综合管理架构,即:1个市级总控中心、1个天府新区控制中心、1个东部新区控制中心和N个分控中心,形成一主一备、若干分控的两级管理体系,构建全域监控管理和片区巡查管理相结合的管理模式。

图1.2-23　成都市综合管廊

杭州市政府聚焦解决反复开挖路面、架空线网密集、管线事故频发等"城市病"问题,坚持规划引领、创新政策支持、加强建设统筹,形成了以"综合化协调、立体化保障、精细化推进、智能化管养"为核心的"品质管廊"建设模式,通过国家第二批试点考核并获专项资金1.2亿元。目前在建及投运的干线或支线地下综合管廊项目36个,约119.93km,其中国家试点项目5个(7条),33.47km。各类管线悉数有序入廊,难度最大的燃气管线入廊敷设也已达16.3km,并有7.9km投入实际运营,里程数全国领先。目前已建成全长21.5km的亚运村片区地下综合管廊,集燃气、电力、给水、通信等各类管线于一体,是全国范围内新建区域配置成网最完善的地下综合管廊系统之一,见图1.2-24。制定《杭州市城市地下综合管廊管理办法》《关于杭州市城市地下综合管廊实行有偿使用制度的指导意见》等文件,明确"同级财政给予

70%建设资金补助”的政策。率先提出“一廊一价”方案，允许管线单位采用分期支付或按年限买断等方式缴纳入廊费用。

图1.2-24　杭州综合管廊

1.3　建设现状及趋势

1.3.1　建设现状

1)建设长度

《全国城市市政基础设施规划建设“十三五”规划》中计划“建设干线、支线地下综合管廊8000km以上”。根据《中国城市建设统计年鉴》，截至2022年底，中国综合管廊的已建长度达到7588.10km。2022年新增竣工综合管廊长度为801.24km。其中，山东、四川、广东已建长度位居前三，长度均超过600km，见图1.3-1。2022年新增竣工综合管廊长度为801.24km，其中，浙江、山东、陕西当年综合管廊新增竣工长度位居前三，新增竣工长度均超过90km，见图1.3-2。我国城市地下综合管廊的建设已遍布全国31个省(自治区、直辖市)。从区域分布来看，呈现出空间发展不均衡的特征，华东、西南地区建设管廊较长，而区域内的各省(自治区、直辖市)之间发展也不均衡，四川、山东、陕西三省相较于其他省(自治区、直辖市)，目前已建和在建的地下管廊长度最为突出。

2)投资类项目市场成交情况

观测市场公开成交数据发现，2014年就开始有综合管廊项目成交，并随着PPP模式的推广应用在2017年达到投资类项目市场成交的高峰(图1.3-3)。截至2022年8月底，已有537个综合管廊或带有综合管廊建设内容的项目成交。

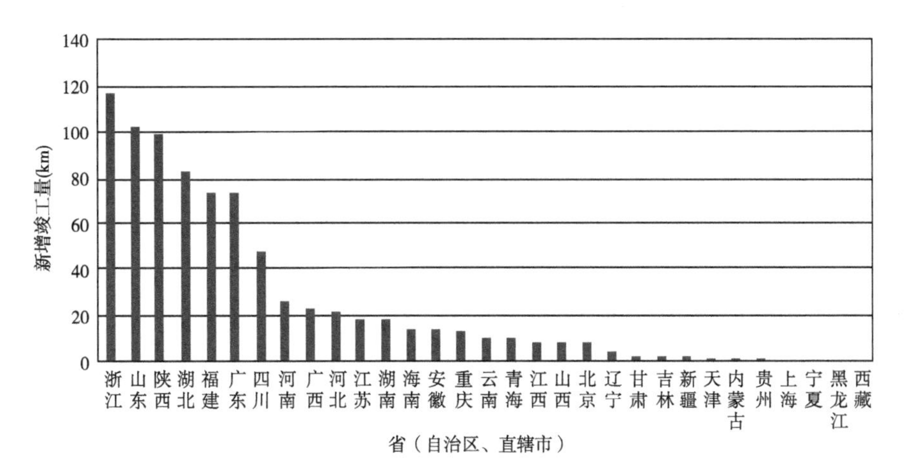

图1.3-1 2022年全国各省（自治区、直辖市）综合管廊新增竣工量

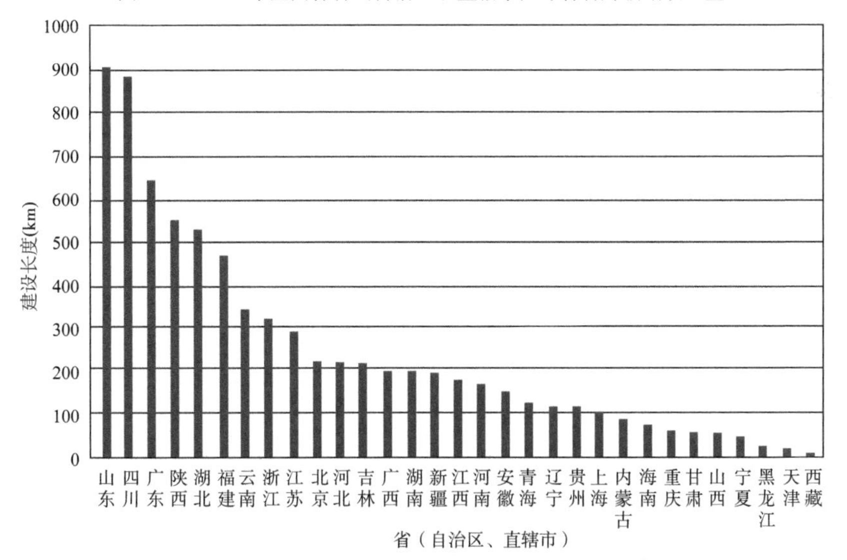

图1.3-2 2022年全国各省（自治区、直辖市）综合管廊建设长度

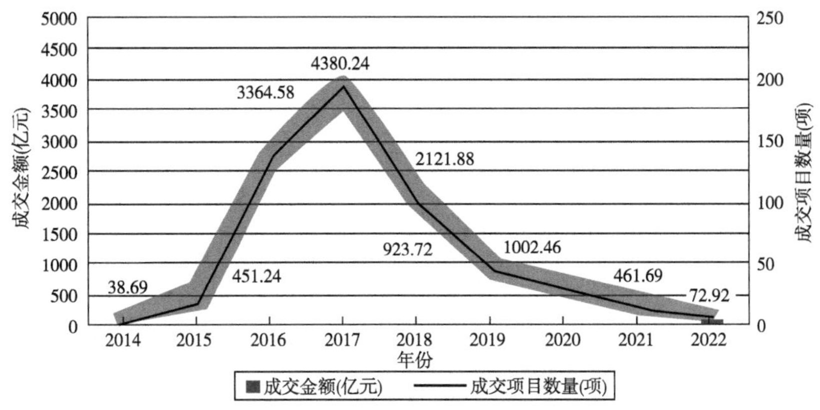

图1.3-3 综合管廊投资类项目近几年成交趋势

3)投资模式

2014年6月,国务院办公厅发布的《国务院办公厅关于加强城市地下管线建设管理的指导意见》(国办发〔2014〕27号)提出,开展城市基础设施和综合管廊建设等政府和社会资本合作机制(PPP)试点,积极推进政府购买服务,完善特许经营制度,鼓励社会资本参与城市基础设施投资和运营。从公开成交的管廊(或含有综合管廊建设内容)项目模式来看,PPP模式为主要采用的模式,成交数量和金额均远超其他模式。城市地下综合管廊建设属于传统基础设施的市政工程项目,PPP模式的主要实施方式有建设-运营-移交(BOT)、建设-拥有-运营-移交(BOOT)、设计-建设-融资-运营-移交(DBFOT)、建设-拥有-运营(BOO)、改建-运营-移交(ROT),其中BOT、BOOT、DBFOT和BOO适用于新建项目,ROT适用于存量项目,见图1.3-4。每个实施方式都有各自的特点,操作也明显不同。因此,对于城市地下综合管廊建设而言,要针对项目的具体情况选择合适的PPP实施模式。

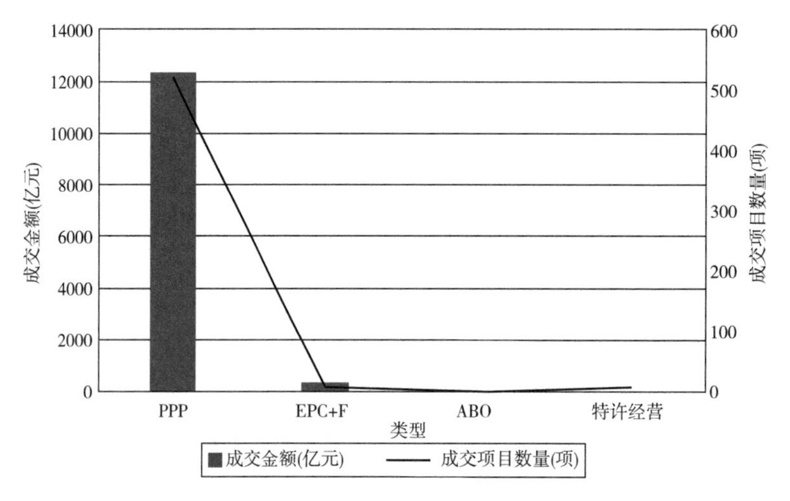

图1.3-4 综合管廊投资类项目近几年成交模式分布

1.3.2 发展趋势

1)市场空间较为稳定

多年的建设实践使得人们认识到,管廊建设是城市发展的内在需要,推进城市地下综合管廊建设是加快补齐地下基础设施短板的重要内容。推进城市地下综合管廊建设,统筹各类市政管线规划、建设和管理,解决反复开挖路面、架空线网密集、管线事故频发等问题,有利于保障城市安全、完善城市功能、美化城市景观、促进城市集约高效和转型发展,有利于提高城市综合承载能力和城镇化发展质量。综合管廊的建设在我国发起较晚,发展时间较短,尚有较大的发展空间。因此,预计在2024年后,我国管廊建设将进入一个较为平稳的阶段。

综合管廊建设不仅是城市建设的重要内容,也能够在拉动经济增长方面发挥作用。国务院提出的稳住经济大盘33条措施,其中之一就是综合管廊建设。住房和城乡建设部新闻发言人王胜军介绍，住房和城乡建设部又初步梳理出两批重点项目清单，包括已完成开工前期准备的项目和部分在建项目，资金需求量超过2000亿元。

2)与片区开发、城市更新等联合开发

2022年7月，住房和城乡建设部、国家发展改革委联合发布《"十四五"全国城市基础设施建设规划》，提出因地制宜推进地下综合管廊系统建设，提高管线建设体系化水平和安全运行保障能力，在城市老旧管网改造等工作中协同推进综合管廊建设。在城市新区根据功能需求积极发展干、支线管廊，合理布局管廊系统，加强市政基础设施体系化建设，促进城市地下设施之间竖向分层布局、横向紧密衔接。

根据本次对已建管线的分布研究，综合管廊的建设与当地经济情况没有太大的相关性，各地建设综合管廊的积极性相差较大。总体来看，综合管廊试点城市和有大量城市片区开发或城市更新需求的地区市场需求较为旺盛。

而新区开发和城市更新建设需求较为旺盛的城市更容易将综合管廊这种更为集约的地下空间开发方式运用起来。例如，《南京江北新区"十四五"发展规划》中就提出要"加强城市地下基础设施建设，完善地下综合管廊体系，提升地下基础设施智慧化水平"。重庆市为推进城市综合管廊建设，出台了全国首部针对综合管廊管理的省级政府规章《重庆市城市综合管廊管理办法》。此后，重庆市还发布了《重庆市城市综合管廊建设"十四五"规划(2021—2025年)》，进一步推进城市综合管廊建设。该规划提出，为实现综合管廊建设系统化、管线廊道化、管理智慧化、管廊产业化，至2025年末，重庆市力争城市新区新建道路综合管廊配建率不小于30%，预计建成综合管廊廊体约815km，其中干线、支线综合管廊约160km，缆线综合管廊约655km，并明确了干线、支线综合管廊与缆线综合管廊2:8的级配指标。

3)与新基建融合，智能化发展

"十四五"时期应该是管廊运营管理的关键时期，各种运营问题会涌现。管廊项目公司要处理好政府、管线单位、施工单位与市民等之间的复杂关系，充分搭建智慧管理平台，加强智能收费管理。

多项关于未来地下市政基础设施建设的文件都提出了"数字化、智能化"的要求。如，2021年住房和城乡建设部发布的《关于加强城市地下市政基础设施建设的指导意见》要求：运用第五代移动通信技术、物联网、人工智能、大数据、云计算等技术，提升城市地下市政基础设施数字化、智能化水平。有条件的城市可以搭建供水、排水、燃气、热力等设施感知网络，建设地面塌陷隐患监测感知系统，实时掌握设施运行状况，实现对地下市政基础设施的安全监测与预警。充分挖掘利用数据资源，提高设施运行效率和服务水平，辅助优化设施规划建设管理。

1.4 存在的问题

1.4.1 规划

1)法律法规

1963年制定的《关于建设共同沟的特别措施法》,从法律层面规定了日本相关部门需在交通量大及未来可能拥堵的主要干道地下建设"共同沟"。国土交通省下属的东京国道事务所负责东京地区主干线地下综合管廊的建设和管理,次干线的地下综合管廊则由东京都建设局负责。

2)系统性规划

在1995年发表的《上海浦东新区"张杨路共同沟"简述》一文中,当时任职于上海城市建设设计院的程慧伊建议:今后在进行"共同沟"建设前必须先做好规划工作,必须先进行共同沟的网络规划,而且必须与该地区道路网络规划和交通网络规划协调统一。

现在,国家重视是好事,但在建设同时应尽快建立相关管理法规,以避免无序和浪费。上海市城市建设设计研究总院给排水环境工程设计研究一院院长朱浩川直言,建设地下综合管廊的原则应有三个:确有必要建设的重点区域、发展中的新城区和规划管线密集区域。

上海城市规划设计研究院相关人士在接受采访时透露,本市在推进地下综合管廊建设时总体态度是审慎的,"谋定而后动"。目前,有关方面正在制定全市层面的地下综合管廊规划。

早在2003—2004年,上海市编制的《上海市地下空间概念规划》中已经提出,由于城市道路下的地下空间资源有限,使得管线敷设的空间容量日趋饱和,管线扩容、增设的难度与管线间的相互干扰也越来越大,提高城市管线建设的集约化已成为当务之急。因此,中心城有条件的地区应规划考虑设置综合管廊。综合管廊大致可分为干线综合管廊、支线综合管廊、专业线缆沟三种类型。

目前我国南方地区主要是电力、通信、给水管线入廊,张杨路综合管廊在设计时引入了燃气管线。而北方地区,还有供热管线可以入廊。上海市城市建设设计研究总院副总工程师王家华介绍说,因地制宜是地下综合管廊设计时的重要一环。他举例说,张杨路综合管廊设计时,有人提出雨污水管道也入廊,其实有的地方天然有起伏,可利用重力差,很适合布置污水雨水管线,但张杨路地势平坦,当时专家论证后认为暂不需纳入。

同济大学教授束昱认为,上海城市地下综合管廊的规划建设任重道远,在规划编制、建设规模、投资模式等方面已滞后于国内其他城市。目前,上海正在研究编制《上海市城市总体规划(2020—2040)》,这是一个重要契机。他建议,目前应创建由干线、支线、缆线组成的城市综合管廊网络体系,考虑与城市未来地下道路、地铁、地下物流等设施整合共建,制定"十三五”及2020年、2030年、2040年的建设发展目标，抓紧时间修订完善适合上海市建设发展的技术标准、管理法规及引入民间资本参与投资建设新模式。

现阶段，各类地下管线规划以各管线建设管理单位为主体，主导推进线位选择、工程规模、建设时序等，不仅难免相互影响和制约，更难以从城市更新改造和整体城市宏观发展角度进行统筹。综合管廊则从初始，功能定位即为构建整个城市或区域市政干线，需把握城市发展规律，充分体现城市发展的大局观和整体观，且应以政府意志为主导，充分体现城市发展的规划方向和发展动态。

在国家政策的支持下，目前我国已有多个城市“十三五”时期的管廊建设目标在100km以上，而部分城市在建设过程中没有深刻理解和严格执行政策和规范要求，片面追求总里程、总规模，大断面、大系统，出现了一些缺乏前瞻性的综合管廊工程。例如，部分大中城市在综合管廊的早期建设中，一条管廊的长度还不足1km，且管廊范围通常是零散地分布在不同的路段和城市分区，或者简单地选择有开工建设条件的路段建设，这样碎片化的综合管廊无法有效发挥整体效益；一些中小城市在没有建设综合管廊的迫切需求的情况下跟风建设，最后导致入廊的管线少，无法收回成本，同时又浪费了地下空间；有些地方政府在管廊规划设计时缺少与道路、轨道交通管理部门的沟通，不合理的管廊建设给日后地下通道、轨道交通等的建设带来困难，某城市的地下管廊受地铁和隧道的影响，多处被阻断；规划设计时缺少与给水、排水、电力、通信、广电、燃气、供热等行政主管部门及有关单位的有效沟通，没有了解专业管线布置的条件，盲目确定综合管廊的内部空间布置与尺寸，导致日后返工；设计时没有对综合管廊所在区域未来的功能定位、人口数量、财政情况等进行研究，导致管廊的承载力不足或浪费[18]。

3)老城区规划

目前管线带来的社会问题主要体现在老城区，所以老城区综合管廊的规划建设应该是管廊推进工作的重点任务之一。在《关于推进城市地下综合管廊建设的指导意见》中提出，老城区要结合旧城更新、道路改造、河道治理、地下空间开发等建设地下综合管廊。但是根据专家的了解，现有的综合管廊建设，主要还是集中在新城区。究其原因主要是由于老城区居住人员密集，管线大多过于杂乱，在建设综合管廊时又需要开挖道路，封锁交通，原有管线若被切断还会影响居民生活。

老城区建设时间较长，部分管线敷设年代久远，受当时工程理念以及技术的影响，现有管线普遍存在设计标准低、安全性和可靠性不足等问题。同时在城市当前的管网敷设体系中，共涉及七个方面，近三十种市政管线。不同管线分属不同部门和单位，在实施改造工程时往往采用独立设计和施工模式，导致地下管线的排布存在一定问题，如地下空间拥挤、管线上线重叠、交错等。并且部分管线工程建设资料出现丢失、残缺不全等情况，致使在地下综合管廊设计中无法明确管网的分布状况，难以准确进行工程规划和设计工作，阻碍建设进程的推进。

地下综合管廊工程设计的重点则是要综合考虑各种地上影响因素，以此明确具体的路面开挖施工方案,有序进行管线迁改等作业,以此改造为地下综合管廊结构形式。但因为老城区的人口密集、交通拥挤现象普遍,而且道路宽度有限、居民居住区域道路距离近等,造成工程设计出现施工范围规划困难、施工技术开展难度大等难题,影响最终设计成果[19]。

因此,在老城区建设综合管廊,存在规划时间长、施工难度大、耗费资金大等问题,这也就造成目前综合管廊建设主要集中在新城区,老城区项目推进难度大、建设步伐迟缓的现象。

1.4.2 投融资

1)成本

国内地下综合管廊的建设成本,目前已经达到1.2亿元/km左右。例如,上海张杨路和世博园地下综合管廊的运营维护成本,每年均达到四五百万元。对于管线单位来说,开挖的一次性成本和管线入廊每年要缴纳的费用相比,一个可能是一次100万元,另一个可能是每年20万元,于是天然就缺乏入廊的意愿。上海市城市建设设计研究总院曾承接了不少城市地下管廊设计工作,在进行地下管廊必要性分析中发现,入廊管线的维护、抢修成本低于直埋。地下管廊的社会效益远大于经济效益。光靠收费,不可能回本,政府势必要对入廊单位进行补贴。但从社会效益层面讲,避免了多次开挖带来的交通问题、路面损耗,也避免了管线开挖中误损。

2)投融资模式

目前,我国综合管廊项目主要是政府全额出资以及政府和社会资本合作。

早期的地下综合管廊项目(如天安门广场、广州大学城、上海世博园、上海张杨路等),为满足特定区域功能需要或探索管廊建设经验而建成,建设规模不大,费用全部由政府承担,目前这类的项目数量约占总项目的15%;根据综合管廊建设特点采取工程总承包(Engineering Procurement Construction,EPC)、建设-移交(Build-Transfer,BT)等模式的项目目前约占10%;大部分管廊项目采用PPP模式,目前约占总项目的75%并有逐渐上升的趋势,如图1.4-1所示。

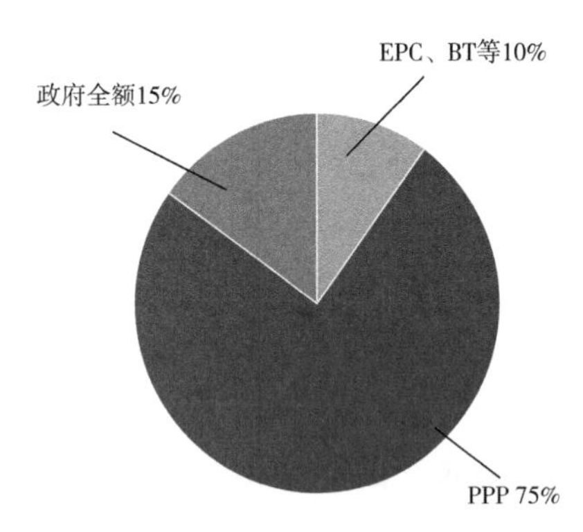

图1.4-1 PPP模式

费用全由政府承担会造成政府的财政负担很大,该模式只能应用于一些财政收入水平较高的城市。在欧洲一些国家,城市综合管廊被视为公共设施,建设费用全部来自政府出资。而PPP模式引入社会资本,丰富了投资主体的来源,可以减轻政府的财政负担,有利于政府从建设逐渐转向监管,适应我国现阶段的基本国情。政府也陆续出台了一系列政策文件推行PPP模式,PPP模式是综合管廊项目未来的发展方向之一。

目前,综合管廊项目对PPP模式的应用还不成熟。应用PPP模式已建成的管廊项目,政府都参与了投资。其中,社会资本也是国有企业的股份占绝大多数,而民营资本只是少量参股。可以看出，现阶段的综合管廊项目仍需要政府大力扶持，主要问题是它对社会资本的吸引力不够。此外，仍存在的一些问题是PPP参与主体责任尚未明确、参与各方投资比例不确定、融资风险高、未来收益难以保障等，这些问题影响了社会资本参与管廊建设的积极性。随着PPP模式的发展，政府资本应越来越少，相对的社会资本应越来越多。需注意的是，社会资本的提高带来的不只是资金还有风险，政府在缓解财政压力的同时需要承担更多的风险，政府资本和社会资本要以怎样的比例分担费用与风险，使综合管廊项目达到最佳效果仍需要探索[20]。

1.4.3 设计

由于推广时间短、实践经验欠缺等原因，我国城市地下综合管廊建设还存在很多问题，设计水平较低是导致这些问题的主要原因，研究城市地下综合管廊设计风险有利于提升设计水平，改善建设质量。目前，关于城市地下综合管廊设计风险的研究较少，但是针对市政管线、地下管网、地下管线、给排水管线、燃气管道、光纤等方面的研究较多，可以为城市地下综合管廊设计风险研究提供参考。相关研究主要集中在技术层面，包括平面布置、埋设深度、结构形式、附属设备、经济性、安全性等多个方面，对于管理层面的沟通协调、管理决策等问题研究较少[21]。

1.4.4 施工

目前，已建成的和正在建设的管廊项目大多是采用明挖现浇法或明挖预制施工法。还有一些地质不同或有特殊要求的项目用的是其他方法，如沈阳和包头的管廊项目在穿越特殊的道路与河道时采用了顶管施工工艺，杭州、广州以及沈阳等研究使用盾构法建造综合管廊。在国外，综合管廊施工一般有明挖现浇法、明挖预制拼装法、盾构法、顶管法等，国内目前则以明挖现浇法为主。综合管廊的施工方法有很多，如何施工使综合管廊建设取得更好的经济、社会效益是关键。现阶段，管廊建设都是依据不同管廊项目实际需求单独设计管廊断面与尺寸，遗憾的是没有统一规范确定断面形式与可定量的尺寸标准，工厂需要专门定制模具加工，耗费时间长，且模具大多使用一次就不会再用。这样不仅效率低，不能广泛应用，也造成浪费。若有规定的统一模数，则可以大大提高效率、降低成本，故综合管廊未来趋势应走向规范和统一[20]。

1.4.5 运营管理

1)运营成本

目前，我国综合管廊建设存在的主要问题是前期建设投资成本高，后期入廊与运营维护收费困难。虽然国务院办公厅、国家发展改革委、住房和城乡建设部等的指导意见明确指出，综合管廊实行有偿使用，各入廊管线单位应向管廊建设运营单位交纳入廊费和日常维护费，但是我国正处于综合管廊建设发展初期，国家和多数地方没有形成统一的收费标准。目前我国综合管廊日常维护费测算方法只有一种:综合管廊运营成本分摊法,就是将计算出的综合管廊日常维护费总成本按照一定比例分摊给各管线单位,但是日常运维成本分摊模型复杂多样,难以选择,且分摊模型中各因素的权重比例很难准确取值。某些管线已入廊的城市,如厦门市城市综合管廊,政府全资建设完成后供各管线公司免费入廊,仅需缴纳每年的日常运维费,后因各管线单位认为分摊结果不够公平合理,电力公司不缴费,导致日常维护费收取不成功,管廊投资回报困难[22]。

2)协调管理

由于入廊管线分属各个不同部门的管线单位,各种管线技术门槛不一,缺乏有效的管理模式协调各方对入廊管线进行运营维护,维护管理成本高居不下,且目前国内仅有个别城市成立专门的管理公司负责管线的运营和维护。另外,由于部分垄断行业的管线单位具有垂直管理的特点,管廊运营单位对这些管线单位缺乏管理约束力,致使管廊管理工作难以高效有序地进行。

目前我国一些城市的综合管廊出现了管线利用率低的情况,据不完全统计,我国城市地下综合管廊中通信、电力等管位使用率大多在50%以下,管位饱和的现象非常少见。一方面,在综合管廊建设之前各管线单位可以无偿使用市政道路下的地下空间,自行敷设管线,而综合管廊的建设则需要他们多缴纳入廊费和运行维护费,使得各单位的入廊意愿不高。另一方面,通常来说,一根管线的排管长度会远超过综合管廊的长度,这样一部分管线在管廊内、大部分管线仍需要挖掘道路直埋,不仅使得一项工程要办二次手续,而且导致施工难度增加,严重影响管线企业入廊的积极性。此外,由于地下综合管廊是一个复杂的综合性工程,其建设和管理牵涉水、电、气、热、通信等多家管线权属单位的权益,所有单位有国企也有私企,这些行业长期独自为政、垂直管理、独立运作,已经形成了自己行业的管理运作方式,其建设和改造等都有特定的主管单位。综合管廊的建设和管理则需要打破其原先的运作规则,来统筹协调管理所有的管线,但是在实践过程中缺少有能力、有资格统筹协调相关管线单位按照要求进行规划建设的部门,导致现有管线难以入廊、新建管线不愿入廊,管廊功能不能充分发挥[18]。

目前,各类管线的建设及管理分别掌握在各自的行政部门的手中,没有专门的建设和管理机构。在该情况下就造成:①在建设投资上,政府没有规定建设费的分担措施,建设单位又不具备各类管线的综合、建设、规划等管理职能,造成了建设与管理上的混乱;②在建设上,综合管廊土建工程不适宜分期修建,这对管线的长远规划要求较高,否则就会造成功能的浪费或不足;③在后期的管理上,没有专门的机构进行统一管理及维修,管廊的管理费及维修费由谁来承担,承担比例如何分配,没有明确的规定。例如:弱电、给水管等管线体量较小,入廊费用较低,实施起来比较容易。而强电由于空间需求最多、入廊费用最高、对建设成本及后续运营的影响最大,因此需与供电部门进行沟通协商,这也是综合管廊建设能否顺利进行的关键。目前,由于管理体制等一系列原因,导致国内很多城市尚未建立起有效的沟通协商机制,因此也就很难就建设成本分摊、强电入廊、维护运营等问题达成一致意见,这也在很大程度上影响了综合管廊的建设[23]。

3)运维管理技术

“地下空间防灾是个大问题。建设和运营中的灾难类型和发生机理与防御对策都不同。我们的确要重视,要研究,需要制定预案及配套技术措施。”束昱特别提到了许多人可能忽视的安全。近些年来,他带领的研究团队一直研究地下空间使用安全技术规程及风险评估实用技术,研制了成套安评技法及应急预案。

(1)管线数量多、运营难度高。近年来,随着我国城市化建设速度的持续加快,现代城市的地下管线数量与种类也愈发复杂,各个地方上的产权单位基本处于各自为政的状态,缺乏统一化、明确化的部署方案,这会导致综合管廊的建设单位在实际工作中需要同时应对多个业主,如果在设计、使用以及运维管理的任意一个环节中出现沟通不畅的问题,将会为后续的运维管理效果带来直接性的影响。此外,由于地下综合管廊中所包含的管线类型各不相同,建设单位为了能够节约经营成本与土地资源,务必要从建设实际出发来合理优化管廊内部空间的设计方案。此外,还要兼顾管线之间是否会存在相互干扰的情况,严格按照建设规范中的相关要求来调整好间距布置,杜绝电磁干扰问题的出现。

(2)附属设施多,节点复杂。综合管廊内除去有市政管线之外,同时还额外配置了其他附属设施,例如火灾报警、消防、监控以及污水处理系统等。如果想要保证上述附属设施的正常运行,则要在已经具备较高密度的舱室内再额外布置出独立线路。虽然设计人员会尽可能保证各线路之间的独立性,但因空间有限,难以避免会出现管线碰撞与冲突问题。为了能够保证后续管线维修工作的顺利开展,以及检修和巡视人员的人身安全,在设计规范中还明确规定,要在地下综合管廊的各个舱室内单独设置出入口、逃生口、检修口、吊装口等。除此之外,由于综合管廊处于地下空间,因此其中的空气流通十分不畅,还要加设进风口与排风口等[24]。前文中所提及的诸多端口均与综合管廊的廊道相连接,会大幅增加管廊节点处后续的施工难度,并为运维管理工作的顺利开展设下重重阻碍。

2

城市综合管廊建设规划

2.1 综合管廊专项规划

综合管廊专项规划主要工作是以中心城区道路地下空间综合利用为核心，以城市规划为基础，围绕市政工程管线布局，对中心城区地下综合管廊进行合理布局和优化配置，进而形成覆盖整个地区的层次化、骨架化、网络化的综合管廊系统[25]。

2.1.1 专项规划编制原则

根据《城市综合管廊工程技术规范》(GB 50838—2015)，综合管廊工程规划应坚持因地制宜、远近结合、统一规划、统筹建设的原则[1]。

1)因地制宜

综合管廊的规划建设一定要立足于城市自身需求和能力，如经济实力、管理水平、发展需求等因素，不可盲目扩大建设规模。同时，也要根据城市自身的工程地质条件来落实工程建设。以老城区建设为例，老城区建设已久，道路破损，地下管线错综复杂，建设难度大，施工成本高，可以借地铁建设、道路整治、旧城改造等时机一同建设，以降低成本，逐步推进管廊建设。

日本的临海副中心综合管廊因地制宜，利用高架桥的桥下空间，采用地面矮高架的形式，跨河布置。成都市武侯区的草金路管线密集，又受地铁建设影响，道路下空间资源有限，管廊建设因地制宜采用微型管廊形式，在满足管线安全布线的前提下，尽量紧凑布置廊内空间(不考虑人员通行，也不设置消防、通风等系统)；同时管廊盖板与人行道板合建，揭开即可进行事故抢险检修与维护。

1933年的《雅典宪章》指出，“现代城市的混乱是机械时代无计划和无秩序地发展造成的”，缺乏合理的规划而盲目建设将会给城市带来巨大的问题。由于各个城市和地区的发展现状与地质条件不同，综合管廊系统的规划不能互相套用，需要根据不同地区的实际情况分析：比如新城区的综合管廊规划需要考虑预留足够空间，利用一次性的高投入创造较高的社会经济效益，避免二次建设；而旧城区的建设则需要满足现阶段市政服务水平的提升，考虑分步实施的顺序及内容。总体来说，综合管廊的规划必须因地制宜，确与城市经济社会发展相适应，充分考虑已有的城市总体规划，使城市功能合理，降低城市规划的实施成本。

2)远近结合

综合管廊的规划是城市规划的一部分，也是地下空间开发利用的一个方面。因此，综合管廊的规划既要符合市政管线的技术要求，充分发挥市政管线服务城市的功能，又要符合城市规划的总体要求，为城市的长远发展打下良好基础，并经受住城市长远发展的考验。综合管廊系统的建设并非一蹴而就，在保证管廊本身不轻易变动的同时，还必须能够适应市政管线的发展和变化。鉴于这一特点，在规划之初，必须全面考虑其全生命周期内的发展，做到适度超前，分别考虑近期、中期、远期和远景的发展目标，为未来市政管线的发展预留空间，保证规划上的弹性冗余空间。

在19世纪中叶建造第一批综合管廊时，电力还没有被视为城市公用设施，但在接下来的几年里，当这项服务得到发展时，综合管廊就已经做好了接收新电缆的准备，避免了新的沟槽开挖。未来总是不可预知的，但正如我们这一代人受益于19世纪的慷慨思想一样，我们也必须提供前瞻性思维，以满足我们后继者的需求。如果我们设计的公用设施过于精细，仅仅满足当前的需求，那么它们很快就会过时。综合管廊可能是最具可持续性的城市地下基础设施之一，因此在城市规划中必须予以考虑，即使最初的成本可能令人望而却步[2]。

3)统一规划

综合管廊是城市高度发展的必然产物，一般来说，建设综合管廊的城市都具有一定的规模，且地下设施的建设也比较发达，如地下通道、地铁或其他地下建筑等。从资源的角度来看，城市地下空间具有不可逆性，因此综合管廊必须与城市其他地下设施的规划统一进行，做到统筹综合，特别是平面布置、高程布置以及与地面或建筑的衔接，如出入口设计、线路交叉、综合管廊管线与直埋管线的连接等。

由于单独建设综合管廊的投资较大，特别是在已完工道路下的修建，常常需要占用宝贵的道路空间，在施工阶段给城市交通带来巨大的影响。因此，只要满足一定的条件，就应该考虑将综合管廊与其他设施合建，最常见也是最容易实现的是与道路(特别是新建道路)或地铁合建：①将综合管廊与主干道路合建，这样的管廊埋深不大且容易施工，与综合管廊合建的市政道路，上面行车下面敷设管线，形成了“立体交通”，既节省了建设成本，又提高了城市空间的利用率；②将综合管廊与地铁合建，这样的管廊埋深较大，但是由于与地铁、隧道一同施工，施工成本与难度大大降低。综合管廊与其他设施的合建是否合理可行，应该从技术上、规划上和经济成本上进行研究和论证。此外，由于城市建设具有阶段性，而合建要求各设施同步施工，往往不容易统一，因而造成合建综合管廊在分期建设的安排上更为复杂。因此，合建既要考虑规划问题，也要考虑分期建设的问题。

4)统筹建设

2019年6月印发的《城市地下综合管廊建设规划技术导则》突出了统筹衔接的规划原则，主要包括三方面：

(1)实现多规统筹衔接。一是与上位规划衔接，综合管廊建设规划编制中以相关上位规划作为指导和依据，在编制完成后，应将综合管廊用地及空间需求、管线入廊需求、重要节点建设要求反馈给上位规划，并进一步对其相关内容提出优化要求。二是与详细规划衔接，主要是衔接综合管廊的具体建设空间，涉及规划建设区域、系统布局、监控中心等，并依据详细规划对各路段综合管廊进行断面设计，细化三维控制线和重要节点的控制要求。三是与相关专项规划衔接。在与各类专项规划统筹衔接过程中，不能被动汇集各类规划需求，而要在管廊规划方案确定后，提出相关专项规划优化调整意见。

(2)实现新老城区建设统筹。新区规划要以需求为导向,合理确定管廊建设规模和入廊管线,既要避免管廊建成后长期空置,也要避免廊内空间预计不足。老城区规划要结合道路、管线、河道等改造和各类地下设施建设需求,统筹考虑综合管廊建设,从而提高可实施性。

(3)实现地下空间统筹利用。通过综合管廊规划统筹地下管线、轨道交通、人防、地下空间等各类地下设施,从而促进地下空间合理统筹和集约利用,控制地下空间开发及利用成本。这方面已积累了很多实践经验,如:北京市地铁8号线王府井项目在现状高密度商业区地下实现管廊与地铁统筹建设;郑东新区龙湖金融岛项目将综合管廊、道路、桥梁等设施进行一体化设计,构建交通、能源高效供给系统。

2.1.2 专项规划编制内容及成果

1)内容

(1)规划可行性分析。根据城市经济、人口、用地、地下空间、管线、地质、气象、水文等情况,分析管廊建设的必要性和可行性。

(2)规划目标和规模。明确规划总目标和规模、分期建设目标和建设规模。

(3)建设区域。敷设两类及以上管线的区域可划为管廊建设区域。高强度开发和管线密集地区应划为管廊建设区域。主要是:①城市中心区、商业中心、城市地下空间高强度成片集中开发区、重要广场,高速铁路车站、机场、港口等重大基础设施所在区域。②交通流量大、地下管线密集的城市主要道路以及景观道路。③配合轨道交通、地下道路、城市地下综合体等建设工程地段和其他不宜开挖路面的路段等。

(4)系统布局。根据城市功能分区、空间布局、土地使用、开发建设等,结合道路布局,确定管廊的系统布局和类型等。

(5)管线入廊分析。根据管廊建设区域内有关道路、给水、排水、电力、通信、广电、燃气、供热等工程规划和新(改、扩)建计划,以及轨道交通、人防建设规划等,确定入廊管线,分析项目同步实施的可行性,确定管线入廊的时序。

(6)管廊断面选型。根据入廊管线种类及规模、建设方式、预留空间等,确定管廊分舱、断面形式及控制尺寸。

(7)三维控制线划定。管廊三维控制线应明确管廊的规划平面位置和竖向规划控制要求,引导管廊工程设计。

(8)重要节点控制。明确管廊与道路、轨道交通、地下通道、人防工程及其他设施之间的间距控制要求。

(9)配套设施。合理确定控制中心、变电所、投料口、通风口、人员出入口等配套设施规模、用地和建设标准,并与周边环境相协调。

(10)附属设施。明确消防、通风、供电、照明、监控和报警、排水、标识等相关附属设施的配置原则和要求。

(11)安全防灾。明确综合管廊抗震、防火、防洪等安全防灾的原则、标准和基本措施。

(12)建设时序。根据城市发展需要,合理安排管廊建设的年份、位置、长度等。

(13)投资估算。测算规划期内的管廊建设资金规模。

(14)保障措施。提出组织、政策、资金、技术、管理等措施和建议。

2)成果

(1)文本:总则、依据、规划可行性分析、规划目标和规模、建设区域、系统布局、管线入廊分析、管廊断面选型、三维控制线划定、重要节点控制、配套设施、附属设施、安全防灾、建设时序、投资估算、保障措施、附表。

(2)图纸:管廊建设区域范围图、管廊建设区域现状图、管廊系统规划图、管廊分期建设规划图、管线入廊时序图、管廊断面示意图、三维控制线划定图、重要节点竖向控制图和三维示意图、配套设施用地图、附属设施示意图。

(3)附件:规划说明书、专题研究报告、基础资料汇编等。

2.1.3 专项规划编制过程

1)拟规划地区现状调查

拟规划地区的现状调查是综合管廊规划的基础性工作,主要为后期路网规划的制订提供科学的依据和量化的参数,使规划的方案更加具有科学性和适用性。一般需要了解该地区的城市总体规划方案、控制性详细规划方案和其他专项规划方案,着重调查拟定规划区内的地形、地质条件、地下水分布、道路沿线地下建(构)筑物的分布,已有市政管线埋设位置、土地使用情形、道路交通情况和道路施工开挖情况等,为路网走向的研究提供基本的信息。

2)管线入廊分析和综合管廊需求量预测

由于并非所有的市政管线都适应纳入综合管廊,因此需要根据地区情况,对于管廊纳入管线进行可行性分析,并与各管线单位进行管线入廊协商。

综合管廊的结构寿命应在100年以上,为了保证管廊建成后的50年甚至更长时期内仍有足够的空间容纳新增管线,应根据现状调查的结果预测规划区域内管线的需求,协调各市政管线单位参与综合管廊系统敷设管线的意愿,了解各管线未来的发展计划和新增容量,根据城市的发展规划,预测市政管线短近期、中期和长期的需求量以及未来遇到的问题,并提出解决方法。

3)确定综合管廊的路网走向

确定综合管廊的路网走向是综合管廊规划中最核心也是最重要的步骤,合理的路网规划可以保证管廊的效益最大化,真正发挥应有的作用。根据现有的综合管廊路网走向的规划经验,其规划一般可以分为两个阶段:

(1)初步拟定适宜建设的道路。基本布局形态的确定需要根据综合管廊系统的分级、容纳形式,管线种类和数量以及设置条件来决定。根据干线、支线和缆线综合管廊的特性不同,可以分别选择相应的评估指标,采用前两步中收集的基本资料和需求预测的结果,采用量化评估的方式,在拟定规划区内确定适宜建设综合管廊的区域或道路。

(2)确定详细路网方案。在上一步中,通过量化指标的分析可以确定大致的走向范围,提出多种可供比选的方案。因此,在确定适宜建设综合管廊区域或道路的基础上,采用管廊建设限制因素指标,环境冲击评估和效益评估等综合的评价方法,逐步缩小线路走向的范围,着重分析可行性线路之间的串联、干线和支线综合管廊之间的整合、综合管廊的建设与城市新区或地下空间工程的整合建设等,最终确定具体的路网方案。在具体路网确定阶段,也可以进行方案的经济效益与投资方式的评估,采用成本-收益方法加以比较,作为方案比选的参考条件。

4)概念设计

根据以上确定的路网方案和容纳管线的种类和数量,进行综合管廊的概念设计,为具体的工程设计提供指导或参考。概念设计应包括综合管廊平面线型、纵断面线型、断面选型、施工方案建议、特殊段规划方案,安全规划、附属设施规划等。

5)综合管廊的建设时序与其他相关安排

根据路线走向方案、管廊需求的紧迫性、管廊沿线重大工程建设等,拟定建设的近期、中期和长期计划,配合建设时序,制定实施方案,其内容包括建设的工程预算、经费来源、分摊方式、管理维护办法、实施步骤、施工计划、综合管廊信息系统的建立等[26]。

2.2 建设规模的确定

2.2.1 城市经济规模

一般来说,城市综合管廊的成本包括规划设计费、土地征收费、建设施工费、材料费、设备费、运维费、管理费等。根据不同国家的建设情况、基础设施的情况,价格略有差异,但普遍偏高。据统计,日本的城市综合管廊造价在50万元/m(折合人民币),中国台湾省和上海市分别为13万元/m、10万元/m。而日本东京的综合管廊就有大约130km,算下来总成本已经超过1000亿元。同时我国计划在包头等10个重要城市当中建设大量的综合管廊,初步投资351亿元。

按照目前的建设趋势,大约每公里就要花费1.2亿元,我国整体规划的城市地下廊道的总体投资规模将高达1万亿元。

2.2.2 人口规模

城市人口的总体规模、分布密度和组成结构,对城市资源的需求、空间利用方式和效果有重要的影响。其中,人口密度是综合表征城市空间及其他资源紧张程度的一个重要指标[27]。人口密度的大小反映了城市单位土地面积上人均占有空间资源、交通资源和市政设施的数量,同时决定了进行条件改善的需求强度。

综合管廊建设是一项民生工程,通过推进综合管廊规划和建设科学有序进行,可以缓解城市人口增加带来的用地紧张、基础设施不足等一系列的压力，产生较大的社会效益。同时，居民、社会资本以及管线单位作为综合管廊建设的核心利益相关者，在管廊建设整个生命周期中影响建设目标的实现[28]。

2.2.3 建设用地规模

一般意义上的地下空间开发是地表开发建设在先，发展到一定程度后再进行地下空间开发，而地下综合管廊开发通常是相反的，在地表“一张白纸”的新区比较容易开展。而地下综合管廊与地表的关系还需在实践中探索：

(1)地下管廊的地表状态。地下管廊的地表是否必须是空地，还是可以进行一定程度的建设?如何确保地下空间的利用方式与强度不会直接影响地表的利用?当地表已开发时，按照“新设权利不得妨碍既有”的原则，较容易确定约束条件，而当地表尚未开发时，尤其需注意对先行开发的地下工程如何限定，以确保地表未来的合理利用。

(2)地表使用权人对地下空间的优先权问题。对地表已有建筑物的地下建设用地进行开发，往往会引发权益纠纷。特别是对于已建成的居住小区，将其地下空间再开发给其他权利人使用时，很可能引发业主不满。

(3)权利与年期的设定。地下综合管廊用地属于基础设施用地，可以划拨方式取得。但一般的地下空间，由于与地表有密切关系，所以其权利设定和年期均应考虑地表情况。取得地下综合管廊空间权的使用者，其地下构筑物产权归投资者所有，可按项目单独办理产权，允许建设单位对其投资开发建设的地下工程自营或依法租赁。

2.2.4 道路建设规模

城市道路、公路和综合管廊的修建，多数情况下选择在城市中心或未来具有发展潜力的新城区，两者从规划线位和路由选择上重合度较高，因此提高综合管廊与道路项目规划方案的合理性是两者协同建设的重点。如能统筹好道路和综合管廊的规划，使二者成为一个有机的整体，会在有效减少土地的征用和临时占用的同时大大提升地面和地下的空间利用率，产生巨大的社会综合效益。

受可开发空间和周边环境等条件限制，综合管廊常与高速公路、城市主干路等共线合建，开展工程建设时建议首选同基坑开挖、共用围护结构以及主体结构板和梁柱体系的设计、施工方案，按照“先下后上”合理的施工顺序能有效降低施工难度，缩减综合成本和工期，经济效益显著。另外，同基坑开挖，可避免反复施工，缩减周边既有构筑物引起的重复性监测和保护费用。

道路与综合管廊多数情况下采用同一线位或路由，且综合管廊多数修建在道路红线内。在规划和方案设计阶段，沿线的用地属性、地质勘察及地下管线资料、地形地貌等都可一并委托相关专业单位，基础资料可以共享使用。

前期的绿化迁移、管线迁改、交通疏解等工作难度高、周期长，经常作为建设过程中的重要节点，综合管廊和道路可以统筹考虑。此外，既有管线需要改移出施工范围后再恢复原状，如从项目整体上协同规划考虑，后续将迁改管线纳入综合管廊，可以充分利用综合管廊空间并节省管线恢复费用。道路所需的信号灯、照明、视频监控等电力、电信管线也可一并统筹纳入综合管廊，无须新建直埋管线，解决直埋管线引起的反复开挖等问题，这种道路与综合管廊的协同建设模式将有效降低施工难度和工程成本[29]。

2.2.5 政府财政支出

综合管廊是一项具有准经营属性的市政基础设施项目，具有投资额大、投资回收期长的特点。在我国以往的综合管廊建设实践中，主要是以“政府投资，管线单位租用或免费使用”的运作模式进行，如上海松江新城、广州大学城等，政府通过财政手段筹措建设资金，后期运营中又无法回收成本，导致大规模建设综合管廊造成政府的财政无法负担。

2.3 综合管廊系统布局

2.3.1 干线综合管廊

干线综合管廊一般设置在道路中心下方或道路红线外的综合管道走廊带内，主要运输原站（如水厂、电厂、燃气厂等）。对于支线综合管道走廊，一般不直接服务于沿线地区。干线综合管廊的主要容量管道为电力、通信、自来水、天然气、热等管道，有时根据需要包括排水管道。在主干线综合管廊中，电力从超高压变电站输送到一、二次变电站。通信主要是中转局之间的信号传输，天然气主要是燃气厂与高压调节站之间的传输。主干线综合管廊的横截面通常为圆形或多箱，一般需要工作通道、照明、通风等设备。主干线综合管廊具有运输稳定、流量大、安全性高、内部结构紧凑等特点。考虑到大用户直接供应稳定，一般需要专用设备，管理和操作相对简单。

西安西咸新区能源金贸区地下综合空间项目设计过程中，根据市政管线规划，将各种类型的管线进行组合统筹安排，各段落管廊内包含的管线见表2.3-1。从表2.3-1中可以看出，不同道路管线的种类、数量、型号均存在差异。根据规格不同，为了满足经济性，按干线管廊—支线管廊—缆线管廊多级网络系统布局，形成“三横两纵”的干支缆综合管廊总体布局。

西安西咸新区各段落管廊内管线　　表2.3-1

管廊位置	管廊级别	110kV（回）	10kV（回）	通信（孔）	给水管	再生水	热力
丰宁路（金融三路—沣泾大道）	干线	6	24	36	DN400		2×DN1000
丰登路（金融三路—沣泾大道）	干线	6	36	18	DN400		2×DN1000
金融三路（丰产路—丰宁路）	干线	6	24	36	DN600	DN600	

续上表

管廊位置	管廊级别	110kV(回)	10kV(回)	通信(孔)	给水管	再生水	热力
金融三路(丰宁路—丰登路)	干线	6	24	36	DN600	DN600	
金融三路(丰登路—丰安路)	干线	6	24	36	DN600	DN600	
金融东路(丰宁路—丰登路)	支线		12	12	DN300		
丰裕路(金融三路—沣泾大道)	缆线		24	18			

干线管廊沿金融三路、丰宁路和丰登路布置,总长度约2.16km。干线管廊为单层三舱结构,即高压电力舱+中压电力舱+综合舱,如图2.3-1所示。高压电力舱纳入110kV电力电缆;中压电力舱纳入10kV电力电缆;综合舱纳入通信线缆、给水管、再生水管、热力管和预留管道。

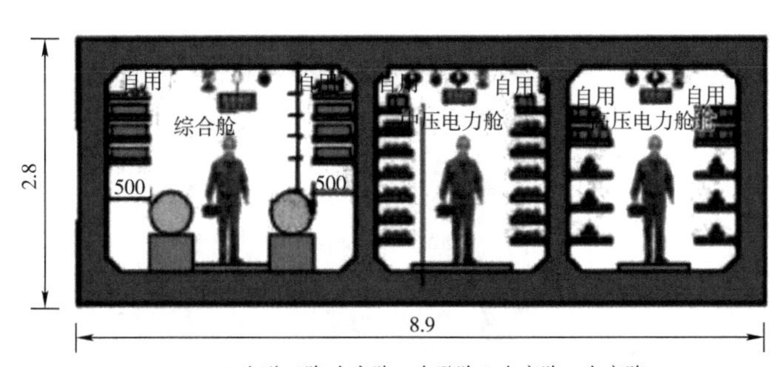

a) 金融三路(丰安路—丰登路，丰宁路—丰产路)

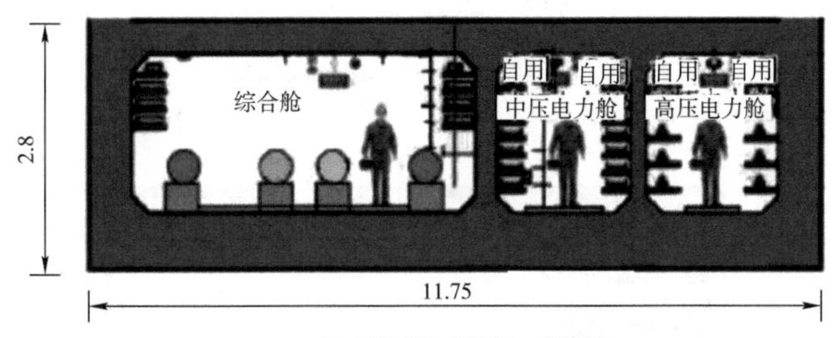

b) 金融三路(丰登路—丰宁路)

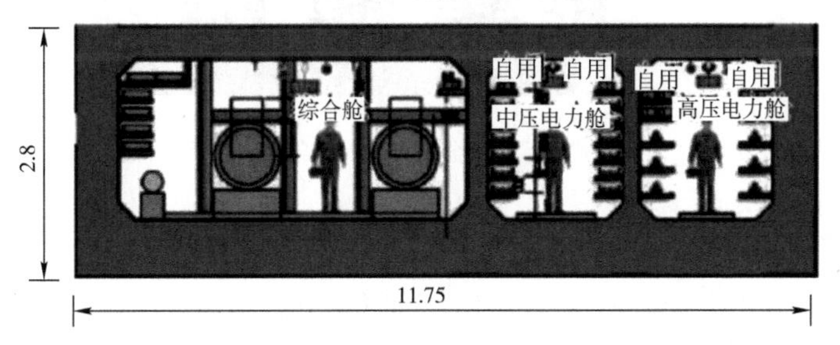

c) 丰宁路(金融三路—沣泾大道)和丰登路(金融三路—沣泾大道)

图2.3-1　单层三舱结构（尺寸单位：m）

2.3.2　支线综合管廊

支线综合管廊用于容纳城市配给工程管线,采用单舱或双舱方式建设的综合管廊。管廊断面尺寸一般与干线综合管廊一样，有的还比干线综合管廊大。支线综合管廊主要负责将各种供给从干线综合管廊分配、输送至各直接用户。其一般设置在道路的两旁，收容直接服务的各种管线。支线综合管廊的断面以矩形断面较为常见，内部要求设置工作通道及照明、通风设备。主要特点为：有效（内部空间）断面较小、结构简单施工方便、设备多为常用定型设备、一般不直接服务大型用户。

西安西咸新区能源金贸区地下综合空间支线管廊位于金融东路，总长度约0.39km，只有综合舱，纳入10kV电力电缆、通信线缆和给水管。该项目综合管廊与环隧均沿市政路网布设，若将两者分开布设，水平分布将增加用地红线宽度，竖向布设将增加开挖深度，因此采用共构方案，可节约土地资源，实现同期施工，降低造价。本项目支线管廊如图2.3-2所示，在金融东路与环隧共构，综合管廊置于环隧一侧，顶板顶齐平[30]。

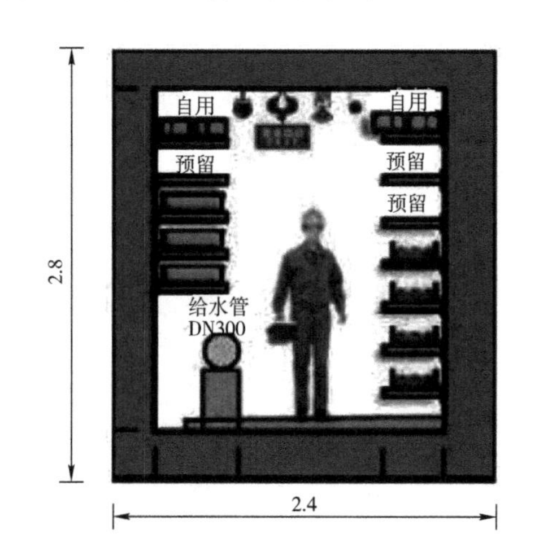

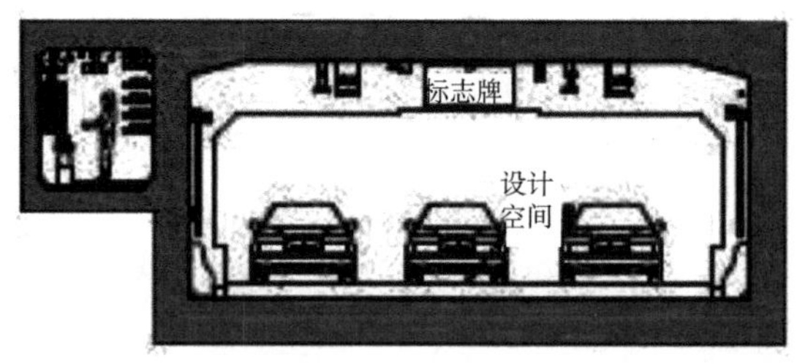

图2.3-2 西安西咸新区能源金贸区地下综合空间（尺寸单位：m）

2.3.3 缆线综合管廊

缆线综合管廊主要负责将城市架空电力、通信、有线电视、道路照明等电缆收集到埋地管道中。一般设置在道路人行道下，埋深较浅，一般约1.5m。矩形截面更常见，一般不需要设置工作通道、照明、通风等设备，只需增加维护孔。

国外缆线管廊规划和建设发展较早的国家是日本，其形成了以干线共同沟、供给管共同沟和电线共同沟组成的综合管廊系统，见图2.3-3。其中，供给管共同沟用于纳入直接服务于沿线区域的电缆以及给水管、再生水管、雨水管和污水管等，一般设置于人行道下，无覆土厚度要求，标准断面净宽为2.45～2.90m，净高为2.40m，见图2.3-4。电线共同沟即缆线综合管廊，仅用于容纳电力管线和通信管线，可以有效减少城市架空线的存在，对城市景观以及通行环境具有良好的提升作用。20世纪90年代，日本根据不同的道路和管线情况建设了不同的缆线管廊形式[31]。

图2.3-3 缆线综合管廊系统

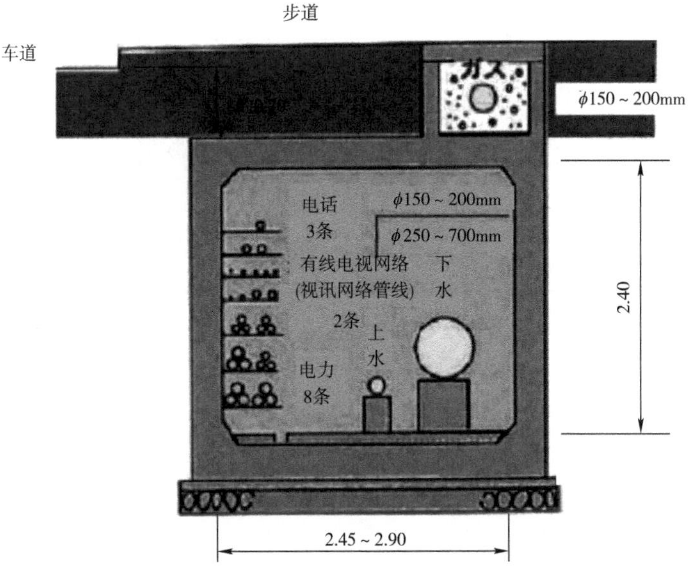

步道
车道
ガス
ϕ150～200mm
电话
3条
ϕ150～200mm
ϕ250～700mm
有线电视网络
(视讯网络管线)
2条
下
水
上
水
电力
8条
2.40
2.45～2.90

图2.3-4 新型缆线管廊规划与设计要点（尺寸单位：m）

目前国内已有城市开始规划建设多样的缆线管廊，这些新型缆线管廊在结构上更加简单，无附属设施（通风口、投料口、逃生口、照明设施、消防设施等）；无覆土厚度要求，且施工断面较小，大大减少了综合管廊的投资造价。2019年，厦门市出台了《缆线管廊工程技术规范》，对缆线管廊平面布局、标准断面、空间设计、节点设计、结构设计等方面提出了具体细化的指引。厦门市缆线管廊标准断面见图2.3-5。2018年，广州市出台了《广州市缆线管廊工程技术指引》，细化了缆线管廊的设计指引，将电力管线和通信管线处于分隔状态。广州市缆线管廊标准断面见图2.3-6。

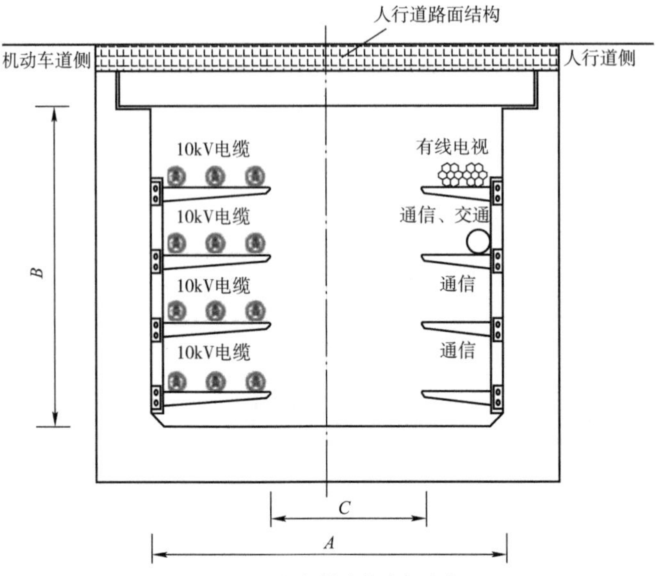

图2.3-5　厦门市缆线管廊标准断面

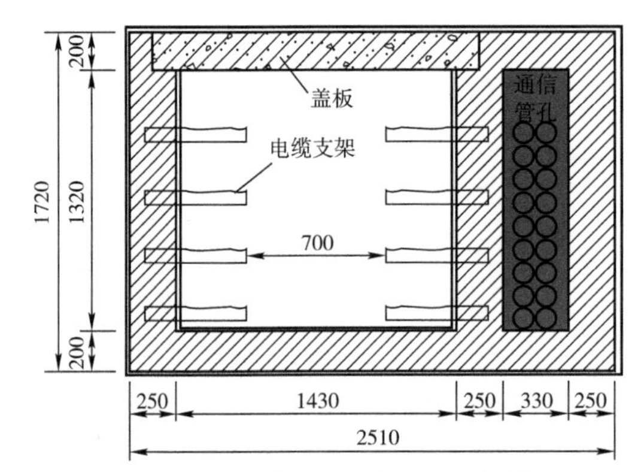

图2.3-6　广州市缆线管廊标准断面（尺寸单位：mm）

2.4　综合管廊管线入廊

2.4.1　综合管廊规划与管线综合规划的衔接

依据《城市地下综合管廊建设规划技术导则》（建办城函〔2019〕363号），地下管线密集地区应划为管廊建设区域。管廊选线分析时，重点分析城市各专业管线的专项规划，对有规划新增、规划改造需求的各专业管线进行整合分析，对于新增管线需求量大的区域，作为管廊建设重点区域进行分析研究。

综合管廊的布局与市政管线规划密切相关，管线密集的地方，更适合建设综合管廊，提升综合管廊的整体效益。综合管廊作为市政管线集中建设和放置的较好解决方案，目前被全世界广泛应用于解决此类问题上。通过管线综合规划，梳理出地下管线存在的典型问题，为综合管廊综合布局提供重要的参考依据。

以广州市天河某片区为例，通过管线综合规划梳理出的市政管线密集、敷设难度大、存在重要管线廊道及管线存在安全隐患的路段等问题，叠加分析得出管线建设和改造需求程度，为综合管廊整体布局规划提供重要的参考依据：

（1）管线密集路段。

管线密集路段指从空间分析的角度梳理出现状道路上已敷设管线较多、管线交叉情况复杂、可敷设空间紧张的路段。建议重点研究该道路建设综合管廊的可行性，通过管廊的建设，重组地下管线，释放地下空间。

（2）敷设难度大路段。

敷设难度大路段指从多维研判的角度梳理出现状车流量大、新建管线实施条件较差的路段。建议结合道路改造计划，把该路段纳入管廊建设的重点研究对象，通过管廊的实施，减少反复开挖造成的巨大交通压力。

（3）存在重要管线廊道路段。

存在重要管线廊道路段指重点考虑存在重要规划管线（如区域性供水管、燃气管、电力隧道等）的路段。建议把该路段作为管廊规划的重点研究对象，依托管廊的实施同步建设规划管线，强化管线的区域衔接。

（4）管线存在安全隐患管线路段。

管线存在安全隐患管线路段指从安全保障的角度梳理出现状管线间距不满足规范及行业安全要求的路段。建议把该路段作为管廊规划的研究对象，通过管廊的实施保障管线的安全运营。管线密集路段及存在重要管线廊道路段作为管廊建设高需求路段，结合地质、用地情况等其他因素，优先考虑布置综合管廊。

2.4.2 管线入廊具体要求

1）给水再生水管道

（1）给水、再生水管道设计应符合现行国家标准《室外给水设计规范》（GB 50013）和《污水再生利用工程设计规范》（GB 50335）的有关规定。

（2）给水、再生水管道可选用钢管、球墨铸铁管、塑料管等。接口宜采用刚性连接，钢管可采用沟槽式连接。

（3）管道支撑的形式，间距、固定方式应通过计算确定，并应符合现行国家标准《给水排水工程管道结构设计规范》（GB 50332）的有关规定。

2）排水管渠

（1）雨水管渠、污水管道设计应符合现行国家标准《室外排水设计规范》（GB 50014）的有关规定。

（2）雨水管渠、污水管道应按规划最高日最高时设计流量确定其断面尺寸，并应按近期流量校核流速。

(3)排水管渠进入综合管廊前,应设置检修闸门或闸槽。雨水、污水管道可选用钢管、球墨铸铁管、塑料管等。压力管道宜采用刚性接口,钢管可采用沟槽式连接。

(4)雨水、污水管道支撑的形式、间距、固定方式应通过计算确定,并应符合现行国家标准《给水排水工程管道结构设计规范》(GB 50332)的有关规定。

(5)雨水、污水管道系统应严格密闭。管道应进行功能性试验。

(6)雨水、污水管道的通气装置应直接引至综合管廊外部安全空间,并应与周边环境相协调。

(7)雨水、污水管道的检查及清通设施应满足管道安装、检修、运行和维护的要求。重力流管道并应考虑外部排水系统水位变化、冲击负荷等情况对综合管廊内管道运行安全的影响。

(8)利用综合管廊结构本体排除雨水时,雨水舱结构空间应完全独立和严密,并应采取防止雨水倒灌或渗漏至其他舱室的措施。

3)天然气管道

(1)天然气管道设计应符合现行国家标准《城镇燃气设计规范》(GB 50028)的有关规定。

(2)天然气管道应采用无缝钢管。

(3)天然气管道的连接应采用焊接,焊缝检测要求应符合规定。

(4)天然气管道支撑的形式、间距、固定方式应通过计算确定,并应符合现行国家标准《城镇燃气设计规范》(GB 50028)的有关规定。

(5)天然气管道的阀门、阀件系统设计压力应按提高一个压力等级设计。

(6)天然气调压装置不应设置在综合管廊内。

(7)天然气管道分段阀宜设置在综合管廊外部。当分段阀设置在综合管廊内部时,应具有远程关闭功能。

(8)天然气管道进出综合管廊时应设置具有远程关闭功能的紧急切断阀。

(9)天然气管道进出综合管廊附近的埋地管线、放散管、天然气设备等均应满足防雷、防静电接地的要求。

4)供热管道

(1)热力管道应采用钢管、保温层及外护管紧密结合成一体的预制管,并应符合国家现行标准《高密度聚乙烯外护管硬质聚氨酯泡沫塑料预制直埋保温管及管件》(GB/T 29047)和《玻璃纤维增强塑料外护层聚氨酯泡沫塑料预制直埋保温管》(CJ/T 129)的有关规定。

(2)管道附件必须进行保温。

(3)管道及附件保温结构的表面温度不得超过50℃。保温设计应符合现行国家标准《设备及管道绝热技术通则》(GB/T 4272)、《设备及管道绝热设计导则》(GB/T 8175)和《工业设备及管道绝热工程设计规范》(GB 50264)的有关规定。

(4)当同舱敷设的其他管线有正常运行所需环境温度限制要求时,应按舱内温度限定条件校核保温层厚度。

(5)当热力管道采用蒸汽介质时,排气管应引至综合管廊外部安全空间,并应与周边环境相协调。

(6)热力管道设计应符合现行行业标准《城镇供热管网设计规范》(CJJ/T 34)和《城镇供热管网结构设计规范》(CJJ 105)的有关规定。

(7)热力管道及配件保温材料应采用难燃材料或不燃材料。

5)电力电缆

(1)电力电缆应采用阻燃电缆或不燃电缆。

(2)应对综合管廊内的电力电缆设置电气火灾监控系统。在电缆接头处应设置自动灭火装置。

(3)电力电缆敷设安装应按支架形式设计,并应符合现行国家标准《电力工程电缆设计规范》(GB 50217)和《交流电气装置的接地设计规范》(GB/T 50065)的有关规定。

6)通信电缆

(1)通信线缆应采用阻燃线缆。

(2)通信线缆敷设安装应按桥架形式设计,并应符合国家现行标准《综合布线系统工程设计规范》(GB 50311)和《光缆进线室设计规定》(YD/T 5151)的有关规定。

7)其他管线

其他管线包括消防(包括室内、室外消火栓系统,自动喷淋系统)、垃圾气体输送管道、垃圾输送管道等。

根据对于垃圾气体输送管道的特性分析,其管径较大,一般为500mm。由于国内相关案例较少,缺少对于该类管线的技术标准,因此可以仅作为未来计划,在管廊断面中设置相应的预留空间。

根据香港科技大学(广州)项目方案设计,校园内的管线主要包括生活给水、雨水、污水、供冷、供热、消防(包括室内、室外消火栓系统,自动喷淋系统)、绿化给水、电力、通信及燃气管线。本项目以构建韧性及可持续发展校园为目标,为提高校园内管线系统的安全、稳定性,降低事故对校园的影响,供冷及供热系统均设备用管线,供冷系统沿教学核心区周边道路按环路布置,消防系统中的室内消火栓系统及自动喷淋系统各设两套独立管线系统。

2.4.3 入廊管线相容性

根据《城市综合管廊工程技术规范》(GB 50838—2015),给水、雨水、污水、再生水、天然气、热力、电力、通信等城市工程管线都可以纳入综合管廊。但管线入廊时应考虑各类管线的相容性:

(1)当综合管廊纳入燃气管道时,燃气管道应单独设舱,并与其他舱室进行隔断。

(2)综合管廊中没有干扰的管线可以进行同舱敷设,对于相互干扰的管线要设置在不同的舱室。设置在同一舱室的管线要对管线进行安全距离的计算,缩小综合管廊的断面尺寸,减小综合管廊的建设成本。

考虑到强、弱电存在一定的干扰，电力、通信管线不宜置于同一舱室；给水管线对高压电力管线的防腐也有一定的干扰，因此，建议高压电力管线入廊时，不宜与给水管线置于同一舱室。

2.5 综合管廊断面选型

2.5.1 断面分类

城市综合管廊根据标准断面的舱室数量可以分为单舱管廊、双舱管廊、三舱管廊、多舱管廊及多层多舱管廊。

1)单舱管廊

单舱管廊是一种将多种管线(例如电气、通信、给排水等)集成在一起并安装在一个封闭的通道内的管道系统。单舱管廊的优点是:①一次性成型。综合管廊可以根据需求在工厂预制，可以快速成型和安装，减少了在现场进行管线敷设时的工艺难度和浪费。②易于维护和维修。所有管道安装在一个通道内，易于维修和维护，特别是在紧急情况下。③提高安全性。综合管廊最大的优点就是减少了地下工程交叉施工，避免了各种可能的安全事故，减少了施工人员的风险，提高了安全性。④保护管道。综合管廊将管道集成在一起，并加装保护层和通风系统，可以保护管道免受地下水和其他环境因素的侵害，延长其寿命。单舱管廊的缺点是:①成本较高。相对于传统地下管道施工，综合管廊的成本较高，需要有明确的规划和充足的预算。②对现场要求较高。综合管廊需要在现场将多个部件进行组装和安装，对现场要求较高，需要较强的施工技术和经验。③设计和改动较为复杂。综合管廊需要进行精细的设计和计算，任何更改都需要进行系统的调整，因此在管廊施工前需仔细评估和规划。

2)双舱管廊

双舱管廊是一种建立在地下，由两个相互独立的管舱组成的管道系统，可同时输送多条管道内的物质。其中，"双舱"指的是管道系统内的两个独立的管舱，分别用来输送不同的物质。双舱管廊可应用于城市基础设施建设，如城市供水、燃气、热力、电力等系统的建设。它可以有效降低城市供应系统的维护成本，提高系统的运行效率和安全性。

目前，国内外已有多个城市采用双舱管廊技术，如北京的公用事业双舱管廊和上海的城市燃气双舱管廊等。同时，双舱管廊在地铁站、机场、医院等公共场所的防火、排水等方面也得到了广泛应用。

3)三舱管廊

三舱管廊断面面积大，造价高，可容纳管线种类与数量多，适用于容纳城市主干工程管线，是一类不直接服务于沿线地区的干线综合管廊，设置于城市干路或中央绿化带下方。三舱管廊适用于存在两种需单独敷设的管线，为了避免互相干扰并出于安全考虑采用三舱室。

如图2.5-1所示，管廊同时容纳了燃气管线、110kV高压电力电缆、通信线缆及给水管道。该情况下三舱室的设计保证燃气管线单独敷设、高压电力电缆不与通信电缆同舱室敷设的要求。同时，三舱管廊空间大，可以预留管线位置满足远期发展要求。

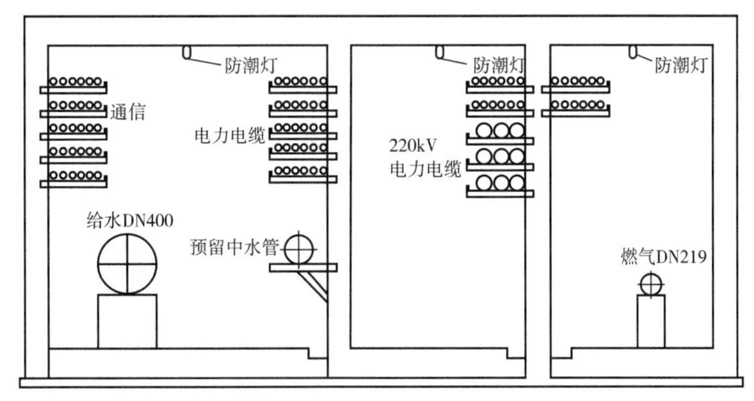

图2.5-1　三舱室综合管廊

4)多舱管廊

多舱管廊舱室分隔多，截面积大，但造价相对要高出许多。多舱管廊多为考虑将不利于纳入综合管廊的重力流管线或具有一定危险性的管线纳入其中，需单独设置舱室以满足管线要求。多舱管廊纳入给排水管道、热水管道电力电信线缆、燃气管线。干线综合管廊纳入管线种类多，相互之间存在干扰。多舱管廊可以很好地解决此类问题，因此越来越多地用于城市干线综合管廊的建设。

5)多层多舱管廊

多层多舱室综合管廊是多舱室综合管廊的一种，将舱室按上下形式布置，增加综合管廊竖向高度，适用于管廊建设场地横向空间不足的情况，如旧城改造区域可能存在用地紧张，已建有地下车库或者地下交通设施，或者山地城市综合管廊建设，山地地区用地紧张，地势错综复杂，地下空间需要高效集约使用。上述两种区域适用于双层四舱室综合管廊。如图2.5-2所示，这种管廊采用竖向四舱，虽增加了管廊埋深，但大大节约了管廊横向空间，实现了城市地下空间集约化利用。

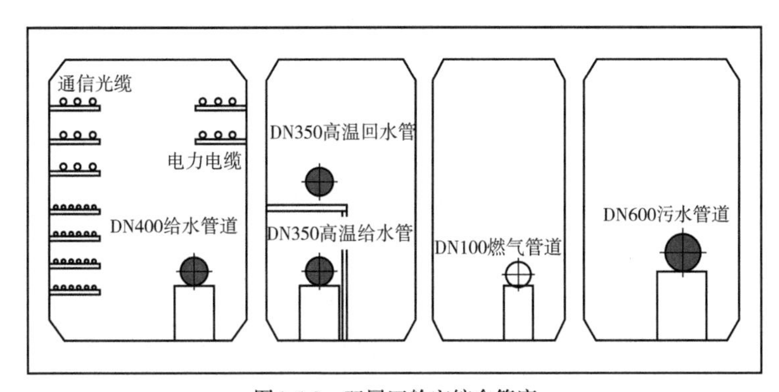

图2.5-2　双层四舱室综合管廊

综合管廊标准断面形状主要有马蹄形、圆形、椭圆形和矩形四大类，其中圆形、椭圆形和矩形是我国综合管廊常见的断面形状。

马蹄形和圆形断面空间利用率较低，但具有结构受力性能优良、施工速度快等优点。矩形断面具有较高的空间利用率，椭圆形断面次之。当纳入管线种类和数量较多，对管廊空间利用率要求较高时，宜采用矩形断面。

受力性能是综合管廊本体结构对外部负荷的抵抗能力，圆形断面与椭圆形断面的混凝土构件受力较矩形断面更均匀，均布荷载较低，能够均匀地承受外部荷载，适用于埋深较大的综合管廊。矩形断面上部受到集中荷载较大，需要在集中荷载处布置较多的钢筋来平衡荷载。因此，在受力性能上圆形与椭圆形断面都要优于矩形断面。马蹄形断面则兼具了前两类断面的优势，上部圆形断面处受力均匀，下部矩形断面受力稳定。

圆形断面多用于盾构施工，施工速度较快。椭圆形断面一般为预制断面，可以边开挖基槽边敷设综合管廊，施工速度快，是未来综合管廊的发展方向。矩形断面分为预制和现浇两种形式，其中预制形式施工速度要快于现浇模式。应该根据建设方式和对建设速度的要求综合考虑选取合适的断面形式。采用明挖现场浇筑式施工方式宜选用矩形断面，施工工艺成熟。预制拼装式宜选用矩形或者椭圆形断面，施工速度快，易于实现施工现场标准化管理。采用暗挖盾构施工方式时应考虑受力性能好，方便施工，宜选用马蹄形或者圆形断面。

不同断面对建设成本的影响主要基于不同断面施工方式的不同。对于圆形断面，其施工方式以盾构居多，建设成本高昂。椭圆形及马蹄形断面预制形式居多，其建设成本主要由本体结构成本和运输成本两部分组成，由于预制式采用工业化形式加工制造，其结构成本要低于同类型的矩形断面。但其运输成本较高，当采用预制式综合管廊时，其生产工厂要求距离建设地点较近。矩形断面可采用预制和现浇两种形式，但预制率与建设成本正相关。就目前国内预制材料规模与发展状况而言，预制式综合管廊的建设成本要高于现浇式综合管廊。

综合管廊要根据建设地点的不同考虑其影响范围，建设地点在老城区或者繁华商业区的综合管廊项目为避免对地上交通及居民生活造成影响，宜采用暗挖法进行施工，则盾构或者顶管施工是比较合适的施工方式，此时宜采用圆形断面，对周围影响较小。假设是建设地点在城市新区或者开发区的综合管廊项目，周围的影响限制较低，综合管廊建设可以采用明挖法施工，此时可以采用现场浇筑或预制拼装式的矩形和椭圆形断面综合管廊。

2.5.2 影响因素

1)地区环境

地区环境是综合管廊建设区域的社会环境，应考虑综合管廊建设地区的规划范围、场地地下空间开发强度和管廊建设区域。规划范围的大小决定综合管廊服务面积，是影响综合管廊断面面积的重要指标之一。服务面积与管廊的断面面积正相关；场地地下空间开发强度能够反映地下空间资源的利用情况，场地开发强度可由市政管线密度直接反映，管线密度越大则对综合管廊断面利用率的要求越高。宜选用空间利用率较高的标准断面；管廊建设区域指的是管廊建设的城区位置,城市老旧城区的改造和新区的建设等不同的建设区域会影响施工方式的选择。例如,新城区综合管廊建设往往先于周边建筑物的建设,可选用明挖法施工,宜选用椭圆形或矩形断面;而老城区受到地上建筑的影响,一般选用盾构法施工,此类施工方法可选用圆形或者马蹄形等曲面断面作为标准断面的断面形状。

2)建设条件

建设条件是综合管廊建设地点的地理信息,应考虑综合管廊建设地点的地形特点和水文地质条件。地形特点要综合建设地点的地形地貌进行断面选型,例如山地城市地下空间资源紧张、空间使用情况复杂、城市道路起伏较大等都是影响标准断面选型的重要因素。在城市地下空间资源比较紧张的地区要考虑集约利用地下空间,比较适合选用空间利用率较高的标准断面形式。水文地质条件包括地下水位和土质条件。较高的地下水位会直接影响综合管廊的防渗等级,现浇式管廊的接缝要少于预制拼装式管廊,防渗效果更好,现浇式管廊以矩形断面为主,因此宜选用矩形断面。较高的地下水位还要考虑综合管廊结构抗浮,这也会对综合管廊标准断面选型产生影响。

3)建设要求

建设要求是对综合管廊作为市政基础设施的服务能力和服务水平的考量,要考虑管廊服务范围的需求和后期运行维护需求。服务范围的需求指的是根据规划范围的用地性质、未来发展需求、规划总人口和规划总面积确定纳入综合管廊管线的种类、规格及数量,以便确定舱室数量及舱室分隔情况。综合管廊后期运行维护需要预留检修通道满足人员车辆通行和管线吊装维护,检修通道分为车辆检修通道和人员检修通道。根据综合管廊的检修要求确定检修通道宽度,其直接影响标准断面的面积。

4)经济条件

经济条件要考虑当地政府的财政能力、综合管廊的成本控制和当地城市人均生产总值。综合管廊前期投资巨大,参考最新制定的《城市综合管廊工程投资估算指标》,我国综合管廊建设成本为(0.5~1.7)亿元/m。财政能力是当地政府对综合管廊建设的财政支持。综合管廊作为城市基础设施之一,具有前期投资高、后续效益回收较慢的特点。一般是政府出资或者政府与私营组织之间以PPP融资模式对综合管廊进行投资。综合管廊的成本主要指综合管廊的建筑安装工程费,其受综合管廊本体结构、综合管廊埋深和施工方式的影响。综合管廊标准断面与成本息息相关,合理的标准断面有利于节省成本从而降低投资。当地城市人均生产总值直接反映当地财政能力而且还能间接地体现当地城市基础设施的强弱,统计发达国家人均生产总值与地下空间开发强度的关系发现,基础设施的建设与国内生产总值关系密切。

5)社会效益

综合管廊作为城市基础设施,有利于城市管线集约化管理,避免城市道路反复开挖,解决了城市“拉链路”和架空线问题,间接节省了因施工造成的交通限流限行问题。城市拥堵是我国城市发展需要面对的共同难题,综合管廊可以将城市中心将管线布置对城市居民生活的影响降到最低。综合管廊的建设不仅能够提升居民生活品质,更是城市形象一张良好的名片，可以反映当地的城市发展速度和质量，是一个城市核心竞争力的体现。

6)环保

任何一项工程建设都会对环境带来不同程度的影响。综合管廊建设会根据施工方式的不同给周围环境带来不同的影响。明挖式综合管廊会产生扬尘、噪声等污染，是对周围环境造成影响最大的一类施工方式，一般矩形和椭圆形标准断面采用明挖施工的情况较多。相比明挖施工，盾构施工对周围环境产生的影响较小，几乎没有扬尘及噪声污染，而且不会对交通产生影响，一般盾构施工采用圆形标准断面的情况较多，但盾构施工成本高昂，一般只会在城区建设综合管廊时，为避免对交通及城市居民的干扰，才会采用此类施工方式。

3

城市综合管廊设计

3.1 城市综合管廊设计标准与要点

综合管廊是一种新型的集约化城市市政基础设施，具有突出的使用优点。规划是综合管廊充分发挥效益的前提和基础。综合管廊规划指的是城市各种地下市政管线的综合规划，其线路应符合城市各种市政管线布局的基本要求。

在规划编制前，应明确编制的目的、依据和原则，确保综合管廊规划与城市总体规划、管线综合规划，市政专项规划、控制性详细规划和城市地下空间规划相协调。

科学地确定综合管廊的建设规模，是保证规划编制的合理性及可行性的基础。综合管廊工程建设应遵循“规划先行，适度超前，因地制宜，统筹兼顾”的原则，充分发挥综合管廊的综合效益。综合管廊建设规模包括总建设规模及分期建设规模。可通过借鉴国外成功经验，采用对比法和比例法，对综合管廊建设规模进行预测，科学合理地确定城市综合管廊的建设目标和规模。综合管廊主要分布于城市的重要节点、重要线路和重要区域，可分为新城区、老城区、重要节点三类地区分类展开，并结合轨道建设、道路新建、市政管道改造、高压地下线及地下空间开发计划，选择合适的时机实施建设。综合管廊布局与城市的建设理念及路网紧密结合。应根据城市功能分区、空间布局、土地使用、开发建设等，结合道路布局确定管廊的系统布局和类型，最终在城市主干道下面形成与城市主干道相对应的地下管线综合管廊布局形态。在国内外综合管廊案例中，廊中容纳的管线数量和种类各不相同。纳入综合管廊的管线主要有电力电缆、通信电缆、给水管道、热力管道、燃气管道、排水管道、供冷供热管道及垃圾气体输送管道等。从国内外综合管廊使用情况来看，将给水管道、电力电缆、通信电缆、输水管道纳入综合管廊考虑经济且合理，而是否将雨污水管道及燃气管道纳入综合管廊还应该根据实际情况具体分析。管廊断面的类型必须依据埋置深度、地形、地貌等地质条件以及施工方法来确定。同时对于三维控制线，重要节点配套设施和附属设施的规划也不容忽视[32]。

3.2 城市综合管廊空间设计

3.2.1 综合管廊穿越河道

综合管廊穿越河道时应选择在河床稳定的河段，最小覆土深度应满足河道整治和综合管廊安全运行的要求，并应符合下列规定：

(1)在Ⅰ～Ⅴ级航道下面敷设时，顶部高程应在远期规划航道底高程2.0m以下。

(2)在Ⅴ、Ⅰ级航道下面敷设时，顶部高程应在远期规划航道底高程1.0m以下。

(3)在其他河道下面敷设时，顶部高程应在河道底设计高程1.0m以下。

3.2.2 综合管廊与相邻地下管线最小净距

综合管廊与相邻地下管线及地下构筑物的最小净距由构筑物性质确定，且不得小于表3.2-1的规定。

综合管廊与相邻地下构筑物的最小净距(单位:m) 表3.2-1

相邻情况	明挖施工	顶管、盾构施工
综合管廊与地下构筑物水平净距	1.0	综合管廊外径
综合管廊与地下管线水平净距	1.0	综合管廊外径
综合管廊与地下管线交叉垂直净距	0.5	1.0

3.2.3 综合管廊的最小转弯半径

(1)综合管廊最小转弯半径应满足综合管廊内各种管线的转弯半径要求。

(2)综合管廊内电力电缆弯曲半径和分层布置，应符合现行《电力工程电缆设计规范》(GB 50217)的有关规定。

(3)综合管廊内通信线缆弯曲半径应大于线缆直径的15倍，且应符合现行《通信线路工程设计规范》(YD 5102)的有关规定[33]。

3.2.4 其他要求

(1)综合管廊内纵向坡度超过10%时，应在人员通道部位设置防滑地坪或台阶。

(2)综合管廊与其他方式敷设的管线连接处，应采取密封和防止差异沉降的措施。

当管线进入综合管廊或从综合管廊外出时，由于敷设方式不同以及综合管廊与道路结构不同，容易产生不均匀沉降，进而对管线运行安全产生影响。设计时应采取措施避免差异沉降对管线的影响。在管线进出综合管廊部位，尚应做好防水措施，避免地下水渗入综合管廊。

(3)综合管廊的监控中心与综合管廊之间宜设置专用连接通道，通道的净尺寸应满足日常检修通行的要求。

监控中心宜靠近综合管廊主线，为便于维护管理人员自监控中心进出管廊，宜设置专用维护通道，并根据通行要求确定通道尺寸[34]。

3.3 城市综合管廊断面设计

3.3.1 综合管廊断面净高

综合管廊标准断面内部净高应根据容纳管线的种类、规格、数量、安装要求等综合确定，不宜小于2.4m。

综合管廊断面净高应考虑头戴安全帽的工作人员在综合管廊内作业或巡视工作所需要的高度，并应考虑通风、照明、监控因素[35]。

《城市电力电缆线路设计技术规定》(DL/T 5221—2016)第6.4.1条规定："电缆隧道的净高不宜小于1900mm，与其他沟通交叉的局部段净高，不得小于1400mm或改为排管连接。"《电力工程电缆设计规范》(GB 50217—2018)第5.5.1条规定："工作井的净高不宜小于1900mm，与其他沟道交叉的局部段净高不得小于1400mm；电缆夹层的净高不得小于2000mm。"

考虑到综合管廊内容纳的管线种类数量较多及各类管线的安装运行需求，同时为长远发展预留空间，结合国内工程实践经验，《城市综合管廊工程技术规范》(GB 50838—2015)将综合管廊内部净高最小尺寸要求提高至2.4m。

3.3.2 综合管廊断面净宽

1)基本规定

综合管廊标准断面内部净宽应根据容纳的管线种类、数量、运输、安装、运行、维护等要求综合确定。

综合管廊通道净宽应满足管道、配件及设备运输的要求，并应符合下列规定：

(1)综合管廊内两侧设置支架或管道时，检修通道净宽不宜小于1.0m；单侧设置支架或管道时，检修通道净宽不宜小于0.9m。

综合管廊通道净宽首先应满足管道安装及维护的要求，同时综合《城市电力电缆线路设计技术规定》(DL/T 5221—2005)第6.1.4条、《电力工程电缆设计规范》(GB 50217—2018)第5.5.1条的规定，确定检修通道的最小净宽。

(2)配备检修车的综合管廊检修通道宽度不宜小于2.2m。

对于容纳输送性管道的综合管廊，宜在输送性管道舱设置主检修通道，用于管道的运输安装和检修维护。为便于管道运输和检修，并尽量避免综合管廊内空气污染，主检修通道宜配置电动牵引车，参考国内小型牵引车规格型号，综合管廊内适用的电动牵引车尺寸按照车宽1.4m定制，两侧各预留0.4m安全距离，确定主检修通道最小宽度为2.2m。

2)我国已有综合管廊的标准断面示意图

图3.3-1所示为我国已有的综合管廊标准断面示意图。

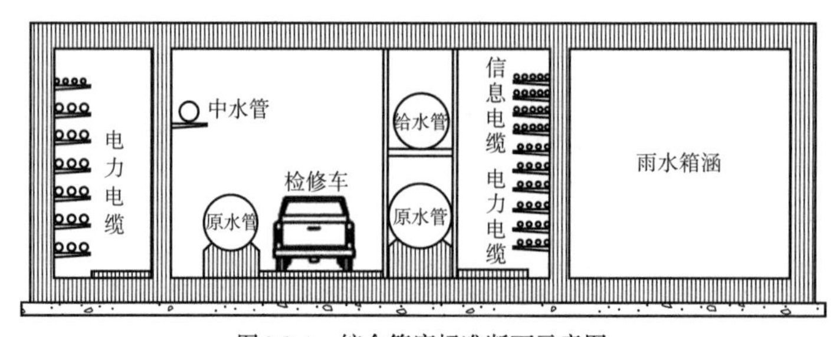

图3.3-1 综合管廊标准断面示意图

3.4 城市综合管廊结构设计

3.4.1 设计标准

城市综合管廊结构设计方法：应采用以概率理论为基础的极限状态设计方法，以可靠指标度量结构构件的可靠度除验算整体稳定性外，均应采用含分项系数的设计表达式进行设计。

（1）综合管廊结构设计应满足使用年限不低于100年，综合管廊的结构安全等级应为一级，结构中各类构件的安全等级宜与整个结构的安全等级相同。

（2）综合管廊工程应按乙类建筑物进行抗震设计，并应满足国家现行标准的有关规定。

（3）综合管廊结构构件的裂缝控制等级应为三级，结构构件的最大裂缝宽度限值应小于或等于0.2mm，且不得贯通。

（4）对埋设在历史最高水位以下的综合管廊，应根据设计条件计算结构的抗浮稳定。计算时不应计入管廊内管线和设备的自重，其他各项作用应取标准值，并应满足抗浮稳定性抗力系数不小于1.05。

（5）预制综合管廊纵向节段的长度应根据节段吊装、运输等施工过程的限制条件综合确定。

3.4.2 综合管廊结构荷载

（1）综合管廊在进行结构设计时，应考虑永久荷载、可变荷载、偶然荷载。

①永久荷载包括围岩压力、土压力、结构自重、结构附加恒载、混凝土收缩和徐变的影响力、水压力。

②可变荷载包括道路车辆荷载、铁路列车荷载、人群荷载、温度变化的影响力、冻胀力、施工荷载。

③偶然荷载包括地震力。

（2）结构设计应计算下列两类极限状态：

①承载力极限状态：包括结构的承载力计算、结构整体稳定性验算（滑移、抗浮等）。

②正常使用极限状态：对结构构件分别按作用效应的标准组合或长期效应的准永久组合进行验算，保证构件裂缝开展宽度。

（3）综合管廊结构上的作用应符合现行国家标准《建筑结构荷载规范》（GB 50009）的有关规定。

（4）结构设计时，对不同的作用应采用不同的代表值：对永久作用，应采用标准值作为代表值；对可变作用，应根据设计要求采用标准值、组合值或准永久值作为代表值。作用的标准值，应为设计采用的基本代表值。

(5)当结构承受两种或两种以上可变作用时,在承载力极限状态设计或正常使用极限状态按短期效应标准值设计时,对可变作用应取标准值和组合值作为代表值。

(6)当正常使用极限状态按长期效应准永久组合设计时,对可变作用应采用准永久值作为代表值。可变作用准永久值应为可变作用的标准值乘以作用的准永久值系数。

(7)结构主体及收容管线自重可按结构构件及管线设计尺寸计算确定。对常用材料及其制作件,其自重可按现行国家标准《建筑结构荷载规范》(GB 50009)的有关规定执行。

(8)综合管廊结构上的预应力标准值应为预应力钢筋的张拉控制应力值扣除各项预应力损失后的有效预应力值。张拉控制应力值应按现行国家标准《混凝土结构设计规范》(GB 50010)的有关规定执行。

(9)对于建设场地地基土有显著变化段的综合管廊结构,需计算地基不均匀沉降的影响,其标准值应按现行国家标准《建筑地基基础设计规范》(GB 50007)的有关规定计算确定。

3.4.3 材料

(1)综合管廊工程所采用的材料应符合国家现行相关标准的规定,同时根据结构类型、受力条件、使用要求和所处环境来选用,并考虑耐久性、可靠性和经济性。主要材料宜采用高性能混凝土、高强度钢筋。当地基承载力良好、地下水位在综合管廊底板以下时,可采用砌体材料。

(2)综合管廊主体混凝土强度等级不应低于C30,预应力混凝土结构的混凝土强度等级不应低于C40,垫层混凝土的强度等级可采用C15。

(3)地下工程部分宜采用自防水混凝土,设计抗渗等级应符合表3.4-1的规定,并不应小于P6。

防水混凝土设计抗渗等级 表3.4-1

管廊埋置深度H(m)	设计抗渗等级	管廊埋置深度H(m)	设计抗渗等级
$H<10$	P6	$20\leq H<30$	P10
$10\leq H<20$	P8	$H\geq 30$	P12

(4)受力钢筋应优先选用HRB400级钢筋。

(5)预埋钢板宜采用Q235钢、Q345钢,其质量应符合国家现行标准的要求。

3.4.4 综合管廊结构设计方法

1)现浇混凝土综合管廊结构设计

(1)现浇混凝土综合管廊结构的截面内力计算模型宜采用闭合框架模型。作用于结构底板的基底反力分布应根据地基条件具体确定,并应符合下列规定:

①对于地层较为坚硬或经加固处理的地基,基底反力可视为直线分布;

②对于未经处理的柔软地基,基底反力应按弹性地基上的平面变形问题计算确定。

(2)现浇混凝土综合管廊结构一般为矩形箱涵结构。结构的受力模型为闭合框架,如图3.4-1所示。

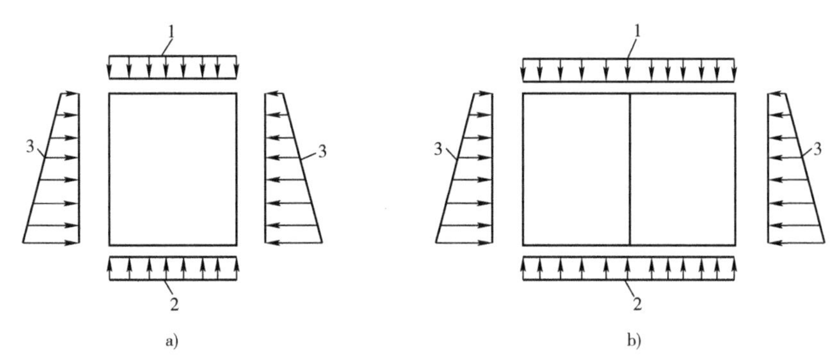

图3.4-1　现浇综合管廊闭合框架计算模型

1-顶板荷载;2-基底反力;3-侧向水土压力

(3)现浇混凝土综合管廊结构设计应符合现行国家标准《混凝土结构设计规范》(GB 50010)、《纤维增强复合材料建设工程应用技术规范》(GB 50608)的相关规定。

2)预制拼装综合管廊结构设计

预制拼装综合管廊结构宜采用预应力筋连接接头、螺栓连接接头或承插式接头。当场地条件较差,或易发生不均匀沉降时,宜采用承插式接头。当有可靠依据时,也可采用其他能够保证预制拼装综合管廊结构安全性、适用性和耐久性的接头构造。

预制拼装综合管廊结构计算模型为闭合框架,由于拼缝刚度的影响,在计算时应考虑到拼缝刚度对内力折减的影响。仅带纵向拼缝接头的预制拼装综合管廊结构的截面内力计算模型,宜采用与现浇混凝土综合管廊结构相同的闭合框架模型。

带纵、横向拼缝接头的预制拼装综合管廊的截面内力计算模型,应考虑拼缝接头的影响,其结构受力模型如图3.4-2所示,拼缝接头影响宜采用K-ζ法(旋转弹簧-ζ法)计算,构件的截面内力分配应按式(3.4-1)~式(3.4-3)计算。

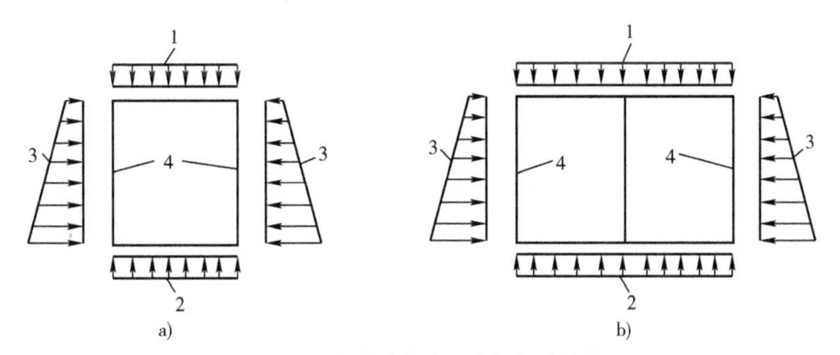

图3.4-2　预制综合管廊闭合框架计算模型

1-顶板荷载;2-基底反力;3-侧向水土压力;4-拼缝接头旋转弹簧

$$M = K\theta \tag{3.4-1}$$

$$M_{\mathrm{j}} = (1 - \zeta)M, N_{\mathrm{j}} = N \tag{3.4-2}$$

$$M_Z = (1 + \zeta)M, N_Z = N \tag{3.4-3}$$

式中：M——按照旋转弹簧模型计算得到的带纵、横向拼缝接头的预制拼装综合管廊截面内各构件的弯矩设计值（kN·m）；

K——旋转弹簧常数（kN·m/rad），$25000\text{kN·m/rad} \leqslant K \leqslant 50000\text{kN·m/rad}$;

θ——预制拼装综合管廊拼缝相对转角（rad）；

M_j——预制拼装综合管廊节段横向拼缝接头处弯矩设计值（kN·m）；

ζ——拼缝接头弯矩影响系数，当采用拼装时取$\zeta=0$，当采用横向错缝拼装时取$0.3<\zeta<0.6$；

N_j——预制拼装综合管廊节段横向拼缝接头处轴力设计值（kN）；

N——按照旋转弹簧模型计算得到的带纵、横向拼缝接头的预制拼装综合管廊截面内各构件的轴力设计值（kN）；

M_Z——预制拼装综合管廊节段整浇部位弯矩设计值（kN·m）；

N_Z——预制拼装综合管廊节段整浇部位轴力设计值（kN）。

K的取值受拼缝构造、拼装方式和拼装预应力大小等多方面因素影响，一般情况下应通过试验确定[36]。

3.4.5 综合管廊结构设计考虑因素

综合管廊主体为钢筋混凝土单孔闭合框架结构，属于长条状地下构筑物，常年受地下水及地面荷载的影响，结构设计时，应考虑以下因素。

（1）地基沉降。

由于综合管廊是线形条状结构，沉降问题处理不好，可能造成伸缩缝处产生错缝，导致渗水并引起管道受剪而破坏，或呈线性坡度变化，对管廊内的管线造成影响。因此，对可能造成较大沉降的软弱地基，需要特别重视。

对于地层岩性变化、地下水位变化、地表载荷变化等因素可能引起沉降均应作细部接头设计。

（2）地下水浮力。

综合管廊为矩形中空结构，若地下水位较高，覆土较浅，则需要考虑浮力影响。地下水位变化较大时，也应对不利工况引起注意。

（3）地震影响及液化。

地震波对综合管廊的影响主要表现为剪切破坏，以及受地震影响而液化产生的沉降破坏。根据场地附近的剪切波速测试结果，由场地各勘探孔的等效剪切波速，依据《建筑抗震设计规范》（GB 50011—2010），可确定场地土类型及建筑场地类别。

根据《建筑抗震设计规范》（GB 50011—2010），判别液化时，场地抗震设防按提高1度考虑，对场地地面以下20m范围内的饱和砂土、饱和粉土采用标准贯入试验判别法进行液化判别。计算公式如式（3.4-4）、式（3.4-5）所示：

饱和沙土：

$$N_{cr}=3N_a[0.9+0.1(d_s-d_w)]P_c(d_s\leqslant 15) \tag{3.4-4}$$

饱和黏土：

$$N_{cr}=3N_a(2.4-0.1d_s)P_c(15\leqslant d_s\leqslant 20) \tag{3.4-5}$$

式中：N_{cr}——液化判别标准贯入锤击数临界值；

N_a——基准数；

d_s——饱和土标准贯入点深度(m)；

d_w——地下水深(m)；

P——饱和土黏粒含量百分比(%)。

(4)防水。

综合管廊内提供检修通道，按照防水等级要求，对应采取一定的防水措施，以保证综合管廊内干燥无渗积水。对于特殊部位，更应该对节点进行防水处理，例如伸缩缝、特殊断面的衔接处。

(5)功能需求。

对于一些人员出入口、材料出入口、通风口等部位，需考虑功能上的需求。比如材料出入口应设置斜角，使管道进出顺畅，避免损伤电缆；人员出入口应考虑人员进出的净高需要；盖板设计应避免漏水以及存在的一些安全问题，特别是应考虑城市暴雨条件下防洪因素，以保证安全。

(6)伸缩缝与防水设计。

综合管廊的线形结构应于规范的长度内设置伸缩缝，以防管道结构因温度变化、混凝土收缩及不均匀沉降等因素可能导致的变形。此外，于特殊段、断面变化及弯折处，皆需要设置伸缩缝。对于预计变形量可能较大处，应考虑设置可挠性伸缩缝，如软弱地层、地质变化复杂及破碎带、潜在液化区等，伸缩缝的构造于管道的侧墙、中墙、顶板及底板处设置伸缩钢棒，并于该处管道外围设置钢筋混凝土框条，以便剪力传递及防水，并设置止水带止水。

管道结构应采用水密性混凝土并控制裂缝发生，外表使用防水膜或防水材料保护，应特别注意伸缩缝的止水带设计及施工[37]。

3.5　城市综合管廊节点设计

综合管廊节点主要包括通风口、投料口、管线分支口、人员出入口、监控中心等[38]。

3.5.1　通风口设计

根据《城市综合管廊工程技术规范》(GB 50838—2015)，综合管廊宜采用自然进风和机械排风相结合的通风方式。天然气管道舱和含有污水管道的舱应采用机械进风和机械排风的通风方式。

通风口的布置与综合管廊防火分区的划分有着直接联系。每个防火分区设置一进一出两个通风口。综合管廊以不大于400m作为一个通风区域。机械通风时，外部新鲜空气由进风口进入综合管廊，沿综合管廊流向排风口，并由排风口排至室外。通风口设置于道路绿化带中或者道路红线外绿化带中。燃气管道舱室的排风口与其他舱室排风口、进风口、人员出入口以及周边建(构)筑物口部距离不应小于10m。

地上风口部分应布置在地面绿化带或不妨碍景观的地方。注意避免进出风短路，机械通风时进风口及排风口间距要大于20m，否则排风口应高出进风口6m。通常设计时结合防火分区划分，相邻两个通风段同类型进排风口在一个节点中。地下通风道可根据覆土情况，从综合管廊顶板或侧壁上开口，当覆土较少时，风道可以从侧壁开洞，以降低地上风口高度，满足地上景观要求。

3.5.2 投料口设计

综合管廊内的管线敷设是在综合管廊本体土建完成之后进行，必须留设投料口。

综合管廊投料口的最大间距不宜超过400m，净尺寸应满足管线、设备、人员出入的最小允许尺寸要求，应尽量减小对城市景观的影响。综合管廊的投料口宜结合道路绿化带建设，并且宜结合通风井建设。通常，综合管廊各舱设单独的投料口，当受绿化带等条件限制情况时，投料口可合用，设置为双舱单投料口形式，并结合道路和综合管廊通风井等相关构筑物情况进行调整，或者做一些异形投料口，如图3.5-1、图3.5-2所示。

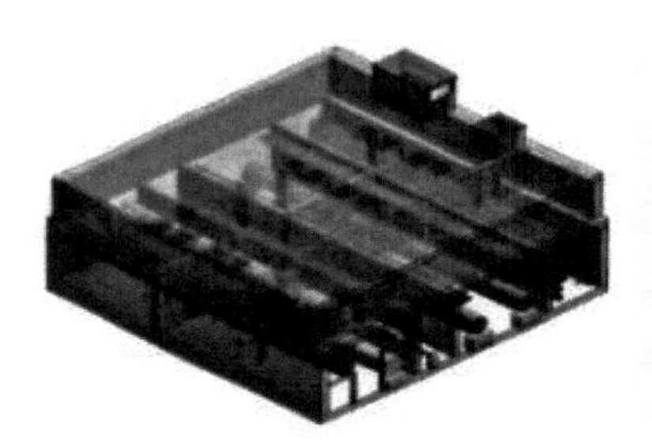
图3.5-1 通风口示意图

图3.5-2 综合舱投料口示意图

由于受电力电缆，尤其是高压大截面电力电缆敷设时牵引力的限制以及电缆弯曲半径的影响，电力投料口宜直对电力电缆舱室，以便减少电缆的弯曲次数，满足弯曲半径要求。同时，投料口要满足电力电缆敷设设备的进出需求。

纳入管廊的管道大部分为定尺采购，管道定尺长能减少焊缝等连接口数量，大尺寸管道在管廊内运输不便利，并且需要的投料口也相对较大。因此，国内很多工程采用大、小投料口结合，错落布置，并且将大投料口隐藏在地下用于初次安装敷设或者管道大修，小投料口露出地面作为常规检修安装的永久投料使用。另外，在有大型管线附件、专用安装设备需求时，投料口的尺寸需要根据这些需求专门设计。

3.5.3　管线分支口设计

在综合管廊沿途的规划道路交叉口、各地块需要预留足够的管线分支口，应当同时根据接户管线的种类以及需求量，决定各类管线分支预留孔的尺寸、大小、数量、间距以及高程位置等。工程中标准形式的分支口分为电力专用分支口、供水管道分支口、信息管道分支口、热力管道分支口、天然气管道分支口等。

分支口过路形式主要采用管道直埋过路（电力、信息以管束形式过路）、预埋过路套管、支管廊等形式。

在管道分支口处，综合管廊局部需要进行加高拓宽等处理，便于管线上升，从侧面引出综合管廊。分支口考虑分支管线沿侧墙爬升的空间需求，并按其分支管线的埋深需求经侧墙或顶板的预留孔洞接出管廊外侧。管线引出后的布置位置应与管线需求侧的接口位置一致。在交叉口，需要注意引出后与交叉口的管线对接一致。采用支管廊形式的分支口较为复杂，需要综合考虑支管廊对管廊防火、通风分区划分及方案的影响，同时还要考虑支管廊人员的通行、管线在支管廊段的运输与维护，如图3.5-3、图3.5-4所示。

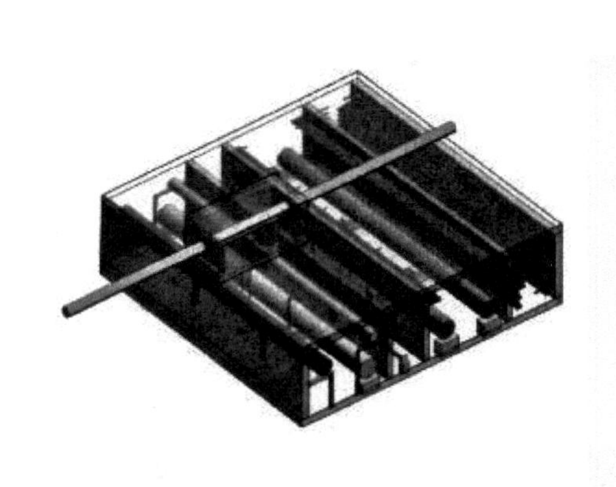

图3.5-3　管线/套管直埋分支口示意图

图3.5-4　支管廊管线分支口示意图

3.5.4　人员出入口设计

综合管廊沿线设置人员出入口，主要供施工、维修、检修作业人员进出、突发情况下人员的撤离使用。

（1）综合管廊的人员出入口、逃生口等露出地面的构筑物应满足城市防洪要求，并采取措施防止地面水倒灌及小动物进入。

（2）人员出入口宜同逃生口、吊装口、进风口结合设置，且不应少于2处。

在实际工程中，人员出入口常与监控中心合建作为1处，满足人员正常巡检时的通行需求以及监控中心与管廊的联络，并兼顾该区段综合管廊紧急逃生需求；在其他相对远离监控中心的位置，综合考虑城市景观、用地、安全等因素单独建设其余的1处或多处，满足该区段的运营、维护及逃生需求，见图3.5-5。

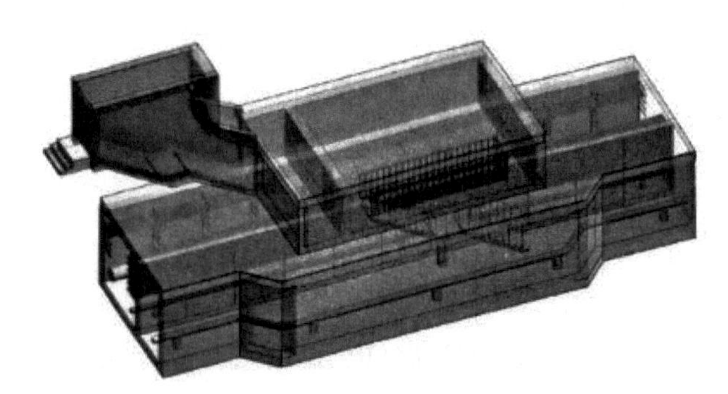

图3.5-5　人员出入口单独建设示意图

(3)逃生口设置应符合下列规定：

①敷设有电力电缆的综合管廊舱室内，逃生口间距不宜大于200m；

②天然气舱室逃生口间距不宜大于200m；

③敷设有热力管道的综合管廊舱室内，逃生口间距不应大于400m，当管道输送介质为蒸汽时，间距不应大于100m；

④其他舱室逃生口间距不宜大于400m；

⑤逃生口内径净直径不应小于800mm；

⑥露出地面的各类孔口盖板应设有在内部使用时易于人力开启、在外部使用时非专业人员难以开启的安全装置。

实际工程实践中，由于蒸汽管线舱逃生口的设置逃生口(蒸汽舱)示意图间距较小，常常采用独立的逃生口设置。其余逃生口设置间距在200m左右，常常与通风井、投料口等设施合建。

3.5.5　监控中心

监控中心主要便于管理人员的日常巡查、服务半径内所需物资和材料的储备和运输及时调度人员抢修，配备常驻办公人员休息室、安保值班室。监控室和配电室在需要时配备，并承担部分维修物资、应急物资储备功能，见图3.5-6、图3.5-7。

图3.5-6　监控中心效果图

图3.5-7　监控中心内部示意图

考虑所需建筑面积较大及功能较复杂、监控中心外围维修空间及管线堆场等场地对其他功能建筑影响较大，故监控中心的布置位置通常结合用地规划，在用地允许的情况下，独立占地进行建设，布置在管廊系统交叉口周边，同时设置由监控中心通向管廊的专用连接通道。

3.5.6 城市综合管廊防水设计

1)防水设计

综合管廊主体防渗的原则是“以防为主，防、排、截、堵相结合，刚柔相济，因地制宜，综合治理”。主要通过采用防水混凝土、合理的混凝土级配、优质的外加剂、合理的结构分缝、科学的细部设计来解决综合管廊钢筋混凝土主体渗漏问题。

综合管廊的防水工程可分为三类：结构自防水、涂膜防水层与密闭防水，其中结构自防水应作为重点考虑的方式。

进行综合管廊结构防水设计时，严格按照《地下工程防水技术规范》(GB 50108—2008)标准设计，防水设防等级不低于二级；管廊位于绿化带下，按照《地下工程防水技术规范》(GB 50108—2008)4.8.1条，综合管廊顶板应为一级防水。

在防水设防等级为二级的情况下，综合管廊主体不允许漏水，结构表面可有少量湿渍，总湿渍面积不应大于总防水面积的2/1000；任意100m^2防水面上的湿渍不超过三处，单个湿渍的最大面积不应大于0.2m^2。平均渗水量不大于0.05L/(m^2·d)，任意100m^2防水面积上的渗水量不大于0.15L/(m^2·d)；在防水设防等级为一级的情况下，综合管廊主体不允许漏水，结构表面无湿渍。

防水的重点以及难点主要集中在施工缝防水、变形缝防水以及预埋穿墙管处。

2)防水措施

(1)暗挖法防水措施。

暗挖法施工时，通常以塑料防水板做防水层，防水板采用挂铺的形式施工，在防水板搭接边进行相应焊接，并于二次衬砌主体结构和初衬构成之间形成防水薄膜，初次衬砌结构的渗水可以沿着防水薄膜排出。

(2)明挖法防水措施。

明挖法施工时，防水可采用外防内贴和外防外贴的形式，并根据现场条件及管廊防水等级选择合适的防水材料。外防外贴：地板采用空铺法，侧墙和顶板采用满粘法；外防内贴：侧墙既可采用空铺法又可采用满粘法。若顶部有植物时，应选择耐穿刺功能的防水材料。

(3)局部防水措施。

施工缝：采用钢板止水带、水泥基渗透结晶型防水涂料及遇水膨胀止水带(胶)等两种以上防水密封措施。变形缝：同时选用中埋式止水带、外贴止水带及防水密封材料等三种及以上的材料增强缝隙处的防水性能。

施工缝和变形缝处应增加500mm厚的防水加强层，由于变形缝处变形系数较大，因此对该部位防水层和基层增加泡沫棒，让外部防水层快速适应管廊的变形。

3.6 城市综合管廊附属设施设计

3.6.1 消防系统

综合管廊内敷设的管线有给水管线、热力管线、污水管线及电力电信缆线等，各管线间易相互干扰，尤其是电力缆线，容易引发火灾。综合管廊的防火等级应按照管廊内火灾危险性最大的管线确定，见表3.6-1。

综合管廊舱室火灾危险性分类 表3.6-1

舱室内容管线种类		舱室火宅危险性类别
天然气管道		甲
阻燃电力电缆		丙
通信线缆		丙
热力管道		丙
污水管道		丁
雨水管道、给水管道、再生水管道	塑料管等难燃管材	丁
	钢管、球墨铸铁管等不燃管材	戊

综合管廊的消防系统设计应做到以下几点[39]：

（1）合理设置防火分区。

控制管廊内火灾蔓延最有效的手段就是合理设置防火分区，最大程度减小火灾事故的范围。防火分区的设置是将管廊划分为若干段，相邻的防火段以防火墙进行隔离，并安装具有自动关闭功能的甲级防火门。穿越防火隔断部位的管线应采用阻火包封堵的措施封堵周边缝隙。防火分区的最大间距不应大于200m，每个分区需设一个安全疏散口或每隔80m设置一个逃生口[30]。

（2）火灾自动监控及报警系统。

为及时掌握管廊内的火灾，从根本上减少火灾带来的损失，综合管廊内应安装火灾探测器、火灾报警器、火灾应急广播等。探测器可以选用缆式线型感温探测器或空气线型温差探测器，安装间距不应超过10m。同时根据管廊内可燃物的特点，可以在顶部布置感温报警探测器或感烟报警探测器。管廊内出现紧急情况时，探测器能及时发现，并将情况反馈至值班室，及时消除灾情。火灾手动报警按钮应在火灾报警探测器或消防控制室的控制警盘上有专用独立的报警显示部位号，不应与火灾自动探测器部位号混合布置或排列，并应有明显的标志。

（3）自动灭火系统。

根据《城市综合管廊工程技术规范》（GB 50838—2015）7.1.9条规定，“干线综合管廊中容纳电力电缆的舱室，支线综合管廊中容纳6根及以上电力电缆的舱室应设置自动灭火系统；其他容纳电力电缆的舱室宜设置自动灭火系统”。但具体设置何种系统并没有明确规定。水喷雾灭火系统、泡沫水喷雾灭火系统、气溶胶灭火系统、湿式自动喷水灭火器及高压细水雾灭火系统的对比如表3.6-2所示。

综合管廊灭火系统对比 表3.6-2

<table>
<tr><th>系统</th><th>优点</th><th>缺点</th></tr>
<tr><td rowspan="2">水喷雾灭火系统</td><td>初期投资中，系统成熟</td><td>设备房占用面积大；干管管径大，数量多，占用管廊管位；有水渍影响</td></tr>
<tr><td colspan="2">该系统用于电力电缆管廊消防，完全能够满足规范要求；不适用于超过1km的长距离管廊；系统造价约200万元/km（含消防泵房、管道、雨淋阀、喷头等）</td></tr>
<tr><td rowspan="2">泡沫水喷雾灭火系统</td><td>采用长距离输送泡沫的形式，能更有效地扑灭电气火灾</td><td>管径大，占用管线位置</td></tr>
<tr><td colspan="2">其效果优于常规水喷雾灭火系统；但是该系统没有改变原有的水系统部分，降低了管廊的使用率</td></tr>
<tr><td rowspan="2">气溶胶灭火系统</td><td>无须管网，布置灵活，不占空间</td><td>气溶胶的使用寿命有限，后期运营中更换频繁，后期维护成本高；气溶胶喷发时，该气体对电气管线等有一定腐蚀作用；全淹没系统，一个防火分隔舱内气瓶需同时开启，而实际使用中设备故障率偏高，导致系统开启的准确率低</td></tr>
<tr><td colspan="2">气溶胶的使用寿命有限，后期运营中更换频繁，后期维护成本高；气溶胶喷发时，该气体对电气管线等有一定的腐蚀作用；全淹没系统，一个防火分隔舱内气瓶需同时开启，而实际使用中设备故障率偏高，导致系统开启的准确率低</td></tr>
<tr><td rowspan="2">湿式自动喷水灭火器</td><td>成本低，施工简单</td><td>影响管廊内电气正常运行</td></tr>
<tr><td colspan="2">由于综合管廊中存在大量带电线缆，故不建议采用</td></tr>
<tr><td rowspan="2">高压细水雾灭火系统</td><td>环保、无毒、灭火效果好、可靠性高、系统寿命长、安装简便；供水管径很小，可贴顶敷设，不占用管廊本身资源</td><td>初期投资较高；作为开放式系统，防护区数量不能超过3个</td></tr>
<tr><td colspan="2">系统造价约220万元/km，后期维护成本较低；针对长距离管廊有优势。为了降低误喷概率，建议在综合管廊中使用闭式预作用细水雾灭火系统，能有效防止误喷、提高灭火效率以及保护设备</td></tr>
</table>

3.6.2 通风系统

1)设置通风系统的目的

城市综合管廊内是密闭的空间，其中微生物及的活动会导致空间内含氧量下降；有毒气体及易燃气体会在管廊内沉积，难以散去；管廊内热力管线及电力线缆会产生大量热量，使内部温度升高。因此，设置通风系统可以有效地排除管廊内的热量及有害气体，并提供充足的氧气。此外，规范中还明确规定，当有火灾发生时，通风设备应自动关闭，隔绝空气防止火灾扩散，火灾后可以重新开启通风系统及机械排烟设施，净化管廊内空气，为救灾人员提供安全的救灾环境。

2)通风方式

综合管廊的通风系统主要有自然进风、机械排风;机械进风、自然排风;机械进风、机械排风三种形式。一般情况下,采用自然进风、机械排风的方式(图3.6-1)即可满足规范要求,但天然气舱室和含有污水管的舱室应采用机械进风、机械排风的方式通风。

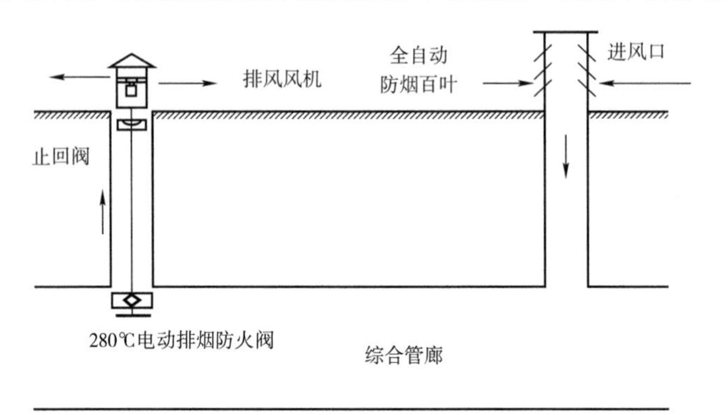

图3.6-1　综合管廊通风系统示意图

3)设计要求

一般情况下,每隔200m设置一个强制排风口,排风口的位置应高于最高水位,并有防止雨水倒灌、废弃物投入及小动物爬入等措施。综合管廊内的具体设计标准如下[40]:

①通风口风速:5m/s以下;

②综合管廊内温度维持在40℃以下,有人员进入时,应开启排风机;

③正常换气次数:大于2次/h(天然气管道大于6次/h),事故换气次数:大于6次/h(天然气管道大于12次/h);

④舱室内天然气浓度大于爆炸下限浓度值20%时,换气次数不少于12次/h;

⑤通风口设置不大于10mm×10mm的网孔,防止小动物进入;

⑥通风设备应符合节能环保要求,且天然气管道舱室应采用防爆风机;

⑦管廊内需设置排烟设施,发生火灾时,火灾防火分区部位及相邻防火分区通风设备能够自动关闭。

3.6.3　供电系统

综合管廊的供电系统是管廊内最基础的附属设施,图3.6-2所示供电系统的正常运行是管廊内监控系统、消防系统、通风系统、排水系统、照明系统的前提和保障[41]。

1)负荷分级及供电

根据《供配电系统设计规范》(GB 50052—2009),综合管廊内的消防设备、应急照明设备、监控与报警设备应采用二级负荷供电;天然气管道的监控与报警设备、管道紧急切断阀、事故风机应按照二级负荷供电,且宜采用两回线路供电。为此,需要敷设两路高压电缆给管廊沿线变压器供电,当采用两回线路供电有困难时,应另设置备用电源;其余用电设备可按三级负荷供电。

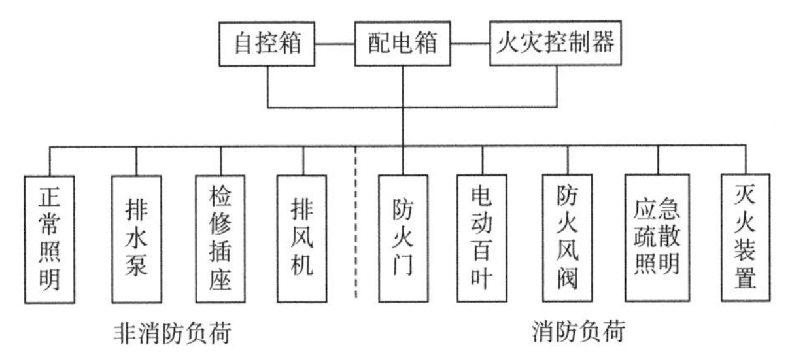

图3.6-2 供电系统结构图

2)电缆的选择及敷设

为保证供电系统正常运行,非消防设备应采用阻燃型供电电缆及控制电缆,需要在火灾时继续工作的电缆应采用耐火型或不燃型。鼠害严重部分的电缆应采用金属包裹或钢带铠装。电力电缆不应与热力管道同舱敷设,且110kV及以上电力电缆不应与通信电缆同侧布置。每隔200m需设置不燃墙体进行分割,电缆穿过分割墙的部位需采用阻火包进行封堵。燃气管道舱内电缆线路不能有中间接头。

3)接地系统

安装在综合管廊内的金属构件、电缆金属套、金属管道及电气设备金属外壳均应与接地网连接,其中接地电阻不应大于19Ω。各系统的接地方式宜采用热镀锌扁钢,埋深合乎变压器室内线配线规则,各类接地均应设置接地电阻测试箱,并至少埋设两组铜棒以供测试。接地系统的配线采用聚氯乙烯(PVC)管内配设裸铜线,各接点焊接采用铜粉药焊,以确保接地质量。

4)电气设备

综合管廊内的湿度大于75%时,通风系统会自动开启,但管廊内还存在一定的通风盲区,相对湿度可能较高,影响电气的正常使用。因此,管廊内的电气设备不应安装在低洼、可能积水浸水的地方,且应满足防水防潮的要求,防护等级不应IP45。天然气管线舱室的电气设备防爆等级不应低于ⅡB(ⅡB等级是指电气设备爆炸性环境中的气体组别标识,它表示设备能够适应的爆炸性混合物的最大试验安全间隙或最小点燃电流比),确保设备在天然气等易燃易爆环境中能够安全运行;表面最高温度不应高于$T4$(135℃)(指电气设备的任何部件在最不利的工作条件下,其表面温度都不得超过135℃),以防止设备运行时引发周围环境的爆炸。

3.6.4 照明系统

1)综合管廊照明要求

综合管廊内应设正常照明和应急照明,且应符合下列要求:

(1)在管廊内人行道上的一般照明的平均照度不应小于10lx,最小照度不应小于2lx,在出入口和设备操作处的局部照度可提高到100lx;监控室一般照明照度不宜小于300lx。

(2)管廊内应急疏散照明照度不应低于5lx,应急电源持续供电时间不应小于30min;监控室备用应急照明照度不应低于正常照明照度值的10%。

(3)管廊出入口和各防火分区防火门上方应有安全出口标志灯,灯光疏散指示标志应设置在距地坪高度1.0m以下,间距不应大于20m。

2)综合管廊灯具要求

(1)灯具应为防触电保护等级Ⅰ类设备,能触及的可导电部分应与固定线路中的保护(PE)线可靠连接。

(2)灯具应防水防潮,防护等级不宜低于IP54,并具有防外力冲撞的防护措施。

(3)光源应能快速启动点亮,宜采用节能型荧光灯。

(4)照明灯具应采用安全电压供电或回路中设置动作电流不大于30mA的剩余电流动作保护的措施。照明回路导线应采用截面积不小于1.5mm^{2}的硬铜导线,线路明敷设时宜采用保护管或线槽穿线方式布线。

3.6.5 监控与报警系统

城市综合管廊内部不仅整合了维持城市功能的自来水、煤气、电力、通信管线,而且管廊自身功能使用的动力、照明、排水等设备繁多,无论纳入管线出现故障,还是自身附属设备出现故障,都将造成沿线城市功能的瘫痪。因此,建设城市综合管廊监控与报警系统意义重大。监控与报警系统主要分为环境与设备监控系统、安全防范系统、通信系统、预警与报警系统、地理信息系统和统一管理信息平台等[42],系统框架如图3.6-3所示。

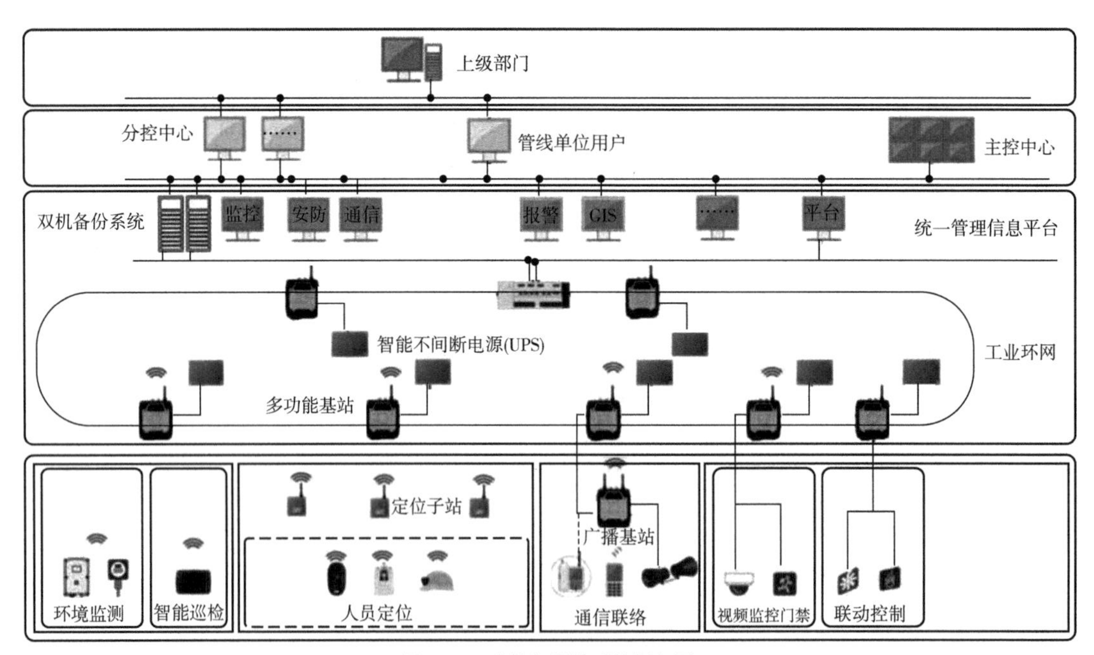

图3.6-3 监控与报警系统框架图

1)环境与设备监控系统

环境与设备监控系统的功能是实现对综合管廊全域内环境和设备的参数和状态实施全

程监控(环境参数检测内容如表3.6-3所示),将实时监控信息通过多功能基站准确、及时地传输到监控中心的统一管理信息平台,便于值班人员及时发现现场环境和设备问题、排除故障以及对警情进行及时处理,保证管廊正常运行。

环境参数检测内容　　表3.6-3

舱室容纳管线类别	给水、再生水、雨水管道	污水管道	天然气管道	热力管道	电力、通信线缆
温度	●	●	●	●	●
湿度	●	●	●	●	●
水位	●	●	●	●	●
O_2	●	●	●	●	●
H_2S气体	▲	●	▲	▲	▲
CH_4气体	▲	●	●	▲	▲

注:●-应监测;▲-宜监测。含两类管线以上的舱室按较高要求管线设置。

根据规范要求,应沿管廊纵长每隔200m设置人员逃生安全孔、投料口、通风口、防火门和人员进出口各一个。通过在每个防火分区内出入口和通风口处安装气体(O_2、H_2S、CH_4)、温度、湿度、烟雾、水位、水浸等监测传感器,可实现与风机、水泵的自动化控制与对接,检测信号就近送附属设备监控系统现场控制单元,并通过网络送到监控中心计算机。在监控中心控制室显示屏上,以数字形式显示每个防火分区环境参数。此时,一旦探测器检测到各参数不在正常范围内,危险区域周边的作业人员及监控中心人员接收到信息,信息同时通过相应的多功能基站向统一信息管理平台传送,多功能基站同时并接受监控中心的命令,实现远程控制风机的开停及相应防火分区内照明设备总开关的分合。

2)安全防范系统

安全防范系统的功能是实现对综合管廊全域内人员的全程监控,将实时视频信息和电子巡查信息通过多功能基站及时、准确地传输到监控中心,便于值班人员及时发现现场问题、排除故障以及对警情进行及时处理,保证管廊正常运行。安全防范系统主要包含视频监控系统、门禁系统、防入侵系统和可视化巡检系统(电子巡查管理系统)四部分。

视频监控系统:监控系统通过系统前端监控点网络摄像机采集图像信息,系统主机处理后在相连的监视器上反映监控场景。每个防火分区至少设置一台摄像机;不分防火分区的舱室,摄像机设置间距不宜大于100m。

门禁系统:在管廊出入口设置智能门禁控制系统,门禁处设置智能发光二极管(Light Emitted Diode,LED)显示器。当巡查人员在闸门外出示经过授权的感应卡,经读卡器识别确认身份后,控制器驱动打开电锁放行,并记录进门时间;当使用者离开所控房间时,在门内触按放行开关,控制器驱动打开电锁放行,并记录出门时间。

防入侵系统:在投料口及通风口安装红外防入侵探头,该监控对监测区域内的照明没有任何特殊要求,甚至在完全黑暗的环境下基站也能正常工作。一旦有非法入侵,数据经过系统自动识别、判断后，通过多功能基站传送给报警控制装置，监控中心模拟显示屏上会显示出入侵的区段及进出人数，并及时记录入侵的时间、地点，同时通过报警设备发出报警信号。

可视化巡检系统：可视化巡检系统是一种基于物联网的巡检系统，它将视频监控技术与电子巡检技术有机结合起来，既保证了现场巡检工作有效进行，又充分利用现有的成熟网络，使移动监控成为可能。可视化巡检系统可以对重点部位巡检情况进行全程录像，并定时传输到监控中心，实现监控无死角。安全值班长、各级领导可以随时监察现场巡检人员的工作情况，以便及时、直接地掌握各部门、人员、设备的运行情况，及时对发生的情况作出反应，同时又有效加强了巡检人员的责任心。

3)通信系统

通信系统的功能是实现管理、巡检和施工人员的通信联络，管廊配备各区间工作人员之间、现场工作人员与监控中心之间保持信息通畅，确保前端巡检人员信息及时上报，监控中心命令及时下达。管廊的人员出入口或每一防火分区内应设置通信点；不分防火分区的舱室内间距不应大于100m。

4)预警与报警系统

预警与报警系统的功能是实现对综合管廊的全程监测，系统将预警和报警信息通过多功能基站及时、准确地传输到监控中心，实现灾情预警、报警、处理及疏散，同时通过广播系统，向综合管廊内的工作人员广播，以便他们及时撤离现场，保证人身安全。预警与报警系统由火灾报警系统和可燃气体探测报警系统两部分组成。

在每段防火分区内设置智能烟感探测器、天然气探测器、分布式测温光纤、手动报警按钮、火灾电话、多功能广播基站和声光报警器等设备。烟感探测器及天然气探测器设置间距为10m，手动报警按钮设置在卸料口、两边的防火门处。基站与基站之间采用可插拔光纤连接。在监控中心设置事故报警屏，通过总线回路巡检、接收、显示每个报警点的工作情况。当事故发生时，启动整个管廊内声光讯响器。

5)地理信息系统

地理信息系统基于“一张图”模式展示地下管廊和内部各专业管线基础数据管理、图档管理、管线拓扑维护、数据离线维护、维修与改造管理、基础数据共享等功能信息，能为监控与报警系统提供简洁、美观、统一、友好的人机交互界面。同时，系统具有丰富的地图展示效果，同时支持二维、三维地图的在线展示、流畅切换，支持旋转、缩放、平移等基本操作，且具有统一坐标系，为监控人员与决策人员提供准确的地理信息，确保信息统一可视，同时在应急救援时提供有效的安全分析链。

6)统一管理信息平台

监控与报警系统由于依靠环境与设备监控、安全防范、通信、预警与报警、地理信息等多个不同功能的系统，或者说由于产品提供来自不同的厂商，在数据交换中没有一个统一的标准，因此造成接口众多、访问性差，容易形成一个个的“信息孤岛”。且各系统之间存在较多复杂、交叉的联动控制，不利于联动控制的统一协调及联动控制功能的扩展。为了增强综合管廊的联动控制、消除“信息孤岛”，实现信息共享，设置统一管理信息平台是非常有必要的。统一管理信息平台应实现以下功能：

(1)通过数据采集系统及实时数据库对各系统的数据进行采集和保存。

以采集整理后的各生产自动化及管理系统数据信息为基础，建立不同层面面向现场的运营指挥调度平台，实时监测管廊运营现场状况，实现通风、人机、工作面等多种安全运营分析模型。同时，整合各类数据，为各级各类管理、技术、监控人员、单位提供分析、决策的支持。统一管理信息平台主要包括综合监测、运营调度、安全管理、数据分析等功能。

(2)权限管理模块。

开发统一的权限管理模块，包含角色划分、权限分配等功能，将综合管廊各系统权限无缝集成在一起，实现统一的权限分配。通过综合调度分析平台，不同的人员就有不同的配置和权限，根据他们的权限进入系统后功能界面也不一样。

(3)灵活配置模块。

灵活配置模块包含个性化设置、软件扩展功能配置、功能模块配置等多种灵活配置，实现无须修改程序就能灵活配置需要的功能。

(4)监控数据的采集、归类、长期存储。

运营中涉及的环境、指标、故障、时间等对于监管、运营有价值的数据，都将作长期的存储。同时，应实现以下功能：实时预警及报警功能、基础手工数据的录入、系统间的联动功能、系统数据在线监视无缝集成、视频的无缝集成等。

(5)综合数据监测。

统一管理信息平台能够将巡检工作面、管廊供电、通风、供排水、设备等工作情况与监控信息在大屏幕上显示，实现集中监控。同时，上级单位指挥调度中心可以调阅管廊监控的相应信息。

该模块要求将各系统单位的监测系统(环境监控、人员定位、语音通信、工业电视等)进行综合集成，同时实现各监控系统之间的数据融合，在此基础上，提供各类联动报警、联动提示、综合监测等。

(6)统一管理信息平台可通过地理信息系统(Geographic Information System，GIS)管理综合管廊数据信息，可实现通风线路、避灾路线、监测设备、巡检人机坐标等GIS浏览。

3.6.6　排水系统

由于综合管廊内管道破损(爆管)、管道放空维修、结构壁面以及各接缝处都可能造成渗水，将在管廊内造成一定的积水，因此，管廊内需设置必要的排水系统，每个排水区间的长度不应大于200m。排水系统主要由排水沟、集水坑及排水泵组成。

排水沟设置在管廊的一侧，断面尺寸通常采用200mm×100mm，综合管廊的横向坡度为2%，排水沟的纵向坡度不应小于2‰。集水坑用于收集管廊内地面冲洗废水及管道泄孔水。单舱断面形式的综合管廊内，在每个防火分区的低点处设置集水坑，天然气管道舱应设置独立的集水坑。电力舱只在最低点设置排水管，将水排至管道舱内，由管道舱集水坑收集。根据集水坑的位置不同，集水坑可以采用两种形式，当集水坑不收集热力管道正常维修时的泄水时，集水坑可直接设置在管廊内，只用于收集地面积水和事故管道的漏水；当集水坑收集热力管道正常维修时的泄水时，集水坑设置在管廊外，以便于将热力管道的泄水装置在管廊外进行安装维护，避免热水蒸气影响管廊内其他管道及人员安全。每个集水坑内均设置一台潜水泵，水泵的启动由集水坑水位控制，同时又可以控制中心人工控制，将集水坑内的积水抽至路面排水井内排放。

3.6.7 标识系统

1)标识的分类

综合管廊标志标识系统的功能是以颜色、形状、字符、图形等向使用者传递信息，可用于管廊设施的管理使用。主要分为五部分：

(1)安全标识：主要包括禁止标志、警告标志、指令标志、提示标志和消防安全标志等，见图3.6-4。

图3.6-4 安全标识示例图

(2)导向标识：主要包括方位标志、方向标志、距离标志(里程)、临时交通标志、特殊节点标志(如：交叉段、倒虹段、各口部标志)等，见图3.6-5。

图3.6-5 导向标识示例图

(3)管线标识：主要包括水、热、燃、电、信等专业管线标志，见图3.6-6。

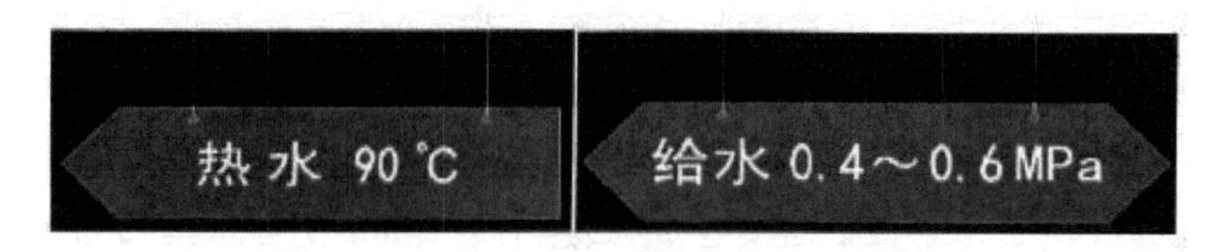

图3.6-6 管线标识示例图

(4)管理标识：主要包括结构类、设备类标志等，见图3.6-7。

图3.6-7 管理标识示例图

(5)其他标识:临时作业区标志、告知标志、植入广告标志等。

2)标识的设置

(1)综合管廊的主出入口内应设置综合管廊介绍牌,对综合管廊建设时间、规模、容纳的管线等情况进行简介。

(2)纳入综合管廊的管线,应采用符合管线管理单位要求的标识进行区分,标识铭牌应设置于醒目位置,间隔距离应不大于100m。标识铭牌应标明管线属性、规格、产权单位名称、紧急联系电话。

(3)在综合管廊的设备旁边,应设置设备铭牌,铭牌内应注明设备的名称、基本数据、使用方式及其紧急联系电话。

(4)综合管廊内部应设置里程标志,交叉口处应设置方向标志。

(5)人员出入口、逃生口、管线分支口、灭火器材设置处等部位,应设置带编号的标识。

(6)综合管廊穿越河道时,应在河道两侧醒目位置设置明确的标识。

4

城市综合管廊施工工艺

4.1 桩基与基坑支护技术

4.1.1 桩基施工

综合管廊常用预应力高强度混凝土(PHC)桩、预制方桩作为桩基基础[43]。

(1)施工顺序:一般宜采用先长桩后短桩,先大径后小径的原则,自中间分两边进行。

(2)测放桩位:测放的桩位经测量监理复测无误后方可进行沉桩,并且每天施工前要检查即将施打的桩位与邻桩之间的尺寸是否正确。

(3)桩机就位:检查桩机,确保设备正常运转后移动设备就位、对中、调直。

(4)插桩:首先用起重机取桩,起吊前在桩身上画出以米为单位的长度标记,并将开口桩尖焊接到底桩上(短桩无桩尖),起吊支点宜在桩端(无桩尖)0.3L处(L为桩长);将桩吊起后,缓缓将桩一端送入桩帽中,对位准确后,再用两台经纬仪双向调整桩的垂直度,通过桩机导架的旋转、滑动及停留进行调整;插入时的垂直度偏差不得超过0.5%,确保位置及垂直度符合要求后先利用桩锤的自重将桩压入土中。

(5)沉桩:因地层较软,初打时可能下沉量较大,宜低锤轻打,随着沉桩加深,沉速减慢,起锤高度可渐增。在整个打桩过程中,要使桩锤、桩帽、桩身保持在同一轴线上。打桩时,要检查落锤有无倾斜偏心,特别是要检查桩垫桩帽是否合适。如果不合适,需更换或补充软垫。每根桩宜连续一次打完,不要中断。

(6)接桩施工:接桩采用端板式焊接接头。当下节桩的桩头距地面0.6~0.8m时,开始进行接桩。先将焊接面清刷干净,再在下节桩头上安装导向箍引导就位,当PHC桩对好后,对称点焊4~6点加以固定,然后拆除导向箍。由2名电焊工手工对称施焊,焊好的桩接头自然冷却一段时间后方可继续锤击沉桩。

4.1.2 基坑开挖与支护

由于管廊工程位于地面以下,且埋深一般不少于2.5m,根据管廊建设地点的实际情况,需要因地制宜地设计管廊基坑围护结构。同时,围护结构的工程造价占管廊主体结构的比例为50%~120%,可见其对于整个管廊工程的重要性[45]。

1)放坡开挖方案

此方案适用于地下水位较低、土质较好的砂土、砂砾等边坡。放坡开挖示意图如图4.1-1所示。

放坡开挖方案坡顶开口宽度大,因此该方案适用于施工现场不受其他外界条件限制,且造价低,但该方案不适用于城市中施工作业面狭小、地下管网较多的断面。

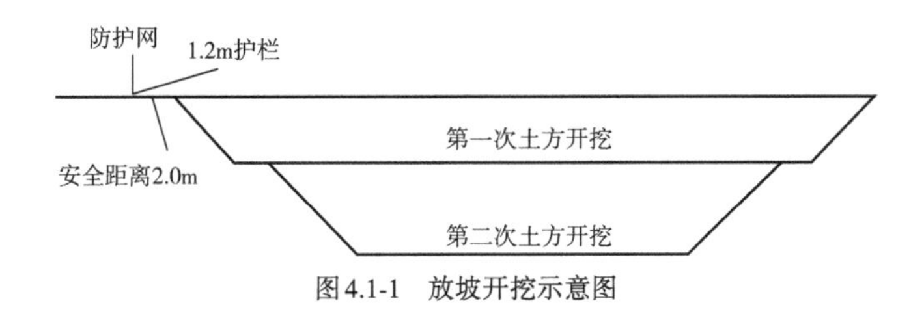

图4.1-1　放坡开挖示意图

2)土钉墙护坡

此方案适用于基坑边坡稳定性较差、放坡开挖方案不能满足要求的条件下进行的边坡加固稳定。锚杆可以采用钢筋或者ϕ48mm钢管,要根据具体情况进行调整。土钉墙护坡示意图如图4.1-2所示。

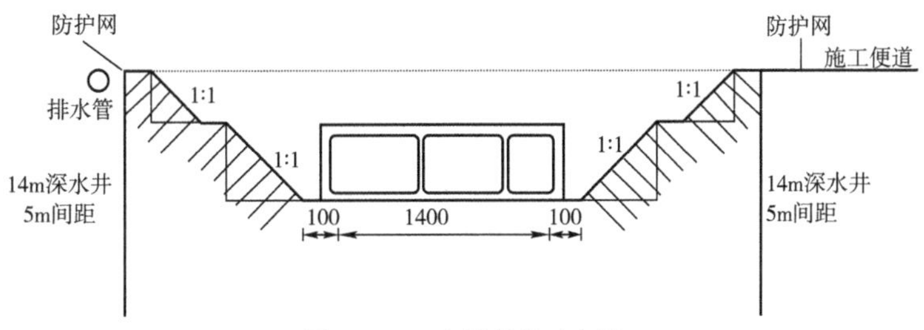

图4.1-2　土钉墙护坡示意图

3)钢板桩加钢支撑

此方案采用15m钢板桩支护、双层609mm×16mm钢管支撑,内围算采用双拼400mm×400mm×13mm×21mm H型钢,同时坑内设置降水井。钢板桩加钢支撑示意图如图4.1-3所示。

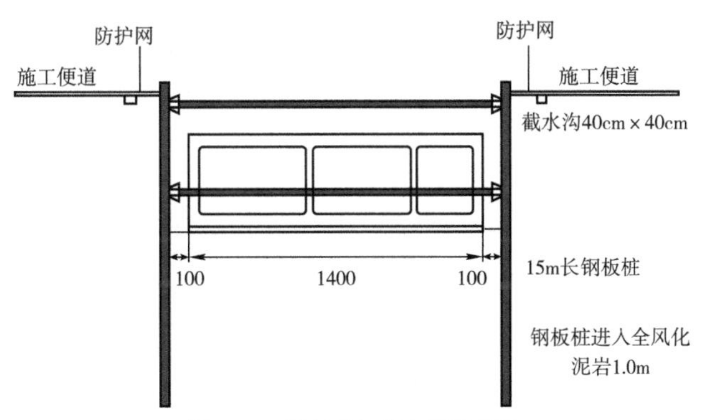

图4.1-3　钢板桩加钢支撑示意图

此方案安全性较高,但是实际操作中15m长钢板桩不易打入,需要用螺旋钻机引孔,周期长、造价高。

4)型钢水泥土搅拌桩(SMW工法桩)

SMW工法桩主要应用于软土、地下水位高、施工现场工作面狭小的基坑围护结构。搅拌桩采用直径850mm、700mm×300mm×13mm×24mm型钢的尺寸,H型钢间隔布置。该工法桩施工周期长、造价高、安全性好,其示意图如图4.1-4所示。

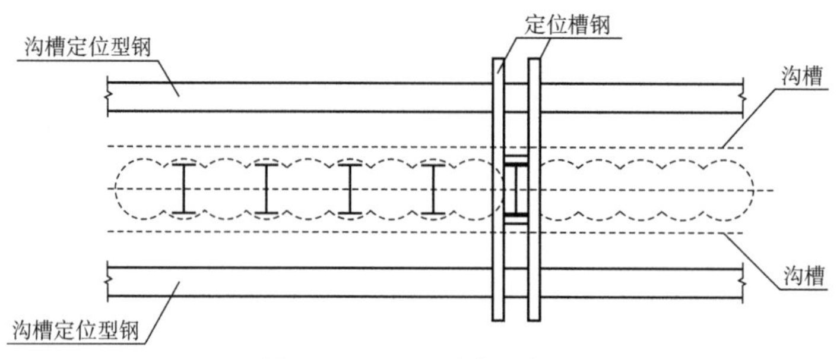

图4.1-4　SMW工法桩示意图

5)钢板桩悬臂工艺

根据临河街地下综合管廊地勘报告以及施工场地情况,对基坑围护方案进行多方案比选,综合多方面因素进行考虑,最终选定方案,如图4.1-5所示。

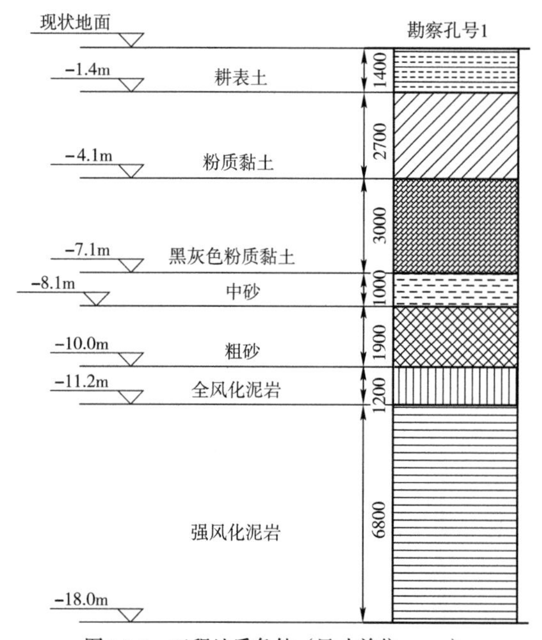

图4.1-5　工程地质条件(尺寸单位:mm)

为了保障施工时无地下水渗漏,需要开挖疏干井,其规格为间隔10m一个,采用直径300mm无砂管,水井深度为13m,水位降至基坑下至少0.5m;当有了合理的地下水位保障后,开挖基坑,基坑的设置规格为平均深度为7m,分两层开挖,每层3.5m。第一层采用放坡开挖,边坡坡率为1:1,坡顶设置60cm×60cm截水沟。如图4.1-6所示,第二层采用钢板桩支护,钢板桩选用9m长400mm×170mm钢板桩,打入时钢板桩底端必须进入全风化泥岩1.0m。两层边坡中间设置2.5m宽平台及30cm×40cm截水沟。采用此方案,造价低、速度快,且能充分发挥钢板桩的支护作用,适合临河街地下综合管廊的基坑围护。与国内不同,国外学者更早地进行了相关设计理论与施工工艺研究,有更丰富的实践经验,特别是土压力计算时方法更加成熟,值得借鉴。通过工程实践和理论研究分析,使人们不断加深了对土压力的认识。

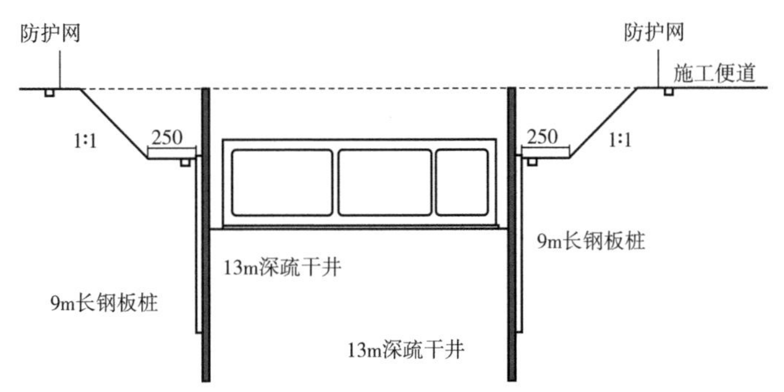

图4.1-6　钢板桩悬臂工艺示意图（尺寸单位：cm）

4.2　综合管廊地基处理、淤泥回填施工

4.2.1　地基处理技术

1)综合管廊地基处理分类及使用范围

综合管廊地基处理技术要求安全适用、经济合理、技术先进、节能环保。根据综合管廊地基处理的加固原理,综合管廊地基处理方法可分为以下四类,见表4.2-1。

综合管廊常用地基方法分类表　　表4.2-1

序号	分类	处理方法	适用范围
1	换填垫层法	垫层法	用于处理浅层非饱和软弱土层、湿陷性黄土、膨胀土、季节性冻土、素填土和杂填土
2	振密、挤密法	表层压实法	接近于最优含水率的浅层疏松黏性土、松散砂性土、湿陷性黄土及杂填土
		重锤夯实法	无黏性土、杂填土、非饱和黏性土和湿陷性黄土
		振冲挤密法	砂性土和黏粒含量小于10%的粉土
		砂桩	松砂地基和杂填土地基
3	置换法	碎石桩法	不排水抗剪强度大于20 kPa的淤泥、淤泥质土、砂土、粉土、黏性土和人工填土
		石灰桩法	软弱黏性土
		水泥粉煤灰碎石(CFG)桩法	填土、饱和和非饱和黏性土、砂土、粉土等地基
		柱锤冲扩法	杂填土、黏性土、粉土黏性素填土、黄土等地基
4	胶结法	注浆法	岩基、砂土、粉土淤泥质土、黏土和一般人工填土,也可用于暗滨和托换
		高压喷射注浆法	砂土、粉土、淤泥和淤泥质土、黏性土、黄土、人工填土等,也可用于既有建筑的托换
		水泥土搅拌法	淤泥、淤泥质土、粉土和含水率较高且承载力不大于140 kPa的黏性土

2)常用技术施工方法

综合管廊常用地基处理技术有换填垫层法、振冲碎石桩法、CFG桩法，以下对这3种常用技术进行介绍。

(1)换填垫层法。

①概述。

在综合管廊建设中，当软土地基的承载力和变形满足不了设计要求，且厚度较小时，将管廊基础底面以下处理范围内的软土层部分或全部挖除，然后分层换填强度较高的砂(砂石、粉质黏土、灰土、矿渣、粉煤灰)或其他性能稳定、无侵蚀性的材料，并压实至所要求的密实度为止，这种地基处理方法称为换填垫层法。换填垫层法使垫层承受上部较大的应力软弱土层承担较小的应力，以满足设计对地基的要求。

②换填垫层法施工。

垫层施工方法按密实方法分类，可分为机械碾压法和平板振动法，施工时应根据不同的换填材料选择施工机械。换填处理深度通常宜控制在3m以内，但也不宜小于0.5m。如果层太薄，则换填垫层的作用也不显著。

垫层施工分层铺填厚度、每层压实遍数等宜通过试验确定，除接触下卧软土层的垫层底部应根据施工机械设备及下卧层土质条件确定厚度外，一般情况下，垫层的分层铺填厚度可取200~300mm。为保证分层压实质量，应控制机械碾压速度。对垫层底部存在古井、古墓、洞穴，旧基础、暗塘等软硬不均的部位时，应先予以清理，再用砂石逐层回填夯实，经检验合格后，方可铺填上一层砂石料。

严禁扰动垫层下卧层及侧壁的软土。为防止践踏、受冻、浸泡或暴晒过久，坑底可保留200mm厚土层暂不挖去，待铺砂石料前再挖至设计高程；如有浮土，必须清除；当坑底为饱和软土时，必须在土面接触处铺一层细砂起反滤作用，其厚度不计入垫层设计厚度内。

砂石垫层的底面宜敷设在同一高程上，如置换深度不同，基底土层面应挖成阶梯或斜坡搭接，并按先深后浅的顺序施工，搭接处应夯压密实；垫层竣工后应及时施工基础和回填基坑。

当地下水位高于基坑底面时，宜采用排水或降水措施，还应注意边坡稳定，以防止坍土混入砂石垫层中。

③质量检验。

垫层的施工质量检验必须分层进行，而且应在每层的压实系数符合设计要求后铺填上层土。

采用环刀法检验垫层的施工质量时，取样点应位于每层厚度的2/3处；对大基坑，每50~100m^{2}不应少于1个检验点；对于基槽，每10~20m不应少于1个点。采用贯入仪或动力触探检验垫层的施工质量时，每分层检验点的间距应小于4m。

采用载荷试验检验垫层承载力时，每个单体工程不宜少于3点；对于大型工程，则应按单体工程的数量或工程的面积确定检验点数。为保证载荷试验的有效影响深度不小于换填垫层处理的厚度，载荷试验压板的边长或直径不应小于垫层厚度的1/3。

(2)振冲碎石桩法。

①概述。

在综合管廊地基中设置由碎石组成的竖向增强体(或称桩体)形成碎石桩复合地基达到地基处理的目的，均称为碎石桩法。碎石桩桩体具有很好的透水性，有利于超静孔隙水压力消散，碎石桩复合地基具有较好的抗液化性能。对于处理不排水抗剪强度小于20kPa的饱和黏性土和饱和黄土地基，应在施工前通过现场试验确定其适用性。

②振冲法碎石桩施工工艺。

布置桩位→设备就位→启动水泵和振冲器→振冲造孔→清孔→成孔验收→填料→振密成桩→检查验收。

③技术要点。

a.技术准备。要重点做好下列准备工作：收集场区的工程地质、水文地质资料，研究场地地基土的物理力学性质、地下水位及动态；熟悉施工图纸，组织参加技术交底；编制振冲碎石施工方案并经审批后向操作人员交底，组织机械设备进场，根据施工方案中的组合安装地点，安装振冲设备，检查设备完好情况，进行振冲碎石桩现场施工试验，以确定水压、振密电流和留振时间等各种施工参数，做好场地高程测量工作，计算地面平均高程，确定碎石桃桩顶高程和振冲柱孔深度，确定施工顺序。碎石桩施工顺序一般可以按一个方向推进，但对易液化的粉土地基，应采取跳打或围打。

b.布置桩位。采用经纬仪或全站仪，经过基准桩确定施工范围，确定桩位基线，布置桩点，对桩点采用可靠的标识进行标记。

c.设备就位。检查起重机稳定情况，起吊振冲器对准桩位(误差应小于50mm)。

d.振冲造孔。用起重机放下振冲器，使其贯入土中，一般采用0.5~2.2m/min的速度下沉，造孔过程中应保持振冲器呈悬垂状态，以保证成孔垂直。当电流值超过电机额定电流时，应减速或暂停振冲器下沉或者上提振冲器，等电流值下降并满足要求后再继续造孔。造孔过程中，若孔口不返水，应加大供水量。施工中设专人记录造孔时的电流值、造孔速度及返水情况。当造孔达到设计深度时即可终止，并将振冲器上提300~500mm。造孔时返出的水和泥浆要做好围挡、汇集、沉淀。

e.清孔。造孔终止后，当返水中含泥量很高，孔口被泥土淤塞或孔中有高强黏性土，成孔直径缩小时一般需要清孔。清孔方法是把振冲器提出孔口，保证填料畅通。

f.填料。清孔后即向孔内填料，填料方式有连续填料和间断填料两种。连续填料时，振冲器停留在设计孔底300~500mm以上位置，向孔内不断回填石料，并在振动中提升振冲器，整个制桩过程中石料均处于满孔状态。间断填料时，应将振冲器提升出孔口，每往孔内倒0.15~0.5m下石料，下降振冲器至填料中振捣一次，如此反复至制桩结束。

g.振密成桩。依靠振冲器水平振动力将填入孔中的石料不断挤向侧壁土层中，同时使料挤密，直到满足设计要求的电流值、留振时间和填料量。无论采用哪种填料方式，都必须保证振密从孔底开始,以每段300~500mm的长度逐段自下而上直至桩顶设计高程成桩以后,应先停止振冲器运转,再停止供水泵。

④材料要求。

振冲碎石桩使用的填料为天然级配砂石料、碎石料、矿渣或其他不溶于地下水、不受侵蚀影响的性能稳定的硬性集料,不宜使用风化易碎的石料;填料粒径宜为20~200mm,含泥量不超过5%。30kW的振冲器宜选用粒径20~80mm的填料,最大粒径不宜超过100mm;55kW的振冲器宜选用30~100mm的填料,最大粒径不宜超过150mm的填料;75kW的振冲器宜选用粒径40~150mm的填料,最大粒径不宜超过200mm的填料。

⑤质量检验。

各类碎石桩的质量检验均应重视检查施工记录。如振冲碎石桩法要检查成桩各段密实电流、留振时间和填料是否符合设计要求。沉管碎石桩法要检查各段填料量以及提升和扩压时间是否符合设计要求。

考虑到成桩过程对桩间土的扰动和挤压作用,除砂土地基外,质量检验都应在施工结束后间隔一段时间进行,原则上应待间土超静孔水压力消散、土体结构强度得到恢复时进行质量检测。对于粉质黏土地基,间隔时间可取21~28d;对于粉土地基,可取14~21d。

⑥应注意的质量问题。

选用自然级配填料做桩体材料时,应采取严格的检验措施,控制最大粒径和级配,以防在边振边填施工过程中填料难以落入孔内,以及不容易振密桩体、振实度差的现象发生。

为避免振冲器造成电流过大,致使孔壁土石坍塌,可采取减慢振冲器下沉速度、减少振动力等措施;当密实度电流难以达到时,应采取继续填料和提拉振冲器加速填料的措施,防止因土质软而出现填料不足的质量问题。

为避免缩孔、堵塞孔道,可采用先固壁、后填料和强迫填料的方法;对易液化的砂土底层,应适当加大桩距,避免“串桩”。

(3)CFG桩法。

①施工工艺及技术要点。

水泥粉煤灰碎石桩又称CFG桩,是由水泥、粉煤灰、碎石、石屑或砂等混合料加水拌和形成的高黏结强度桩,与桩间土、褥垫层一起组成水泥粉煤灰碎石桩复合地基。CFG桩不仅可以全桩长发挥桩的侧阻作用,当桩端所在土层承载能力较好时也能很好地发挥端阻作用,从而表现出很强的刚性桩性状,使得复合地基的承载力得到较大提高。

CFG桩的原材料包括砂、石、水泥、粉煤灰和外加剂,施工前应进行配合比试验,施工时按配合比配制混合料。长螺旋钻孔、管内泵压混合料成桩施工的混合料坍落度宜为160~200mm,振动沉管灌注成孔所需混合料坍落度宜为30~50mm,振动沉管灌注成桩后桩顶浮浆厚度不宜超过200mm。

a.施工准备。

核查地质资料,结合设计参数,选择合适的施工机械和施工方法;进行满足桩体设计强度的配合比试验，确定各种材料的施工用配比；平整场地，清除障碍物，标记处理场地范围内地下构造物及管线；测量放线，定出控制轴线、打桩场地边线并标识；清除地表耕植土，根据地质资料，进行成桩工艺试验和试桩，竖向全长钻取样芯，检测密实度、强度等参数，确定施工工艺和参数。

b.施工顺序。

CFG桩施工一般优先采用间隔跳打法，也可采用连打法。具体采用何种施工组织方法，应根据现场条件、地质、环境、施工组织顺序等综合确定。

连打法容易造成相邻桩被挤碎、变形、缩颈、位移等情况，在黏性土中则容易造成地表隆起；跳打法则不会出现连打法容易出现的上述现象，但必须注意，在已经成桩中间打桩时，可能对已打桩造成被振裂或振断破坏，因此需慎重选择补打间隔时间。

c.主要施工技术要点。

(a)沉管：根据设计桩长、沉管入土深度确定机架高度和沉管长度，并进行设备组装。桩机就位，检测并调整桩管垂直，垂直度偏差不大于1%；若采用预制钢筋混凝土桩尖，桩尖需埋入地表以下300mm左右，以确保桩尖位置准确；为避免沉桩作业时对相邻桩造成影响，应注意控制沉管时间尽量短；沉管时每米记录激振电流变化情况，并对土层变化情况予以记录。

(b)投料：在沉管过程中用料斗进行空中投料，沉管到设计高程且停机后需尽快完成投料，直至管内混合料顶面与钢管料口齐平。

(c)拔管：首次投料启动电动机，留振5~10s再开始拔管；拔管速率按工艺试验并经监理、设计批准的参数执行，一般控制在1.2~1.5m/min之间。拔管速度要适中，过快会造成局部缩颈或断桩，过慢会由于振动时间过长，造成桩顶浮浆增厚、桩体离析，但对于淤泥质土，拔管速度可适当放慢；拔管过程不应反插留振，如投料不足，可在拔管时空中投料；成桩桩顶高程应高出设计桩顶高程500mm左右，且浮浆厚度不应超过200mm，确保桩有效长度。

(d)桩头处理：沉管拔出地面、确认成桩符合设计要求后，用黏性土封顶，桩机移位，进行其他桩施工；桩头达到设计强度后，进行清土、截桩施工，桩顶以下500mm左右应该凿除，且不得造成桩顶高程以下桩体受损或扰动桩间土体，以确保桩体质量。

②质量检验。

水泥粉煤灰碎石桩施工完毕，一般在28d后对水泥粉煤灰碎石桩和水泥粉煤灰碎石桩复合地基进行检测，检测包括低应变对桩身质量的检测和静载荷试验对承载力的检测。

检测数量：静载荷试验应分部位进行，检测数量取水泥粉煤灰碎石桩总桩数的1%，且不少于3点；低应变检验数量取水泥粉煤灰碎石桩总桩数的10%。选择试验点应随机抽取，并具有代表性。

水泥粉煤灰碎石桩复合地基载荷试验按现行《建筑地基处理技术规范》(JGJ 79)“附录B复合地基静载荷试验要点”执行。同时还需注意，试验时褥垫层的底高程与桩顶设计高程相同，褥垫层底面要平整，褥垫层敷设厚度为6~10cm，敷设面积与荷载板面积相同，褥垫层周围要求有原状土约束。

4.2.2 淤泥回填技术

肥槽一般是指在城市地下综合管廊基坑工程中，为基础施工提供作业面而多开挖的部分，是基础外墙与基坑边缘或支护结构之间的空间，往往需要在地下建筑物基础外墙混凝土强度达到规定要求后，方可进行回填施工。传统的肥槽回填施工一般采用灰土或素土回填夯实，但由于建筑对土地利用率存在较高要求，肥槽中可供施工操作的空间往往较为狭小，而且周围存在支护结构或管线等干扰，回填施工困难，故回填土的压实无法采用压路机等较大型的机械设备进行碾压处理，通常采用蛙式打夯机等小型设备处理，而这样的处理方式存在一定施工难题，如开挖量相对较大、施工不便、工作效率低、压实效果差、密实程度不均匀，难以将肥槽回填密实，处理不当极易产生沉降与不均匀沉降，以及遇水湿陷的问题，严重的甚至会引起连带工程抗浮的问题。此外，采用混凝土进行回填，则成本较为高昂，难以大规模应用。而预拌流态土的研究与应用解决了上述问题。

1)技术原理

预拌流态土是在土(土料来源可充分利用基坑开挖等产生的弃土、渣土、尾矿等材料)中加入一定比例的固化剂、外加剂和水拌和均匀，形成具有较大流动性，且凝固后能达到一定强度的硬化土体，相当于广义上的"混凝土"。工程原状土制备再生流态固化土如图4.2-1所示。

土样	液态土组成	流动度(mm)	7d强度(MPa)
填方土	土/泥浆(占比>90%)、固化剂1号、塑化剂1号、调凝剂、水	≥180	1.56
绿化土			0.69
表层土			0.63
深层土			0.87
淤泥（西五）土			0.54

土样	液态土组成	所用固化剂	所用塑化剂	流动度(mm)	7d强度(MPa)
填方土	土、固化剂、塑化剂、强凝剂、水	1号	1号	187	1.53
		1号	2号	210	1.69
		2号	1号	185	1.5
		2号	2号	182	3.29

图4.2-1　工程原状土制备再生流态固化土

2)施工设备及流程

固化土的强度形成机理是，固化剂根据土壤特点和工程性能要求，结合地材，采用复合矿物设计+化学激发+土壤颗粒表面改性的基本技术路线，改进土壤存在的水化环境恶劣、水化产物难以连续分布、耐久性不足等缺点后形成有强度的硬化土体。固化土的施工工艺流程及施工设备分别如图4.2-2、图4.2-3所示。

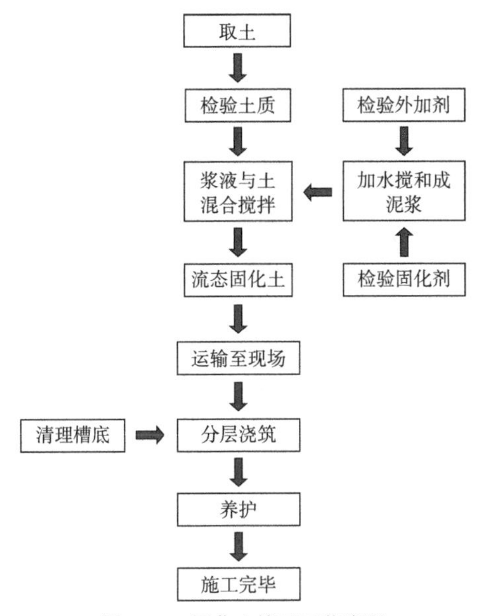

图4.2-2 固化土施工工艺流程

图4.2-3 固化土施工设备

3)工程应用效果评价

北京城市副中心综合管廊基槽回填工程与成都天府国际机场综合管廊回填均采用了预拌流态土技术，分别如图4.2-4、图4.2-5所示。通过对其进行填筑效果与检查验收评价可知，此技术具有以下优点：

(1)采用搅拌站生产，现场可自卸或泵送的方式浇筑，使用效果与混凝土类似，较为方便，对回填通道无法保证的区域有极好的效果；

(2)自密实性能好，无须振捣，易于控制回填质量，解决了受限空间的回填难题；

(3)防渗性能好，用于侧壁回填时，进一步提高了侧壁防水效果；

(4)就地取材，余土利用，既节约了成本，又起到了环保的效果。

图4.2-4　北京城市副中心综合管廊基槽回填工程

图4.2-5　成都天府国际机场综合管廊回填工程

4.3　管廊结构建造施工工艺

4.3.1　明挖现浇施工

1)明挖现浇法概述

明挖现浇法是指综合管廊工程施工时,从地面向下分层、分段依次开挖,直至达到结构施工要求的尺寸和高程,然后在基坑中进行综合管廊主体结构和防水施工,最后回填至设计高程。

明挖现浇法具有施工简便、安全、经济、质量易保证等诸多优点，广泛适用于多种地质条件下的综合管廊施工，但是其施工时占地面积大，对周围环境和交通影响较大，一般要求有比较开阔的作业场地。

2)明挖基坑施工技术[44]

(1)基坑开挖总体要求。

①基坑开挖前，应根据工程地质与水文资料、结构和支护设计文件、环境保护要求、施工场地条件、基坑平面形状、基坑开挖深度等，确定开挖方案，并遵循“分层、分段、分块、对称、平衡、限时”和“先撑后挖、限时支撑、严禁超挖”的原则。

②基坑开挖前，支护结构应严格按照支护专项方案进行施工，并验收合格，确保基坑开挖和结构施工安全；确保基坑邻近建筑物或地下管道正常使用。

③基坑开挖时，应对支护结构和周边环境进行动态监测，实行信息化施工。

④基坑开挖，应对基坑施工影响范围内的混凝土管桩、CFG桩等及时分段截桩，或采取必要的临时加固措施，避免桩身自由高度过大受到碰撞而受损。

(2)放坡开挖。

基坑土方开挖，根据施工情况合理确定分段，分层开挖。为确保基坑施工安全，一级放坡开挖的基坑应按要求验算边坡稳定性，开挖深度一般不超过4.0m；多级放坡开挖的基坑，应同时验算各级边坡的稳定性和多级边坡的整体稳定性，开挖深度一般不超过7.0m；采用一级或多级放坡开挖时，放坡坡率一般不大于1:1.5；采用多级放坡时，放坡平台宽度应严格控制不得小于1.5m，如图4.3-1所示。

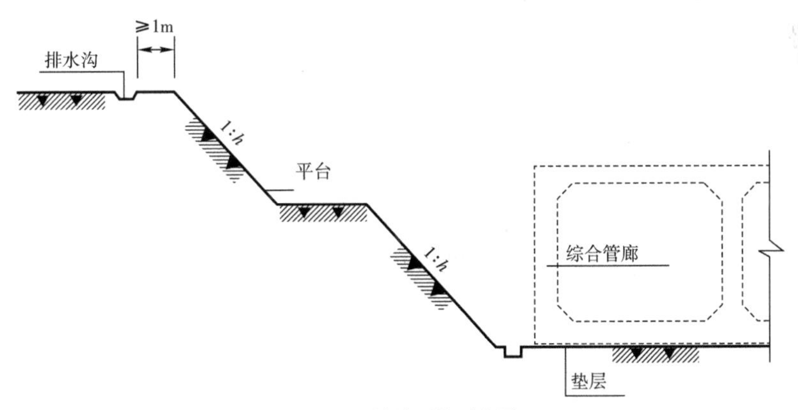

图4.3-1　放坡开挖示意图

当基坑边坡裸露时间较长，地下水位较高时，为防止边坡受雨水冲刷和地下水侵入，可采取必要的护坡措施。

基坑周边使用荷载不得超过设计限值，基坑周边1.2m范围内不宜堆载，3m以内限制堆载，坑边严禁重型车辆通行。当支护设计中已考虑堆载和车辆运行时，必须按设计要求进行，严禁超载。

3)有支撑的基坑开挖

应先开挖周边环境要求较低的一侧土方,再开挖环境要求较高一侧的土方,根据基坑平面特点采用分块、对称开挖的方法,限时完成支撑或垫层。管廊标准段一般多为狭长形基坑,宜选择合适的斜面分层分段挖土方法;当采用斜面分层分段挖土方法时,一般以支撑竖向间距作为分层厚度,斜面可采用分段多级边坡的方法,多级边坡间应设置安全加宽平台,加宽平台之间的土方边坡不应超过二级,各级土方边坡坡率一般不应大于1:1.5,斜面总坡率不应大于1:3。

管廊与管廊交汇处、管廊与其他地下构筑物交汇处,基坑开挖面积一般较大,可根据周边环境、支撑形式等因素,选用岛式开挖、盆式开挖、分层分块开挖等方式。

4)基坑降排水

基坑降排水应根据场地的水文地质条件、基坑面积、开挖深度、土层的渗透性等参数,选择合理的降排水类型、设备和方法,并编制专项的降水方案。常用的降排水方法和适用条件如表4.3-1所示。

常用的降排水方法和适用条件 表4.3-1

降水方法	适用范围		
	降水深度(m)	渗透系数(cm/s)	适用地层
集水明排	<5	1×10^{-7}~1×10^{-4}	含薄层粉砂的粉质黏土、黏质粉土,砂质粉土
轻型井点	<6		
多级轻型井点	6~10		
管井	>6	$>1\times10^{-6}$	含薄层粉砂的粉质黏土,砂质粉土,各类砂土,砾砂,卵石

5)现浇管廊结构施工

现浇管廊结构施工主要包括模板及支撑系统工程、钢筋工程和混凝土工程。

(1)模板及支撑系统。

综合管廊模板可采用木胶板、竹胶板、塑料模板、组合钢模板或具有早拆功能的组合铝合金模板等。模板安装流程:验线—墙体垂直参照线及墙角定位—安装导墙板、墙板及校正垂直度—安装顶板模板龙骨—安装顶板模板及调平—整体校正、加固—检查验收。墙体模板安装前应采用定位钢筋等定位措施,确保墙面的垂直度与墙体的结构尺寸;模板表面应清理干净,涂抹适量的脱模剂;龙骨在安装期间一次性用单支顶调好水平;对于管径较大的穿墙套管,模板宜采用非标钢模板加工。

①常规模板支撑体系。

支撑体系可采用碗扣式脚手架、扣件式脚手架、轮扣式脚手架、门式脚手架等,因管廊规格尺寸变化较少,脚手架选用的规格及尺寸相对稳定,局部特殊部位可采用扣件式脚手架进行处理。

扣件式钢管脚手架杆体及配件少,配合十字扣件、转向扣件、连接扣件,可选组合多种多样;扣件可以作用于架子管的任意部位并且便于调整,斜拉杆可以随便调整和应用于任何部位。

碗扣式脚手架横杆和立杆的作用力在轴心，结构合理、安全；横杆的插板放于立杆的扣碗中，配件不易丢失，损耗小；搭建速度高于扣件式钢管脚手架，承受力相对扣件式钢管脚手架提高15%以上，租赁价格便宜，造价低。

轮扣式脚手架与碗扣式脚手架类似，它没有活动零件，运输、储存、搭设、拆除方便快捷，标准化的规格尺寸配合可靠的双向自锁能力，使架体外观简洁、工整，工人搭设质量便于控制，租赁价格便宜。轮扣式脚手架整体刚度较大，在某一节点破坏时，对整体结构的安全性影响较大，要求对架体验收工序进行严格把控。通过工程实践应用可知，应重点检查横杆、竖杆上的轮扣焊接质量。

②管廊现浇移动模架支撑体系。

现浇移动模架支撑体系是指在现浇混凝土管廊的墙板和顶板施工时，管廊内模及支撑体系采用模块化、单元化、可人工辅助或自行整体移动并可重复周转使用的一体化现浇模架支撑体系，见图4.3-2。

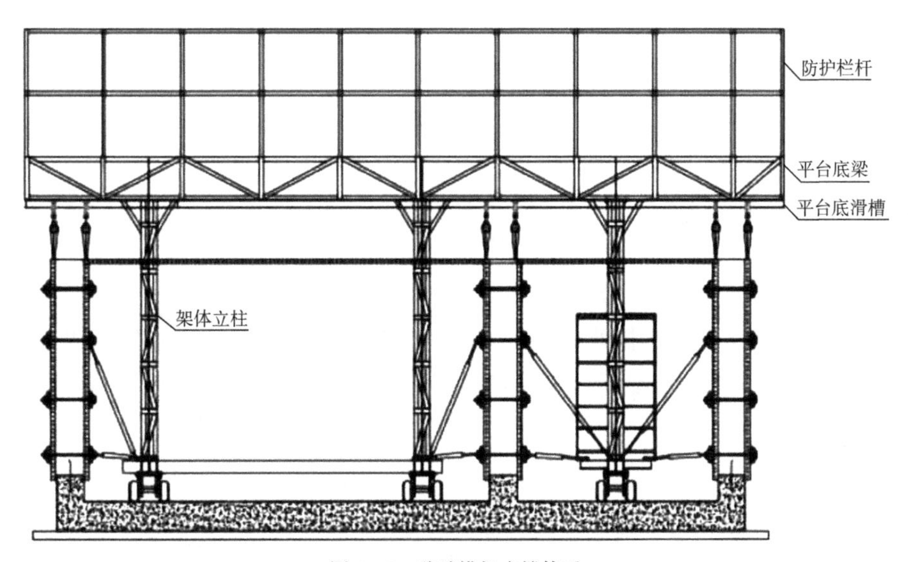

图4.3-2 移动模架支撑体系

根据管廊通常呈线形分布、截面相同、水平长距离布置的特点，采用设计合理的移动模架支撑体系浇筑混凝土，该施工方法可减少施工中模板及支撑架体安装人工劳动强度、节省施工周转材料、提高模架体系周转使用率，并符合绿色环保施工的要求。

③移动模架支撑体系构成。

移动模架支撑体系由多个可拼装组合的模块化可移动支撑架体组成。模块化可移动支撑架体由舱室墙体内侧模和顶板底模与“井”字形支撑架体组成，模板为整体式大面积铝模板（或钢框复合模板），与“井”架通过可操控伸缩杆件连接，“井”架骨架下设可移动滑轮和架体稳定固定装置，滑动轮下铺行走辅助槽钢轨道。

根据管廊节段设计长度和舱室截面设计宽度，舱室截面宽度在2m以下的移动模架体系由单模块纵向拼装组成,宽度2m以上的由两个模块架体与快拆支撑杆件(快拆支撑杆件设在两模块支撑体之间)组成横向组合单元,再由各组合单元按现浇节段长度纵向拼装组合组成。管廊现浇外模板采用与内模相同的大面积模板,通过内外模连接与支撑杆及内模形成完整的现浇模架体系。

移动模架体系的内墙板与顶板钢模通过可伸缩连杆与"井"架骨架相连,通过电动控制系统实现墙板、顶板按顺序脱模。"井"架骨架下移动滑轮设计有电动驱动装置,滑动轮下设槽钢轨道,可实现按组合单元体逐个移动或多个联合整体同步移动。

(2)钢筋工程。

①材料要求。

进场钢筋原材料或半成品必须具有出厂质量证明资料,每捆(或盘)都应有标志。进场时,分品种、规格、炉号分批检查,核对标志、检查外观,并按有关规定进行见证取样,封样后送检,检验合格后方可使用。

②钢筋加工与存放。

钢筋加工成半成品后要按部位、分层、分段和构件名称、编号等整齐堆放,同一部位或同一构件的钢筋要集中堆放并有明显标识,标识上注明构件名称、使用部位、钢筋编号、尺寸、直径、根数、加工简图等。

③钢筋连接与安装。

底板钢筋安装:标注钢筋位置线—吊运钢筋到使用部位—绑扎底板下层钢筋—放置垫块和摆放马凳—绑扎底板上层钢筋—侧墙钢筋。

侧墙及顶板钢筋安装:清理施工缝—标注钢筋位置线—吊运钢筋到使用部位—绑扎侧墙钢筋—支撑架及模板支设—绑扎顶板下层钢筋—放置垫块和摆放马凳—绑扎顶板上层钢筋。

管廊预埋铁件设置多,入廊管线支吊架相互位置尺寸要求较高,采取预埋件与模板固定的方式,提高埋件安装质量。

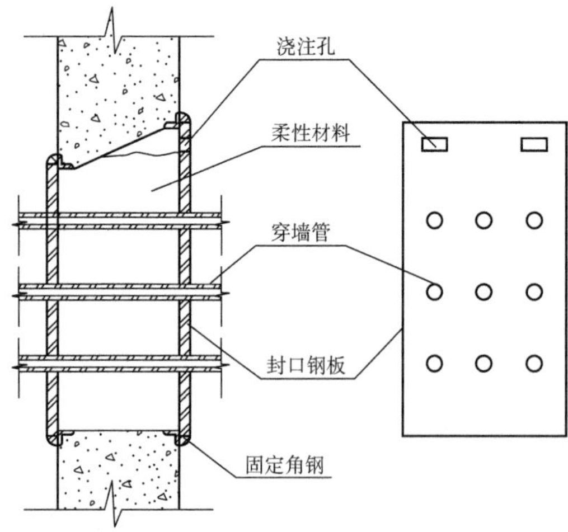

图4.3-3 穿墙盒防水示意图

④穿墙管(盒)安装施工。

综合管廊穿墙管(盒)处是综合管廊防水重点部位,穿墙预埋防水套管应加焊止水翼环或采用丁基密封胶带、遇水膨胀止水胶止水;穿墙管(盒)与止水翼环四周满焊,焊缝饱满均匀;采用丁基密封胶带、遇水膨胀止水胶时应固定牢靠。穿墙盒防水示意图如图4.3-3所示。

当穿墙管线较多,采用穿墙套管群盒或钢板止水穿墙套管群方法集中出线时,穿墙套管群盒或钢板止水穿墙套管群应焊接固定牢固。

穿墙管(盒)应在混凝土浇筑前就位,并应采取措施保证穿墙管(盒)的设计中心线位置和高程准确。混凝土浇筑前，穿墙管(盒)两头应临时封堵，混凝土浇筑过程中应防止碰触、错位。

(3)混凝土工程。

管廊混凝土结构施工，要按不同部位的抗渗等级，合理设置施工缝。

①变形缝的设置应符合下列规定：

现浇混凝土综合管廊结构变形缝的最大间距宜为30m，预制装配式综合管廊宜为40m。

结构纵向刚度突变处以及上覆荷载变化处或下卧土层突变处，应设置变形缝。

变形缝的缝宽不宜小于30mm。

变形缝应贯通全截面，接缝处应按现行《地下工程防水技术规范》(GB 50108)设置橡胶止水带、填缝材料和嵌缝材料等止水构造。

管廊混凝土构件接缝处、通风口、投料口、出入口、预留口等部位，是渗漏设防的重点部位，应采取预制、预埋措施解决渗漏问题。

②变形缝施工要点。

变形缝两侧混凝土分成两次间隔浇筑，一侧管廊混凝土浇筑完成后，必须确定预埋止水带无损伤，方可进行下一段管廊浇筑。不同位置变形缝实例图详见图4.3-4、图4.3-5。

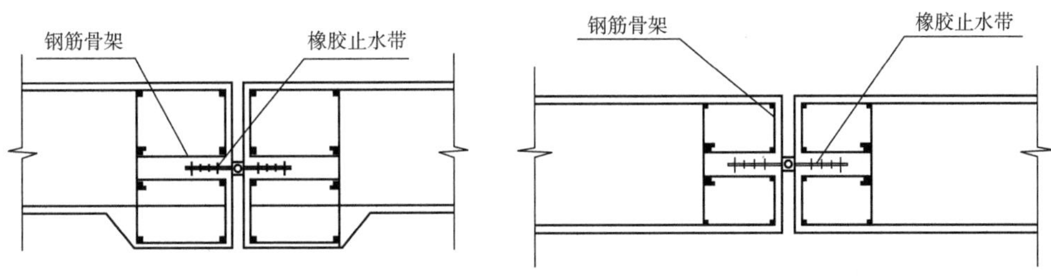

图4.3-4　底板变形缝实例图　　图4.3-5　侧墙及顶板变形缝实例

根据结构设缝位置、平面尺寸、竖向尺寸，确定止水带的加工长度及形式，优先采用定制整体式止水带；有接头的橡胶止水带，接头采用热胶叠接，接缝平整、牢固，不得有裂口、脱胶现象。止水带中心线应和变形缝中心线重合，止水带不得穿孔或用铁钉固定，并采取可靠措施防止在混凝土浇筑时止水带发生偏移。

浇筑混凝土前，可在底板变形缝顶面安放宽30mm、高20mm的木板条。浇筑完混凝土，在强度能保证其表面及模板不因拆除木板条而损坏时，将木板取出，以形成整齐的凹槽，方便密封膏施工，保证其质量。通过木板条的使用，预留出的凹槽整齐、方正，无变形或者出现深浅不一现象，而且橡胶板两侧的清理工作容易操作，与直接埋放聚苯板的方法相比，工程效果更显著，施工质量更加稳定。

结构施工完毕后统一进行变形缝与水接触面的处理，处理时宜先将变形缝用特制钢丝刷将凹槽两侧混凝土刷出新槎，用空气压缩机吹干净，然后按照设计要求进行伸缩缝内填塞施工，施工过程中随时清理干净凹槽内土及杂物，清理干净后在凹槽侧立面粘贴塑料胶条，防止污染墙体，胶条要顺直、平行。设计采用密封膏灌注时，密封膏灌注通过专用密封膏压力枪压入凹槽内，对已压入凹槽内的密封膏使用腻子刀整平、压实，在混凝土表面处密封膏微突出5mm左右,宽度比缝宽每边大10mm左右,并与混凝土黏结牢固。但地下水位较高时,变形缝处宜安放遇水膨胀橡胶条,防止地下水渗入变形缝内引发渗漏现象[45],影响施工质量。

③施工缝。

综合管廊的水平施工缝宜设置在底板面以上500mm处,地板和顶板不得设施工缝。综合如图4.3-6所示。

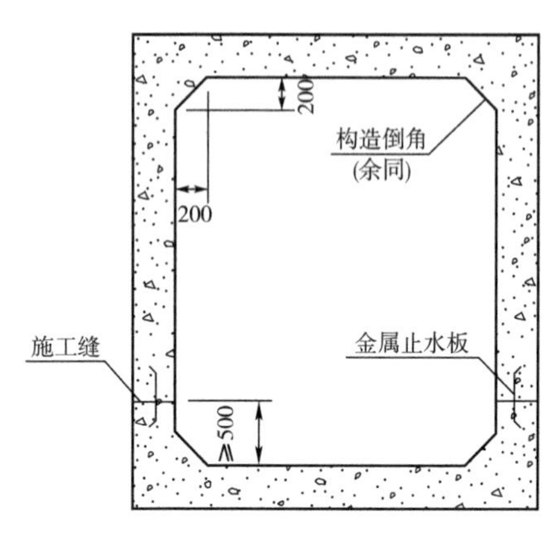

图4.3-6 综合管廊施工缝留置示意图
(尺寸单位：mm)

施工缝若处理不妥当,会造成管廊渗漏,对构筑物的外观以及构筑物日后的正常运行有重大影响。为保证墙体混凝土施工质量,不渗漏、外形美观,所有外墙壁水平施工缝均在混凝土施工时按设计要求埋置钢质止水板或设置止水凸槽,钢质止水板与结构钢筋点焊固定。

底板混凝土浇筑完毕后,应对水平施工缝进行凿毛处理。

墙壁施工缝以上的模板安装过程中容易造成模板下端与墙壁有缝隙,由此导致浇筑混凝土时,混凝土浆会从缝隙处渗漏出来,造成混凝土漏浆现象,严重时可形成蜂窝、麻面的混凝土质量通病。为防止这种现象发生,可在支墙壁模板前,施工缝以下30mm处粘贴双面胶条,安装模板时模板下沿部分与双面胶条贴紧。

侧墙施工缝通常设计选用平缝。为了优化施工缝结构,增大施工缝抗渗能力,延长渗水路径,可设置成凹凸形施工缝。

4.3.2 预制拼装施工技术

综合管廊预制拼装施工技术是指明挖施工条件下,将分块或分节段在工厂预制的综合管廊结构主体现场拼装安装的一种快速绿色施工技术[46]。

1)国内预制综合管廊现状

国务院办公厅印发的《关于推进城市地下综合管廊建设的指导意见》(国办发〔2015〕61号)明确要求,“根据地下综合管廊结构类型、受力条件、使用要求和所处环境等因素,考虑耐久性、可靠性和经济性,科学选择工程材料,主要材料宜采用高性能混凝土和高强钢筋。推进地下综合管廊主体结构构件标准化,积极推广应用预制拼装技术,提高工程质量和安全水平”。

综合管廊采用预制拼装工艺在国内应用相应标准尚不健全,上海、厦门、哈尔滨、长沙、郑州、十堰等多个城市近几年开始采用预制拼装方法施工综合管廊。主要的拼装工艺包括纵向锁紧型承插拼装法、柔性承插拼装法、胶接预应力拼装法、叠合板式预制拼装法、分舱预制与现浇结合拼装法等。

上述拼装方法在国内城市地下综合管廊工程中的应用还没有进入大规模市场化阶段,

综合管廊在适应垂直或水平特殊节点变化、各类管线分支口与拼装节段如何结合、节段拼接缝防水以及拼装成段的管廊体抗浮等方面有待提高。

2)预制综合管廊的优势

与传统现浇技术比较,预制综合管廊具有以下优势:以预制构件为主体的管廊结构,降低了材料消耗,具有优异的整体质量,抗腐蚀能力强,使用寿命长;可实现标准化、工厂化、批量化预制件生产,不受自然环境影响,充分保证管廊结构尺寸的准确性、管廊安装的准确性,充分保证主体质量;减少施工周转材料、提高生产效率、节能环保。预制综合管廊是综合管廊建设领域技术进步的一个方向。

3)预制综合管廊的适用条件

预制综合管廊一般适用于土层的分布、埋深、厚度和性质变化较小且地下水位较低的场地;对于含淤泥等软弱地层的区域,需采取针对性的基坑支护、基础加固措施。

4)预制综合管廊的分类

预制综合管廊一般采用闭合框架结构,分为一舱、两舱和三舱较多,结构尺寸超过一定范围则不宜预制与运输。预制综合管廊可分类如下:

①按材质可分为:钢筋混凝土管廊、钢制管廊、竹制管廊、钢塑组合管廊等,如图4.3-7所示。

a) 钢筋混凝土管廊

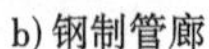

b) 钢制管廊

c) 竹制管廊

图4.3-7　按材质分类

②按节段组合类型可分为:全尺寸管廊、上下分节管廊、叠合板管廊、分块管廊等类型,如图4.3-8所示。

a)全尺寸管廊

b)上下分节管廊

c)叠合板管廊

d)分块管廊

图4.3-8 按节管组合类型分类

③按形状可分为:矩形管廊、圆形管廊、多弧段异形管廊、马蹄形管廊等管廊,如图4.3-9所示。

a)矩形管廊

b)圆形管廊

c)多弧段异形管廊

d)马蹄形管廊

图4.3-9 按形状分类

5)预制混凝土管廊施工技术

(1)质量验收标准。

施工质量验收标准可按照现行国家标准《混凝土结构工程施工质量验收规范》(GB 50204)、《给水排水管道工程施工及验收规范》(GB 50268)中的有关条款执行。

防水密封及胶接材料,应符合现行《地下防水工程质量验收规范》(GB 50208)的规定。

对于胶接接头的接缝材料,宜采用环氧树脂胶粘剂,应满足现行《工程结构加固材料安全性鉴定技术规范》(GB 50728)中结构胶粘剂的有关检验与评定标准。

(2)预制混凝土管廊制作工艺。

预制混凝土管廊制作工艺流程见图4.3-10。

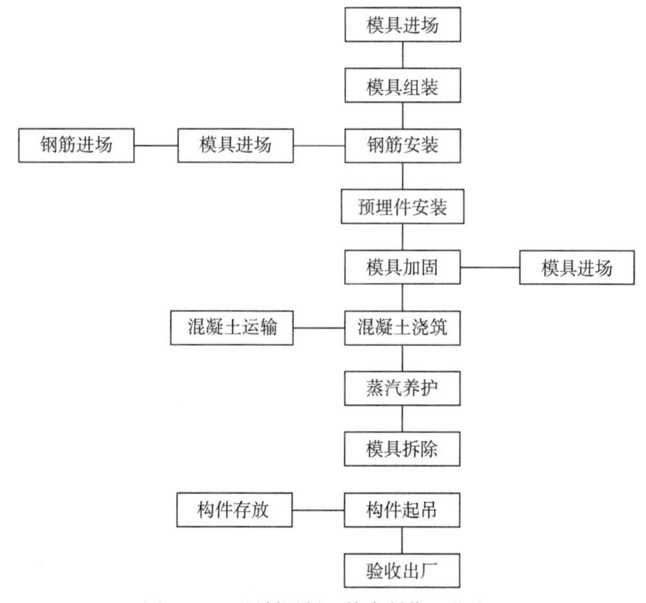

图4.3-10　预制混凝土管廊制作工艺流程

6)施工技术管理

(1)钢筋加工及立模。

钢筋的绑扎、焊接应符合现行《城市综合管廊工程技术规范》(GB 50838)的规定。钢筋绑扎完毕后,垫上专用的保护层垫块,检查所有预埋件安装准确后,再进行内外侧模板装配。内外侧模板采用工厂定制的钢模,尺寸必须完全符合设计图纸各部位形状、尺寸要求,并具有足够的强度和刚度,在使用前必须涂刷脱模剂。

合模前应检查模具内外模四角、承插口四角无屈曲、变形情况,所有的定位、对拉卡具的位置安装准确。合模后必须再次检查模板间接缝的密封性,必要时可采用玻璃胶密封。

(2)混凝土浇筑。

全面检查完钢筋、预埋件、模板等各项准备工作并获得批准后,方可浇筑混凝土。混凝土运输至现场后,先检查混凝土强度等级及坍落度是否满足要求,再进行泵送浇筑,采用分层浇筑方式，切不可单面浇筑过高。浇筑到模口位置时应减慢浇筑速度，充分振捣模口部分，并进行抹面处理。

采用附着式振捣器和插入式振捣器相结合的方法，确保混凝土振捣密实，并时刻派专人检查附着式振捣器与侧模间的栓接是否稳固。插入式振捣器应避免触及钢筋和模板，快插慢拔，严格控制振捣时间及振捣范围，特别注意钢筋密集处和模板各拐角处的振捣，以防漏振。安排专人控制下料位置，做到关键部位不缺料，以防出现空洞。混凝土初凝后，严禁开启附着式振动器，严禁再用插入式振捣器扰动模板、钢筋和预埋件。夏季施工时，应注意浇筑过程不宜拖得过长，浇筑结束后混凝土表面不宜失水过早。浇筑完成后，对洒落在模具和地面上的混凝土及时进行清理。

(3)养护。

混凝土浇筑完成后，吊装蒸养罩，罩住模具，检查四周及底部是否有未压实部位。按照蒸养工艺进行蒸养，如发现有跑气现象，应及时修补蒸养罩。蒸养结束后，吊走蒸养罩，具备条件后模具开模。

(4)存放。

当混凝土强度符合设计要求后，方可进行综合管廊预制节段的运输和吊装，如设计无具体要求时，不应低于设计强度的75%。存放管廊的场地必须经过硬化，设有排水设施，管廊底支点处用枕木支好，存放高度不超过两层，层与层之间应用枕木垫好。

7)胶接+预应力管廊拼装施工技术

首先，将运输至现场的综合管廊预制节段通过吊装设备吊放到管廊基槽底部预设的临时支撑上(包括整段综合管廊的所有节段)，调整端块精确定位，安装螺旋千斤顶作为临时支座，进行接缝涂胶施工，每道接缝涂胶完毕后将该节段精确定位并张拉临时预应力，以免接缝受扰动后开裂；整段管廊安装就位后，张拉预应力钢束，张拉完毕后进行管道压浆，对综合管廊和垫层之间的间隙进行底部灌浆，待灌浆层达到一定强度后，解除临时预应力措施，使整段管廊支撑在灌浆层上，设备前移架设第二段预制管廊；最后浇筑各段端部现浇段混凝土，处理变形缝，使各段综合管廊体系连续。

8)拼装具体步骤

(1)步骤一。

确认拼装设备(设备的预埋件和受力点经设计部门确认后实施)—从前往后依次吊装各节段(整段综合管廊的所有节段)，如图4.3-11所示。

(2)步骤二。

调整第一段后端端块并精确定位，调整螺旋千斤顶作为临时支座，依次进行接缝涂胶施工，每道接缝涂胶完毕后将该管廊节段精确定位并张拉临时预应力，以免接缝受扰动后开裂。严格控制接缝胶面厚度和保证胶面完全密切结合。

涂胶过程中必须密切注意并采取措施保证预应力管廊的紧密对接；单面涂刷厚度3mm，双面涂刷每个面1.6mm；临时预应力的张拉力将根据现场实际涂胶情况作相应调整，保证结合面压应力均匀，见图4.3-12。

a)首阶段吊装

b)精确定位吊装其他节段进入基坑

图4.3-11 步骤一

a) 试拼检查、刷涂结构胶

b) 张拉临时预应力

图4.3-12 步骤二

(3)步骤三。

依次张拉预应力钢束，张拉完毕后，进行管道压浆，对综合管廊和垫层之间的间隙进行底部灌浆，待灌浆层达到一定强度，解除临时预应力措施，使整段管廊支撑在灌浆层上，依同法循环拼装下一段，如图4.3-13所示。

(4)步骤四。

依次形成各大节段，并浇筑各大节段间现浇段混凝土，处理变形缝，使各段综合管廊体系连续，形成完整的综合管廊主体结构，如图4.3-14所示。

9)施工工艺及注意事项

(1)首节段定位与固定。

管廊节段安装前，精心制作用于节段安装纠偏的环氧树脂垫片。垫片使用前，用清洁剂清洗表面油污并晾干，分类放置于木箱内，用油漆在木箱外表面做标记，防止在节段安装时混用。

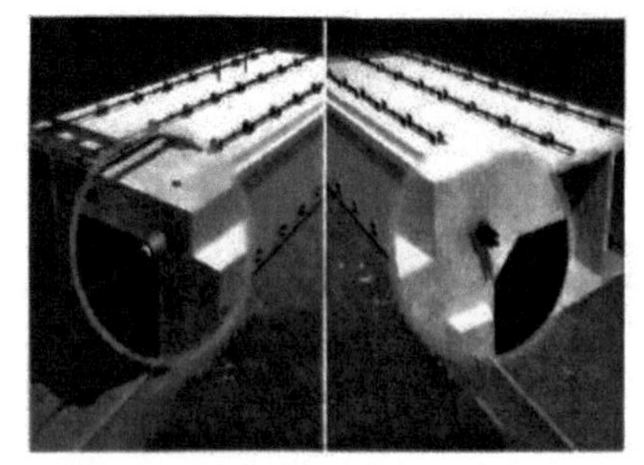

a) 待环氧胶固化后开始预应力管道穿束、钢绞线张拉

b) 底板压浆

图4.3-13 步骤三

a) 依次完成一段管沟其他节段的拼装

b) 完成两段落以上综合管沟后，即可开始施工湿接缝

图4.3-14 步骤四

首节段作为整段管廊拼装的基准面，其准确定位对于后续节段拼装就位非常关键。由于管廊节段在预制过程中已在节段顶面固定位置埋设了控制点，并提供了控制点的理论拼装坐标，通过测量节段面的控制点来准确定位后再松开起重机，管廊自重由临时支撑上的螺旋千斤顶支撑。控制点埋设示意图如图4.3-15所示。

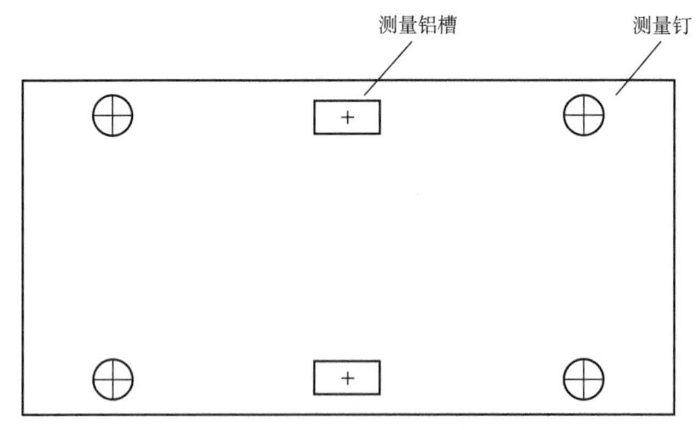

图4.3-15 控制点埋设示意图

准确定位后，为了防止首节段在后续拼装时被撞发生偏移，采用以下方法固定首节段：首节段后方有管廊段固定时，将首节段与前一段管廊的末节段的内外侧横向钢筋上竖向焊

接4根槽钢，再用槽钢斜撑将两个节段上的竖向槽钢焊接固定；首节段后方无管廊段固定时，临时吊一段管廊节段（或其他重物）在后面，而后按首节段后方有管廊段的固定方法固定。

（2）后续节段拼装。

管廊节段采用起重设备起吊至与已拼装节段相同高度后停止，缓慢向已拼装节段靠拢，在快靠拢时，用木楔在两节段接缝间临时塞垫，防止节段撞伤。等节段稳定后，通过吊具的三向调整功能对起吊节段的位置进行调整，使其与已拼节段端面目测基本匹配。

取出垫木，缓慢驱动起重设备，将起吊管廊节段与已拼装节段拼接，到位后观察上下接缝是否严密、有无错台，通过微调消除或降低存在的偏差至符合要求，完成节段的试拼工作。

管廊节段试拼的目的是提前确定节段拼装就位时的空间位置，以缩短涂胶后的节段拼接时间，防止因设备操作、人员经验不足或相互协调不好而使得节段在较长时间内不能精确就位，从而导致胶体在临时预应力张拉前或张拉过程中塑性消失或硬化。

（3）涂胶。

①准备工作。

涂胶是节段拼装工法中的一个关键环节，其材料和施工质量好坏直接关系到节段能否黏结成为一个整体，还决定了今后综合管廊的耐久性，同时也是节段接缝非常关键的防渗措施。故在正式施工和作业之前，必须做好各项准备工作。

选择合格的胶粘剂，要根据工程当地的气候条件及现场可能需要的操作时间来要求产品的初凝时间，否则可能出现管廊节段未就位好胶体却已凝固的现象。

为保证管廊节段顺利黏结，涂胶前需将接缝处混凝土表面的污迹、杂物、隔离剂清理干净。

因为雨水淋湿管廊节段面会使胶体无法黏结在节段体上，过强的阳光直射可能导致局部环氧树脂过早初凝，因此，必要时应准备活动棚防雨、防晒，以免影响施工质量。

预应力孔道口周围用环形海绵垫粘贴，避免管廊节段挤压过程胶体进入预应力孔道，造成孔道堵塞影响穿索。

②涂胶材料。

节段之间的胶粘剂可采用环氧树脂胶，环氧黏结材料采用双组分成品，应不含对钢筋有腐蚀和影响混凝土结构耐久性的成分。

③搅拌。

搅拌过程应尽可能靠近涂刷胶粘剂的地方，这样可以避免运输过程消耗使用时间。要将张拉设备、搅拌设备、电气设备准备充分后方可开始搅拌。环氧树脂、固化剂必须在容器中搅拌均匀。

④涂胶施工。

涂胶总的原则是快速、均匀，并保证涂胶厚度。为了保证管廊节段在环氧胶的作用下把两节段粘贴密实，在设备起吊节段到安装位置时，对拼装节段的两匹配面再一次检查和清理。

正常情况下，采用双面涂胶，每个面涂胶厚度为1.6mm，在预应力孔道和混凝土结构边缘附近，要保留20mm的区域无环氧胶粘剂。另外，在凹槽剪力键位置不涂胶，以减小整段管廊的长度误差。为了保证在环氧胶失去活性前完成涂抹并张拉临时预应力，涂胶作业采用人工穿戴橡胶手套涂抹快速作业，并在环氧胶施胶结束后，用特制的刮尺检查涂胶质量，将涂胶面上多余的环氧胶刮出，厚度不足的再一次进行施胶，保证涂胶厚度。

⑤注意事项。

环氧胶粘剂涂抹过程中要注意自身的安全防护，作业过程中必须使用橡胶手套、佩戴眼罩和口罩，不得用手直接触摸环氧胶粘剂，未固化的环氧和固化剂在与皮肤接触时，会产生伤害，因此必须使用护肤油和肥皂，绝对不能使用溶剂来去除皮肤上的环氧制品。

在涂刷胶粘剂之前，完全清除黏结面上的污物、油迹，如果黏结面有潮湿的迹象，用干净的布擦至表面干燥，黏结面不可有明水。

涂胶之前，要先试拼装以检查接缝大小是否一致，对于偏大的地方环氧胶粘剂要抹厚一些。

环氧胶粘剂保存时，要避免阳光直射。

(4)临时张拉。

临时张拉主要有两个作用：一是固定管廊节段，保证在永久预应力张拉前，节段之间不会相对错动；二是提供胶体凝结所需的压力。

主要材料及设备：临时张拉材料采用精轧螺纹钢，张拉设备可以采用张拉千斤顶；精轧螺纹钢连接器为JLM型连接器。

除了主要设备、材料外，还需加工制作置于管廊节段顶板预留孔洞处起临时张拉支座作用的钢锚块，以及安装在每段管廊首尾两个端节段上起稳定作用的联系横梁。

施工方法：在节段涂胶过程中，同时做好临时张拉前的准备工作，包括安装临时张拉钢锚块，并将精轧螺纹钢穿过临时张拉钢锚块，与前一节段的精轧螺纹钢用连接器接好。涂胶完，立即开始张拉，顶板和侧壁的精轧螺纹钢须两侧同步张拉。

注意事项：

保护好精轧钢棒和连接器，严禁在精轧钢和连接器旁进行焊接作业，如有损坏需及时更换。

临时预应力筋张拉结束后，及时清理挤出的环氧胶，保证管廊外观整洁，并用通孔器清理预应力孔道。

(5)永久预应力张拉。

预应力张拉束均为纵向预应力钢束，用张拉千斤顶进行张拉，预应力张拉按张拉作业指导书进行。

(6)测量与调整。

在管廊节段拼装线形误差超出允许偏差值时，采用调整临时预应力张拉顺序和垫环氧树脂片（或薄铜片）的方式进行调整。环氧调整垫片（或薄铜片）的厚度为2~5mm，布置于管廊节段侧壁上、下位置，垫片总面积应保证管廊混凝土满足局部承压要求。加入垫片调整的结合面，环氧胶粘剂涂抹厚度随之增加，使之超出垫片厚度1~2mm。施工中优先考虑调整临时预应力张拉顺序的方法对管廊节段线形进行调整。

（7）孔道压浆。

张拉完应及时进行孔道压浆，压浆前须先进行孔道注水湿润，单端压浆至另一端出现浓浆止。孔道压浆按压浆作业指导书进行。

（8）对管廊和垫层之间的间隙进行底部灌浆。

在综合管廊安装完成之后，紧贴综合管廊边缘用止水橡胶条立模。初步计算所需的浆体体积，灌注实际浆体数量不应与计算值产生过大的误差，确保灌浆时不漏浆且密实、饱满。灌浆料采用强度等级为M40的水泥浆，将拌制好的M40水泥浆直接从进浆孔注入，直至灌浆材料从周边出浆孔流出为止。利用自身重力使垫层混凝土与管廊底面之间充满水泥浆体。

（9）安装进度。

一跨（约30m长）预制综合管廊节段拼装周期如表4.3-2所示。

一跨预制综合管廊节段拼装周期表　　表4.3-2

工序	工期(d)	备注	工序	工期(d)	备注
设备过孔	0.5	不占用主工序时间	水泥浆养护	2	
管廊节段吊装、胶拼	2		总计	5	
张拉、压浆（含灌浆）	1				

综合管廊拼装应及时浇筑各段管廊端部现浇段混凝土，处理变形缝，使各段综合管廊体系连续。

10）管廊节段拼装质量保证措施

设备是管廊节段拼装的“模具”，就位后要严格检查设备的中心线及水平度，其中心线与管廊的中心线应保持一致。

为了减小后拼管廊节段时因地基变形而影响先拼节段的高程，在正式胶拼前，将所有节段吊装完成，在保证胶拼空间的前提下，胶接部位尽可能接近其设计位置。胶拼时，控制好第一节管廊节段的位置、方向、高程的准确是保证整段管廊拼装精度的关键，施工中要加强测量控制，严格控制其位置和角度。每一节段定位前后都要对线形（高程、中线等）进行精确测量，及时汇总监控数据并进行分析、总结规律，为下一节段的拼装提供参数。

预应力张拉时，严格按设计要求的指标控制，保证张拉到位；张拉完成后及时注浆，以避免钢绞线松弛。

11）防水施工

胶接+预应力拼装接口防水主要采用端面结构胶，如图4.3-16所示。

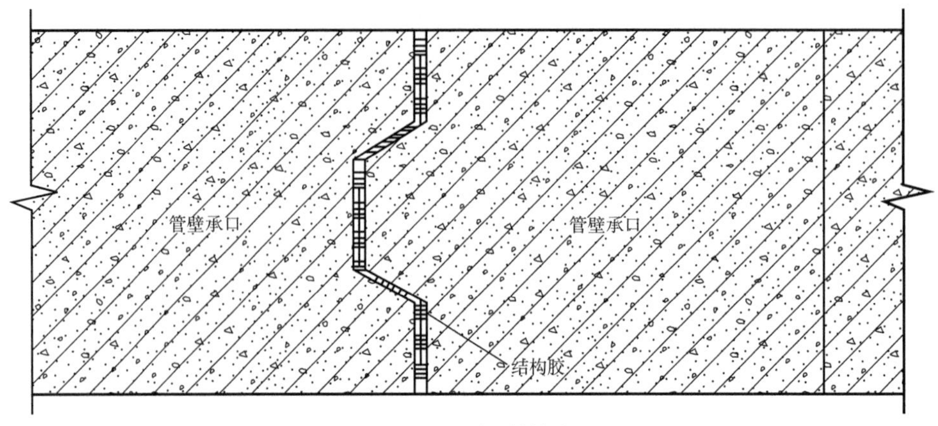

图4.3-16 端面结构胶

施工时，要保持管廊结构本体干燥，避免在潮湿环境下施工；管廊结构拼装基面应干净，无灰尘、锈渍、油污等。

结构胶的性能跟使用温度有较大关系，因为温度影响双组分结构胶的固化速度与最终固化程度。5~40℃范围使用较好，超过40℃，固化加快，操作时间缩短，应注意减少每次的配制量，配好后立刻使用。低于5℃，固化较慢，固化程度也受影响，最好采取适当加温措施，例如可采用红外线灯、电炉或水浴等增温方式将结构胶在使用前预热至20~40℃。

结构胶应涂抹均匀并覆盖整个匹配面，涂抹厚度以3mm为宜。结构胶涂抹时应采取措施对预应力孔道进行防护，应确保在施加应力后，结构胶能够在全断面均匀挤出；固化过程中要避免扰动构件，固化完全后再进行处理和施工。

12）承插式拼装施工技术

承插式拼装主要包括柔性承插式拼装和锁紧承插式拼装。柔性承插式拼装主要采用双胶圈，两道橡胶圈之间设有注浆孔，安装后可进行接口防水检验，后期若有渗漏可进行注浆补救。锁紧承插式拼装主要是在拼装完成后，在每节段之间预留锁紧口，利用锁紧螺栓或预应力钢绞线进行锁紧，然后封锚形成大节段。两种拼装方法工艺基本类同。

（1）拼装工艺流程。

安装工艺主要包括：试拼装、防水胶圈安装、安装就位承插对接并压紧、不同大节段间非标准断面进行现浇混凝土连接形成完整综合管廊主体结构（对锁紧承插式拼装，预应力张拉封锚形成大节段、锁紧承插式大节段张拉、封锚），具体如图4.3-17所示。

（2）注意事项。

与胶接+预应力拼装方法相比，承插式拼装施工主要事项以及防水处理没有太大的差别，但应重点注意以下几点：

为适应综合管廊在平面、立线的布置需求，设计竖弯、平弯的特殊弯头管节，可实现更小的转弯半径。

混凝土垫层的平整度对管廊节段拼装质量影响较大，应加强控制；施工时一般在预制节段底座与混凝土垫层之间设置一层砂垫层，确保管廊底座与混凝土垫层之间的充分接触，避免应力集中。

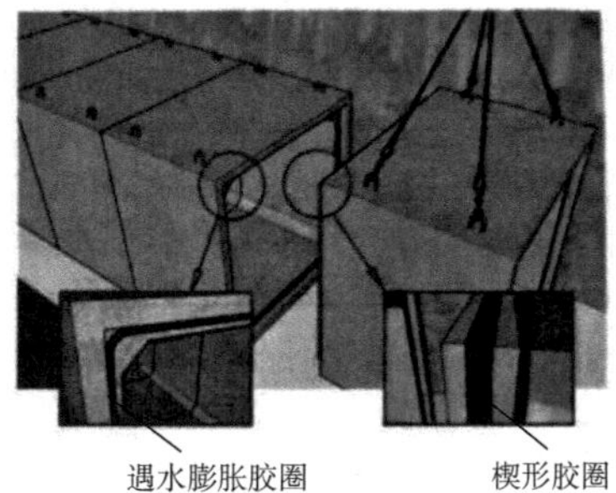

a) 柔性承插式管廊试拼及防水胶圈安装示意图

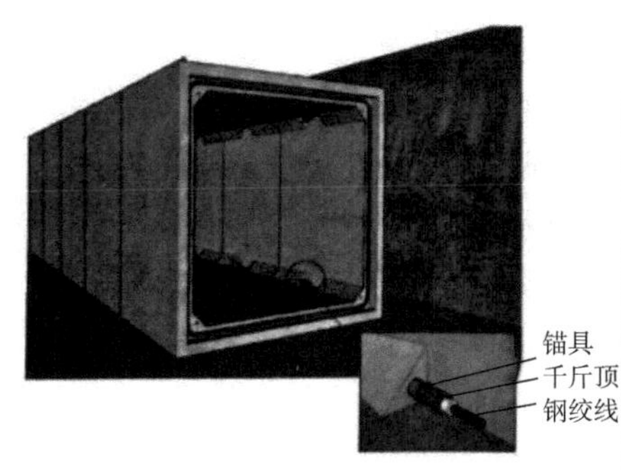

b) 锁紧承插式管廊对接锁紧及大节段张拉封锚示意图

图4.3-17　拼装工艺流程

(3)承插接口防水施工。

承插接口防水主要采用楔形弹性密封圈、遇水膨胀胶圈、腻子复合密封条等防水材料，在接口上进行布设，管节之间拼装后，防水材料与管节挤压密实，起到防水的作用，如图4.3-18所示。

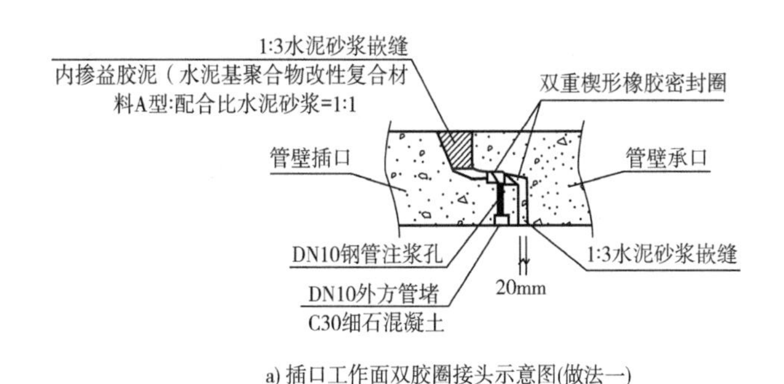

a) 插口工作面双胶圈接头示意图(做法一)

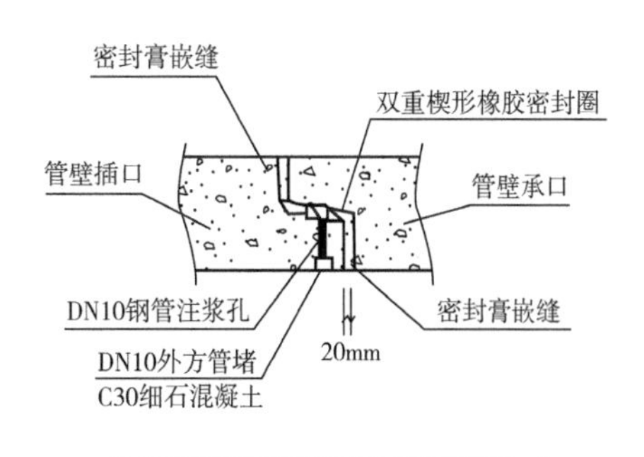

b) 插口工作面双胶圈接头示意图(做法二)

图4.3-18　承插式拼装施工防水做法示意图

①密封材料材质要求。

弹性橡胶密封圈材质宜采用氯丁橡胶、三元乙丙橡胶或聚异戊二烯橡胶。其主要性能指标——硬度、拉伸强度、拉断伸长率、压缩永久变形等性能参数应符合设计和现行《橡胶密封件给、排水管及污水管道用接口密封圈材料规范》(GB/T 21873)的有关规定；防霉等级大于二级，抗老化性能应符合箱涵使用寿命要求。

遇水膨胀胶圈(条)材质采用氯丁橡胶或丁基橡胶，宜与弹性橡胶复合使用。其主要性能指标有体积膨胀倍率、硬度、拉伸强度、拉断伸长率，性能参数应符合设计和现行《高分子防水材料　第3部分：遇水膨胀橡胶》(GB/T 18173.3)的有关规定，防霉等级大于二级。

密封胶(膏)宜采用双组分聚硫建筑密封胶或单、双组分聚氨酯密封胶，性能参数应符合设计和现行《聚硫建筑密封胶》(JC/T 483)、《聚氨酯防水涂料》(GB/T 19250)的有关规定，防霉等级大于二级。

②密封材料施工要求。

楔形弹性橡胶圈：安装基面应干燥、洁净、平整、坚实，不得有疏松、起皮、起砂现象，凸起处应凿除后同凹坑、气孔一起用水泥浆填平；胶圈长度以安装后胶圈紧贴混凝土面为准，胶圈长度应刚好是管廊构件端面粘贴位置的周长；胶圈安装位置偏差不超过2mm；安装时应采用生产厂家配套黏结材料使胶圈紧密黏结于预制管廊插口面上，尤其重点关注管廊插口底部胶圈与管廊构件是否黏结紧密，如图4.3-19所示。

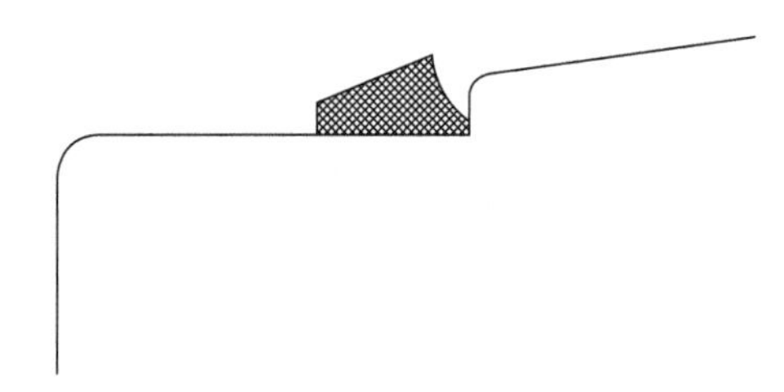

图4.3-19　楔形弹性橡胶圈安装示意图

遇水膨胀胶圈：安装基面应干燥、洁净、平整、坚实，不得有疏松、起皮、起砂现象；胶圈长度以安装后紧贴混凝土面为准，不得有空鼓、脱离现象；胶圈应根据设计的管廊端面粘贴位置的周长进行采购，现场对接采用冷接，对接应密实，不得出现脱开现象；胶圈在安装前不应出现破损和提前膨胀的部位，一旦出现应割除，并在割除部位重新黏结胶圈。

腻子复合密封条：内层采用发泡泡沫材料，具有较高的回弹性；外层采用高分子腻子型材料，腻子具有良好的自黏性能和最佳的蠕变性能，对混凝土凹凸表面具有很好的填充性能，对管廊节段因安装原因而产生的不均匀间隙有较高的补充性，从而达到良好的密封性能；腻子复合密封条具有重量轻、黏结性强的特性，安装简便，但是必须采取紧锁装置。

13)钢制综合管廊施工技术

(1)管廊制作。

钢制综合管廊的主要材料为波纹钢管，螺旋波纹钢管采用连续热镀锌钢板及钢带时，其性能、尺寸、外形、重量及容许偏差应符合现行国家标准《连续热镀锌薄钢板及钢带》(GB/T 2518)的规定。

螺旋形波纹钢管、拼装波纹钢管的材料采用碳素结构钢或低合金高强度结构钢时，其质量应符合现行国家标准《碳素结构钢》(GB/T 700)或《低合金高强度结构钢》(GB/T 1591)的规定，其尺寸、外形、重量及容许偏差应符合现行国家标准《热轧钢板和钢带的尺寸、外形、重量及容许偏差》(GB/T 709)的规定。波纹钢板常用的横形波形如图4.3-20所示。常用尺寸见表4.3-3。

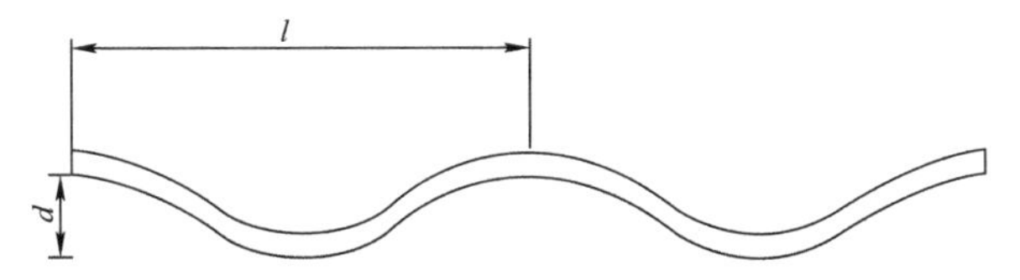

图4.3-20 波形钢板的横向波形尺寸示意图

波纹钢板常用的波形尺寸(单位:mm) 表4.3-3

波距(l)	波高(d)	壁厚(t)
68	13	2.0~4.2
125	25	2.0~4.2
150	50	3.0~10.0
200	55	3.0~8.0
300	110	4.0~10.0
380	140	5.0~10.0
400	150	5.0~8.0

钢制管廊结构连接件应满足下列规定:

波纹钢板拼装时应采用高强度螺栓连接,高强度螺栓应符合国家现行标准《钢结构用高强度大六角头螺栓》(GB/T 1228)、《钢结构用高强度大六角螺母》(GB/T 1229)、《钢结构用高强度垫圈》(GB/T 1230)、《钢结构用高强度大六角头螺栓、大六角螺母、垫圈技术条件》(GB/T 1231)或《钢结构用扭剪型高强度螺栓连接副》(GB/T 3632)、《钢结构用扭剪型高强度螺栓连接副技术条件》(GB/T 3633)的规定。

管箍、法兰盘的材料应同钢制管廊主体材料一致,其质量应符合现行国家标准《碳素结构钢》(GB/T 700)或《低合金高强度结构钢》(GB/T 1591)的规定。

密封材料应具有弹性、不透水性、耐腐蚀、耐老化性能,并应填塞紧密。低温条件下密封材料应具有良好的抗冻、耐寒性能。密封材料应满足相应国家现行标准的要求,且应根据现行国家标准《建筑密封材料试验方法》(GB/T 13477)进行评价,合格后方能使用。

(2)构造要求。

钢制综合管廊结构按接口连接方式可分为法兰连接和钢管连接两种,见图4.3-21、图4.3-22。

管廊内部地坪采用混凝土等刚性材料时,不应直接浇筑在波纹钢管(板)上,可采用柔性材料进行隔离,如图4.3-23所示。

钢制管廊与混凝土端墙连接时,可在波纹钢管(板)上焊接T形板或使用螺栓进行连接;当波纹钢管(板)壁厚较薄时,应采用相应的构造措施,以免焊接时引起板壁的变形或穿孔。T

形板大小及螺栓长度按实际工程确定。波纹钢管(板)与混凝土连接节点如图4.3-24所示。

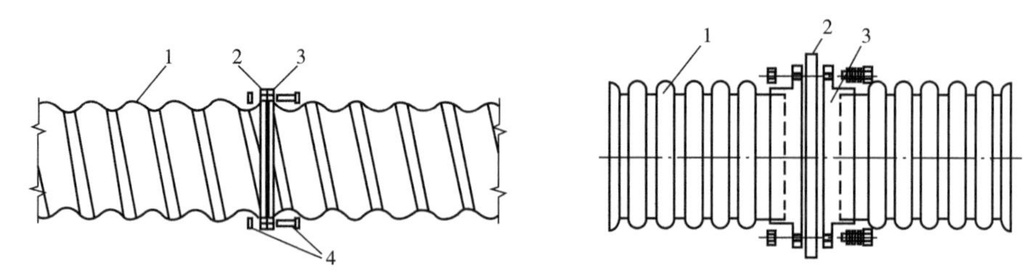

图4.3-21　波纹钢管法兰连接示意图

1-波纹钢管管体;2-密封材料;3-法兰;4-高强度螺栓连接副

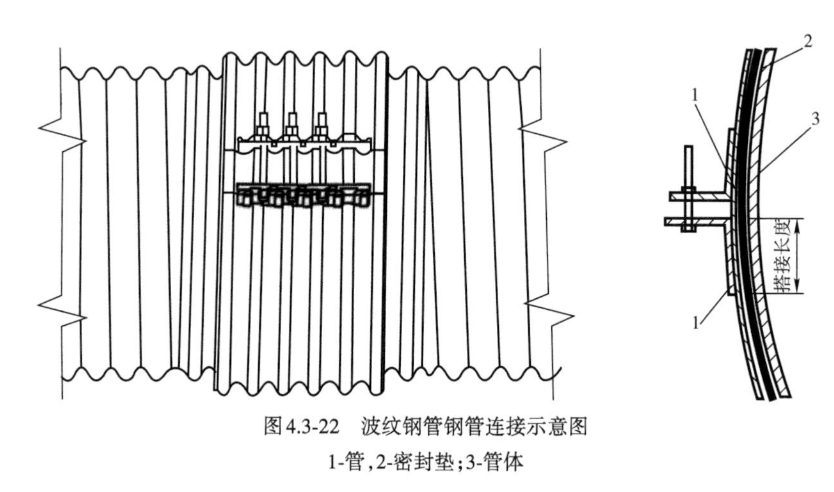

图4.3-22　波纹钢管钢管连接示意图

1-管,2-密封垫;3-管体

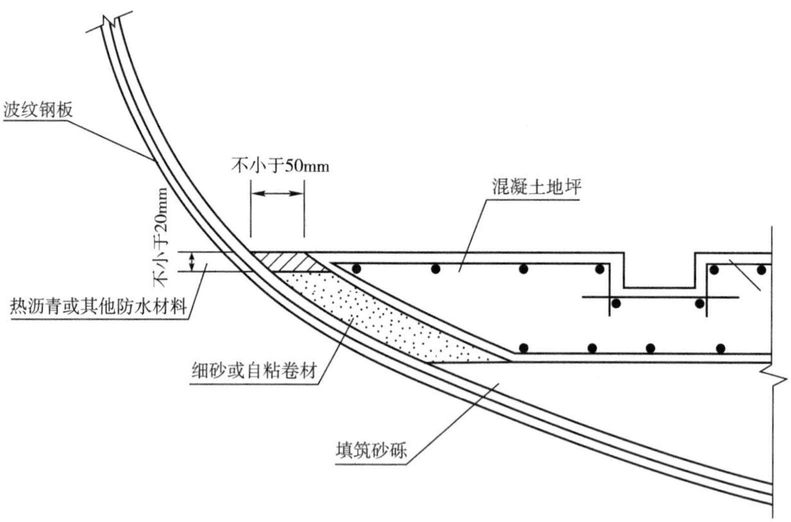

图4.3-23　波纹钢管（板）与混凝土地坪连接节点

(3)波纹钢管(板)及钢构件的制作、运输、堆放。

波纹钢管(板)及钢构件应按设计和施工图、工艺标准和施工组织设计制作安装,并应进行工序检查。波纹钢管(板)及钢构件施工除执行《装配式钢制综合管廊工程技术标准》的规定之外，还应遵循国家现行法规和有关标准的规定。

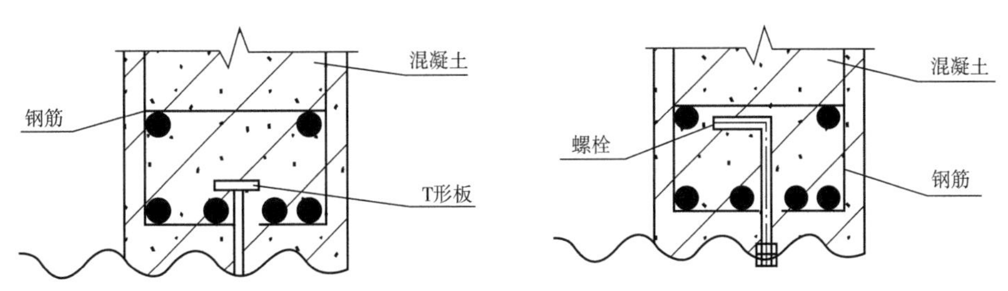

图4.3-24 波纹钢管（板）与混凝土连接节点

波纹钢管(板)及钢构件制作前，应进行设计图纸的自审和会审工作，并应按工艺规定做好各道工序的工艺准备工作。

①波纹钢板件制作工艺流程如下：

平板—压波—钻边孔(冲孔)—型弯—冲端孔—二次弧压弯—镀锌。

②钢结构支架制作工艺流程如下：

型材—下料—组合—焊接—镀锌。

③制作要点：

轧制波纹钢板前，应对平板尺寸进行检查，并进行导向定位。可采用滚压及模压加工装备进行轧制，其尺寸偏差应符合现行标准的有关规定。

波纹钢管(板)及钢构件下料误差应在5mm范围内，切口应平滑无卷边、毛刺。

波高、波距用精度符合要求的卡尺、深度尺进行检测。

内弧有效弧弦长用符合精度要求的直尺或钢卷尺测量波纹板的两端螺孔间的间距进行检测。

波纹钢管(板)及钢构件的热浸镀锌或其他涂层质量应符合设计图纸要求及现行标准的规定。

钢结构支架下料、焊缝的尺寸偏差、外观质量和内部质量，应按现行国家标准《钢结构工程施工质量验收规范》(GB 50205)和《钢结构焊接规范》(GB 50661)的有关规定进行检验。

波纹钢管(板)及钢构件的运输和堆放要求如下。

①运输。

大型或重型构件的运输应根据行车路线和运输车辆性能编制运输方案。构件的运输顺序应满足构件安装进度计划要求。运输构件时，应根据构件的长度、重量、截面形状选用合适的车辆，运输时车辆上的支点、两端伸出的长度及绑扎方法应保证构件不产生永久变形，防止损伤涂层。

②堆放。

构件装卸时，应按重心吊点起吊，并应有防止损伤构件的措施。构件堆放场地应平整、坚实，无水坑、冰层，并应有排水措施，构件应按种类、型号、安装顺序分区堆放，构件底层垫块要有足够的支撑面。

(4)防腐要求。

钢制管廊结构应根据地质条件、容纳管线种类、结构形式、施工条件和维护管理条件进行防腐蚀设计。钢制管廊结构防腐蚀设计应满足结构使用年限100年的要求，表面涂有多种涂层，涂层之间应有良好的配套性和相容性；防腐蚀材料的选用应符合国家环保与安全法规的有关规定；防腐蚀的技术条件、施工与验收等应满足其对应国家现行规范的要求。

钢制管廊结构中波纹钢管(板)的内外壁、管箍、法兰盘及其附属钢构件和高强度螺栓、螺母均应进行防腐蚀设计。在施工过程中磨损的涂层应及时进行修补，修补用涂层应与原使用涂层相同或匹配。

14)波纹钢板片拼装式钢制管廊现场安装施工工艺

波纹钢板片拼装式钢制管廊的每个径向断面都由多个板片拼装而成。

安装流程:施工放样—端口浇筑及垫层填筑—管廊主体安装—内外壁防腐—回填施工。

(1)施工放样。

施工前组织测量人员根据设计文件放出管涵轴线，打好中边桩，在管廊基础范围边缘撒上白色灰线，测出原地面高程。

(2)端口浇筑及垫层填筑

钢制管廊径向截面全部由波纹钢板组成封闭结构的，称为闭口截面钢制管廊。

闭口截面钢制管廊的基础应为整个波纹钢管提供均匀的支撑力。基础材料采用级配砂石，对材料的最大粒径和粉黏粒含量进行控制，最大粒径不宜超过50mm，且不能超过钢板波矩的1/2；0.075mm以下粉黏粒含量不得超过3%。

闭口截面钢制管廊的基础应均匀、坚固，基础的最小厚度与宽度应符合表4.3-4的规定，以保证提供足够的空间组装波纹钢管及进行周边结构性回填材料的回填压实。

闭口截面钢制管廊基础的最小厚度与宽度 表4.3-4

地质条件		基础最小厚度	基础宽度
碎石土、卵石土、砂砾、粗砂		表层夯实可直接将地基作为基础	
中砂、粗砂	孔径D≤2100mm	300mm	D+3m
	孔径D>2100mm	0.2D和500mm的较大值	
岩石地基		200~400mm，但当其填土厚度大于5m时，填土每增高1.0m，基础厚度增加40mm，增加后的基础厚度不宜大于800mm	D+3m
软土地基		(0.3~0.5)D且不小于500mm	(2~3)D

注:D为闭口截面钢制管廊横向最大孔径。

闭口截面钢制管廊的基础宜设置预拱度，其大小应根据地基可能产生的下降量、管廊底纵坡和填土厚度等因素综合确定，一般在基础上预留填土厚度0.5%~1%的预拱度。

开口截面钢制管廊宜采用混凝土基础，基础混凝土内预埋钢板连接件与波纹钢板连接如图4.3-25所示，钢板连接件应与波纹钢板垂直连接。

(3)管廊主体安装。

管廊安装前，要求准确放出管廊的轴线和端口位置，拼装时要注意端头管廊节板和中间管廊节板的位置，管廊的安装必须按照正确的轴线和图纸所示的坡度进行。

管廊安装应紧贴在基础垫层上，使管廊能受力均匀；基础顶面坡度与设计坡度一致。

安装时，每安装5m长度进行一次管廊节的混凝土基础位置校正。如出现偏位，采用千斤顶在偏位的方向向上顶管廊节进行纠偏。安装过程中随时监测整段管廊长度尺寸；安装长度允许偏差控制在±1%以内。波纹钢板拼装完毕后，应在纵向和横向连接处各自随机选取螺栓总数的3%，用力矩计量器检查，若抽查的螺栓紧固力不达标数超过所检查螺栓数的10%，则必须对全部螺栓重新进行检查并重新拼装。

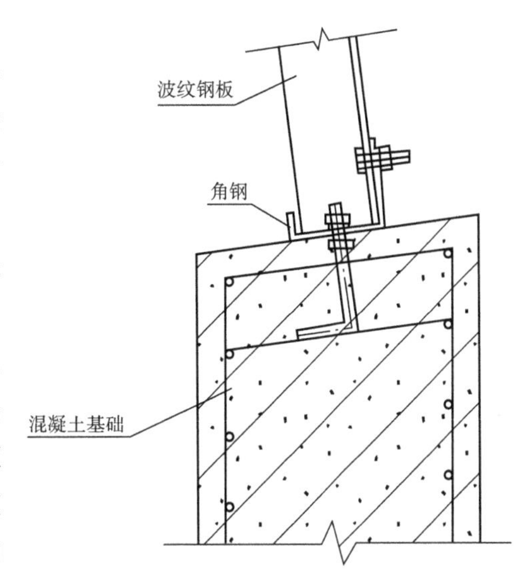

图4.3-25　基础混凝土内预埋钢板连接件与波纹钢板连接

安装时，在管廊结构的拼装节点部位搭设作业平台并采取高空作业安全措施，以方便施工操作。

管廊主体全部拼装完成并检查验收全部安装参数符合标准规范和设计要求后，在管身内侧安装附属配件。

相邻波纹板的连接应采用搭接拼装，并用高强度螺栓连接，不得采用焊接。钢波纹板件搭接拼装时，沿管廊轴向相邻板片的搭接节点应进行错位搭接。

拼装前在相邻波纹板间及螺栓处粘贴密封材料，密封材料的性能指标应符合现行标准的有关规定。

结构长度方向同一截面角块拼装节板两侧的拼装节点按一侧外包、一侧内贴的形式组装。

(4)内外壁防腐。

主体结构拼装成形后，在回填前应对外壁进行二次防腐处理。防腐选用改性热沥青及其他防腐性能好的防腐涂料，其性能指标应符合现行标准的有关规定。

对于有防火等级要求的管廊结构内壁及支架，应进行防火涂装，其防火涂层性能指标应符合现行标准的有关规定。

防腐蚀要求：钢制管廊材料均为金属，波纹板片等均采用热浸镀锌防腐处理，其镀锌层附着量为700g/m^2，连接螺栓镀锌层附着量为350g/m^2。管身安装好后，在现场对外壁增涂热沥青防腐涂层，涂刷厚度为1~2mm，以加强防腐蚀的作用。对于外侧底部需刷涂沥青的板片，应在未安装之前将板片外侧涂刷沥青后再进行底部板片的安装。

(5)回填施工。

钢制管廊两侧回填范围不应采用大型机械直接进行填筑、压实。

钢制管廊两侧回填保持均匀对称、分层摊铺、逐层压实，每层厚度宜为150~250mm，其压实度不应小于92%，两侧夯实高度差不超过一层夯实厚度，见图4.3-26；由偏土压引起的钢制管廊变形应采取措施消除，校正截面形状后重新实施夯实。

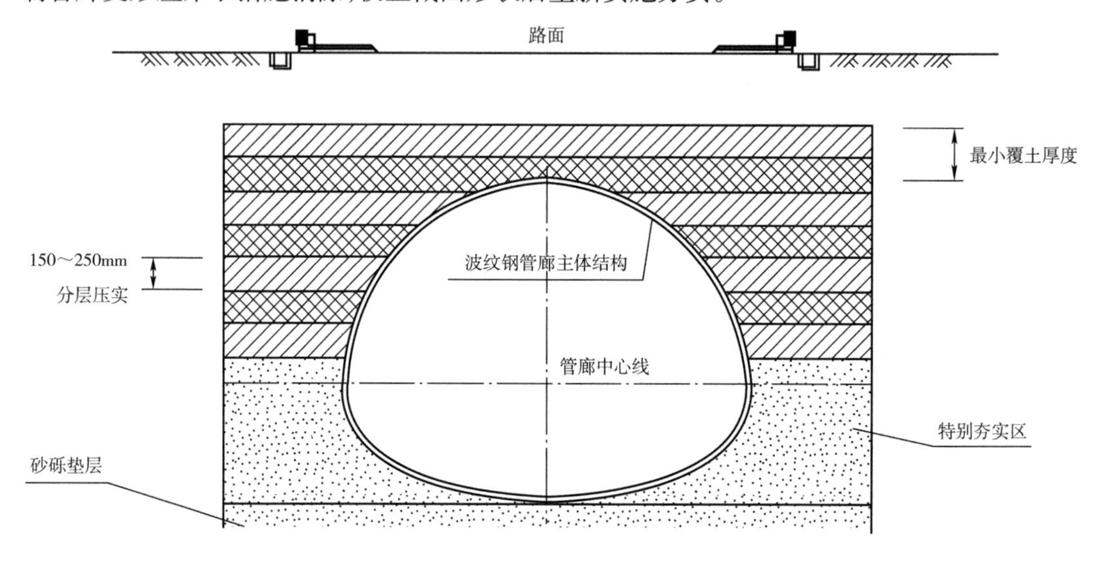

图4.3-26　钢制管廊回填示意图

在回填夯实过程中，从综合管廊外缘向外2.0m以内的范围内，应严格控制除夯实机械以外的重型机械的运行。夯实侧面时，夯实机械应与综合管廊的长度方向平行行驶；夯实综合管廊上方回填土时，应垂直于综合管廊的长度方向行驶。

对于闭口截面钢制管廊两侧楔形部回填，可根据地质和设计要求选择采用如下方法：

①采用粗砂“水密法”振荡器密实。

②采用级配良好的砂石(含水率要求比最佳含水率大2%左右)，人工用木棒在管身外由外侧向内侧两侧对称进行夯实，木棒截面为150mm×150mm，单次冲击力要达到90N，每个凹槽部位都必须夯实到位。

③采用流态粉煤灰回填或水泥浆体浇筑。

④采用最大粒径不超过3cm的级配砂石回填，然后用小型夯实机械斜向夯实，确保管底的回填质量。

⑤对于大直径(3m以上)圆形钢制管廊、管拱钢制管廊，可以采用素混凝土或气泡混合轻质混凝土回填，待其固化后再实行其外延部分的正常回填。注意设计中应考虑浇筑过程对结构的影响。

对于并列的钢制管廊，如图4.3-27所示，因为空间原因管间距设置较小时，其管间空隙下部也可采用素混凝土或气泡混合轻质土填实，待其固化后再实行上部和顶部的正常回填。

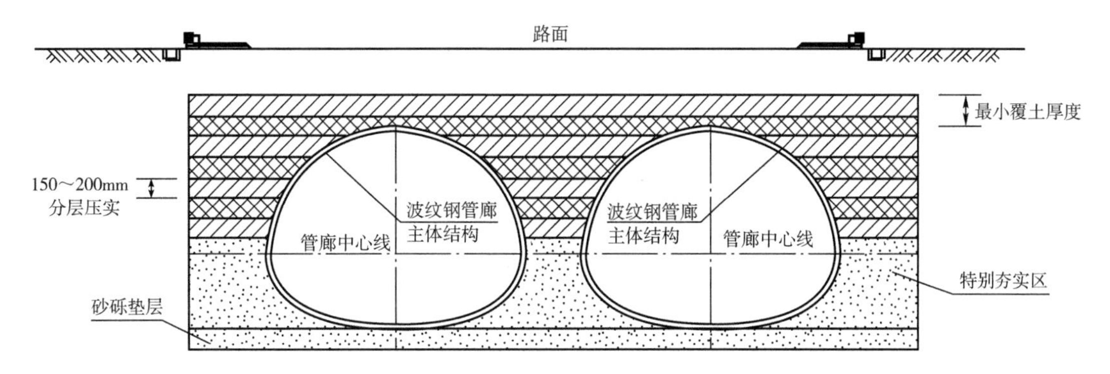

图4.3-27　并列钢制管廊回填示意图

⑥钢制管廊回填时，基坑应满足如下要求：沟槽内砖、石、木块等杂物应清除干净；沟槽内不得有积水；保持降排水系统正常运行，不得带水回填。

⑦钢制管廊顶部到最小覆土厚度以内，应按结构性回填部分的要求进行施工。

⑧结构性回填部分宜采用级配砂石或者透水性好的材料。结构最小厚度不得小于1m，且不小于最大跨度的十分之一。钢制管廊开挖基坑两侧应采取可靠的支护措施，保证基坑两侧土体对钢制管廊结构受力不产生影响。

钢制管廊顶部1m范围内应采用人工回填，大型碾压机不得直接在管廊顶板上部施工。在最小填土高度范围内，应禁止夯实机械以外的重型机械在综合管廊上方通行，不得堆放重物。

4.3.3　非开挖施工技术

综合管廊结构施工在遇到穿越河流、铁路、房屋以及繁华市区地段、无法明挖建造或埋设时，就需要进行暗挖方法。暗挖施工综合管廊结构推荐盾构法和顶管法。

1)盾构施工

盾构施工指利用盾构机在地下土层中掘进，同时拼装预制管片作为支护体，在支护体外侧注浆作为防水及加固层的施工方法。盾构机出发和接收均需要容纳盾构设备的相应空间，通常称为“出发井”和“接收井”，常为钢筋混凝土地下结构，需专门设计。

我国采用盾构法建设综合管廊的历史不长且多为配合性局部工程，如天津市刘庄桥海河改造工程中的地下共同过河隧道、南京云锦路电缆隧道莫双线220kV地下工程、上海南站过江电缆隧道工程等。在当前新一轮城市地下综合管廊建设热潮中，特殊地段的综合管廊采用盾构法施工是备选项之一。

盾构施工方法可大幅减少对城市环境及交通的影响，社会效益明显，目前得到很多城市建设部门的重视。按照盾构机直径大小，可分为大、中、小型盾构。具体分类见表4.3-5。

盾构机分类 表4.3-5

直径 D(m)	型号	适用范围
$D \leqslant 3.5$	小型	市政管道工程
$3.5 < D \leqslant 9$	中型	地铁区间隧道
$D > 9$	大型	地铁车站或地下通道

城市地下管线的非开挖施工，一般认为直径大于3m的隧道结构采用盾构法施工比较经济，3m以下的微型隧道采用顶管法施工比较合适。

2)盾构综合管廊的断面选型

城市综合管廊盾构施工与地铁隧道、公路隧道、火车隧道不同，横向截面直径多在3~4m之间，一般采用圆形断面形式，其断面主要有单舱和多舱综合管廊。

3)盾构选型

盾构选型应从安全性、适应性、技术先进性、经济性等方面综合考虑，所选择的盾构形式要能尽量减少辅助工法并确保开挖面稳定和适应围岩条件，同时还要综合考虑以下因素：

(1)盾构选型应以工程地质、水文地质为主要依据，综合考虑周围环境条件、综合管廊断面尺寸、施工长度、埋深、线路的曲率半径、沿线地形、地面及地下构筑物等环境条件，以及周围环境对地面变形的控制要求、工期、环保等因素；

(2)参考国内外已有工程实例及相关的盾构技术规范、施工规范及相关标准；

(3)可以合理使用辅助施工法；

(4)满足隧道的施工长度和线形要求，配套设备、始发设施等能与盾构的开挖能力配套。

4)盾构施工的关键技术

盾构施工的关键技术主要包括隧道端头加固、盾构的始发与接收、盾构防水施工、盾构测量以及盾构监测等。

(1)盾构隧道端头加固施工。

端头加固是盾构始发、到达技术的一个重要组成部分，直接影响到盾构能否安全始发、到达。盾构始发、到达是最容易发生盾构机"下沉、抬头、跑偏"，导致掌子面产生失稳、冒水、突泥等事故。端头加固的失败是造成事故多发的最主要原因。端头加固可单独采用一种工法，也可采用多种工法相结合的加固手段，这主要取决于地质情况、地下水、覆盖层厚度、盾构机型、盾构机直径、施工环境等因素，同时考虑安全性、施工方便性、经济性、进度等要求。

为了保证盾构机正常始发或到达施工，需对盾构始发或到达段一定范围内的土层进行加固，其加固范围在平面上为隧道两侧3m，拱顶上方厚度为3m，沿线路方向长9~12m，与一般地基加固不同，端头加固不仅有强度要求，还有抗渗透性要求。

常用的加固方法有搅拌桩加固、旋喷桩加固、注浆加固、冻结法加固等。

(2)盾构的始发与接收。

①盾构始发阶段。

盾构机始发是指利用反力架及临时拼装的管片承受盾构机前进的推力，盾构机在始发基座上向前推进，由始发洞门进入地层，开始沿所定线路掘进所做的一系列工作。盾构始发是盾构施工过程中开挖面稳定控制最难、工序最多、比较容易产生危险事故的环节，因此，进行始发施工各个环节的准备至关重要。其主要内容包括安装盾构机反力架及始发基座、盾构机组装就位空载调试、安装密封圈、组装负环管片、盾体前移、盾体进入地层。

为了更好地掌握盾构的各类参数，将开始掘进的100m作为试推段，试推阶段重点是做好以下几项工作：

a.用最短的时间掌握盾构机的操作方法、机械性能，改进盾构的不完善部分。

b.了解隧道穿越的土层地质条件，掌握这种地质下土压平衡式盾构的施工方法。

c.加强对地面变形情况的监测分析，掌握盾构推进参数及同步注浆量参数。

d.做好掘进时的复测工作，做到每十环进行一次复测，及时纠偏。

盾构始发施工前，首先须对盾构机掘进过程中的各项参数进行设定，施工中再根据各种参数的使用效果及地质条件变化在适当的范围内进行调整、优化，从而确定正式掘进采用的掘进参数。设定的参数主要有土压力、推力、刀盘扭矩、推进速度及刀盘转速、出土量、同步注浆压力、添加剂使用量等。

②盾构接收阶段。

盾构的接收相对于区间隧道的施工有其特殊性和重要性，盾构机的接收是指从盾构机推进至接收井之前50m到盾构机被推上接收基座的整个施工过程。当盾构机施工进入盾构接收范围时(距接收井50m)，应对盾构机的位置进行准确测量，明确接收隧道中心轴线与隧道设计中心轴线的关系，同时应对接收洞门位置进行复核测量，确定盾构机的贯通姿态及掘进纠偏计划。在考虑盾构机的贯通姿态时需注意两点：一是盾构机贯通时的中心轴线与隧道设计中心轴线的偏差；二是接收洞门位置的偏差。综合这些因素，在隧道设计中心轴线的基础上进行适当调整。纠偏要逐步完成，坚持一环纠偏不大于4mm的原则。

盾构机到站接收掘进分4个阶段。在这4个阶段中，应采取不同的施工参数，参数大小及侧重点不同。盾构机进入接收段后，为保证纠偏和减小接收井的结构及洞门结构的压力，要避免较大的推力影响洞门范围内土体的稳定；逐渐减小推力，降低掘进速度和刀盘转速，控制出土量并时刻监视土舱压力值，土压的设定值逐渐减小。

a.测量复核与姿态调整阶段。

为确保盾构接收时的贯通精度，接收前50~100m要进行导线和高程测量多层复测，根据复测结果合理安排纠偏计划，保证100m外完成盾构姿态调整。复测按照规范严格进行并报监理及测监中心复核。同时对接收洞门进行测量，以确定其位置。

复核无误后，根据复测数据调整盾构机的姿态。盾构姿态轴线偏差控制到+15mm以内。当盾构姿态偏差很大时，应及时而又稳定地进行纠偏，纠偏应小量多次进行，以保证隧道的顺直度。为保证姿态调整和纠偏的质量，接收前30~50环以内的掘进速度控制在20~30mm/min之间。

b.距离洞门结构混凝土30~200cm掘进阶段。

该阶段的掘进速度和土舱压力与前阶段掘进一样，此段施工应一定加强注意调整盾构机的姿态，使盾构机的掘进方向尽量与原设计轴线方向一致，并且要在接收前的20m处，使盾构机保持水平姿态前进或略微仰头姿态前进，保证正常接收。

盾构机切口进入接收加固区后开启超挖刀，掘进速度由原来正常段的20~30mm/min减至5~10mm/min，土舱压力由原来的0.20~0.22MPa逐渐减至0.15~0.17MPa。当盾构机刀盘距离结构钢筋混凝土2m时，土舱压力由原来的0.15~0.17MPa逐渐减至0.03~0.05MPa。应在密切监控地表和洞口的情况下逐步减少压力。在离洞门还有20环时，在1号车架处，对管片注双液浆，每隔5环注一次，封闭地下水通路。与此同时，对未脱出盾尾的管片，用钢带将管片连成整体，防止到达后，管片脱出盾尾掉落。

c.盾构机距离洞门30~200cm掘进阶段，因为不能确定开挖时的最小土舱压力，所以在开挖过程中只能根据地质等情况尽量使压力最小。掘进过程中密切注视洞口的情况，直至距离洞门30cm左右，不可能再掘进为止。此阶段速度一般为1~5mm/min。将土舱内土尽量出空，开始洞门凿除，保留外排钢筋。然后，做好洞门防水帘布的安装及其他接收准备工作。

d.盾构机距洞门20cm到进入接收井露出阶段。

开始割除钢筋、破除最后一层混凝土，盾构机继续前进并拼装管片，此阶段由于洞门结构已经完全破除，速度根据实际情况决定，舱内无压力；刀盘完全露出土体后停止转动。在盾构机停顿片刻，立即清除坍塌下来的土体及密封舱内的泥土。

洞门混凝土凿除、洞圈内止水钢板焊接完毕后，盾构开始推进。由于刀盘已在洞圈内，前方无土层存在，故此时推进无出土，每推进1.5m应立即拼装管片，从而缩短接收时间。推进至盾尾还剩70cm在槽壁内时停止推进，盾构一次接收结束。

一次接收后停止推进，立即在槽壁钢圈上与盾壳之间采用断焊方式焊接一整圈弧形钢板，钢板与洞圈采用断焊，当焊接完毕后用速凝水泥封堵弧形钢板、管片、钢圈之间的缝隙。

洞圈封堵完毕后，利用管片吊装孔进行壁后注浆，水泥浆液配比为1∶1，注浆压力为0.2MPa。隧道内注浆通过钢板上、下、左、右4个位置的注浆孔在洞圈外进行补压注浆。

盾构正常推进阶段是千斤顶顶住管片向前前进，而此次推进已无管片。故使用顶管法，在千斤顶与管片之间加顶管使盾构机向前推进。当推进至盾尾离内衬墙3.5m处停止推进（共推进4.2m），二次接收结束。

（3）盾构防水施工。

根据目前盾构法区间隧道渗漏水的情况，可将盾构法隧道的防水划分为以下四类；管片自防水、管片接缝防水、管片外防水、隧道接口防水。

以管片结构自身防水为根本、接缝防水为重点，确保隧道整体防水。管廊盾构施工可参照隧道施工的防水要求，一般顶部不允许滴漏，其他不允许漏水，结构表面可有少量湿渍，并满足下列要求：隧道漏水量不超过0.05L/(m^2·d)，同时总湿渍面积不应大于总防水面积的2‰，任意100m^2隧道内表面上的湿渍不超过3处，单一湿渍的最大面积不大于0.2m^2，衬砌接头不允许漏泥沙和滴漏，拱底部分在嵌缝作业后不允许有漏水。

管片采用耐久性好的高性能自防水混凝土，通过外掺剂改性提高混凝土的抗渗性，混凝土管片抗渗等级不低于P10，可满足自身防水要求。

管片接缝防水采用密封垫防水，管片密封垫沟槽内粘贴三元乙丙橡胶弹性橡胶密封垫，通过其被压缩挤密来防水。为了确保接缝两侧密封垫接缝宽度，要求管片环缝错台量不大于10mm，错台率不大于10%。

管片外防水主要采用管片壁后注浆技术及时充填管片与围岩之间的空隙，以达到防水及控制地层沉降的效果。一般注浆量为计算体积的1.5~2.0倍。

隧道接口防水采取的主要措施是多重防水，包括：联络通道与盾构管片之间的过渡处采用自粘式卷材进行封闭，自粘式卷材在钢管片表面收口部位的端部，设置两道遇水膨胀嵌缝胶；在盾构隧道与联络通道接口处初次衬砌中预埋一圈环向小导管注浆，并在初次衬砌与二次衬砌之间设置ϕ50mm环向软式透水管，二次衬砌与管片间设置缓膨型遇水膨胀嵌缝胶；各结构自身的防水材料在接口处应进行自收口处理；加大接口处25环管片的同步注浆压力，并进行二次注浆及整环嵌缝处理。

5)盾构穿越特殊地质施工技术

盾构法施工综合管廊在穿越特殊地质条件时能体现出其施工优越性，主要包括针对穿越富水砂层、穿越建筑物、穿越河流的施工技术。

(1)盾构穿越富水砂层施工技术。

盾构穿越富水砂层地段的关键是防止因喷涌、失水、扰动等原因造成沉降，并做好上方建筑物的保护。在过砂层之前，对盾构机进行全面的检查及维修保养。进行土体改良，主要采用聚合物添加剂、膨润土等改良渣土，以改善渣土的和易性，增强止水效果，避免喷涌的发生。做好同步注浆和二次注浆工作。合理选择掘进模式和掘进参数，控制好盾构机的姿态。做好监测工作，同时及时反馈信息。

(2)盾构穿越建筑物施工技术。

盾构穿越建筑物，从盾构始发开始就要做好穿越建筑物的准备，并以建筑物前100m范围相近地层掘进段为穿越试验段，对前期施工的参数设定及地面沉降变化规律进行摸索，分析盾构穿越土层的地质条件，掌握这种地质条件下盾构推进施工的方法。根据土体变形情况，不断对施工参数的设定进行优化，以期达到最佳效果，控制好地面沉降，保证盾构以最合理的施工参数顺利、安全地穿越建筑物。

穿越施工前，对建筑物进行估算，然后根据计算结果来推算土压力，根据此计算来确定盾构进入建筑物的土压力设定值。在施工过程中，根据监测情况对设定值随时作出调整。盾构推进中的同步注浆是填充土体与管片之间的空隙和减少后期变形的主要手段，也是盾构推进施工中的一道重要工序。浆液压注要及时、均匀、足量，确保其空隙得以及时和足量填充。穿越建筑物过程中，尽量保持较低匀速推进，确保盾构均衡地穿越建筑物，减少盾构推进对周边土体的扰动。在穿越建筑物过程中，可通过在刀盘上部的注浆孔压注水或膨润土来改良刀盘前方土体，增加土体的和易性。盾构机穿越建筑物施工过程中，应进行24小时不间断连续施工，以避免盾构长时间停顿引起后期沉降。施工人员应重点做好同步注浆、二次补压注浆的监控工作。

(3)盾构穿越河流施工技术。

盾构下穿河流地段易出现冒顶透水等事故，需要谨慎对待，提前采取措施。在盾构穿越河流前，对其周边环境进行详细调查，特别是河底的地质状况和水文地质情况。在施工前，对施工人员进行详细交底，对盾构机进行维修保养，确保设备性能良好，尤其是盾尾密封装置和螺旋机闸门等，要确保能随时发挥作用。

盾构穿越河流前后存在覆土的突变，因此在盾构掘进前应根据覆土深度的变化，及时对设定平衡压力进行调整。根据地质情况及隧道埋深等情况，进行切口平衡压力计算。严格控制出土量、确保盾构按压力平衡模式推进。盾构推进速度保持稳定，确保盾构均衡、匀速地穿越，减少盾构推进对前方土体造成的扰动，以及对河底及岸边结构的影响。

盾构推进中的同步注浆是填充土体与管片圆环间的间隙和减少后期变形的主要手段，也是盾构推进施工的一道重要工序。浆液压注要及时、均匀、足量，确保其空隙得以及时和足量地填充，每环的压浆量一般为理论空隙的180%~250%。发现沉降变化较大时，应进行二次注浆。二次注浆一般采用水泥浆，特殊情况可采用化学浆液，根据地层变形监测信息及时调整，确保压浆的施工质量。

6)顶管施工

顶管施工地下综合管廊，是在以后背为支撑的条件下，顶管机头从工作井开始挖掘出洞，借助主顶油缸及管道间中继间等的推力，由主顶千斤顶将顶管管片跟随顶管机顶进，并挖掘管头土体，重复顶进管节，把工具管或掘进机从工作井内穿过土层一直推至接收井后，将顶管机头吊起的过程。在此过程中，把紧随工具管或掘进机后的管道埋设在两井之间，以期实现非开挖敷设地下管廊，见图4.3-28。

(1)顶管在地下综合管廊建设过程中的应用现状。

①顶管技术优势。

图4.3-28　顶管施工

采用非开挖的顶管技术能够有效避免原有管线搬迁，大大降低管线维护成本，有效保持路面的完整性和各类管线的耐久性。

采用顶管施工技术进行地下综合管廊建设，可有效避免频繁开挖路面对交通出行、道路安全造成的隐患，也能够彻底缓解城建工程与交通通行、市容美化之间的矛盾，保持了城市路容的完整和美观。

②顶管技术在综合管廊应用现状。

顶管施工地下综合管廊，根据截面形状可分

为矩形顶管和圆形顶管，二者在技术原理上基本相似。近年来国内部分大断面矩形顶管实例见表4.3-6。

近年来国内部分大断面矩形顶管实例　　表4.3-6

时间	应用项目	矩形预管截面尺寸（m×m）	一次最大顶进长度（m）
2012年	佛山地下步行街（四孔联排）	6.9×4.6	60.5
2014年	郑州下穿中州大道地下车行隧道	10.12×7.5	105
2014年	郑州双车道地下车行隧道	10.4×7.5	110
2016年	深圳地铁9号线地铁出入口通道	7.7×4.3	133.5
2016年	天津黑牛城地下人行通道与综合管廊连接通道	10.42×7.5	82.6

（2）顶管施工工艺流程。

泥水平衡顶管施工工艺流程见图4.3-29。

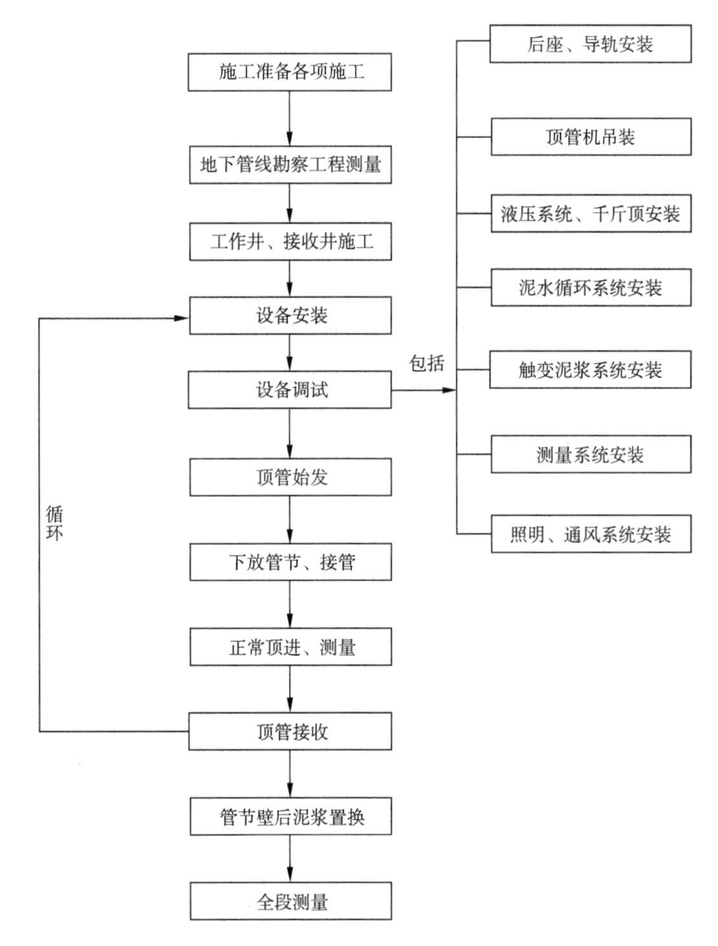

图4.3-29　泥水平衡顶管施工工艺流程

①顶管工作井和接收井。

工作井是安置并操作顶进设备的场地，同时也是掘进机出发并开始顶进的场地。千斤顶、后靠背、铁环等物就放置在工作井中。接收井是一段顶进的终端，并最后接收掘进机。

工作井和接收井的建设方法很多，钢板桩、沉井、地下连续墙以及SMW工法等多种施工方法都适用。

②顶管掘进设备。

顶管掘进机安放在最前端，对顶管工程起决定作用。掘进机形式多样，无论何种形式，顶管工程中方向是否正确、取土合格等都由其功能决定。

③主顶进装置及中继间。

主顶进装置是由四个系统工具组成：油管、操纵台、油泵及油缸。油管是传送压力的管道，操作台控制着油缸的回缩和推进，按操作方式可分为手动和电动两种，其中电动通过电液阀或电磁阀实现；油缸是顶力的发生地，一般围着管壁对称布置，它的压力来源于油泵，油泵与油缸之间用油管连接。常使用的压力一般在32~42MPa之间。

中继站的出现，让顶管施工的顶近距离有了大的发展，现在也成了长距离顶进中的必要设备。可以说，没有这项技术，超长距离顶管就成了空谈。一般长距离顶管施工中，存有多个中继站，每个站内在管道四周布置许多小千斤顶。

④后座墙。

后座墙相当于挡土墙的作用，是将顶力的反作用力传到后面土体而保证土体不发生破坏的墙体。它的结构形式因顶管工作坑的不同而选用不同的方式，一般在沉井工作坑或地下连续墙工作坑中，直接利用工作坑的一个面作为墙体。但在钢板桩工作坑中，需要在钢板与工作坑中的土体间浇筑形成一堵混凝土墙，厚度可根据工作顶力、墙体宽高等来确定，一般选为0.5~1.0m。这样做的目的就是使反作用力能均匀较好地传到土体中，一般顶管施工中千斤顶的作用面积较小，如直接将作用力作用到后座墙体上，可能造成局部损坏，因而在后背墙体和千斤顶之间还要置入一层200~300mm的钢板，通过它增大作用面积，从而将作用力均匀传到后座墙上，这块钢板简称“后靠背”。

⑤顶管管片。

顶进用管材是顶管工程中的主体，它的分类多样，一般简单分为单一管节和多管节。单一管节钢管的接口都是焊接成的，它具有焊接接口不易渗漏和刚性较大的优点，但使用范围有限，只能用于直线顶管。除此之外，聚氯乙烯(PVC)管及经过改造后的铸铁管也可用于顶管。多管节是指顶进多段管道，这种形式钢筋混凝土管居多，2~3m长度为一节，管道与管道之间用F、T、企口等形式连接止漏。

⑥传输及注浆系统。

挖掘土体的传输是顶管工程中的一个重要环节，顶管机形式不同，输土区别较大。手掘式顶管施工中，一般采用人力掏土配合卷扬机等来出土；泥水式顶管施工中，一般有泥浆泵配合管道等输送；土压式顶管施工中，有土砂泵配合螺旋杆、电动运输车等来输送出土。

⑦吊运系统。

顶管施工,吊运下管设备是必须的。一般门式起重机使用最广,它的优点是工作稳定、操作容易,缺点是移动不便,拆转费用高。另外,有可自由行走的履带式起重机和汽车起重机,这两种起重机占地范围小,转移起来灵活、方便,但应注意放置位置,不能太靠近工作井。

⑧注浆系统。

当顶管施工顶进距离长时,注浆减阻是其中的一项重要工艺,也是工程能否成功的关键性因素。注浆减阻主要有两个工作环节:拌浆、注浆。拌浆就是将注浆材料与水兑和,形成浆体材料;注浆是其中的主要工作,先将浆体材料放入注浆泵,再用注浆泵输送到各个管道,由管道再通到各个注浆孔。其中,控制压力和浆体含量主要是依靠注浆泵,管道由粗到细到孔,使浆体材料最后进入土体与管道之间的空隙。注浆孔一般应靠近管道边缘即管道端头,这样布置能使浆液先进入管道外壁与下一节管道的套环间再流入管道与土之间,之后浆体材料才不易流失。

⑨测量纠偏系统。

顶管施工中,测量是纠偏的基础,纠偏是保证顶管满足设计功能的必要措施。在顶管过程中,管道前进会产生与设计不统一的偏差问题,包含左右、高低偏差。

一般情况下,当顶进距离较短时,可以使用水准仪和经纬仪进行测量。它们一般放置在工作坑的后部,分别可以测出左右和高低偏差。当在长距离顶管施工和机械顶管施工中,肉眼难以分辨,可以用激光经纬仪来一次性判断其左右和高低偏差,其原理是通过直射在顶管机上的光点来判断。

4.3.4　综合管廊工程防护技术

地下管廊工程施工工艺、结构形式多样,构造较为复杂(交汇、分支路和连接通道、孔口繁多),用途也具有多样性(多种不同功能管线共存),加之建筑渗漏长期位列建筑“通病”之首,这些都决定了管廊防护技术的复杂性。

1)地下管廊防护分类

(1)地下管廊防水分类。

明挖法施工管廊可采用结构自防水加全外包防水层做法,全外包防水层做法根据施工场地条件可分为外防外贴法和外防内贴法两种。对采用放坡基坑施工或虽设围护结构,但基坑施工场地较充足的情况,外墙宜采用外防外贴法铺贴防水层。外防外贴法是待管廊结构钢筋混凝土结构外墙施工完成后,直接把防水层做在外墙上(即结构墙迎水面),最后做防水层的保护层。在施工条件受到限制、外防外贴法施工难以实施时,采用外防内贴防水施工法。外防内贴法是管廊结构钢筋混凝土结构外墙施工前先砌保护墙,然后将卷材防水层贴在保护墙上或直接将卷材挂在围护结构上,最后浇筑外墙混凝土。暗挖法防水做法是在采用结构自防水的同时在初期支护与二次衬砌之间设置预铺防水卷材、防水涂料或塑料防水板形成衬垫防水系统,利用防水层将围岩内的水与二次衬砌隔离开来。综合管廊防水设防要求见表4.3-7。

综合管廊防水设防要求 表4.3-7

部位	主体结构				施工缝							后浇带					变形缝					
防水措施	防水混凝土	防水卷材	防水涂料	防水砂浆	遇水膨胀止水条(胶)	外贴式止水带	中埋式止水带	外抹防水醚	外涂防水涂料	水泥基渗透结晶防水	预埋注浆管	补偿收缩混凝土	外贴式止水带	预埋注浆管	遇水膨胀止水条	防水密封材料	中埋式止水带	外贴式止水带	可卸式止水带	防水密封材料	外贴防水卷材	外涂防水涂料
二级防水	应选	选1种				选1~2种						应选	选1~2种				应选	选1~2种				

综合管廊混凝土结构自防水是根本防线，工程迎水面主体结构采用防水混凝土浇筑，同时再设置附加防水层的封闭层和主防层，施工缝、变形缝等接缝防水为重点，应辅以防水加强层防水。附加防水层可采用柔性卷材防水系统铺贴或涂膜防水系统。综合管廊防水的难点在于细部构造的防水，包括施工缝、变形缝、穿墙套管、穿墙螺栓等部位，这些部位如果处理不好，渗漏现象是非常普遍的。

(2)综合管廊防腐蚀。

如图4.3-30所示，综合管廊防腐蚀所采取的技术措施应符合合理的年限要求，应根据场地的环境类别及作用等级进行防腐设计与施工综合管廊腐蚀。重点关注下列四种情况：①地下水与海水有联系的场地；②新近填海造地的场地；③具有化学腐蚀性的工厂旧址场地；④地下水与土壤有腐蚀性的场地。地下管廊结构所处环境类别及其对钢筋和混凝土材料的腐蚀机理按表4.3-8确定，并采取相应防腐措施。

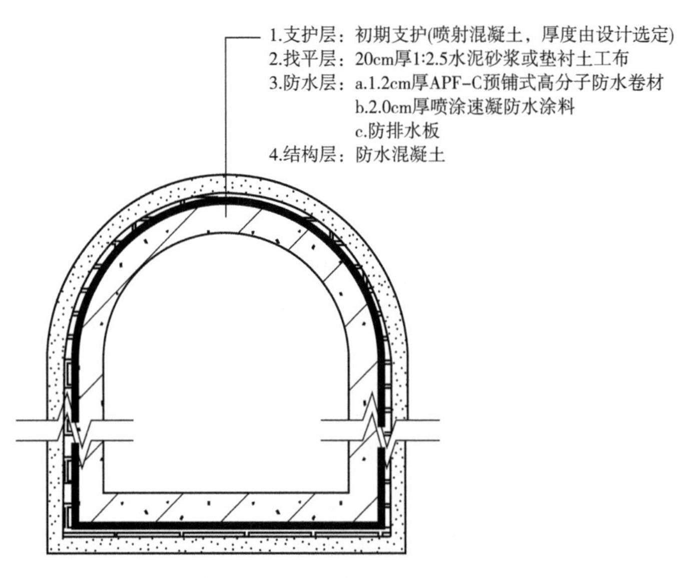

图4.3-30 综合管廊防腐蚀措施

环境类别及其腐蚀机理 表4.3-8

环境类别	场地环境地质条件	腐蚀机理
Ⅰ	干旱区直接临水;干旱区强透水层中的地下水	1.保护层混凝土碳化引起钢筋锈蚀; 2.氯盐等盐类引起钢筋锈蚀; 3.化学腐蚀物质引起钢筋锈蚀
Ⅱ	干旱区弱透水层中的地下水;各气候区湿、很湿的弱透水层	
Ⅲ	各气候区稍湿的弱透水层;各气候区地下水位以上的强透水层	

由于地下水位高程起伏等原因,处于干湿交替循环环境,极易发生侵蚀。不断重复循环的干湿过程就会导致在混凝土和罩面层区内盐分浓度迅速增加,盐分侵蚀使混凝土质量恶化。有条件的地下管廊宜避开有污染土层或地下水干湿交替区域。地下水和土层环境腐蚀性作用类型及其等级划分按表4.3-9确定,对地下管廊结构的腐蚀性判断标准按现行《岩土工程勘察规范》(GB 50021)的规定执行。

环境腐蚀性作用类型及等级划分 表4.3-9

环境腐蚀性作用类型	环境腐蚀性作用等级划分			
水、土对混凝土结构的腐蚀	微腐蚀	弱腐蚀	中腐蚀	强腐蚀
水、土对钢筋混凝土结构中钢筋的腐蚀				
水、土对钢结构的腐蚀				

地下管廊防腐蚀应遵循预防为主、防护结合的原则。采取在混凝土表面涂覆保护性的、不起吸附作用的防腐蚀材料,也能起到停止盐类侵蚀的保护作用。地下管廊处在受碱液作用环境时,结构主体应采用硅酸盐水泥或普通硅酸盐水泥,不得选用高铝水泥或以铝盐酸盐成分为主的膨胀水泥,并不得采用铝酸盐类膨胀剂。采用的防腐蚀材料应符合现行国家标准《建筑防腐蚀工程施工规范》(GB 50212)的规定。地下结构防腐要求参见表4.3-10。

地下结构防腐要求 表4.3-10

腐蚀性等级	防腐措施
强	1.环氧沥青、聚氨酯沥青贴玻璃布,厚度≥1mm; 2.树脂玻璃鳞片涂层,厚度≥500μm; 3.聚合物水泥砂浆,厚度≥15mm
中	1.环氧沥青或聚氨酯沥青涂层,厚度≥500μm; 2.聚合物水泥砂浆,厚度≥10mm; 3.树脂玻璃鳞片涂层,厚度≥300μm
弱	1.环氧沥青或聚氨酯沥青涂层,厚度≥300μm; 2.聚合物水泥砂浆,厚度≥5mm; 3.聚合物水泥砂浆两遍

注:当表中有多种防护措施时,可根据腐蚀性介质的性质和作用程度、基础的重要性等因素选用其中一种;地下管廊表面附加防腐措施可结合防水措施统一考虑,防水材料应能符合防腐要求。

2)地下管廊防护施工技术

(1)结构自防护。

地下管廊结构主体为防水混凝土自防水结构，防水混凝土一般分为普通防水混凝土、外加剂防水混凝土和膨胀水泥防水混凝土三大类。在选择防水材料时，应综合考虑建筑物的性质、构造、施工方案、施工条件等各方面因素，并考虑耐久性、可靠性和经济性，选择合适的材料。主体防水材料能对减少地下水对地下管廊的侵蚀破坏、避免地下管廊的渗漏起到关键性的作用。

综合管廊结构自防水混凝土设计抗渗等级应符合表4.3-11的规定。

综合管廊结构防水混凝土设计抗渗透等级 表4.3-11

管廊埋置深度 H(m)	设计抗渗等级	管廊埋置深度 H(m)	设计抗渗等级
$H<10$	P6	$20\leqslant H<30$	P10
$10\leqslant H<20$	P8	$H\geqslant 30$	P12

注：试配混凝土的抗渗等级要比设计要求提高0.2MPa。

(2)防水卷材施工。

地下管廊工程防水卷材选用推荐见表4.3-12。

防水卷材选用推荐 表4.3-12

<table>
<tr><th>部位</th><th colspan="2">防水材料选用推荐</th><th>备注</th></tr>
<tr><td rowspan="3">管廊底板</td><td rowspan="3">迎水面</td><td>1.2mm厚APF-C预铺式高分子自粘胶膜防水卷材(非沥青)(预铺反粘)</td><td rowspan="2">1.南北适用；
2.对基面要求低，特别适用于赶工期及雨季施工；
3.施工后不用做保护层</td></tr>
<tr><td>4mm厚APF-600预铺防水卷材(预铺反粘)</td></tr>
<tr><td>2mm厚APF-3000压敏反应型自粘高分子防水卷材(单面空铺)</td><td>南北适用</td></tr>
<tr><td rowspan="2">管廊侧壁</td><td>外防外贴</td><td>2mm厚APF-3000压敏反应型自粘高分子防水卷材(单面)</td><td>1.南北全季及北方春夏秋季适用；
2.建议采用湿铺工艺</td></tr>
<tr><td>外防内贴</td><td>1.2mm厚APF-C预铺式高分子自粘胶膜防水卷材(预铺反粘)</td><td>南北适用</td></tr>
<tr><td rowspan="3">管廊顶板</td><td rowspan="2">无种植</td><td>2mm厚APF-3000压敏反应型自粘高分子防水卷材(单面)</td><td>1.南北全季及北方春夏秋季适用；
2.施工方法灵活，可根据实际情况选用湿铺或干铺施工</td></tr>
<tr><td>3mm厚APF-3000湿铺防水卷材(单面湿铺)</td><td>南北全季及北方春夏秋季适用</td></tr>
<tr><td>有种植</td><td>第一道：2mm厚APF-3000压敏反应型自粘高分子防水卷材(双面湿铺或干铺)；
第二道：4mm厚弹性体改性沥青聚酯胎耐穿刺防水卷材(热熔)</td><td>1.南北全季及北方春夏秋季适用；
2.施工方法灵活，可根据实际情况选用湿铺或干铺施工</td></tr>
</table>

①防水卷材施工工艺。

a.基层处理。

基层表面不得有明水，松散的混凝土、浮浆、杂物、油污施工前应进行清除。

基层表面应平整，平整度用2m靠尺检查，间隙不超过5mm。不能满足要求时打磨处理。

基层表面的凸出物应从根部凿除，凿除部位用聚氨酯密封膏刮平、压实，凹陷处酥松表面凿除后用高压水冲洗，待槽内干燥后，用聚氨酯密封膏填充压实。基层表面大于0.3mm的裂缝应先凿出深1cm、上口宽1cm的三角形凹槽，然后用聚氨酯密封膏嵌缝密封。

所有阴阳角部位均应做成50mm×50mm的倒角或圆弧，材料采用1∶2.5水泥砂浆。

b.防水卷材敷设。

铺贴卷材严禁在雨天、雪天、五级及以上大风中施工，自粘法施工的环境气温不宜低于5℃，施工过程中下雨或下雪时，用塑料薄膜对已铺卷材进行覆盖。

已敷设的自粘卷材的保护膜，在防水保护层施工前撕掉，撕掉后立即施工防水保护层，避免对已敷设卷材造成污染。

底板垫层混凝土部位的卷材可采用空铺法或点粘法施工，其黏结位置、点粘面积应按设计要求确定；侧墙采用外防外贴法的卷材及顶板部位的卷材应采用满粘法施工。

卷材与基面、卷材与卷材间的黏结应紧密、牢固；铺贴完成的卷材应平整、顺直，搭接尺寸应准确，不得产生扭曲和皱褶。

卷材搭接处和接头部位应粘贴牢固，接缝口应封严或采用材性相容的密封材料封缝。

铺贴立面卷材防水层时，应采取防止卷材下滑的措施。

铺贴双层卷材时，上下两层和相邻两幅卷材的接缝应错开1/3~1/2幅宽，且两层卷材不得相互垂直铺贴。

立面卷材铺贴完成后，应将卷材端头固定或嵌入墙体顶部的凹槽内，并用密封材料封严。

排除卷材下面的空气，应辊压粘贴牢固，卷材表面不得有扭曲、褶皱和起泡现象。

应先铺平面，后铺立面，交接处应交叉搭接。

混凝土结构完成，铺贴立面卷材时，应先将接槎部位的各层卷材揭开，并应将其表面清理干净，如卷材有局部损伤，应及时进行修补。

卷材接槎的搭接长度，合成高分子类卷材应为100mm。当使用两层卷材时，卷材应错槎接缝，上层卷材应盖过下层卷材。

②防水卷材加强层。

以下部位设置加强防水层，见图4.3-31。

a.结构阴角、阳角。

b.水平施工缝、环向施工缝。

c.环向变形缝。

防水卷材加强层尺寸如下:

a.从角点(阴角、阳角、变坡点)、接缝(施工缝、变形缝)位置一边500mm,长度方向通长布置。

b.环向、纵横向交叉时应进行搭接,搭接长度100mm。

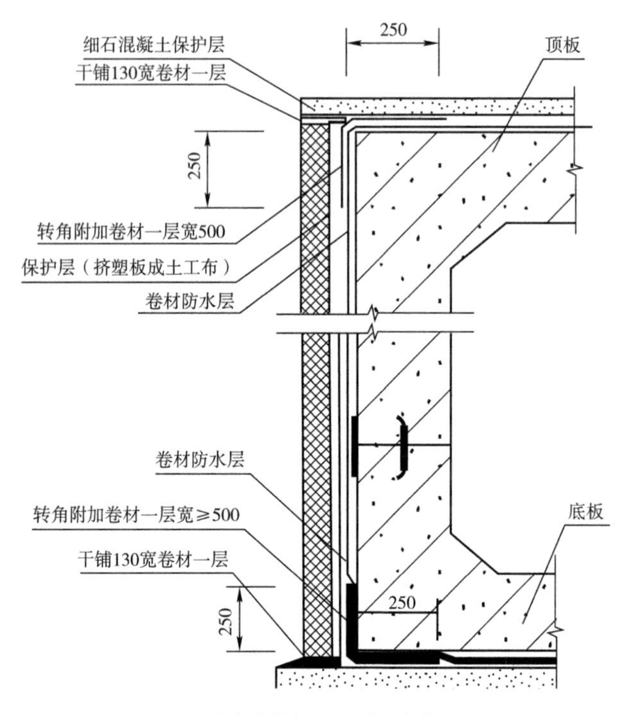

图4.3-31 防水卷材加强层(尺寸单位:mm)

(3)防水涂料施工。

防水涂料选用推荐见表4.3-13。

防水涂料选用推荐表 表4.3-13

部位	防水材料选用推荐		备注
管廊底板	迎水面	2mm厚喷涂速凝橡胶沥青防水涂料	1.南北全季及北方春夏秋季适用; 2.适合复杂基面施工
		2mm厚KS-929单组分湿固化聚氨酯防水涂料(喷涂或刮涂)	1.南北全季及北方春夏秋季适用; 2.适合复杂基面施工
		第一道:1.2mm厚蠕变型橡胶沥青防水涂料(喷涂或刮涂); 第二道:1.2mm厚APF-3000压敏反应型自粘高分子防水卷材(参见"防水卷材施工")	1.南北全季及北方春夏秋季适用; 2.适合复杂基面施工
管廊侧壁	外防外贴	2mm厚喷涂速凝橡胶沥青防水涂料	1.南北全季及北方春夏秋季适用; 2.适合复杂基面施工
		2mm厚KS-929单组分湿固化聚氨酯防水涂料(喷涂或刮涂)	1.南北全季及北方春夏秋季适用; 2.适合复杂基面施工

续上表

部位	防水材料选用推荐		备注
管廊侧壁	外防外贴	第一道:1.2mm厚蠕变型橡胶沥青防水涂料(喷涂或刮涂); 第二道:1.2mm厚APF-3000压敏反应型自粘高分子防水卷材(参见“防水卷材施工”)	1.南北适用; 2.适合复杂基面施工
	外防内贴	2mm厚喷涂速凝橡胶沥青防水涂料	1.南北全季及北方春夏秋季适用; 2.特别适合复杂基面无法施工卷材的情况
管廊顶板	无种植	2mm厚喷涂速凝橡胶沥青防水涂料	1.南北全季及北方春夏秋季适用; 2.特别适合复杂基面无法施工卷材的情况
		2厚KS-929单组分湿固化聚氨酯防水涂料(喷涂或刮涂)	1.南北全季及北方春夏秋季适用; 2.适合复杂基面施工
		第一道:1.2mm厚蠕变型橡胶沥青防水涂料(喷涂或刮涂); 第二道:1.2mm厚APF-3000压敏反应型自粘高分子防水卷材(参见“防水卷材施工”)	1.南北适用; 2.适合复杂基面施工
	有种植	第一道:2mm厚蠕变型橡胶沥青防水涂料(喷涂或刮涂); 第二道:4mm厚弹性体改性沥青聚酯胎耐穿刺防水卷材(搭接边热熔,参见“防水卷材施工”)	1.南北适用; 2.适合复杂基面施工; 3.干燥、潮湿基面均可施工

管廊侧墙外表面以及顶板上面主要用水泥基渗透结晶型防水涂料,起外包防水作用。管廊结构内表面采用水性渗透结晶型涂料CSPA,起防腐与加强防水作用。管廊防水涂料施工前,涂料混凝土外缘表面须清理干净,不得留有尘土污垢和集水,然后全面、均匀涂喷防水涂料两次。防水涂料每平方米用量不得少于1.5kg,厚度大于或等于1.0mm。

①防水涂料施工工艺。

防水涂料常用施工方法有三种:刮涂施工法、刷涂施工法、喷涂施工法。

水泥基渗透结晶型防水涂料一般采用刮涂施工法或刷涂施工法,水性渗透结晶型涂料采用喷涂施工法。

刮涂施工法:是指用抹灰的方法将按要求调配好的涂料、浆料均匀涂布在需要做防水涂层的基面上。

刷涂施工法:是指用大的软质排刷(或厂家专用刷子)将拌好的涂料浆料刷涂在需要做防水涂层的基面上。

喷涂施工法:是指用喷浆机将拌好的涂料、浆料喷涂在需要做防水涂层的基面上。

②防水涂料施工注意事项。

使用防水涂料的基面应干净,无浮层、油污、旧涂膜、尘土污垢及其他杂物,以提供充分开放的毛细管系统，有利于涂料的渗透和结晶体的形成；若常规清理不行，则可采用钢丝刷刷洗、高压水冲等方法处理。

对所有要涂刷防水涂料的混凝土，必须仔细检查是否有结构上的缺陷，如裂缝、蜂窝麻面状的劣质表面、施工缝接口处的凹凸不平等，均应修凿、清理，进行堵缝、补强、找平处理，再进行大面积涂刷。

施工前必须用清水彻底湿润工作面，形成内部饱和，以利于防水涂料借助水分向混凝土结构内部渗透。但要注意湿润的表面不能有多余的浮水，冬季施工应做一段湿润一段。

不能在结冰或上霜的表面施工，也不要在连续48h内环境温度低于4℃时使用。确实因工期需要必须施工时，可将施工时间安排在晴好天气的10:00—15:00之间，还可采用温水（或热水）拌料，以加快初凝时间，增加早强效果。连续环境温度低于-4℃时暂停施工。

不宜在雨雪天施工，新施工的表面固化前不要被雨淋。施工后48h内，仍应避免雨淋、霜冻或0℃以下的长期低温；在空气流通不良或不具备通风条件的情况下（如封闭的矿井或隧道），可采用风扇或鼓风机械协助通风。

要确保涂层厚度与施工推荐用量。这是保证施工质量的有效方法。尤其是采用涂刷方法施工时，浆料太稀或搅拌不匀，就容易起粉或起壳。

当涂层固化到不会被喷洒水损害时养护就可以开始了，必须养护1~2d，冬季每天喷洒水1~3次即可（不可结冰），或用潮湿透气的粗麻布、草席覆盖2d。环境湿度较高时，可不必洒水养护。

避免防水涂料直接与皮肤接触，若需用手掺拌干粉或湿料时需戴胶皮手套。万一溅入眼睛，必须第一时间用清水冲洗，并及时到医院诊治。

顶板防水层上表面有种植要求时，在水泥基渗透结晶型防水涂料防水层上表面设置1.2mm厚的聚氯乙烯防水卷材耐根系穿刺层。

（4）特殊部位防水。

①变形缝。

由于地下结构的伸（膨胀）缝、缩（收缩）缝、沉降缝等结构缝是防水防渗的薄弱部位，应尽可能少设，故将前述三种结构缝功能整合设置为变形缝。变形缝防水处理措施如下。

a.中埋式止水带。

（a）钢边橡胶止水带安设位置要准，其中间空心圆环与变形缝中心线重合，并安设到防水钢筋混凝土衬砌厚度的二分之一处，做到平、直、顺。

（b）钢板止水带搭接要求钢板采用焊接法，橡胶采用黏结法，要求连接缝严密牢固。如有条件非硫化部位的橡胶搭接，可采用热硫化连接。

（c）止水带采用铁丝固定在结构钢筋上。钢边橡胶止水带上的钢板两侧设有预留孔，预留孔间距每侧300mm（预留孔两侧错开布置），用铁丝穿孔固定在钢筋上并用扁钢加强固定，转角处做成圆弧形，半径不应小于100mm。

（d）水平设置的止水带均采用盆式安装，盆式开孔向上，保证浇捣混凝土时混凝土内产生的气泡顺利排出。

(e)钢板止水带除对接外,其他接头部位(T字形、十字形等)接头均采用工厂接头,不得在现场进行接头处理。对接应采用现场热硫化接头。

浇筑混凝土时,防止损坏止水带,在止水带周围的混凝土应充分振捣,使橡胶和混凝土结合紧密,不得产生空隙。

b.外贴式止水带。

(a)止水带设置在其他防水层表面时,可采用胶粘法等固定,不得采用水泥钉穿过防水层固定。

(b)止水带的纵向中心线应与接缝对齐,止水带安装完毕后,不得出现翘边、过大的空鼓等部位,以免灌注混凝土时止水带出现过大的扭曲、移位。

(c)转角部位的止水带齿条容易出现倒伏,应采用转角预制件或采取其他防止齿条倒伏的措施。

应确保止水带齿条与结构现浇混凝土咬合密实;浇筑混凝土时,止水带表面不得有泥污、堆积杂物等,否则必须清理干净。

c.变形缝嵌缝。

(a)嵌缝前,应清除掉变形缝内一定深度的变形缝衬板,并将缝内表面混凝土面用钢丝刷和高压空气清理干净,确保缝内混凝土表面干净、干燥、坚实,无油污、灰尘、起皮、砂粒等杂物。

(b)缝内变形缝衬垫板表面应设置隔离膜,隔离膜可采用0.2~0.3mm厚的PE薄膜,隔离膜应定位准确,避免覆盖接缝两侧混凝土基面。

(c)注胶应连续、饱满、均匀、密实。与接缝两侧混凝土面密实粘贴,任何部位均不得出现空鼓、气泡、与两侧基层脱离现象。顶板迎水面嵌缝胶必须与侧墙外贴式止水带密贴黏结牢固。

②施工缝。

墙体水平施工缝不得留在剪力最大处或底板与侧墙的交接处,应留在高出底板表面不小于500mm的墙体上,且应避开地下水和裂隙水较多的地段。

垂直施工缝浇灌混凝土前,应将其表面凿毛并清理干净,涂刷界面剂,并及时浇灌混凝土。

水平施工缝浇灌混凝土前,应将其表面浮浆和杂物清除直至坚实部位,先涂水泥浆或界面剂,再铺30~50mm厚的1:1水泥砂浆调节相对平整,安设遇水膨胀止水胶,并及时浇灌混凝土。

钢边橡胶止水带、钢板止水带施工技术要求同变形缝中埋式钢边橡胶止水带。

止水胶采用专用注胶器挤出,应连续、均匀、饱满、无气泡和孔洞。止水胶与施工缝基面应密贴,中间不得有空鼓、脱离等现象。止水胶一旦出现破损部位或提前膨胀的部位,应割除,并在割除部位重新粘贴止水胶。

挤出成型后固化期一般24h表干，需进行临时保护，避免提前遇水膨胀或施工破坏，止水胶表干后方可进行混凝土浇筑。

(5)防腐蚀施工。

①防腐蚀材料施工前应将基层表面清理干净。

②水玻璃类防腐蚀材料施工应符合以下规定：

施工环境温度宜为15~30℃，相对湿度不宜大于80%；当施工的环境温度、钠水玻璃材料低于10℃、钾水玻璃材料温度低于15℃时，应采取加热保温措施；原材料使用时钠水玻璃不低于15℃，钾水玻璃不低于20℃。

钾水玻璃材料可直接与细石混凝土、黏土砖砌体接触；细石混凝土、黏土砖砌体基层不宜用水泥砂浆找平。

配置水玻璃材料时，应先将混合料搅拌均匀，然后加入水玻璃材料搅拌，直至均匀。

制好的水玻璃类材料内严禁加入任何物料，且必须在初凝前用完。

施工时，平面应按同一方向抹压平整，立面应由下往上抹压平整；每层抹压后，当表面不粘抹具时，可轻拍压，但不得出现皱纹和裂纹。

施工及养护期间，严禁与水或水蒸气接触，并应防止早期过快脱水。

③树脂类防腐蚀材料施工应符合以下规定：

施工环境温度宜为15~30℃，相对湿度不宜大于80%；当施工的环境温度低于10℃时，应采取加热保温措施，并严禁明火或蒸汽直接加热。原材料使用时不应低于允许的施工环境温度。

在基层的凹陷不平处，应采用树脂胶泥修补填平，自然固化不宜少于24h。

在水泥砂浆、混凝土或金属基层上用树脂类防腐蚀材料时，基层的表面应均匀涂刷封底料。

树脂类防腐蚀工程在常温下的养护天数应大于10d。

④沥青类防腐蚀材料施工应符合以下规定：

施工环境应保持清洁干燥。沥青应按不同品种和标号分别堆放，不宜暴晒和沾染杂物。

沥青胶泥的施工配合比，应根据工程部位，使用温度和施工方法等因素确定。

配置好的沥青胶泥应一次用完，在未用完前，不得再加入沥青或填料。取用沥青胶泥时，应先搅拌，以防填料沉底。

⑤涂料类防腐蚀材料施工应符合以下规定：

施工环境温度宜为10~30℃，相对湿度不宜大于85%。

当涂料中挥发有机化合物含量大于40%时，不得用作建筑防腐蚀涂料。

在大风、雨、雾、雪天及强烈阳光照射下，应采取防护措施方可进行室外施工。当施工环境通风较差时，必须采取强制通风。

防腐蚀涂料和稀释剂在运输、储存、施工及养护过程中，不得与酸、碱等化学介质接触。严禁明火，并应防尘、防暴晒。

施工中宜用耐腐蚀树脂配制胶泥修补凹凸不平处；不得自行将涂料加粉料配制胶泥，也不得在现场用树脂等自配涂料。

⑥聚合物水泥砂浆类防腐蚀材料施工应符合以下规定：

施工环境温度宜为10~35℃，当施工的环境温度低于5℃时，应采取加热保温措施，不宜在大风、雨天或阳光直射的高温环境中施工。

聚合物水泥砂浆不应在养护期少于3d的水泥砂浆或混凝土基层上施工。

拌制好的聚合物水泥砂浆应在初凝前用完，如发现有胶凝、结块现象，不得使用。拌制好的水泥砂浆应有良好的和易性，水灰比宜根据现场试验最后确定。

聚合物水泥砂浆施工12~24h后，宜在面层上再涂刷一层水泥净浆。

⑦防腐蚀材料的厚度、分层施工厚度及其每层施工的间歇时间应符合设计要求，并应符合现行相关施工与验收规范的规定。

4.4 机电安装施工工艺

4.4.1 装配式支吊架施工

支吊架系统是城市地下管廊各种管线能够正常运行的支撑与保障，也是地下管廊机电安装不可或缺的重要环节。随着我国城市化进程快速推进，地下综合管廊的机电安装量也在快速增长。传统的安装工艺和施工方法，存在资源浪费、环境污染等问题，“工厂预制和现场装配”的发展方向已经成为地下管廊管线安装的必然选择和趋势。

1)装配式支吊架的优势

装配式支吊架的出现，是机电安装行业发展到一定阶段的必然产物。装配式支吊架的优点可归纳为以下几点。

(1)工厂内制作，现场装配施工。无须将切割机、焊机等工具设备搬运到管廊内，也无须不同工种人员分批进入工作，大大降低污染和提高效率。

(2)采用镀锌材料，现场无须防腐油漆。整齐美观，且不再有油漆导致的空气污染。

(3)用料比传统型钢少，节约钢材约10%以上。

(4)减少现场材料的运输量，材料重量和尺寸都大大减少，对有限空间地下管廊意义大。

(5)装配速度快，技术要求低，减少人力成本，缩短工期，提高安装效率和安全性。

(6)组合式构件、装配式施工，便于后期管线的维护、更新和扩建。

2)装配式支吊架简介

装配式支吊架也称组合式支吊架。装配式支吊架的作用是将管线自重及所受的荷载传递到承载管廊结构上，并控制管线的位移，抑制管线振动，确保管线安全运行。支吊架一般分为与管线连接的管夹构件和与管廊结构连接的生根构件，将这两种结构件连接起来的承载构件和减振构件、绝热构件以及辅助钢构件，构成了装配式支吊架系统。地下管廊装配式支吊架安装形式可分为预埋槽式及后置式两种，预埋槽式是装配式支吊架安装在预埋槽上，后置式是直接用膨胀螺栓将支吊架安装在管廊结构上，主要特征如下。

(1)装配式支吊系统由成品构件、锁扣、连接件、管束、管束扣垫、锚栓组成，连接件与按钮式锁扣通过机械连接可以随意调节支架的尺寸、高度。型材为工厂预制化，现场装配化，不在现场进行焊接。

(2)装配式建筑管线支吊系统产品表面必须经过热镀锌处理，锌层厚度不小于20μm；或热浸锌处理，锌层厚度为80~100μm，以保证在生产中不产生粉尘或锌的脱落，方便后期维护，并提供相应的盐雾测试报告，确保支吊架系统的防腐性能。

(3)装配式建筑管线支吊系统轻型C型钢厚度为2.0~3.0mm，连接件厚度不小于4mm；重型C型钢厚度为3.0~4.0mm，连接件厚度不小于6mm。

(4)装配式建筑管线支吊系统内连接件要有足够的承载强度和连接稳定性，如图4.4-1所示。

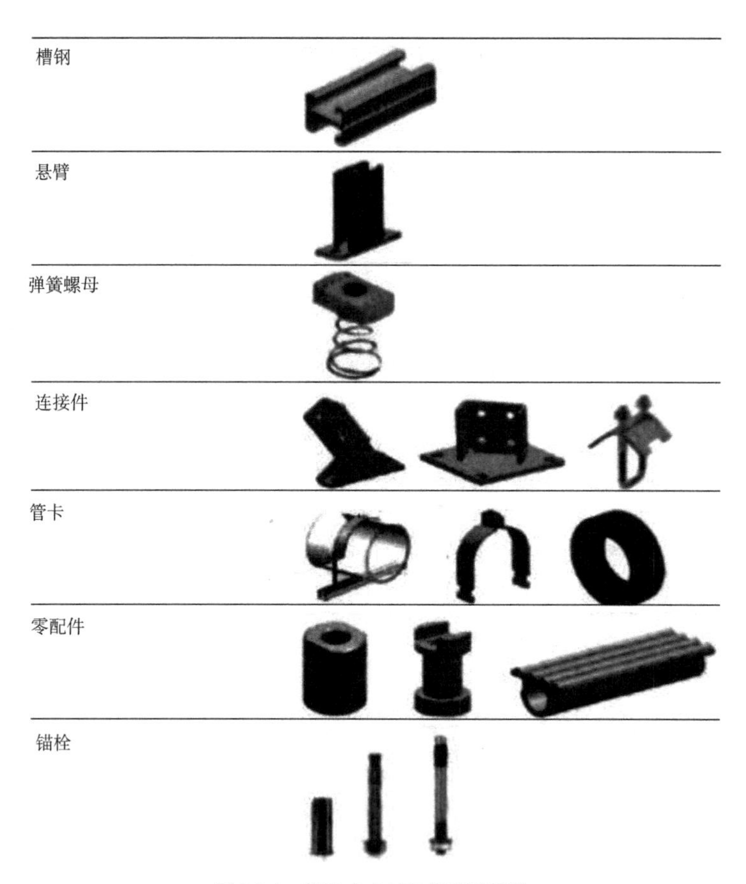

图4.4-1　装配式支吊架典型零部件

3)地下管廊装配式支吊架的选用及设计方法

(1)支吊架设计荷载。

支吊架计算间距：电缆及桥架为0.8~1.5m，管道一般为3.0m或6.0m，其他间距按相关国家标准设计，非标设计的间距遵循折减原则。

(2)所有支吊架一般使用钢材Q235,其常温下的强度设计参数为:许用抗拉强度为215MPa,许用抗剪强度为许用抗拉强度的一半,许用抗压强度为325MPa。

(3)管道重量按保温管与不保温管两种情况计算。

保温管道:可按设计管道支吊架间距内的管道自重、满管水重、保温层重及以上三项之和10%的附加重量计算。

不保温管道:可按设计管道支吊架间距内的管道自重、满管水重及以上两项之和10%的附加重量计算。

当管道中有阀门或法兰时,需在此段采取加强措施。

(4)设计荷载。

垂直荷载:考虑制造、安装等因素,采用支吊架间距的标准荷载乘以1.35的荷载分项系数。

水平荷载:支吊架的水平荷载按垂直荷载的10%计算。

管道布排须做好防水锤、热位移补偿和滑动导向设计,确保水平荷载的有效释放。

管廊内管道支吊架不需考虑风荷载。

(5)支吊架各部件设计计算的工程简易方法。

①吊杆计算。

吊杆按轴心受拉构件计算,并考虑一定的腐蚀余量,吊杆净面积S按式(4.4-1)计算,并满足国家标准《管道支吊架　第3部分:中间连接件和建筑结构连接件》(GB/T 17116.3—2018)的要求。

$$S \geq 1.5F \cdot 0.85[\sigma] \tag{4.4-1}$$

式中:S——吊杆净截面积(mm^2);

F——吊杆拉力设计值(N);

$[\sigma]$——钢材的抗拉许用应力或抗拉强度设计值(N/mm^2)。

吊杆最大允许荷载见表4.4-1。

吊杆受拉允许荷载 表4.4-1

吊杆直径(mm)	10	12	16	20	24	30
拉力允许值(N)	3250	4750	9000	14000	20000	32500

注:吊杆材料采用Q235。

②立柱计算。

吊架立柱按受拉杆件计算,依据管道与两个立柱的水平距离成反比例分配拉伸荷载,并考虑横梁传递给立柱的附加弯矩。

吊架立柱长度依据现场可调,但一般不宜超过保温管径的5倍,否则须依据现行国家标准《建筑机电工程抗震设计规范》(GB 50981),增补斜拉(撑)杆件,以增强吊架的防晃和抗震能力,并须独立核算。

落地支架的立柱按偏心受压杆件计算，须保证压力载荷的偏心距在截面核心内，并校核稳定性。

③横梁计算。

横梁双向受弯抗弯强度计算见式(4.4-2)：

$$N\cdot(M_xW_{nx})^2+(M_yW_{ny})^2\leqslant0.85[\sigma] \tag{4.4-2}$$

横梁单向受弯抗弯强度计算见式(4.4-3)：

$$M_xW_{nx}\leqslant0.85[\sigma] \tag{4.4-3}$$

式中：M_x、M_y——所验算截面绕中性轴x和绕竖直轴y的弯矩(N·mm)；

W_{nx}、W_{ny}——所验算截面对x轴和对y轴的抗弯截面模量(mm^3)；

$[\sigma]$——钢材的抗弯或抗拉强度设计值(MPa)；

N——常规管道为1，非常规管道(供热管道)为1.5。

横梁抗剪强度计算见式(4.4-4)：

$$\tau=1.5QSI_xB\leqslant0.85[\tau] \tag{4.4-4}$$

式中：τ——实际剪切应力(MPa)；

Q——计算截面沿腹板平面作用的剪力(N)；

S——计算切应力处以外的毛截面对中性轴的静矩(mm^3)；

I_x——计算截面对中性轴x轴的惯性矩(mm^4)；

B——腹板宽度(mm)；

$[\tau]$——钢材的抗剪许用应力或抗剪强度设计值(MPa)。

④连接件计算。

焊接连接和螺栓连接须按钢结构设计规范的相关要求，计算所需焊缝长度及连接螺栓的规格。在对接焊时，按实际截面的0.7倍计算应力。焊缝强度主要考虑抗拉和抗剪，并取0.5倍的焊缝折减系数，即将常规材料的许用抗拉和抗剪强度乘以焊缝折减系数后作为焊缝的许用应力进行校核。各种连接件的受力分析可依据《材料力学》的相关公式进行。

⑤锁扣的承载力与安装力矩。

螺栓规格M12锁扣的抗拉承载力设计值为12.2kN，抗滑移力设计值为7.6kN；安装力矩为55N·m；螺栓规格M10锁扣的抗拉承载力设计值为8.9kN，抗滑移力设计值为4.6kN；安装力矩为30N·m。

⑥刚度与稳定性计算。

支吊架的刚度校核主要计算受弯横梁的挠度。对吊杆和立柱的拉压变形不作要求，但横向弯曲变形不宜过大，参照受弯横梁处理。受弯横梁的允许最大挠度不大于$L/200$(L为横梁在两吊杆或立柱之间的跨度，悬臂梁L按悬伸长度的2倍计算)。

凡受轴向压力荷载的杆件(如落地支架的立柱、防晃吊架受压的斜撑杆等)，均须进行稳定性校核。为确保受压杆件的稳定性，一般情况下受压杆件的允许长细比不大于120∶1。特殊情况需单独校核。

4)支吊架的选用

根据计算结果，管廊装配式支吊架的选用可参考《装配式室内管道支吊架的选用与安装》(16CK208)。

5)施工安装注意事项

(1)(凸缘槽)锁扣的安装。

严格依照锁扣安装流程进行操作。使用力矩扳手，达到设定力矩值，听到“咔嚓”声响，确认拧紧。

(2)表面防腐处理的方式有电镀锌或热浸锌。

电镀锌层表面应光滑均匀、致密，不应有起皮、气泡、花斑、局部未镀、划痕等缺陷。锌层厚度不小于6μm。用划线、划格法试验锌层附着力，锌层不应该起皮剥落。

热浸锌层表面应均匀、无毛刺、过烧、挂灰、伤痕、局部未镀锌(直径2mm以上)的缺陷。零件孔、槽内不得有影响安装的锌瘤。有螺纹、齿形处镀层应光滑，不允许有淤积锌渣或影响使用效果的缺陷。锌层厚度平均值不小于65μm。用划线、画格法试验锌层附着力，锌层不应该起皮剥落。

(3)支吊架安装完毕，放置被支撑物时，不得野蛮作业，避免对支吊架造成损伤，降低支撑强度。

4.4.2　管道安装施工

综合管廊纳入管道以有压管道为主，主要包括燃气管道、热力管道、给水及再生水管道、排水管道、垃圾真空管道等，随着技术逐步成熟，雨水、污水等常压管道也逐步纳入管理。综合管廊内管线以干线管道为主，大直径管道的安装就位是关键和重点。

1)大直径管道投料及廊内运输

由于管廊本身的结构特点，管廊内空间狭小，材料设备运输是管廊管线施工的重点。在管廊设计阶段，为了满足材料设备吊装运输进行了吊装口的设置，并根据管线不同进行了管廊的合理分段，管廊内材料设备的运输，除利用通用车辆外，还有如下几种：

(1)专用车辆运输。

在管廊空间允许的条件下，根据管廊特点利用工程车辆，设置专用支架，进行廊内运输，如轨道运输车辆等。

(2)轨道小车运输。

综合管廊内管道基础施工完毕进行管道廊内运输时，最好采用架设轨道的方法运输；利用管道支墩作为支撑，在支墩上敷设两条运输用槽钢轨道，并根据现场支墩间距在槽钢轨道下方设置支撑立柱，使槽钢轨道、混凝土支墩、槽钢支撑立柱形成一个整体作为运输通道，然后根据两条轨道的距离、槽钢规格及管道规格制作小车，管道在卸料口下方吊装落地前将小车用锁紧器牢固地捆绑在管道两端，然后将小车滑动轮落在槽钢轨道上，缓慢推动小车至管道安装位置，具体见图4.4-2。

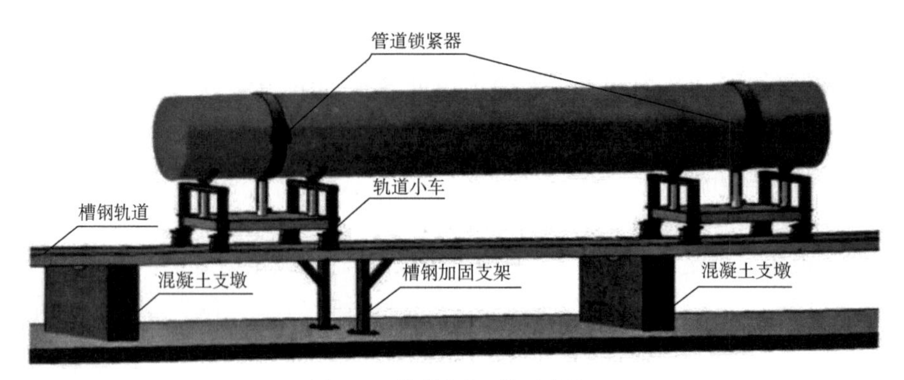

图4.4-2　轨道小车运输示意图

(3)多用途管廊管道运输装置吊装运输。

①使用起重设备将管道缓缓吊入卸料口,管道沿运输辅助装置向下输送,管道进入管廊时,管道运输承接装置在卸料口处接收管道,缓缓将管道送至管廊内;

②当承接装置将管道运至一定长度时,起重设备停止向下输送管道,管道完全由承接装置支撑;

③将两部管廊内多用途管道运输安装装置推至管道下端,分别顶升本体自带的顶升装置,将管道顶起,脱离承接装置;

④将承接装置移走,使用两部多用途管道运输安装装置将管道运输至管道支墩上,来完成管道的运输工作,具体见图4.4-3。

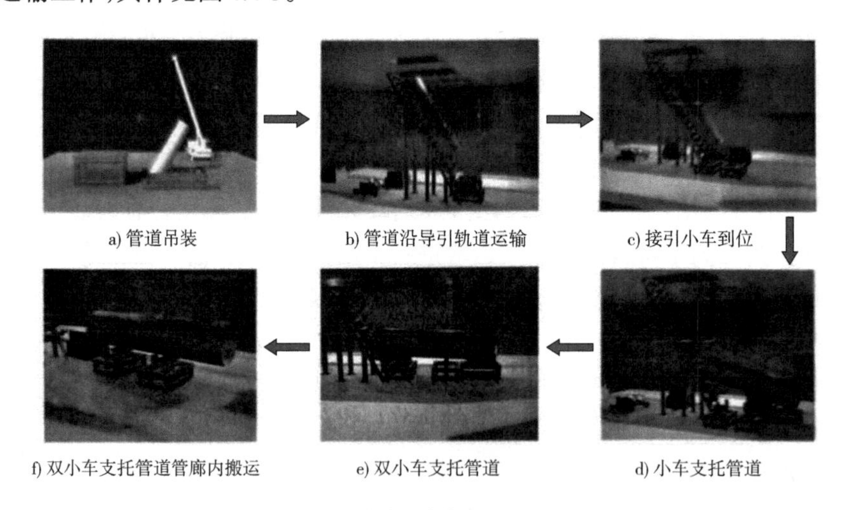

图4.4-3　管道运输装置运输管道

(4)吊装运输注意事项。

①吊装时应设专人指挥,指挥人员分别位于卸料口上方及综合管廊内,协同指挥;

②吊装施工前应对整个吊装施工作业中可能出现的问题进行充分预估并制定防范措施,对所使用的起重机及一切吊装使用的吊具、索具进行安全检查,不合格产品一律禁止使用;

③管道吊运前,须逐根测量管节各部尺寸并编号,按安装顺序依次吊装入廊;

④为保护管道防腐层，吊运管道宜采用吊装带；

⑤管道运输时应平稳，管道坡口不得与运输装置发生磕碰、摩擦；运输至施工位置时，需平稳放置，严禁滚动。

2）天然气管道安装技术

入廊天然气管道应采用无缝钢管，连接应采用焊接，焊缝检测要求应符合现行《城镇燃气输配工程施工及验收规范》（CJJ 33）的要求；管道阀门、阀件系统设计压力应提高一个压力等级；天然气调压装置不应设置在综合管廊内；分段阀宜设置在综合管廊外部，当分段阀设置在综合管廊内部时应具有远程关闭功能；天然气管道进出管廊时应设置具有远程关闭功能的紧急切断阀；燃气舱内电话、插座、灯具均应选择防爆型，管廊内设置气体检测报警和事故强制通风系统；廊内采用防爆电气设备及有效的防雷、防静电措施。

（1）管道连接。

天然气管道连接采用焊接，一般采用氩弧焊打底、手工电弧焊填充盖面的工艺。

①管道切割、坡口处理。

管道对口前采用气割与手提电动坡口机结合开坡口、清根，管端面的坡口角度、钝边、间隙应符合设计规定，如设计无规定，应符合表4.4-2的要求；不得在对口间隙夹焊条或用加热法缩小间隙施焊，开坡口后及时清理表面的氧化皮等杂物。

管道坡口形式　　表4.4-2

坡口名称	修口形式	间隙 b (mm)	钝边 p (mm)	坡口角度 α (°)
V形	3~9	3±1	1±1	70±5
	10~26	4±1	2±1	60±5

②管道组对。

对口前将管口以外100mm范围内的油漆、污垢、铁锈、毛刺等清扫干净，检查管口不得有夹层、裂纹等缺陷；检查管内有无污物，若有应及时清理干净。

管道组对时一般采用传统对口和对口器对口两种方法。传统对口是指在管道底边及侧边点焊3根50mm×5mm的角钢作为辅助，将需要组对的管道慢慢移动到角钢导槽中；对口器对口是指采用对口器辅助对口，如图4.4-4、图4.4-5所示。

管道组对的坡口间隙和角度应符合规范要求，管壁平齐，其错边量不应超过壁厚的10%，管道组对完成后将管道点焊固定。

管口对好后应立即进行点焊，点焊的焊条或焊丝应与接口焊接相同，点焊的厚度应与第一层焊接厚度相近且必须焊透。

对口完成后及时进行编号，当天对好的口必须焊接完毕。

③管道焊接。

焊接工作开始前，应对各种焊接方式和方法进行焊接工艺评定，确定焊接材料和设备的性能、对口间隙、焊条直径、焊接层数、焊接电流、加强面宽度及高度等参数及工艺措施，制定焊接工艺卡,对焊接人员进行详细交底。

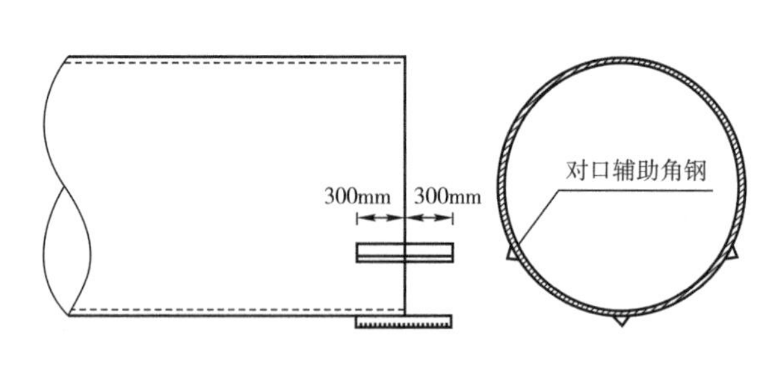

图4.4-4 传统对口方式

图4.4-5 对口器对口方式

焊接时,按管道焊接工艺评定确定的参数进行,焊接层数应根据钢管壁厚和坡口形式确定,壁厚5mm以下带坡口的接口焊接层数不得少于两层。

焊接时要分层施焊,第一层用氩弧焊焊接,焊接时必须均匀焊透,并不得烧穿,其厚度不应超过焊丝直径。以后各层用手工电弧焊进行焊接,焊接时应将上一层的药皮、焊渣及金属飞溅物清理干净,经外观检查合格后,才能进行焊接。焊接时各层引弧点和熄弧点均应错开20mm以上,并不得在焊道以外的管道上引弧。每层焊缝厚度一般为焊条直径的0.8~1.2倍。

每道焊缝焊完后,应清除焊渣并进行外观检查,如有气孔、夹渣、裂纹、焊瘤等缺陷,应将焊接缺陷铲除并重新补焊。

为防止大管道在焊接过程中热影响区域集中而导致管道变形,采用分段对称焊接消除热应力变形。

④焊接检验。

为确保管道的焊接质量,在管道焊接完成后、强度试验及严密性试验之前,必须对所有焊缝进行外观检查和对焊缝内部质量进行检验,外观检查应在内部质量检验前进行。

a.外观质量检查要求。

设计文件规定焊缝系数为1的焊缝或设计要求进行100%内部质量检验的焊缝,其外观质量不得低于现行国家标准《现场设备、工业管道焊接工程施工规范》(GB 50236)规定的Ⅲ级质量要求。

b.内部质量检查要求。

焊缝内部质量检查应按设计规定执行,若设计无规定时,检查要求见表4.4-3。

焊缝检测要求 表4.4-3

压力级别(MPa)	环焊缝无损检测比例	
0.8<P≤1.6	100%射线检测	100%超声波检验
0.4<P≤0.8	100%射线检测	100%超声波检验
0.01<P≤0.4	100%射线检测	100%超声波检验
P≤0.01	100%射线检测	100%超声波检验

射线检验符合现行行业标准《承压设备无损检测　第2部分：射线检测》(JB/T 4730.2)规定的Ⅱ级(AB级)为合格。

超声波检验符合现行行业标准《承压设备无损检测　第3部分：超声波检测》(JB/T 4730.3)规定的Ⅰ级为合格。

(2)阀门部件安装。

a.阀门安装。

阀门安装前应对阀门逐个进行外观检查和严密性试验；安装有方向性要求的阀门时，阀体上箭头方向应与燃气流向一致；宜选用焊接阀门，焊接阀门与管道连接时宜采用氩弧焊打底，并应在打开状态下安装。

b.补偿器安装。

安装前应按设计要求进行选型，并根据设计要求的补偿量进行预拉伸，受力应均匀；补偿器应与管道保持同轴，不得偏斜，安装时不得用补偿器的变形来调整管位的安装误差。

(3)试验。

管道安装完毕后应依次进行管道吹扫、强度试验和严密性试验，执行现行《城镇燃气输配工程施工及验收规范》(CJJ 33)的相关要求。

3)热力管道安装技术

热力管道采用蒸汽介质时应在独立舱室内敷设；热力管道不应与电力电缆同舱敷设；热力管道与给水管道同侧布置时，给水管道宜在上方。热力管道应采用无缝钢管、保温层及外护管紧密结合成一体的预制管。管道附件必须进行保温，热力管道及配件保温材料应采用难燃材料或不燃材料；热力管道采用蒸汽介质时，排气管应引至综合管廊外部安全空间，并应与周边环境相协调。

热力管线管径大，管廊内空间小，如何实现管道在狭小空间内的快速运输安装是管道安装的关键。另外，热力管道热胀冷缩现象明显，如何在保证管道连接质量的同时做好管道的热膨胀补偿及相应的固定支架，也是一个关键。

(1)施工要点。

①管道连接。

热力管道连接形式一律采用焊接，焊接方式为氩弧焊打底，手工电弧焊填充、盖面、焊条E4303型。

a.管道切割。

预制保温管切割时，应采取措施防止外护管脆裂，切割后的工作管裸露长度应与原成品管的工作管裸露长度一致，切割后裸露的工作管外表面应清洁，不得有泡沫残渣。

b.坡口处理。

管道对口前，采用电动坡口机开坡口、清根，管端面的坡口角度、钝边、间隙应符合设计规定；不得在对口间隙夹焊条或用加热法缩小间隙施焊，开坡口后及时清理表面的氧化皮等杂物。

c.管道组对。

管道对口时应保证管中心在同一直线上，预留间隙满足设计要求，调整好后将焊口点焊固定；定位焊时，应采用与根部焊道相同的焊接材料和焊接工艺。

d.管道焊接。

焊接时要分层施焊，第一层用氩弧焊焊接，焊接时必须均匀焊透，并不得烧穿，其厚度不应超过焊丝直径。以后各层用手工电弧焊进行焊接，焊接时应将上一层的药皮、焊渣及金属飞溅物清理干净，经外观检查合格后，才能进行焊接。焊接时，各层引弧点和熄弧点均应错开20mm以上，并不得在焊道以外的管道上引弧。每层焊缝厚度一般为焊条直径的0.8~1.2倍。

管接头前半圈的焊接，焊接起弧时应从仰焊缝部位中心覆盖10mm处开始，用长弧预热。当坡口内有汗珠状的铁水时，迅速压短电弧，靠近坡口钝边做微小摆动，当坡口钝边熔化成熔池时，即可进行灭弧焊接，然后用断弧击穿法将坡口两侧熔透，并按照仰焊、仰立焊、斜平焊、平焊的顺序将半个圆周焊完。

对于管接头后半圈的焊接，由于起焊时最容易产生塌腰、未焊透、夹渣、气孔等缺陷，应先用砂轮机将焊缝首末各磨去5~10mm，施焊的过程与前半圈相同，但在距前半圈末端收尾处不允许灭弧，当接头封闭时，将焊条稍往下压，将接头处来回摆动焊条，以延长停留时间使之充分融合。管径小的钢管可以一次成形，大管径钢管要经过打底层、填充层、盖面层、封底层4道工序完成一道焊口。

每道焊缝焊完后，应清除焊渣并进行外观检查，如有气孔、夹渣、裂纹、焊瘤等缺陷，应将焊接缺陷铲除并重新补焊。

钢管焊接时，应对保温层及外护管断面采取保护措施。

为确保管道的焊接质量，应对接口按质量检验、表面质量检验、无损探伤检验、强度和严密性试验四个步骤进行焊接检验。

②管道附件安装。

a.补偿器选择及安装。

热力管道的特点是安装温度与运行温度差别很大，管道系统投入运行后会产生明显的热膨胀。补偿器的反弹力、补偿器内压推力、管道内压推力、管道热位移的摩擦力等构成了热力管网管架受力。

(a)补偿器选择。

管道受热膨胀时，能产生极大的轴向推力，因此，热力管道受热后产生的膨胀必须得到补偿，否则将对管架和构筑物造成破坏，危及管道系统的安全运行。管道的热补偿就是合理地确定固定支架的位置，使管道在一定范围内进行有控制的伸缩，以便通过补偿器和管道本身的弯曲部分进行长度补偿。补偿方式很多，有自然补偿、方形补偿器、波纹补偿器、球形补偿器、V形补偿器等，常见补偿方式优缺点比较见表4.4-4。

常见补偿方式优缺点比较 表4.4-4

名称	优点	缺点	形式
自然补偿	不受压力和温度的限制	补偿量小，占地面积大	L H 注：L-管道的水平段长度； H-补偿段的垂直高度
方形补偿器	不受压力和温度的限制	流体阻力大、占地面积多，管道支架多，不美观、投资较大	
波纹补偿器（内压型、外压型、内外压平衡型）	应用广、无泄漏、可靠性较好，但运行温度和压力有限制，可以满足大位移量	种类多，膨胀力大，对固定支架设置要求高	
球形补偿器	实现角向位移，组合使用，流体阻力小，补偿量大，无推力	存在易泄漏和侧向位移，维修量大	
V形补偿器	变形过程中只有摩擦力没有膨胀力，安装空间小、管道体系推力小，而且施工简单，总造价低	总变形量小	

(b)补偿器安装。

在任意直管段上两个固定支架之间只能装设一套补偿器，补偿器安装前应先检查其型号、规格、管道配置情况，必须符合设计要求。有流向标记的补偿器安装时，应使流向标记与管道介质流向一致。

波纹补偿器轴向约束型安装前应进行预拉伸，其预拉伸量为$\Delta L/2$（ΔL为补偿量），轴向无约束型不进行预拉伸，具体要求应参考设计要求、样本和技术要求。

补偿器所有活动元件不得被外部构件卡死或限制其活动范围，应保证各活动部位的正常动作，安装过程中不允许焊渣飞溅到波壳表面，不允许波壳受到其他机械损伤。

补偿器的连接一般采用法兰连接或者焊接连接，其主要控制点是确保补偿器与管道的同轴度，不得用补偿器变形的方法调整管道的安装误差；最大区别是法兰连接需要根据补偿器尺寸做一段预留短管，而焊接连接则是根据补偿器尺寸切下等长管道。

管道安装完毕后，应尽快拆除补偿器上用作安装运输的辅助定位构件及紧固件，并按设计要求将限位装置调到规定位置。

b.固定支架、导向支架安装。

补偿器一端应安装在靠近固定支架处，另一端应设置导向支架，其中固定支架受力大，选择时应对支架、锚栓、基材混凝土等严格计算分析，安装时必须牢固，应保证使管子不能移动；而导向支架应根据补偿器的要求设置双向限位导向，防止横向和竖向位移超过补偿器的允许值。

(a)固定支架。

管道安装时，应及时进行支架固定和调整工作，见图4.4-6。支架必须按照图纸编号要求安装，固定、滑动、导向支座不得调换位置，安装应平整牢固、与管道接触良好。固定支架应严格按设计要求安装，固定支架与管廊结构必须整体结合牢固。

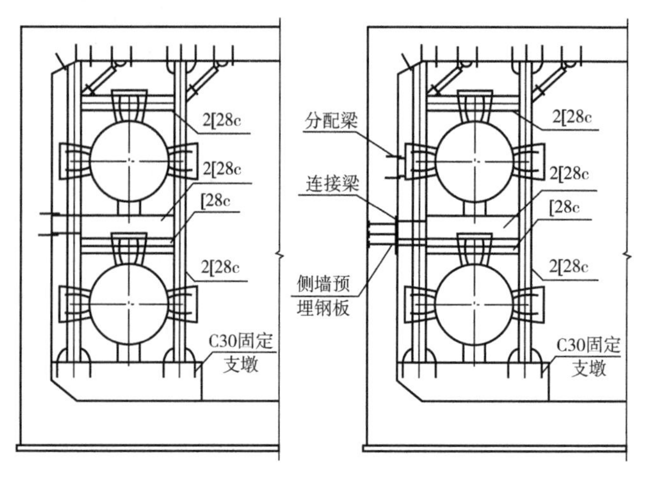

图4.4-6　固定支架与管廊结构

(b)滑动、导向支架。

滑动支架一般用于产生位移的管道，根据位移量的大小分型，根据结构形式和荷载的大小分类，导向支架是滑动支架的一种。滑动支架管道轴向、径向均不受限制，即允许管道前后、左右、上下有位移；而导向支架一般只允许管道有轴向位移，而不允许有径向位移。滑动支架、导向支架本身就是一个简单的支架，依靠管托来实现位移量的变化。

(c)管托。

滑动、导向管托主要用来支撑管道、减小摩擦，管廊中常用的是导向管托，主要应用于直管段较长的管段上，安装在导向支架上。管托长度必须满足此段管道最大热膨胀量的要求，除固定管托外，其他类型管托必须预偏装，偏装量应不小于管托所在位置膨胀量的一半，偏装方向与热膨胀位移方向相反。固定管托应与管道和支撑结构固定为一体，焊缝强度应大于管道轴向推力和管托与支撑结构摩擦力之和，滑动、导向管托只与管道固定，其焊缝强度应大于管托与支撑结构摩擦力。

c.阀门安装。

阀门运输吊装时，应平稳起吊和安放，不得损坏；有安装方向的阀门应按要求进行安装，有开关程度指示标志的应准确；阀门与管道以焊接方式连接时，阀门不得关闭。

d.排气和泄水阀安装。

热水管道系统应在所有的高点和低点加排气和泄水阀，蒸汽系统应在所有的地点加泄水阀或疏水器。

(2)管网清洗。

管网安装完成、试运行之前应进行管网清洗。清洗方法应根据供热管道的运行要求、介质类别而定，宜分为水冲洗、蒸汽吹洗等。

①水冲洗。

水冲洗应按主干线、支干线分别进行，冲洗前应充满水并浸泡管道，水流方向应与设计介质流向一致。

冲洗应连续进行并宜加大管道内的流量，管内的平均流速不应低于1m/s，排水时，不得形成负压。

对大口径管道，当冲洗水量不能满足要求时，宜采用人工清洗或密闭循环的水力冲洗方式；采用循环水冲洗时，管内流速宜达到管道正常运行的流速。

②蒸汽吹洗。

输送蒸汽的热力管道应采用蒸汽吹洗，吹洗时必须划定安全区，设置标志，确保人员及设施的安全，其他无关人员严禁进入。

吹洗前应缓慢升温进行暖管，暖管速度不宜过快，并应及时疏水；应检查管道热伸长、补偿器、管路附件及设备安装等工作情况，恒温1h后进行吹洗。

吹洗用蒸汽的压力和流量应按设计计算确定，吹洗压力不应大于管道工作压力的75%，吹洗次数应为2~3次，每次间隔时间宜为20~30min，每次吹洗时间不应少于15min。

出口蒸汽为纯净气体为合格，合格后的管道不应再进行其他影响管道内部清洁的工作。

4)给水管道安装技术

(1)管道防腐。

给水管道进场后安装前，应进行内外防腐工作，钢制管道防腐前应进行内外喷砂除锈，彻底清除管道、管件表面油污、锈皮、氧化物、腐蚀物、粉尘等，除锈达到Sa2.5级，除锈、防腐作业施工人员必须正确佩戴防护用品。钢管及管件内防腐采用有卫生许可证的无毒饮水舱涂料，其质量指标参照现行《给水排水管道工程施工及验收规范》(GB 50268)及地方水务标准的相关要求执行；管外壁采用环氧煤沥青涂料，加强级防腐。

(2)混凝土管道支墩给水管道一般为大口径管道，较为沉重，设计多采用混凝土墩台或型钢托架混凝土墩台底座，见图4.4-7。

图4.4-7 混凝土墩台底座

(3)管道组对。

管道组对前，须核实两管段的椭圆度、管道直径及端面垂直度，对口时保持内壁平齐。可采用长1000mm的直尺在接口内壁或外壁周围顺序贴靠。错口的允许偏差应为壁厚的20%，且不得大于2mm。

管道组对完毕检查合格后进行定位点焊，长度为80~100mm间距小于或等于400mm。点焊应采用同正式焊接相同的焊接材料和焊接工艺。点焊应对称施焊，其焊接厚度应与第一层焊接厚度相同。

焊缝位置要求：对口时钢管两钢管的纵向焊缝应错开，错开间距不得小于300mm。环向焊缝距支架净距不应小于100mm，同时不得设在跨中。直段管两相邻环向焊缝的间距应大于200mm。管道任何位置不得有十字形焊缝。

(4)焊接。

管道固定口焊接采用对称焊接法，控制焊接变形；施焊程序为仰焊、立焊、平焊，该工艺沿垂直中心线将管子截面分成相等的两段(管道对中之后是将管道焊接截面四等分，点焊四处，上下左右各一处)，各进行仰、立、平三种焊接位置的焊接，在仰焊及平焊处形成两个接头，先打一层底，再焊两圈达到要求为止；管道焊接连接完成，焊道冷却后必须对焊接部位内外进行全面的清理清扫，确保管道内外干净、清洁。

(5)管道焊缝检测。

检查前应清除焊缝的渣皮、飞溅物；当有特殊要求进行无损探伤检验时，取样数量与要求等级应按设计规定执行。

无损检测取样数量与质量要求应按设计要求执行；设计无要求时，压力管道的取样数量应不小于焊缝量的10%。

当检验发现焊缝缺陷超出设计文件和规范规定时，必须进行返修，焊缝返修后应按原规定方法进行检验。

(6)管道防腐。

防腐环境温度不得低于5℃,涂刷方向先上后下,刷漆蘸漆适当,遇有表面粗糙边缘、边缘的弯角和凸出部分要预先涂刷。

厚浆型环氧煤沥青管道漆防腐,须有专人负责,配制比例严格遵守产品说明书进行,特别是要控制熟化时间,确保涂层质量和固化时间。

(7)给水管道阀门安装。

阀门安装前,准备好安装工具及阀门螺栓、垫片、橡胶垫等材料,根据水流方向确定其安装方向;阀门安装位置不得妨碍设备、管道和阀门本身的安装、操作和维修,阀门手轮安装高度应便于操作。

①法兰接口平行度允许偏差应为法兰外径的1.5%,且不应大于2mm;螺孔中心允许偏差应为孔径的5%,并保证螺栓自由穿入。

②螺栓安装方向应一致,紧固螺栓时应对称成十字式交叉进行,严禁先拧紧一侧,再拧紧另一侧;螺母应在法兰的同一侧平面上;紧固好的螺栓外露2~3个丝扣,但其长度最多不应大于螺栓直径的1/2。

③水平管路上的阀门,阀杆一般安装在上半圆范围内,阀杆不宜向下安装;垂直管路上的阀门,阀杆应沿着巡回操作通道方向安装;阀门的操作机械和传动装置应进行必要的调整和整定,使其传动灵活,指示准确。

(8)给水管道水压试验。

给水管道焊接完成、检验合格后,为了检查已安装好的管道系统的强度和密封性是否达到设计要求,应分段进行水压试验,试压的同时也是对承载管道的支墩及支架进行考验,以保证正常运行使用,压力试验是检查管道质量的一项重要措施。

管廊内给水管道压力试压时,由于管廊长、取水点少,为克服此难点,采用管道快速试验技术,即:在试压设备上加装转换接头,利用转换接头上多组阀门,与所试验的各段管路的注水口连接。试验时,通过试压设备同时向各分段管路注水,并进行多段连续试压,从而减少设备移动,节约水资源,并且大大缩短各分段管道注水时间。压力试验控制要点如下:

①施工准备。

管道试压前,管件支墩、锚固设施已达到设计强度;未设支墩及锚固设施的管件,应采取加固措施;对管道接口、支墩及附属构筑物的外观进行仔细检查;对管道的排气阀、控制阀等阀门安装的螺栓是否有松动进行检查;管道试压前需对压力表进行校验,压力表与试压设备连接前要有校验合格报告及出厂合格证书,表壳上要贴有合格证书,上有检测编号及有效使用期限。

照明、排水设施及排放点等措施已落实,保证压力试验后水的正常排放;试压用水必须达到生活饮用水标准,且有相关部门出具的质量检验合格报告。在试验设备端加装转换接头,与各试压段管道的注水阀相连接,达到各试压区段同时注水互不影响,并可逐段进行试压;在试验管道每分段处加装盲板。盲板宜安装在管路中法兰连接处;进、排水点选择应遵循“高点进,低点出;中间进,两端同时出”的原则,充分利用地势高低差辅助排气。

②压力试验。

通过转换接头，将试压用水同时注入各个试压区段的管道内，注水时打开排气阀，当排气孔排出的水流中不带气泡，水流连续，速度均匀，即可关闭排气阀门，停止注水。

试压管路注水、排气须浸水48h以上，并要对管道两端封闭、弯头、三通等处的支撑予以检查；管道浸泡符合要求后，进行管道水压试验，关闭其他转换接头的控制阀门，防止未参加试验的阀门因两端压力不均衡遭到破坏。

管道水压逐级加压压力升至试验压力后，保持恒压10min，检查接口、管身无破损及漏水现象，记录压力表读数是否有变化，若压力表读数无变化，拆除压力表并观察压力表指针是否归零；若压力表指针归零，管道强度试验合格。

试压合格后应立即泄压；泄压口应设置警示标志，并应采取保护措施。泄压时必须先开启管道系统高点的排水阀，在系统无压力后，保持高点排水阀开启状态，然后打开系统最低点的排水阀，将试压水排到指定地点。管道试压合格后，应及时拆除所有临时盲板及试验用管道，恢复试验前拆除的附件。

试验过程中如遇泄漏，应立即关闭增压设备，停止注水，泄压后处理完缺陷，再重新试验。试验完毕后，应及时拆除所有临时盲板，核对记录，并填写“管道系统试验记录”。当气温低于0℃时，水压试验可采取特殊防冻措施，用热水充满管线进行试验。

(9)给水管道冲洗。

排水口宜选在能够保证整个管路排水通畅的地方。综合管廊市政给水冲洗或最终清洗排水口可设置于每段管廊内排水泵处；进水口通常设置于冲洗综合管段较高处；对于一个进水口(冲洗水源)的水量不能满足冲洗要求时，可考虑两个或多个进水口。

预冲洗管道前检查与冲洗管网直接相连接的阀门的严密性，避免影响用户使用。对沿线主阀门、排气阀、排泥阀、循环管路、预冲洗管道等阀门是否打开进行检查。

管道清洗时，先后开启出水口阀和控制阀门，以流速不小于1.0m/s的清水连续冲洗。管道冲洗后应进行取样化验，取样必须用化验室提供的专用瓶在出水处分别取样化验分析，直至水质化验合格。

5)垃圾真空管道安装技术

垃圾真空管道收集系统是在收集系统末端装引风机械，当风机运转时，整个系统内部形成负压，使管道内外形成压差，空气被吸入管道，同时垃圾也被空气带入管道，被输送至分离器并将垃圾与空气分离，分离出的垃圾由卸料器卸出，空气则被送到除尘器净化，然后排放。垃圾真空管道收集系统由主投放系统、管道系统、中央收集站组成，示意图见图4.4-8。

(1)技术优点。

垃圾流密封、隐蔽和人流完全隔离，能有效地杜绝收集过程中的二次污染；显著降低垃圾收集劳动强度，提高收集效率，优化环卫工人劳动环境，提升环卫行业形象；取消手推车、垃圾桶等传统垃圾收集工具，基本避免垃圾运输车辆穿行于居住区，减轻交通压力和环境污染，提升了居住区环境；垃圾收集、处理可以全天候进行，垃圾成分不受季节影响。

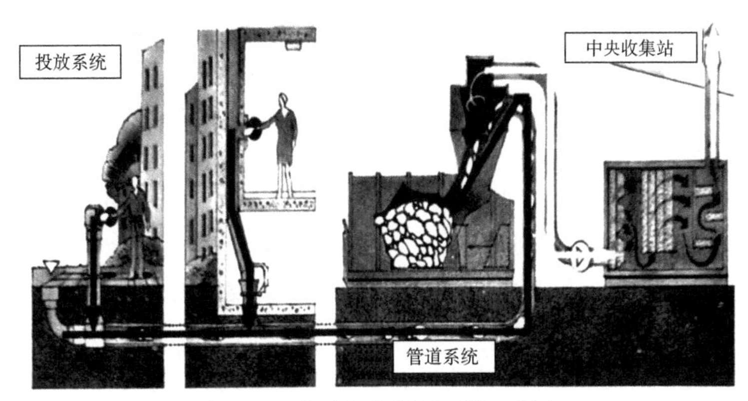

图4.4-8　垃圾真空管道收集系统示意图

(2)局限性。

一次性投资高于传统垃圾收集方式;中央收集站的服务半径小,限制了垃圾收集系统的服务范围。

(3)管道收集系统组成。

管道收集系统包括地下垃圾收集管道网络、接驳分岔口等,主要负责将从用户处收集的垃圾安全、高效输送至垃圾收集站。输送时应注意分段、分批次对垃圾进行输送,防止管路堵塞。由于管道收集系统具有管路长、弯点多的特点,在设计输送管路系统时应选取恰当的管径及空气流量,保证输送系统的稳定和节能,同时管道系统一般采用螺旋焊接钢管[生产制造标准执行《低压流体输送管道用螺旋缝埋弧焊钢管》(SY/T 5037—2000)],工作压力400kPa,焊接连接。

垃圾在管道中的传送速度、管道中垃圾与空气的混合比、输送管道中的风速是气力输送中的三个关键参数,决定了真空输送垃圾的运行情况。

由于整个输送过程压力损失很大,空气不仅在经过各个部件时会有压力损失,如垃圾排除阀、弯管损失、垃圾分离器和除尘器等,而且在输送管道中,空气和颗粒由于加速,与管壁碰撞和摩擦、空气和颗粒之间的摩擦(即颗粒的悬浮和上升)等原因都会消耗能量,因此压力损失是决定风机风压的重要参数。

垃圾在弯管处的磨损较大且在弯管中的运动情况也特别复杂,当颗粒浓度较小时,颗粒在离心力的作用下有集中于弯管外壁某一部分的趋势,而当颗粒浓度较大时,则将出现塞状流动。除此之外,在管道弯曲部分,颗粒将和管道外侧壁发生碰撞并减速,在一般情况下,管道曲率越大,碰撞越激烈,减速也越大,因此在弯管处既会对管壁造成严重磨损,也容易引起管道堵塞。

(4)垃圾真空管道安装技术。

垃圾输送管道设计应符合现行国家标准《工业金属管道设计规范》(GB 50316)的有关规定;管道系统收集生活垃圾这一载体,对管道走向有严格的要求,同时由于运送介质腐蚀性强,因此管道密封性要求高,钢管防腐及焊缝防腐质量要求高。

①管道连接。

管道安装时，应及时固定和调整支吊架，支吊架位置应准确，安装应平整牢固，与管道接触应紧密。在三通、弯头及分支处需设置固定支架。管道安装时，弯头曲率半径不小于4*d*(*d*为管道的公称直径)。

钢管焊接前应按规定对焊工进行培训、对各种焊接方式和方法进行焊接工艺评定、制定焊接工艺卡，对焊接人员进行详细交底。

焊接时应先点焊固定，然后全面施焊；点焊时必须焊透，凡有裂纹、气孔、夹渣等缺陷必须重焊。

管材焊接方法为电弧焊，焊缝系数为1；焊接接头形式为对接，焊缝为开坡口的V形焊缝；焊条的化学成分、机械强度应与母材相同且匹配。

管道焊接应符合现行国家标准《现场设备、工业管道焊接工程施工规范》(GB 50236)的有关规定；多层焊接时，焊前应将上一层焊缝上的焊渣及金属飞溅物清除干净，每层焊缝接头处错开至少20mm，最后一层焊缝应均匀平滑地过渡到母材金属表面。严禁一次堆焊，要求焊缝平直，表面稍有呈鳞片状突起。

②管道接口检查。

焊缝外观检查要求：焊缝表面光洁，宽窄均匀整齐，根部焊透，无气孔、夹渣及咬肉现象。

③管道防腐。

管廊内环境潮湿，真空垃圾管道一般采用三层PE防腐结构，第一层环氧粉末(FBE)应大于或等于100μm，第二层胶粘剂(AD)为170~250μm，第三层聚乙烯(PE)为3mm。聚乙烯防腐层应进行漏点检测，单管有两个或两个以下漏点时可进行修补；单管有两个以上漏点时，则不合格；焊接口应涂敷防腐层，且PE保护层搭接宽度不小于50mm。

④管道压力试验。

管道在安装过程中需进行压力试验，根据试验目的又分强度试验和气密性试验。

强度试验：试验压力为设计输气压力的1.5倍，但钢管不得低于0.3MPa；当压力达到规定值后，应稳压1h，然后用肥皂水对管道接口进行检查，全部接口均无漏气现象认为合格。

气密性试验：采用压缩空气检验管道的管材和接口的致密性。气密性试验压力根据管道设计压力而定。管道气密性试验持续时间一般不少于24h，实际压力降不超过允许值为合格。

4.4.3 电力电缆安装

1)电力电缆施工工艺流程

电力电缆在综合管廊中的施工工艺流程，一般按以下顺序进行：准备工作—支架、桥架制作安装—沿支架、桥架敷设—挂标示牌—电缆头制作安装—线路检查及绝缘摇测。

2)支架、桥架制作安装

在综合管廊中，电缆桥架一般以托臂支架支撑，用来安放电力电缆和控制电缆。

电缆桥架由托臂支架支撑，或由吊架悬吊，在综合管廊中一般采用前者。如果和其他管道支架同舱架空布置，应敷设在易燃易爆气体管道和热力管道的下方、给水排水管道的上方。安装时，桥架左右偏差不大于50mm，水平度每米偏差不应大于2mm，垂直度偏差不应大于3mm。当设计无要求时，与管道的最小净距，符合表4.4-5的规定。

电缆桥架与各类管道的距离要求 表4.4-5

管道类别		平行净距(mm)	交叉净距(mm)
一般工艺管道		400	300
易燃易爆气体管道		500	500
热力管道	有保温层	500	300
	无保温层	1000	500

桥架之间的连接，采用桥架制造厂配套的连接件，接口应平整，无扭曲、凸起和凹陷，薄钢板厚度不应小于桥架薄钢板厚度。金属桥架间连接片两端不少于2个有防松螺母或防松垫圈的连接固定螺栓，螺母位于桥架外侧，连接片两端应接不小于4mm^{2}的铜芯接地线。金属桥架及其支架全长应不少于2处接地或接零。

直线段钢制电缆桥架长度超过30m，铝合金或玻璃钢制桥架长度超过15m时，应设置伸缩节；电缆桥架跨越建筑变形缝处，应设置补偿装置。设补偿装置处，桥架间断两端应用软铜导线跨接，并留有伸缩余量。

一般情况下不在施工现场制作桥架。由于特殊原因必须在施工现场制作桥架时，可利用现有的桥架改制非标准弯通和变径直通。改制和切断直线段桥架时，均不得用气、电焊切割，应用专用切割工具。改制的桥架必须平整，及时补漆，面漆颜色应与其他桥架一致。

3)电缆敷设

综合管廊内电缆敷设，包括入廊电缆的敷设和管廊供配电电缆的敷设。外部入廊管线分为高压、中低压，管廊供配电电缆电线，一般为低压电缆。

(1)电缆的搬运和架设地点选择。

电缆短距离搬运，一般采用滚动电缆轴的方法。滚动时应按电缆轴上箭头指示方向滚动。如无箭头时，可按电缆缠绕方向滚动，切不可反缠绕方向滚运，以免电缆松弛。

电缆支架的架设地点应选好，以敷设方便为准，一般应在电缆起止点附近为宜。架设时，应注意电缆轴的转动方向，电缆引出端应在电缆轴的上方。如果从管廊外架设电缆支架，引出端从投料口引入，沿管廊方向敷设；如果从内部架设支架，则将电缆盘从投料口吊入管廊，在管廊内部进行电缆铺放。

电缆在搬运、敷设过程中，应确保电缆外护套不受损伤。如果发现外护套局部刮伤，应及时修补。要求在电缆敷设前后，用1000V摇表测其外护套绝缘，两次测量的绝缘电阻数值，都应在50MΩ以上。110kV及以上单芯电缆外护套在敷设后应能通过10kV×1min直流耐压试验。

(2)电缆敷设和固定。

综合管廊内的电力电缆,包括管廊供配电电缆电线,以及由各用电单位进行的外部入廊电力电缆,均是在已安装完毕后的支架、桥架、套管中敷设。敷设时,可按以下方法进行:

编制电缆敷设顺序表(或排列布置图),作为电缆敷设和布置的依据。电缆敷设顺序表应包含电缆的敷设顺序号,电缆的设计编号,电缆敷设的起点、终点,电缆的型号规格,电缆的长度等。敷设电缆应排列整齐,走向合理,不宜交叉。每根电缆按设计和实际路径确定长度,合理安排每盘电缆,减少换盘次数。在确保走向合理的前提下,同一层面应尽可能放同一种型号、规格或外径接近的电缆。按照电缆敷设顺序表或排列布置图逐根施放电缆。电缆上不得有压扁、绞拧、护层折裂等机械损伤。

在管廊转弯、引出口处的电缆弯曲弧度应与桥架或管廊结构弧度一致、过渡自然。电缆在受到弯曲时,外侧被拉伸、内侧被挤压,由于电缆材料和结构特性的原因,电缆承受弯曲有一定限度,过度的弯曲,将造成绝缘层和护套的损伤。在电缆敷设规程中,规定了以电缆外径的倍数作为最小弯曲半径,如表4.4-6所列。凡表中没有列入的,可按制造厂说明书的规定执行。

电缆最小弯曲半径 表4.4-6

<table>
<tr><th>电缆类别</th><th colspan="2">护层结构</th><th>单芯</th><th>多芯</th></tr>
<tr><td rowspan="3">油浸纸绝缘</td><td rowspan="2">铅包</td><td>有铠装</td><td>15D</td><td>20D</td></tr>
<tr><td>无铠装</td><td>20D</td><td>—</td></tr>
<tr><td colspan="2">铅包</td><td>30D</td><td>—</td></tr>
<tr><td>交联聚乙烯绝缘</td><td colspan="2">—</td><td>15D</td><td>20D</td></tr>
<tr><td>聚氯乙烯绝缘</td><td colspan="2">—</td><td>10D</td><td>10D</td></tr>
</table>

注:D为电缆外径。

长距离电缆敷设应有适量的蛇形弯,电缆的两端、中间接头、电缆井内、过管处、垂直位差处均应留有适当的余度,以补偿热胀冷缩和接头加工损耗。直线段的电缆应拉直,不能出现电缆弯曲或下垂现象。

电缆的固定:水平敷设的电缆,应在电缆首末两端及转弯、电缆接头的两端处;当对电缆间距有要求时,每隔5~10m处固定。垂直敷设或超过45°倾斜敷设的电缆在每个支架上、桥架上每隔2m处固定。

35kV以下电缆固定位置:水平敷设时,在电缆线路首、末端和转弯处以及接头的两侧,且宜在直线段每隔不少于100m处设置;垂直敷设时,应设置在上下端和中间适当数量位置处。当电缆间需要保持一定间隙时,宜设置在每隔约10m处。

35kV以上电缆固定位置:除了满足35kV以下电缆固定所需条件外,还应在终端、接头或拐弯处紧邻部位的电缆下,设置不小于一处的刚性固定支架,在垂直或斜坡的高位侧,设置不少于2处的刚性固定;采用钢丝铠装时,铠装钢丝能夹持住并承受电缆自重引起的拉力。在电缆蛇形敷设的每一部位,应采取挠性固定,蛇形转换成直形敷设的过渡部位,应采取刚性固定。

电缆在敷设过程中，应确保电缆外护套不受损伤。如果发现外护套局部刮伤，应及时修补。电缆敷设完毕后，应及时清除杂物，盖好盖板。电缆线路路径上有可能使电缆受到机械性损伤、振动、热影响、腐殖物质、虫鼠等危害的地段，应采取保护措施。电缆进、出综合管廊部位应强化套管防水措施。

(3)挂标示牌。

在电缆终端头、隧道及竖井的上端等地方，电缆上应装设标志牌。电缆标志牌主要有玻璃钢材质、搪瓷材质、铝反光材质等，标志牌上应注明电缆编号、电缆型号、规格及起讫地点，标志牌应打印，字迹应清晰不易脱落，挂装应牢固，并与电缆一一对应。

4)电缆头制作

由于综合管廊纵向长度从数千米到数十千米，入廊电力电缆必须进行中间连接才能达到需要的长度。电缆头包括电缆终端头和电缆中间接头，入廊电力电缆主要是中间接头，管廊供配电系统主要是电缆终端接头、电缆终端接头连接用电设备和设施。电缆施工的关键工序和主要部位就是电缆头的制作。

(1)电缆头的选型。

交联电缆终端头根据运行环境，有户内和户外之分，收缩方式有冷缩和热缩之分。选择电缆头时，应根据电缆的型号、规格、使用环境及运行经验综合考虑确定使用热缩头或冷缩头。从运行经验来看，冷缩比热缩安全运行系数高。

(2)电缆头制作材料和机具准备。

制作电缆头的材料，包括电缆终端头套、塑料带、接线鼻子、镀锌螺栓、凡士林油、电缆卡子、电缆标牌、多股铜线等，必须符合设计要求，并具备产品出厂合格证。塑料带应分黄、绿、红、黑四色，各种螺栓等镀锌件应镀锌良好，地线采用裸铜软线或多股铜线，截面120号电缆以下16mm^2，150号以上25mm^2，表面应清洁，无断股现象。

制作和安装使用的机具和工具，包括压线钳、钢锯、扳手、钢锉；测试器具有钢卷尺、摇表、万用表等。

电缆头制作前，电气设备应安装完毕，环境空气干燥，电缆敷设并整理完毕，核对无误，电缆支架及电缆终端头固定支架安装齐全，现场具有足够照度的照明和较宽敞的操作场地。

(3)冷缩电缆头制作。

全冷缩电力电缆附件实际上就是弹性电缆附件，利用液体硅橡胶本身的弹性在工厂预先扩张好放入塑料及支撑条，到现场套到指定位置，抽掉支撑条使其自然收缩，这种冷缩附件具有良好的“弹性”，可以可靠适应由于大气环境、电缆运行中负载高低产生的电缆热胀冷缩。

冷缩性电缆头制作工艺流程：剥外护套—锯钢铠—剥内护套—安装接地线—安装冷缩3芯分支—套装冷缩护套管—铜屏蔽层处理—剥外半导电层—清洁主绝缘层表面—安装冷缩电缆终端管—安装接线端子和冷缩密封管。

电缆头制作施工现场应清洁，周围空气不应含有导电粉尘和腐蚀性气体，并避开雾、雪、雨天，环境温度及电缆温度一般应在0℃以上。电缆头制作前应做好电缆的核对工作，如电缆的类型、电压等级、截面及电缆另一端的情况等，并对电缆进行绝缘电阻测定和耐压实验，测试结果应符合规定。制作时，从剥切电缆开始至电缆头制作完成必须连续进行，在制作电缆头的整个过程中，应采取相应的措施防止污秽和潮气进入；剥切电缆时不得伤及电缆的非剥切部分，特别是不允许划伤绝缘层。

交联聚乙烯绝缘电缆铜带屏蔽层内的半导电层应按工艺要求尺寸保留，除去半导电层的线芯绝缘部分，必须将残留的炭黑清理干净；用清洁巾清洁绝缘层和半导电层表面，清洁时必须由绝缘层擦向半导电层，切勿反向，而且每片清洁巾每面只能擦一次，切勿多次重复使用。

接线端子和导体的连接、导体和导体的连接可选用圈压或点压。压接后锉平突起部分，用清洁巾擦净接管和绝缘表面，压坑用填充胶填平。

钢带铠装一般用钢带卡子或ϕ2.1mm的单股铜线卡扎，铜带屏蔽层可用截面积为1.5mm^{2}的软铜线扎紧，绑扎线兼作接地连接时，绑扎不少于3圈，并与钢铠或铜屏蔽带焊接牢固。

电缆接头处做防火包封堵，电缆要留有一定的裕度，防止接头故障后重接。并列敷设的电缆线路，其接头的位置应相互错开，其间净距不小于0.5m。

(4)热缩电缆头制作。

热缩电缆终端头俗称热缩电缆头，具有体积小、重量轻、安全可靠、安装方便等特点。由于热缩电缆附件价格便宜，目前热缩应用最广泛的在35kV以下领域。

热缩型电缆头制作按以下工艺流程进行：摇测电缆绝缘—剥电缆铠甲、打卡子—焊接地线—包缠电缆、套电缆终端头套—压电缆芯线接线鼻子、与设备连接。

热缩电缆头制作前后均应对电缆进行遥测，选用1000V摇表对电缆进行摇测，绝缘电阻应在10MΩ以上。电缆摇测完毕后，应将芯线分别对地放电。制作时，应检查电缆与终端头准备部件是否配套相符，并把各部件擦洗干净。根据电缆头的安装位置到连接设备间的距离，决定剥削尺寸(一般约1m)，在锯钢甲、剥除内护套和内填料时，避免损伤芯线绝缘层和保护层。

焊接屏蔽层接地线时，把内护层外侧的铜屏蔽层铜带上的氧化物去掉，涂上焊锡，把附件的接地扁铜线分成三股，在涂上焊锡的铜屏蔽层上绑紧，处理好绑线的头，再用焊锡焊接铜屏蔽层与线头。外护套防潮段表面一圈要用砂皮打毛，涂密封胶，以防止水渗进电缆头。屏蔽层与钢甲两接地线要求分开时，屏蔽层接地线要做好绝缘处理。

铜屏蔽层的处理：在电缆芯线分叉处做好色相标记，按电缆附件说明书，正确测量好铜屏蔽层切断处位置，用焊锡焊牢(防止铜屏蔽层松开)，在切断处内侧用铜丝扎紧，顺铜带扎紧方向沿铜丝用刀划一浅痕，注意不能划破半导体层，慢慢将铜屏蔽带撕下，最后顺铜带扎紧方向剪掉铜丝。剥半导电层，用刀划痕时不应损伤绝缘层，半导电层断口应整齐。

主绝缘层表面应无刀痕和残留的半导电材料，如有，应清理干净。半导电管热缩时注意铜带不松动，表面要干净（原焊锡要焊牢），半导电管内无空气。热缩时从中间开始向两头缩，要掌握好尺寸。

清洁主绝缘层表面时，用不掉毛的浸有清洁剂的细布或纸擦净主绝缘表面的污物，清洁时只允许从绝缘端向半导体层方向，不允许反向复擦，以免将半导电物质带到主绝缘层表面。

5）线路检查及绝缘测试

被测试电缆必须停电、验电后，再进行逐相放电，放电时间不得小于1min，电缆较长电容量较大的不少于2min。测试前，拆除被测电缆两端连接的设备或开关，用干燥、清洁的软布擦净电缆头线芯附近的污垢。

按要求进行接线，应正确无误。如测试相对地绝缘，将被测相加屏蔽接于兆欧表的“G”端子上；将非被测相的两线芯连接再与电缆金属外皮相连接后共同接地，同时将共同接地的导线接在兆欧表“E”端子上；将一根测试接线在兆欧表的“L”端子上，该测试线（“L”线）另一端此时不接线芯，一人用手握住“L”测试线的绝缘部分（戴绝缘手套或用绝缘杆），另一人转动兆欧表摇把达120r/min，将“L”线与线芯接触，待1min后（读数稳定后），记录其绝缘电阻值，将“L”线撤离线芯，停止转动摇把，然后进行放电。

测试中，仪表应水平放置，测试中不得减速或停摇，转速应尽量保持额定值，不得低于额定转速的80%；测试工作应至少两人进行，须戴绝缘手套；被测电缆的另一端应做好相应的安全技术措施，如派人看守或装设临时遮拦等。

6）电力电缆安全防范措施

电力管线入廊的主要技术问题在于其可能发生火灾。有资料显示，综合管廊内的火灾事故多为电缆引起，电力管线数量较多，管线敷设、检修在市政公用管线中最为频繁，扩容的可能性较大。城市电力电缆分为低压电缆（6kV、10kV、35kV）和高压电缆（110kV、220kV）。电力管线纳入综合管廊需要解决通风降温、防火防灾等主要问题。

4.4.4 附属设施安装

1）照明系统施工

照明系统是综合管廊的基本附属设施之一，也是巡查、维护及设备检修工作的基本保障，良好的照明保障对保证施工进度和提高施工质量至关重要。管廊照明系统包含普通照明灯、应急照明灯、疏散指示灯及安全出口指示灯等照明器具。

2）关键技术

管廊内照明系统安装重点考虑如下内容：照明系统灯具、线路同消防系统、火报系统、监控等系统设备定位及管线布置协调一致，满足规范要求；在各系统施工前，应充分消化图纸，统筹进行各系统设备及管道布置，满足规范要求，布局合理、美观，避免过程施工冲突。

（1）照明器具定位。

直线段管廊照明施工采用激光红外投线仪进行辅助施工，在使用投线仪的过程中，一定要确定投线仪放置位置的水平度及垂直度，以保证投线仪投出的线槽位置的准确性。

非直线段管廊照明施工时，需要沿管廊延伸方向找出统一参考点来确定灯具位置。照明器具定位应能充分利用照明的光照度，并且均匀分配，安装定位时须避开障碍物及影响其他专业施工的位置。

(2)照明灯具安装。

管廊照明灯具防水要求较高：照明灯具均采用三防灯具，外接线口均采用缩紧器连接，保障灯具内密闭；疏散指示灯及安全出口指示灯安装在醒目、无障碍区域，安全指示标识要正确。照明灯具安装不应妨碍投料口材料进出及人员通行，安装高度不低于2.5m。

(3)管路安装。

依据照明器具位置确定照明管线敷设路由；照明管线支架固定间距均匀，与管廊两侧墙体平行；管廊转角处应提前测定角度，统一预制管线转角弯头；管线跨越主体伸缩缝处应断开，防止主体沉降拉扯，造成管线脱落。

(4)照明导线敷设。

导线敷设前需在电气管的管口处加装护线帽，防止敷设过程中刮伤导线绝缘层。导线(电缆)敷设应平直、整齐，无打结现象；采用圆钢及型钢制作成可旋转卧式导线放置装置，将导线放置在敷设装置上，通过旋转转动装置，导线顺直进行敷设；将导线按相线、中性线、接地线、控制线整齐排列；导线(电缆)敷设完成后，采用防火泥封堵穿线孔，穿线孔做电缆保护措施。

导线(电缆)间距100m用电缆标识牌，标注导线(电缆)回路号、起始及终止点，普通照明导线(电缆)用黑笔标注，应急照明导线(电缆)用红笔标注。

(5)配电设备安装。

进场设备质量证明文件、使用说明书及质保文件必须齐全；使用说明书中必须注明对应设备相关型号、规格及设备系统图；依据设备实际框架尺寸，确定设备固定支架尺寸及形式；根据现场情况，确定设备安装位置及设备安装方式(悬挂式安装或是落地式安装)；根据选定的安装方式及支架尺寸，完成固定支架制作；支架制作焊接时随时检查支架连接处垂直度，保障支架方正、平直；支架安装完成后，再进行设备固定，用线坠分别对盘柜侧面、正面进行检查，盘柜安装垂直高度误差应控制在±1.5mm以内。

(6)电气接线。

导线(电缆)中间接头应在分线盒内进行，软线接头应搪锡；电缆接头处应拧成麻花状，先缠绝缘胶布，再缠防水胶布，最后缠绝缘胶布；导线(电缆)外露端头用绝缘胶布包扎，防止造成漏电事故。

柜内敷设线路间距10cm绑扎，转角处应加密绑扎，导线(电缆)接线成束捆扎应整齐；盘柜接线孔应做护线措施，导线(电缆)敷设完成后，用防火泥封堵，防火泥封堵整齐、美观；灯具外露可导电部分必须与保护接地(PE)可靠连接，且做标识。

(7)绝缘测试及通电运行。

线路敷设完成后,导线线间或电缆相间绝缘值须大于或等于0.5MΩ;灯具控制回路与照明配电箱、弱电双电源箱的回路标识应一致;各电气元器件动作准确,双控开关控制灯具回路顺序正确。

管廊照明灯具试运行时间为24h;所有灯具开启,每2h记录运行状态1次,连续试运行时间内无故障;管廊照明工程应先进行就地手动控制试验,运行合格后再进行远程自动控制试验,试验结果符合设计要求;管廊照明灯具运行平稳后,进行照度检测,平均照度应符合图纸设计及规范要求。

3)综合管廊排水系统施工

综合管廊内设置排水沟和集水坑,主要是为了排除结构、管道渗漏水及管道维修时放空水等。在综合管廊底板设置排水沟,排水沟将综合管廊积水汇入集水坑内,再由集水坑内通过泵站排到室外雨水排水系统中。

(1)管道及支架预制。

管道及支架预制应按管段图规定的数量、规格、材质、系统编号等确定预制顺序并编号。预制管段应划分合理,封闭调整管段的加工长度应按现场实测尺寸决定。预制长度必须考虑运输和安装方便。管段预制完毕后,应进行质量检查,在检验合格后方可进行下道工序。

管段预制完毕后,应及时编号,焊工代号及检验标志应标在管段图上;预制完成的管段不得在运输和吊装过程中产生永久变形,必要时某些部位进行加固。

大于DN100的钢管对焊连接时要开V字形坡口,坡口夹角保持在60°~70°之间。不大于DN100的钢管对焊连接时可以不开坡口,但对口时应留2~3mm的缝隙。管道焊接时,选用合格的电焊条,并进行干燥处理。管道焊缝要均匀饱满,施焊后及时清理焊渣药皮,确保焊接质量。

排水铸铁管下料采用无锯齿切割,无缝镀锌钢管采用沟槽连接,镀锌钢管必须采用切割机下料。

(2)管道防腐。

根据设计规定要求进行防腐。管道防腐涂层应均匀、完整,无损坏、流淌,色泽一致;涂膜应附着牢固,无剥落、皱纹、气泡、针孔等缺陷,涂层厚度应符合设计文件的规定;涂刷色环时,应间距均匀,宽度一致。

(3)管道安装。

管道安装时,应检查法兰密封面及密封垫片,不得有影响密封性能的划痕、斑点等缺陷,法兰连接应与管道同心,并应保证螺栓自由穿入。法兰间应保持平行,其偏差不得大于法兰外径的1.5‰,且不得大于2mm,不得用强紧螺栓的方法消除歪斜;法兰连接应使用同一规格螺栓,安装方向应一致,螺栓紧固后应与法兰紧贴,不得有楔缝;需加垫圈时,每个螺栓不应超过一个。

管子对口时应在距接口中心200mm处测量平直度,当管子公称直径小于100mm时,允许偏差为2mm，全长允许偏差为10mm。管道连接时，不得用强力对口、加偏垫或加多层垫等方法来消除接口端面的空隙、偏斜、错口或不同心等缺陷。排水管的支管与主管连接时，宜按介质流向设置坡度。管道及管件和阀门安装前，内部清理干净，要求无杂物、尘土等。

(4)排水泵安装。

需要安装的排水泵直接固定在池底埋设件上或由预埋螺栓固定。电动机与泵连接时，应以泵的轴为基准找正。

与泵连接的管道应符合下列要求：管子内部和管端应清洗洁净；密封面和螺纹不应损伤；吸入管道和输出管道应有各自的支架，泵不得直接承受管道的重量，支架必须牢固可靠，减少泵体及管道的振动；管道与泵连接后，应复检泵的原找正精度，当发现管道连接引起偏差时，应调整管道；管道与泵连接后，不应在其上进行焊接和气割；当需焊接和气割时，应拆下管道或采取必要的措施，并应防止焊渣进入泵内。

泵的试运转：各固定连接部位不应有松动，各运动部件运转应正常，不得有异常声响和摩擦现象；管道连接应牢固无渗漏，泵的试运转应在其各附属系统单独试运转正常后进行。

4)消防系统施工

综合管廊消防灭火系统通常采用自动水喷雾喷淋灭火系统，也可采用气溶胶自动灭火系统、移动式灭火器、道路消防栓等。采用自动水喷雾喷淋灭火系统时，综合管廊工程需设置消防水泵房以及相关消防管道、电气及自动控制系统。该系统的优点是可实时监控并快效降低火灾现场温度，通用性强。气溶胶灭火主要是利用固体化学混合物，热气溶胶发生剂经化学反应生成具有灭火性质的气溶胶淹没灭火空间，起到隔绝氧气的作用从而使火焰熄灭。目前部分工程采用S型或K型热气溶胶灭火系统，该系统优点是设置方便，灭火系统设备简单，可以带电消防。该系统的缺点是药剂失效后将不能正常使用，需更换药剂箱，运行费用较高，增加管理工作。

(1)消防喷淋系统概述。

通常综合管廊消防灭火系统中，自动喷雾喷淋灭火系统为首选。高压细水雾近年来在消防领域的应用日益广泛，以水为灭火剂，对环境、保护对象、保护区人员均无损害和污染，能净化烟雾和毒气，对CO、CO_2、HCN、H_2S、HCl等有很强的吸收能力，有利于人员安全疏散和消防员的灭火救援工作。其维护方便，仅以水为灭火剂，在备用状态下为常压，日常维护工作量和费用较低。

(2)关键施工技术介绍。

①吊架制作。

通常管廊内消防喷淋系统固定管卡支吊架采用角钢或槽钢制作，支吊架的焊接按照金属结构焊接工艺，焊接厚度不得小于焊件最小厚度，不能有漏焊、结渣或焊缝裂纹等缺陷；管卡的螺栓孔位置要准确。受力部件，如膨胀螺栓的规格必须符合设计及有关技术标准规定。吊架制作完毕后进行除锈涂装。

②支吊架安装。

首先根据设计图纸要求定出支吊架位置。根据管道的设计高程，把同一水平直管段两端的支架位置标在墙上或柱上，并按照支架的间距在顶棚上标出每个中间支架的安装位置。将制作好的支吊架固定在指定位置上，支吊架横梁土顶面应水平确保管线安装水平度。

③管道加工、安装。

常用管材一般为热镀锌钢管；DN<65mm时，采用螺纹连接；DN≥65mm时，采用沟槽连接。管道加工前，对管材逐根进行外观检查，其表面要求无裂纹、缩孔、夹渣、折叠、重皮、斑痕和结疤等缺陷；不得有超过壁厚负偏差的锈蚀和凹陷。

管道下料切割采用机械切割方法或螺纹套丝切割机进行切割。管子切口质量应符合下列要求：切口平整，不得有裂纹、重皮；毛刺、凸凹、缩口、熔渣、铁屑等应予以清除。

采用机械套丝切割机加工管螺纹。为保证套丝质量，螺纹应端正，光滑完整，无毛刺，乱丝、断丝等，缺丝长度不得超过螺纹总长度的10%。螺纹连接时，在管端螺纹外面敷上填料，用手拧入2~3扣，再一次装紧，不得倒回，装紧后应留有螺尾。管道连接后，将挤到螺纹外面的填料清除掉，填料不得挤入管腔，以免阻塞管路。各种填料在螺纹里只能使用一次，若管道拆卸，重新装紧时，应更换填料。用管钳将管子拧紧后，管子外表破损和外露的螺纹，要进行修补防锈处理。沟槽加工使用专用的压槽机，在管道的一端滚压出一圈2.5mm深的沟槽，将管道的两端对接后，在管道外边安装专用橡胶圈，两边的搭接要相等；将两半卡箍扣住橡胶圈，卡箍的凸缘卡进管端压出的沟槽里，拧紧卡箍两侧的螺栓即可。

管道在穿越变形缝时，安装柔性金属波纹管进行过渡；管道安装完毕后，其穿墙体、楼板处的套管内采用不燃材料填充。

为确保喷淋管路安装美观(管道横平竖直、喷头均分布并在同一水平线上)，首先对喷淋主管进行安装，安装时确保主管的同轴度，随时对管路进行校直，确保直线。主管试压合格后进行支管安装，对纵向在一条直线的喷头连接管路进行统一下料、统一套丝、统一安装，而后再复核喷头是否成一线，如不成一线则及时调整。

④湿式报警阀组安装。

安装前逐个进行密封性能试验，试验压力为工作压力的两倍，试验时间为5min，以阀瓣处无渗漏为合格。先安装报警阀组与消防立管，保证水流方向一致，再进行报警阀辅助管道的连接。报警阀的安装高度为距地面1.2m，两侧距墙不小于0.5m，正面距墙不小于1.2m，确保报警阀前后的管道中能顺利充满水；水力警铃不发生误报警。

报警阀处地面应有排水措施，环境温度不应低于+5℃。报警阀组装时，应按产品说明书和设计要求，控制阀应有启闭指示装置。消防喷淋系统安装完成后，进行湿式报警阀的调试，并在系统中联动试运转。

⑤水流指示器安装。

在管道试压冲洗后，才可进行水流指示器的安装。水流指示器安装于安全信号阀之后，间距不小于300mm。水流指示器的桨片、膜片要垂直于管道，其动作方向和水流方向一致。安装后，水流指示器的桨片、膜片要动作灵活，不允许与管道有任何摩擦接触，而且无渗漏。

⑥阀门的安装。

安装前按设计要求，检查其种类、规格、型号等参数及制作质量。阀门在安装前应做耐压强度试验，试验数量为每批次（同牌号、同规格、同型号）抽查10%，且不少于1个；安装在主干管上起切断作用的闭路阀门要逐个做强度和严密性试验。阀门的强度试验压力为公称压力的1.5倍；严密性试验压力为公称压力的1.1倍。试验压力在试验持续时间内应保持不变，且壳体填料及阀瓣密封面无渗漏。阀门试压时间见表4.4-7。

阀门试压时间 表4.4-7

公称直径DN（mm）	最短试验持续时间（s）		
	严密性试验		强度试验
	金属密封	非金属密封	
≤50	15	15	15
65~200	30	15	60
250~450	60	30	180

阀门安装位置按施工图确定，要求做到不妨碍设备的操作和维修，同时也便于阀门自身的拆装和检修。

⑦喷头安装。

喷头安装应在系统管道试压合格后进行。喷头的型号、规格应符合设计要求；喷头的商标、型号、公称动作温度、制造厂等标识应齐全；喷头外观应无加工缺痕、毛刺、缺丝或断丝的现象。

闭式喷头密封性能试验：从每批中抽查1%的喷头，但不少于5个，试验压力为3.0MPa，试验时间为3min。当有两只以上不合格时，不得使用该批喷头；当有一只不合格时，再抽查2%，但不得少于10只，重新进行密封性能试验，当仍有不合格时，不得使用该批喷头。喷头安装时，不得对喷头进行拆装、改动并严禁给喷头附加任何装饰性涂层。使用专用扳手安装喷头，不得利用喷头的杠架来拧紧喷头。喷头安装距离尺寸见表4.4-8。

喷头安装距离尺寸（单位：mm） 表4.4-8

喷头与梁的水平距离	喷头溅水盘与梁底的最大垂直距离	喷头与梁的水平距离	喷头溅水盘与梁底的最大垂直距离
300~600	25	1200~1350	180
600~750	75	1350~1500	230
750~900	75	1500~1680	280
900~1050	100	1680~1830	360
1050~1200	150		

5)火灾报警系统施工

(1)综合管廊火灾报警系统概述。

火灾报警系统包含火灾自动报警系统、消防广播系统和消防电话系统。火灾自动报警系统由电感烟探测器、感温探测器、手动报警按钮、各类模块、电话分机、电话插孔、扬声器、可燃气体探测器、模块箱等设备组成;消防广播系统在消防监控室设置消防广播机柜,在所有防火分区设置消防广播扬声器;在发生火灾时,可以手动或按程序自动启动消防广播系统;消防电话通过光纤与监控中心内专用火警电话分机进行连接,可直接与消防中心通话,监控中心内设有专用火警电话分机。

(2)电气管路敷设要求。

配电管、箱、盒的安装管线应按图纸及现场实际按最近线路敷设,并尽量避免三根管路交叉于一点。接线盒与电管之间必须用黄绿双色线跨接。电气配管拗弯处无折皱和裂缝,管截面椭圆度不大于外径的10%,弯曲半径大于其管径的4倍。

所有钢质电线管均采用丝扣连接,管口进入箱盒应小于5mm,管口毛刺应用圆锉锉平并用锁母双夹固定;采用塑料管入盒时应采取相应固定措施。管线经过建筑物的变形缝(包括沉降缝、伸缩缝、抗震缝等)处时,应采取补偿措施。

(3)配线施工要求。

管内穿线时应清理管道,清除杂物,电线在管内严禁接头、打结、扭绞。火灾自动报警系统应单独布线,系统内不同电压等级,不同回路电流类别的电线严禁穿入同一根管内或同一线槽孔内。导线穿线时根据不同用途选择不同颜色加以区分,相同用途的导线颜色应一致。电源线正极为红色,负极为蓝色或黑色,分色编号处理便于识别,同时做好绝缘测试检查,做好安装记录。

(4)火灾探测器的安装。

点型感烟、感温火灾探测器至墙壁、梁边的水平距离不应小于0.5m,周围0.5m内不应有遮挡物;火灾探测器至空调送风口边的水平距离不应小于1.5m;至多孔送风顶棚孔口的水平距离不应小于0.5m。

在综合管廊的内走道顶棚上设置探测器宜居中布置。感烟探测器的安装间距不应超过10m。探测器距端墙的距离,不应大于探测器安装间距的一半。探测器宜水平安装,当必须倾斜安装时,倾斜角不应大于45°。探测器的“+”线应为红色,“-”线应为蓝色,其余线应根据不同用途采用其他颜色区分,但同一工程中相同用途的导线颜色应一致。探测器底座导线应留有不小于15cm的余量,入端处应有明显标志。探测器底座的穿线孔宜封堵,安装完毕后的探测器底座应采取保护措施。探测器的确认灯,应面向便于人员观察的主要入口方向。

(5)火灾报警区域控制器的安装。

火灾报警区域控制器在墙上安装时,其底边距地(楼)面高度不应小于1.5m;落地安装时,其底宜高出地坪0.1~0.2m。火灾报警区域控制器应安装牢固,不得倾斜。安装在轻质墙上时，应采取加固措施。

（6）感温电缆的安装。

综合管廊内电缆运行发热，存在火灾发生隐患，因此，管廊桥架内安装针对电缆全线路的连续温度监测是必要的。感温电缆又名线性感温探测器，沿电缆线全长敷设，在全长范围内连续监测采集电缆的温度；敷设线缆式感温电缆时应呈“S”形曲线布置，布线时必须连续无抽头、无分支连续布线；采用规范的夹具或卡具，不得在感温电缆上压敷重物，避免损伤感温电缆，并使桥架内上下位置都能被感温元件测定。感温电缆在桥架内不得扭结，不得突出桥架。

（7）模块安装。

同一报警区域内的模块集中安装在金属箱内，模块或模块金属箱应独立支撑或固定，安装牢固，并应做防潮、防腐蚀等措施；模块连接导线应留不少于150mm的余量，并做明显标志；隐蔽安装时，在安装处应有明显的部位显示和检修孔。

（8）消防广播系统安装。

火灾应急广播扬声器和火灾警报装置安装应牢固可靠；光警报装置应安装在安全出口附近明显处，距地面1.8m以上；光警报器与消防应急疏散指示标志不宜在同一面墙上，安装在同一墙面上时，距离应大于1m；扬声器和声警报装置在报警区域内均匀安装。

（9）消防系统接地。

交流供电和36 V以上直流供电的消防用电设备的金属外壳，使用黄绿接地线与电气保护接地干线（PE）相连，接地装置施工完毕后，按规定测量接地电阻，并做记录。

（10）系统调试。

为了保证火灾报警系统安全可靠投入运行，达到设计要求，系统投入运行前应进行一系列的调整试验工作，调整试验的主要内容包括线路测试、火灾报警与系统接地测试和整个系统的联动调试。

调试前准备工作：调试前，应成立调试组织机构，明确人员职责，对调试人员进行施工技术安全交底，确保调试相关文件技术资料齐全，同时，应仔细核对施工记录及隐蔽工程验收记录、检验记录及绝缘电阻、接地电阻测试记录等，确保工程施工满足调试要求；配备满足需要的仪表、仪器和设备。

线路测试：对拟调试系统进行外部检查，确认工作接地和保护接地连接正确、可靠。

单体调试：显示探测器的检查，一般作性能试验；开关探测器采用专用测试仪检查；模拟量探测器一般在报警控制调试时进行。

功能检测：检查火灾自动报警系统设备的功能，包括自检消音、复位功能、故障报警功能、火灾优先功能、报警记忆功能等。火灾探测器现场测试采用专用设备对探测器逐个进行试验，其动作、编码、手动报警按钮位置应符合要求；感烟型探测器采用烟雾发生器进行测试；手动报警按钮测试可用工具松动按钮盖板（不损坏设备）进行测试。

电源检测：电源自动转换和备用电源自动充电功能及备用电源欠电压和过电压报警功

能进行检测，在备用电源连续充放电2次后，主电源和备用电源应能自动转换。

6)综合管廊安全监控系统施工

管廊智能化安全监控系统(简称“安控系统”)，是将先进的计算机信息技术、电子控制技术、网络技术等有效地综合运用在管廊安控系统。安控系统采用分级管理模式，通过建立多平台、多系统下的统一管理平台，实现对系统内所有分监控中心、监控主机及设备的统一有序的管理协调。各分监控中心在服从总监控中心的同时，可以独立地监控自己负责区域，实现系统分散多级管理。

(1)监控系统的构成。

监控系统主要包括固定式网络摄像机(带SD卡)、球形网络摄像机(带SD卡)、接入交换机等。系统按分区设置视频监控区域，由彩色摄像机完成，每台彩色摄像机均采用数字技术将视频图像数字化，并通过以太网接口传输至与之对应的防火分区交换机，再通过大容量、高速工业以太网络传输至监控中心主交换机，通过配套视频处理设备(网络视频解码器)将每个视频监控区域的监控图像传送至监控中心的电视墙上。

(2)摄像机安装。

固定式摄像机安装在综合管廊配电控制室、卸料口及管廊进、出口；球形摄像机安装在综合管廊顶部，与两侧墙面距离均匀，一个防火分区内设置两台球形摄像机。固定支架要安装平稳、牢固，设备安装完毕后固定螺栓要用玻璃胶密封。

摄像机接线板安装支架内电源端子接头要压实，刺刀螺母连接器(BNC)头固定后要用自粘带包实。摄像机调试完成后要把摄像机变焦等的固定螺栓及摄像机支架螺栓固定紧。从摄像机引出的电缆宜留有1m余量，不得影响摄像机的转动。摄像机的电缆和电源线均应固定，并不得用插头承受电缆的自重。

先对摄像机进行初步安装，经通电试看、细调，检查各项功能，观察监视区域的覆盖范围和图像质量，符合要求后方可固定。将摄像机支架可靠地安装在指定位置上，摄像机与支架要固定牢靠，并保证摄像机上下转动范围在±90°以内，左右转动范围在±180°以内。

(3)监控及大屏显示设备安装。

安装设备前，先检查设备是否完好，根据设计图纸现场测量定位。控制台应安放竖直、保持水平，附件完整，无损伤，螺栓紧固，台面整洁无划痕。拼接屏安装时需注意四边与装饰齐平，缝隙均匀；拼接屏的外部可调节部分应暴露在便于操作的位置，并加盖保护。

(4)设备配线。

所有电缆的安装符合统一标签方式。每一条线缆标签贴在线缆两端、电缆托盘、管道、管廊出入口和有需要的适当位置。电缆种类、尺码、每芯或每对线的用途和终接需详细记录。

柜内电缆可根据柜内空间进行成束或平铺绑扎，按垂直或水平有规律地配置，不得任意歪斜交叉连接，动力、控制电缆要分开绑扎，绑扎弧度要一致、牢固，绑扎带固定位置要均匀，绑扎方向要一致且绑带多余部分剪掉。盘柜内电缆开刀高度要水平，且不能伤到内部线芯，封口处宜用与电缆同颜色的胶带进行封口。控制电缆屏蔽引出线的接头应封在封口内。电缆标签粘贴或悬挂高度要一致，字迹要清晰。

电缆线芯在盘柜内无线槽的必须成束敷设，成束线芯捆扎顺直、无交叉、走向顺畅，固定绑线要均匀，固定牢靠。备用线芯必须用胶带注明电缆号，并将线芯头部用胶带封住。控制电缆线芯必须穿戴线芯号，线芯号码管字排列统一朝向，长度一致且必须用机器打印，不能手写涂改。

(5)单机测试。

线缆测试：视频监控系统选用电缆包括电源线、超五类非屏蔽网线等。

接地电阻测量：闭路电视线路中的金属保护管、电缆桥架、金属线槽、配线钢管和各种设备的金属外壳均应与地连接，保证可靠的电气通路。系统接地电阻应不大于1Ω。

电源检测：电源应符合设计规定。调试时，合上系统电源总开关，检查稳压电源装置的电压表读数并实测输入、输出电压，确认无误后，逐一合上分路电源开关，给每一个回路送电，现场检查电源指示灯并检查各设备的端电压，电压正常再分别给摄像机供电。

电气性能调试：用信号发生器从摄像机电缆处发一专用测试信号(数字信号)，通过控制键盘选择，用视频测试仪进行测试。

系统调试：在前端摄像机、云台、SK存储系统中各项设备单体调试完成后，可进行系统整体调试。在整体调试过程中，每项试验均需做好记录，及时处理调试过程中出现的问题，直至各项指标均达到要求。当系统联调出现问题时，应根据分系统的调试记录判断是哪一个分系统出现的问题，快速解决问题。

4.5 检查与验收

4.5.1 综合管廊施工及工程质量验收的一般规定

1)基本规定

(1)施工单位应建立安全管理体系和安全生产责任制，确保施工安全。

(2)施工项目质量控制应符合国家现行有关施工标准的规定，并应建立质量管理体系、检验制度，满足质量控制要求。

(3)施工前应熟悉和审查施工图纸，并应掌握设计意图和要求。应实行自审、会审(交底)和签证制度；对施工图有疑问或发现差错时，应及时提出意见和建议。当需变更设计时，应按相应程序报审，并应经相关单位签证认定后实施。

(4)综合管廊施工所需的原材料、半成品、构(配)件、设备等产品的品种、规格、性能必须符合国家有关标准的规定和设计要求，严禁使用国家明令淘汰、禁用的产品。

(5)施工单位应取得安全生产许可证，并应遵守有关施工安全、劳动保护、防火、防毒的法律、法规,建立安全管理体系和安全生产责任制,确保安全施工。

(6)施工单位应具备相应施工资质,施工人员应具备相应资格。施工项目质量控制应有相应的施工技术标准、质量管理体系、质量控制和检验制度。

(7)从事主体结构工程检测及见证试验的单位应具备省级及以上建设行政主管部门颁发的资质证书和计量行政主管部门颁发的计量认证合格证书。

2)施工前的调查研究工作

(1)施工前应根据工程需要进行下列调查研究:

现场地形、地貌、地下管线、地下构筑物、其他设施和障碍物情况;综合管廊一般建设在城市的中心地区,同时涉及的线长、面广,施工组织和管理的难度大。为了保证施工的顺利,应当对施工现场、地下管线和构筑物等进行详尽的调查,并了解施工临时用水、用电的供给情况。

(2)工程用地、交通运输、施工便道及其他环境条件。

(3)工程给排水、动力及其他条件。

(4)施工机械、材料、主要设备和特种物资情况。

(5)地表水水文资料。在寒冷地区施工时,还应掌握地表水的冻结资料和土层冻结资料。

(6)必要的试验资料。

(7)与施工有关的其他情况和资料。

3)施工准备

(1)施工前应熟悉和审查施工图纸,掌握设计意图和要求。实行自审、会审(交底)和鉴证制度;对施工图有疑问或发现差错时,应及时提出意见和建议,需变更设计时,应按照相应程序报审,经相关单位鉴证认定后实施。

(2)施工前应根据工程实际情况,做好施工组织设计,关键的分项、分部工程应分别编制专项施工方案。施工组织设计和专项施工方案必须按规定程序审批后执行,有变更时应办理变更审批手续。

4)施工过程

(1)综合管廊施工过程中,应根据施工工艺选择相关专项规范进行施工验收及中间环节控制。

(2)施工过程中出现须停止施工的异常情况,应由监理或建设单位组织勘察、设计、施工等有关单位共同分析情况,解决问题,消除质量隐患,并形成文件资料。

5)施工质量验收

(1)应提供文件和记录。

综合管廊的主体工程施工质量验收时,应提供下列文件和记录:

①图纸会审、设计变更、洽商记录;

②原材料质量合格证书及检(试)验报告;

③工程施工记录;

④隐蔽工程验收记录;

⑤混凝土试件及管道、设备系统试验报告;

⑥分项、分部工程质量验收记录;

⑦竣工图及其他有关文件和记录。

(2)注意事项。

经过返修或加固处理仍不能满足结构安全和使用功能要求的分部(子分部)工程、单位(子单位)工程,严禁验收。

综合管廊防水工程的施工及验收应按现行国家标准《地下防水工程质量验收规范》(GB 50208)的相关规定执行。

6)投入使用

综合管廊主体及附属工程应经过竣工验收合格后,方可投入使用。

4.5.2 综合管廊基础工程施工与验收

1)基坑开挖

(1)综合管廊工程基坑(槽)开挖前,应根据围护结构的类型、工程水文地质条件、施工工艺和地面荷载等因素制定施工方案,经审批后方可施工。

(2)综合管廊明挖法施工时的土方开挖顺序、方法必须与设计工况相一致,并遵循"开槽支撑,先撑后挖,分层开挖,严禁超挖"的原则。

(3)明挖法施工的综合管廊基坑(槽)开挖施工中,应对基坑周围建(构)筑物、管线、支护结构等进行观察,必要时尚应进行安全监测。

(4)基坑(槽)开挖接近基底200mm时,应配合人工清底,不得超挖或扰动基底土。

(5)土石方需要爆破时,必须事先编制爆破方案,报城镇主管部门批准,经公安部门同意后方可由具有相应资格的单位进行施工。

(6)根据上部荷载及地质情况,如需进行地基加固时,应在正式施工前进行试验段施工,论证设定的参数及加固效果。为验证加固效果所进行的荷载试验,其施加荷载应不低于设计荷载的2倍。

(7)软土地层或地下水位高、承受水压大、易发生流沙或管涌地区的基坑,应确保集排水和降水系统的有效运行。

2)基坑回填

(1)基坑回填应在综合管廊结构及防水工程验收合格后进行。综合管廊基坑的回填应尽快进行,以免长期暴露导致地下水和地表水侵入基坑。根据地下工程的验收要求,应当首先通过结构和防水工程验收合格后,方能进行下道工序的施工。

(2)回填材料应符合设计要求及国家现行标准的有关规定。

(3)综合管廊两侧回填应对称、分层、均匀。管廊顶板上部1000mm范围内回填材料应采用人工分层夯实,大型碾压机不得直接在管廊顶板上部施工。

综合管廊属于狭长形结构，两侧回填土的高度较高，如果两侧回填土不对称均匀回填，将会产生较大的侧向压力差，严重时导致综合管廊的侧向滑动。

(4)回填土压实度应符合设计要求，如设计无说明时，应符合表4.5-1的规定。

回填土压实度要求 表4.5-1

序号	检查项目	压实度(%)	检查频率		检查方法
			范围	组数	
1	绿化带下	≥90	管道两侧回填土按50延米/层	1(3点)	环刀法
2	人行道、机动车	≥95		1(3点)	环刀法

(5)雨季、冬季或特殊环境下施工时，还应遵守国家、行业、地方等现行有关标准。

3)验收

综合管廊基础施工及验收除应符合上述规定外，还应符合现行国家标准《建筑地基基础工程施工质量验收规范》(GB 50202)的有关规定。

4.5.3 现浇钢筋混凝土结构工程施工及验收

1)施工

(1)综合管廊模板施工前，应根据结构形式、施工工艺、设备和材料供应条件进行模板及支架设计。模板及支撑的强度、刚度及稳定性应满足受力要求。

综合管廊工程施工的模板工程量较大，因而施工时应确定合理的模板工程方案，确保工程质量，提高施工效率。

(2)混凝土的浇筑应在模板和支架检验合格后进行。入模时应防止离析。连续浇筑时，每层浇筑高度应满足振捣密实的要求。预留孔、预埋管、预埋件及止水带等周边混凝土浇筑时，应辅助人工插捣。

(3)混凝土底板和顶板应连续浇筑，不得留置施工缝。设计有变形缝时，应按变形缝分舱浇筑。

2)验收

混凝土施工质量验收应符合现行国家标准《混凝土结构工程施工质量验收规范》(GB 50204)的有关规定。

4.5.4 预制拼装钢筋混凝土结构工程施工及验收

1)综合管廊预制构件质量

预制构件制作单位应具备相应的生产工艺设施，并应有完善的质量管理体系和必要的试验检测手段。

综合管廊预制构件的质量涉及工程质量和结构安全，制作单位应满足国家及地方有关部门对硬件设施、人员配置、质量管理体系和质量检测手段等方面的规定和要求。预制构件制作前，建设单位应组织设计、生产、施工单位进行技术交底。如预制构件制作详图无法满足制作要求，应进行深化设计和施工验算，完善预制构件制作详图和施工装配详图，避免在构件加工和施工过程中，出现错、漏、碰、缺等问题。对应预留的孔洞及预埋部件，应在构件加工前进行认真核对，以免现场剔凿，造成损失。构件制作单位应制定生产方案，生产方案应包括生产工艺、模具方案、生产计划、技术质量控制措施、成品保护、堆放及运输方案等内容。

2)施工

(1)预制拼装钢筋混凝土构件的模板应采用精加工的钢模板。

预制装配式综合管廊采用工厂化制作的预制构件，采用精加工的钢模板可以确保构件的混凝土质量、尺寸精度。

(2)构件堆放的场地应平整、夯实，并应具有良好的排水措施。

(3)构件的标识应朝向外侧。构件的标识朝外，主要便于施工人员对构件的辨识。

(4)构件运输及吊装时，混凝土强度应符合设计要求。当设计无要求时，不应低于设计强度的75%。

(5)预制构件安装前，应复验合格。当构件上有裂缝且宽度超过0.2mm时，应进行鉴定。

有裂缝的构件应进行技术鉴定，判定其是否属于严重质量缺陷，经过有关处理后能否合理使用。

(6)预制构件和现浇结构之间、预制构件之间的连接应按设计要求进行施工。

3)验收

(1)预制构件安装前应对其外观、裂缝等情况进行检验，并应按设计要求及现行国家标准《混凝土结构工程施工质量验收规范》(GB 50204)的相关规定进行结构性能检验。

(2)预制构件采用螺栓连接时，螺栓的材质、规格、拧紧力矩应符合设计要求及现行国家标准《钢结构设计规范》(GB 50017)和《钢结构工程施工质量验收规范》(GB 50205)的相关规定。

4.5.5 预应力工程施工及验收

1)预应力筋张拉或放张

预应力筋张拉或放张时，混凝土强度应符合设计要求。当设计无要求时，不应低于设计的混凝土立方体抗压强度标准值的75%。

过早地对混凝土施加预应力，会引起较大的回缩和徐变预应力损失，同时可能因局部承压过大而引起混凝土损伤。预应力张拉及放张时的混凝土强度是根据现行国家标准《混凝土结构设计规范》(GB 50010)的相关规定确定的。若设计对此有明确要求，则应按设计要求执行。

2)预应力筋张拉锚固

预应力筋张拉锚固后，实际建立的预应力值与工程设计规定检验值的相对允许偏差应为±5%。

预应力筋张拉锚固后，实际建立的预应力值与量测时间有关。相隔时间越长，预应力损失值越大，故检测值应由设计通过计算确定。预应力筋张拉后，实际建立的预应力值对结构受力性能影响很大,必须予以保证。

3)孔道灌浆

后张法有黏结预应力筋张拉后应尽早进行孔道灌浆,孔道内水泥浆应饱满、密实。预应力筋张拉后处于高应力状态,对腐蚀非常敏感,因此应尽早进行孔道灌浆。灌浆是对预应力筋的永久保护措施,故要求水泥浆饱满、密实,完全裹住预应力筋。

4)封闭保护

锚具的封闭保护应符合设计要求。当设计无要求时,应符合现行国家标准《混凝土结构工程施工质量验收规范》(GB 50204)的相关规定。

封闭保护应遵照设计要求执行,并在施工技术方案中作出具体规定。因为后张预应力筋的锚具多配置在结构的端面,所以常处于易受外力冲击和雨水浸入的状态;此外,预应力筋张拉锚固后,锚具及预应力筋处于高应力状态,为确保暴露于结构外的锚具能够永久性地正常工作,不致受外力冲击和雨水浸入而造成破损或腐蚀,应采取防止锚具锈蚀和遭受机械损伤的有效措施。

4.5.6　砌体结构工程施工及验收

1)砌体结构所用材料

综合管廊采用砌体结构形式较少,但在有些地区仍有采用砌体的传统和条件,依据《砌体结构工程施工质量验收规范》(GB 50203—2011),砌体结构所用的材料应符合下列规定:

(1)石材强度等级不应低于MU40,并应质地坚实,无风化削层和裂纹。

(2)砌筑浆浆应采用水泥砂浆,强度等级应符合设计要求,且不应低于MU10。

如采用机制烧结砖作为砌体材料,机制烧结砖的强度等级不应低于MU10,其外观质量应符合现行国家标准《烧结普通砖》(GB 5101)一等品的规定。

2)砌筑工艺要求

(1)砌筑前应将砖石、砌块表面上的污物清除干净;砌石(块)应浇水湿润,砖应用水浸透。

(2)砌体中的预埋管、预留洞口结构应加强,并应有防渗措施。

(3)砌体的砂浆应满铺满挤,挤出的砂浆应随时刮平,不得用水冲浆灌缝,不得用敲击砌体的方法纠正偏差。

3)验收

砌体结构的砌筑施工除符合本节规定外,还应符合现行国家标准《砌体结构工程施工质量验收规范》(GB 50203)的有关规定和设计要求。

4.5.7　综合管廊附属工程施工及验收

1)综合管廊预埋过路排管

(1)基本要求。

综合管廊预埋过路排管的管口应无毛刺和尖锐棱角。排管弯制后不应有裂缝和显著的凹瘪现象，弯扁程度不宜大于排管外径的10%。

综合管廊预埋过路排管主要为了满足今后电缆的穿越敷设，管口出现毛刺或尖锐棱角会对电缆表皮造成破坏，因而应重点检查。

(2)电缆排管连接符合的规定。

①金属电缆排管不得直接对焊，应采用套管焊接的方式。连接时管口应对准，连接应牢固，密封应良好。套接的短套管或带螺纹的管接头的长度不应小于排管外径的2.2倍。

②硬质塑料管在套接或插接时，插入深度宜为排管内径的1.1~1.8倍。插接面上应涂胶合剂粘牢、密封。

③水泥管宜采用管箍或套接方式连接，管孔应对准，接缝应严密，管箍应设置防水垫密封。

2)电缆支架及桥架

(1)支架及桥架宜优先选用耐腐蚀的复合材料。

(2)电缆支架的加工、安装及验收应符合现行国家标准《电气装置安装工程　电缆线路施工及验收规范》(GB 50168)的有关规定。

3)仪表工程

仪表工程的安装及验收应符合现行国家标准《自动化仪表工程施工及质量验收规范》(GB 50093)的有关规定。

4)建筑电气工程

电气设备、照明、接地施工安装及验收应符合现行国家标准《电气装置安装工程　电缆线路施工及验收规范》(GB 50168)、《建筑电气工程施工质量验收规范》(GB 50303)、《建筑电气照明装置施工与验收规范》(GB 50617)和《电气装置安装工程　接地装置施工及验收规范》(GB 50169)的有关规定。

5)通风工程

通风系统施工及验收应符合现行国家标准《风机、压缩机、泵安装工程施工及验收规范》(GB 50275)和《通风与空调工程施工质量验收规范》(GB 50243)的有关规定。

6)火灾自动报警工程

火灾自动报警系统施工及验收应符合现行国家标准《火灾自动报警系统施工及验收规范》(GB 50166)的有关规定。

4.5.8　综合管廊防水工程施工安装及验收

1)综合管廊防水工程内容和施工要求

(1)工程内容。

综合管廊防水工程主要包括结构自防水、防加防水层、特殊部位防水。

(2)施工要求。

①明挖综合管廊、暗挖综合管廊的防水设防要求应满足现行国家标准《地下工程防水技术规范》(GB 50108)的要求，顶管施工综合管廊和盾构法施工综合管廊防水设防要求应分别

满足表4.5-2、表4.5-3的要求。

顶管施工的综合管廊防水设防要求 表4.5-2

工程部位		接缝防水						
防水等级	顶管主材	钢套管或钢(不锈钢)圈	钢(不锈钢)或玻璃套筒	弹性密封填料	密封胶圈	橡胶封胶圈	预水膨胀橡胶	木垫圈
二级	钢管	—	—	—	—	—	—	—
	钢筋混凝土管	必选	—	必选	必选	—	必选	必选
	玻璃纤维增强塑料夹砂管	—	必选	—	—	必选	—	—

盾构法施工的综合管廊防水设防要求 表4.5-3

防水等级	高精度管片	接缝防水				外防水涂料
		弹性密封垫	嵌缝	注入密封剂	螺孔密封垫	
二级	必选	必选	部分区段宜选	可选	必选	对混凝土有中等以上防腐的地层宜选

②卷材和涂膜防水层不得在雨、雪及大风天气中施工。

③附加防水块应在基层面及主体结构检验合格并填写隐检记录后,方可施工。

④变形缝、施工缝、结构外墙管等特殊部位的防水应采取加强措施。

⑤卷材或涂膜防水层完工后应及时施工保护层。

2)防水工程验收

综合管廊防水工程施工及验收除符合本节规定外,还应按照现行国家标准《地下防水工程质量验收规范》(GB 50208)的相关规定进行施工及验收。

3)入廊热力天然气给排水管道敷设施工及验收

(1)敷设施工。

①纳入综合管廊的管道应采用便于运输、安装的材质,并应符合管道安全运行的物理性能。

②钢管的管材强度等级不应低于Q235,其质量应符合现行国家标准《碳素结构钢》(GB/T 700)的有关规定。

③钢管的焊接材料应符合下列要求:

手工焊接用的焊条应符合现行国家标准《非合金钢及细晶粒钢焊条》(GB/T 5117)的有关规定。选用的焊条型号应与钢管管材力学性能相适应。

自动焊或半自动焊应采用与钢管管材力学性能相适应的焊丝和焊剂,焊丝应符合现行国家标准《熔化焊用钢丝》(GB/T 14957)的有关规定。

普通粗制螺栓、锚栓应符合现行国家标准《碳素结构钢》(GB/T 700)的有关规定。

④灰口铸铁管的质量应分别符合现行国家标准《连续铸铁管》(GB/T 3422)、《排水用柔性接口铸铁管、管件及附件》(GB 12772)的有关规定。

⑤铸态球墨铸铁管的质量除应符合现行国家标准《水及燃气用球墨铸铁管、管件和附件》(GB/T 13295)的有关规定外，延伸率指标还应根据生产厂提供的数据采用。

⑥采用化学材料制成的管道及复合材料制成的管道，所用的管材、管件和附件、密封胶圈、黏结溶剂应符合设计规定的技术要求，并应具有合格证、产品许可证等有效的证明文件。

⑦主干管道在进出管廊时，应在管廊外部设置阀门井。

⑧管道在管廊敷设时，应考虑管道的排气阀、排水阀、伸缩补偿器、阀门等配件安装、维护的作业空间。

⑨管道的三通、弯头等部位应设置供管道固定用的支墩或预埋件。

⑩在综合管廊顶板处，应设置供管道及附件安装用的吊钩或拉环，拉环间距不宜大于10m。

(2)验收。

①热力管道。

热力管道施工及验收应符合现行国家标准《通风与空调工程施工质量验收规范》(GB 50243)和现行行业标准《城镇供热管网工程施工及验收规范》(CJJ 28)的有关规定。

②天然气管道。

天然气管道施工及验收应符合现行国家标准《城镇燃气输配工程及验收标准》(GB/T 51455)的有关规定，焊缝的射线探伤验收应符合现行行业标准《承压设备无损检测　第2部分：射线检测》(NB/T 47013.2)的有关规定。

③给水、排水管道。

给水、排水管道施工及验收应符合现行国家标准《给水排水管道工程施工及验收规范》(GB 50268)的有关规定。

4.5.9 入廊电力电缆通信光缆敷设施工及验收

1)转弯半径

纳入综合管廊内的电(光)缆，在垂直和水平转向部位、电(光)缆热伸缩部位以及蛇形弧部位的弯曲半径，不宜小于表4.5-4规定的弯曲半径。

电(光)缆敷设允许的最小弯曲半径　　表4.5-4

<table>
<tr><td colspan="3" rowspan="2">电(光)缆类型</td><td colspan="2">允许最小转弯半径</td></tr>
<tr><td>单芯</td><td>3芯</td></tr>
<tr><td rowspan="2">变联聚乙烯绝缘电缆</td><td colspan="2">≥66kV</td><td>20D</td><td>15D</td></tr>
<tr><td colspan="2">≤35kV</td><td>12D</td><td>10D</td></tr>
<tr><td rowspan="3">油浸纸绝缘电缆</td><td colspan="2">铝包</td><td colspan="2">30D</td></tr>
<tr><td rowspan="2">铅包</td><td>有铠装</td><td>20D</td><td>15D</td></tr>
<tr><td>无铠装</td><td colspan="2">20D</td></tr>
<tr><td colspan="3">光缆</td><td colspan="2">20D</td></tr>
</table>

注：*D*-电(光)缆外径。

2)层间间距

电(光)缆的支架层间间距,应满足电(光)缆敷设和固定的要求,且在多根电(光)缆同置于一层支架上时,应有更换或增设任意电(光)缆的可能。电(光)缆支架层间垂直距离宜符合表4.5-5规定的数值。

电(光)缆支架层间垂直距离的允许最小值(单位:mm)　　表4.5-5

电缆电压等级和类型、光缆,敷设特征		普通架、吊架	桥梁
控制电缆		120	200
电力电缆明敷	6kV	150	250
	6~10kV 交联聚乙烯	200	300
	35kV 单芯	250	300
	35kV 三芯	300	350
	110~220kV		
	330kV、500kV	350	400
电缆敷设在槽盒中,光缆		h+80	h+100

注:h-槽盒外壳高度;

10kV 及以上电压等级高压力电缆接头的安装空间应单独考虑。

3)电缆支架和架桥布置尺寸

(1)水平敷设时,电缆支架的最上层布置尺寸应符合下列规定:

最上层支架距综合管廊顶板或梁底的净距允许最小值,应满足电缆引接至上侧的柜盘时的允许弯曲半径要求,且不宜小于表4.5-6所列数值再加80~150mm的和值。

最上层支架距其他设备的净距不应小于300mm,当无法满足时应设防护板。

(2)水平敷设时,电缆支架的最下层支架距综合管廊底板的最下净距不宜小于100mm。

(3)电(光)缆支架各支持点之间的距离不宜大于表4.5-6的规定。

电(光)缆支架各支持点之间的距离(单位:mm)　　表4.5-6

电缆种类	敷设方式	
	水平	竖向
全塑小截面电(光)缆	400	1000
中低压电缆	800	1500
35kV 及以上的高压电缆	1500	3000

(4)电(光)缆支架、桥架应采用可调节层间距的活络支架、桥架。当电(光)缆桥架上下折弯90°时,应分3段完成,每段折弯30°;当左右折弯90°,应分2段完成,每段折弯45°。

4)电缆支架和桥架应符合的质量规定

(1)电缆支架宜选用钢制。在强腐蚀环境选用其他材料电缆支架、桥架,应符合下列规定：

①普通支架(臂式支架)可选用耐腐蚀的刚性材料制；

②电缆桥架组成的梯架、托盘，可选用满足工程条件的阻燃性玻璃钢制；

③技术经济综合较优时，可选用铝合金制电缆桥架。

(2)电缆支架的强度应满足电缆及其附件荷重和安装维护的受力要求，且应符合下列规定：

①有可能短暂上人时，计入900N的附加集中荷载；

②机械化施工时，计入纵向拉力、横向推力和滑轮质量等影响。

(3)电缆桥架的组成结构应满足强度、刚度及稳定性要求，且应符合下列规定：

①桥架的承载能力，不得超过使桥架最初产生永久变形时的最大荷载除以1.5(安全系数)的数值；

②梯架、托盘在允许均布承载力作用下的相对挠度值，钢制不宜大于1/200，铝合金制不宜大于1/300；

③钢制托臂在允许承载力下的偏斜与臂长比值不宜大于1/100。

(4)电缆支架和桥架应符合下列规定：

①表面应光滑无毛刺；

②应适应环境的耐久稳固；

③应满足所需的承载能力；

④应符合工程防火要求。

5)选择

(1)电缆支架形式的选择应符合下列规定：

全塑电缆数量较多或电缆跨越距离较大、高压电缆蛇形敷设时，宜选用电缆桥架；除上述情况外，可选用普通支架、吊架。

(2)电缆桥架形式的选择应符合下列规定：

①需屏蔽外部的电气干扰时，应选用无孔金属托盘加实体盖板；

②需因地制宜组装时，可选用组装式托盘；

③除上述情况外，宜选用梯架。

6)其他规定

(1)梯架、托盘的直线段敷设超过下列长度时，应留有不小于20mm的伸缩缝：钢制为30m，铝合金或玻璃钢制为15m。

(2)金属桥架系统每隔30~50m应设置重复接地。非金属桥架应沿桥架全长另敷设专用接地线。

7)验收

(1)电力电缆。

电力电缆施工及验收应符合现行国家标准《电气装置安装工程电缆线路施工及验收规

范》(GB 50168)和《电气装置安装工程接地装置施工及验收规范》(GB 50169)的有关规定。

(2)通信管线。

通信管线施工及验收应符合现行国家标准《综合布线系统工程验收规范》(GB 50312)、现行行业标准《通信线路工程验收规范》(YD/T 5121)和《光缆进线室验收规定》(YD/T 5152)的有关规定。

5

运 维 管 理

5.1 运营维护管理的重要性

综合管廊是保障城市运行的重要基础设施和“生命线”，其建设和正常运维的重要性不言而喻。然而在现实管理中，有的城市缺乏科学的规划论证，盲目建设，未同步制定管线入廊相关政策、法规。而且政府和管线单位也在运营费用上意见不一致，管线单位入廊积极性不高，以致综合管廊建成后空置率较高，再加上缺乏良好的运营维护管理机制、综合管廊运营维护管理缺位等原因，造成附属设施设备缺乏维护、陈旧老化，使管廊使用功能大幅衰减，使用寿命缩短，不利于城市管理的可持续、健康发展。应从以下五方面充分认识管廊运营维护管理的重要性。

1)提高使用效率

建设综合管廊的目的就是集中容纳各类公用管线，因此，空间资源就是管廊向用户提供的唯一产品。管廊内的预留管位、线缆支架、管线预留孔都是不可再生的宝贵资源。但在实际管线敷设过程中，由于管线分期入廊、管线路径规划不合理、施工人员贪图作业便利等原因，如果不加以统筹控制，不严格执行设计要求，就极易造成空间资源的浪费。

2)控制运行风险

综合管廊运行过程中面临着许多风险，它们都会对管廊自身及廊内管线造成危害，控制和降低风险的发生是做好综合管廊运营工作的主要目的。综合管廊运行过程中存在的主要风险如下：

(1)地质结构不稳定的风险：较高的地下水位或软基土层会造成管廊结构的不均匀沉降和位移；

(2)周边建设工程带来的风险：周边地块进行桩基工程引发土层扰动也会造成管廊结构断裂、漏水等现象以及钻探、顶进、爆破等对管廊的破坏；

(3)管廊内作业带来的风险：廊内动火作业对弱电系统造成损坏等，大件设备的搬运对管线的碰撞等；

(4)管线故障的风险：电力电缆头爆炸引发火灾，水管爆管引发水灾；

(5)自有设备故障的风险：供电系统故障引发停电，报警设备故障使管廊失去监护，排水设备故障导致廊内积水无法排出等；

(6)人为破坏的风险：偷盗、入侵，排放、倾倒腐蚀性液体、气体；

(7)交通事故的风险：主要对路面的投料口、通风口等造成损坏；

(8)自然灾害的风险：综合管廊相对于直埋管线有较好的抗灾性，但地震、降雨等灾害仍具有危害性。

3)维护内部环境

内外温差较大时的凝露现象或沟内积水会造成管廊内部湿度较大,进而影响管线和自有设备的安全运行和使用寿命;廊内垃圾杂物的积聚会产生毒害气体或招来老鼠等动物。

4)维持正常秩序

综合管廊内部的公用管线越多,管线敷设和日常维护时的交叉作业就越多,作业人员不仅互相争夺地面出入口、接水、接电等资源,而且对其他管线的安全存在造成威胁。因此,做好管廊空间分配、出入口控制、成品保护、环境保护、作业安全管理等秩序管理工作意义重大。

5)保证资金来源

有偿使用、政府补贴的管廊政策,事先需要做好入廊费与日常维护费用收费标准的测算,事中需要与各管线单位签订有偿使用协议,事后需要对收取的费用进行核算与入库。另外,在管廊运营过程中,不仅需要解决管线、管廊的维修技术问题,还需要花费大量时间和精力做好与管线单位的沟通、协调、解释工作。

5.2 国内外综合管廊运营维护管理的主要模式

5.2.1 国外综合管廊运营维护管理的模式

1)法国、英国等欧洲国家模式

综合管廊最早起源于欧洲。由于法国、英国等欧洲国家政府财力比较强,综合管廊被视为由政府提供的公共产品,其建设费用由政府承担,以出租的形式提供给入廊的各市政管线单位,以实现投资的部分回收及运行管理费用的筹措。至于其出租价格,并没有统一规定,而是由市议会讨论并表决确定当年的出租价格,可根据实际情况逐年调整变动。这一分摊方法基本体现了欧洲国家对于公共产品的定价思路,充分发挥民主表决机制来决定公共产品的价格,类似于道路、桥梁等其他公共设施。欧洲国家的相关法律规定,一旦建设有城市综合管廊,相关管线单位必须通过管廊来敷设相应的管线,而不得再采用传统的直埋方式。其运行管理模式常规是成立专门的管理公司,承担综合管廊及廊内管线全部管理责任。这种体制是欧洲国家采取的通常模式,必须具备较完善的法律体系保障,在我国目前的体制和社会条件下还不具备完全参照的条件[46]。

2)日本模式

日本于1963年颁布了《综合管廊实施法》,成为第一个在该领域立法的国家;1991年成立了专门的综合管廊管理部门,负责推动综合管廊的建设和管理工作。日本《共同沟法》规定,综合管廊的建设费用由道路管理者与管线建设者共同承担,各级政府可以获得政策性贷款的支持以支付建设费用。综合管廊建成后的维护管理工作由道路管理者和管线单位共同负责。综合管廊主体的维护管理可由道路管理者独自承担,也可与管线单位组成的联合体共同负责维护。综合管廊中的管线维护则由管线投资方自行负责。这种模式更接近于国内目前采取的方式，见图5.2-1。

图5.2-1　日本管廊

3）新加坡模式

新加坡滨海湾地下综合管廊是建设新加坡地下空间开发利用的成功实践，见图5.2-2。滨海湾地下综合管廊总长20km，廊内集纳了供水管道、电力和通信电缆、气动垃圾收集系统及集中供冷装置等。这条地下综合管廊成了保障滨海湾作为世界级商业和金融中心的“生命线”。滨海湾地下综合管廊自2004年投入运维至今，全程由新加坡CPG集团FM团队（简称“CPGFM”）提供服务。新加坡CPG集团是新加坡公共工程局在1999年企业化后成立的，是新加坡建国的主要发展咨询专业机构之一。为了建设管理好这条综合管廊，CPGFM以编写亚洲第一份保安严密及在有人操作的管廊内安全施工的标准作业流程手册（SOP）为基础，建立起亚洲第一支综合管廊项目管理、运营、安保、维护全生命周期的执行团队。

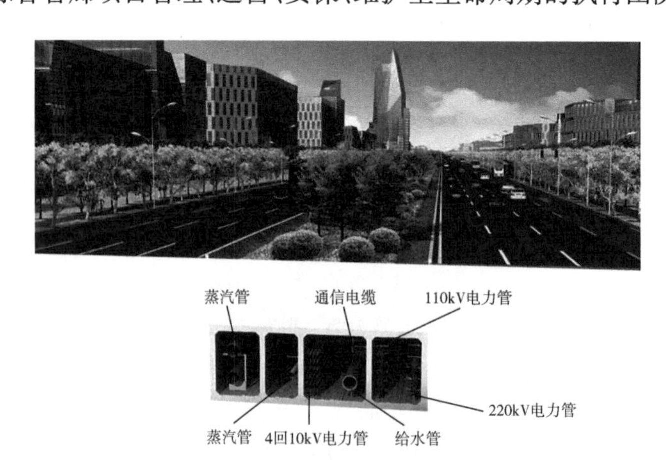

图5.2-2　新加坡滨海湾地下综合管廊

在综合管廊运维管理所涵盖的接管期、缺陷责任监测期、运营维护工作期等三个阶段，运维管理所包括的人员管理、设施硬件管理、软件管理三部分，均有标准流程手册进行指导和严格的考核机制作为保障。在多达30本的操作手册中，《质量保证SOP》和《主要通信程序SOP》是根本要求，《运营和维护SOP》《计费与征收管理SOP》《结构SOP》《安全与健康和环境SOP》《特殊程序SOP》是支持系统。系统的、精细化的管理方法，有利于提前预测、排查、解决故障，延缓了设施设备老化，延长了设施设备的寿命，为投资方带来了更好的回报。

目前，滨海湾地下综合管廊成功投入运维已12年，新加坡CPG集团从设计阶段就开始运维咨询，并将管理贯穿于接管后的管廊生命周期，这种全生命周期管理的模式是一个可供借鉴的思路[47]。

5.2.2 国内综合管廊运营管理维护的经验

根据综合管廊的投资主体不同，目前国内已经建成并投入运营的市政综合管廊的运营管理模式主要有以下几种：

第一种是政府行业主管部门主导的运营模式。综合管廊由政府或政府直属国有投资公司负责融资建设，项目建设资金主要来源于地方财政投资、政策性开发贷款、商业银行贷款、组织运营商联合共建等多种方式。项目建成后，由政府市政设施管理单位或全资国有企业为主导组建项目公司等具体模式实施项目的运营管理。

第二种是股份合作运营模式（PPP模式）。由政府授权的国有投资管理公司代表政府以地下空间资源或部分带资入股并通过招商引资引入社会投资商，共同组建项目公司，以股份公司制的运作方式进行项目的投资建设以及一定期限特许经营权的方式运营管理。这种模式有利于解决政府财政的建设资金困难，同时政府与企业互惠互利，实现政府社会效益和社会资本经济效益的双赢。

第三种是社会投资商独资管理运营模式。由政府授权的社会投资方或各管线单位联合自行投资建设综合管廊，政府不承担综合管廊的具体投资、建设以及后期运营管理工作。政府通过授权特许经营的方式给予投资商综合管廊的相应运营管理权，政府通过土地补偿以及其他政策倾斜等方式给予投资运营商补偿，使运营商实现合理的收益。

1）广州大学城模式

广州大学城综合管廊项目建设一开始就采取建设和运营管理分开的思路，依照“统一规划、统一建设、统一管理、有偿使用”的原则，探索“政府投资、企业租用”的运作模式，由管线单位支付管线占位费，使城市地下空间得到了充分的开发与利用。广州大学城组建了广州大学城投资经营管理有限公司和能源利用公司，主要负责对建成后的综合管廊及管线进行运营管理，其经营范围和价格受政府的严格监管[48]。

为合理补偿综合管廊工程部分建设费用和日常维护费用，经广州大学城投资经营管理公司报广州市物价局批准，可以对入廊的各管线单位收取相应费用。综合管廊入廊费收取标准参照各管线直埋成本的原则确定，对进驻综合管廊的管线单位一次性收取的入廊费按实际敷设长度计取；综合管廊日常维护费根据各类管线设计截面空间比例，由各管线单位合理分摊的原则确定,见表5.2-1。

广州大学城综合管廊管线入廊收费标准和日常维护费用收费标准 表5.2-1

管线类别	入廊收费标准(元/m)	日常维护费用收费标准	
		截面空间比例(%)	金额(万元/年)
饮用净水(DN600mm)	562.28	12.70	31.98
杂用水(DN400mm)	419.65	10.58	26.64
供热水(保温后直径为600mm)	1394.09	15.87	39.96
供电(每缆)	102.70	35.45	89.27
通信(每孔)	59.01	25.40	63.96

注:现行入驻综合管廊通信管线每根光缆日常维护费用收费标准为12.79万元/年。

广州大学城的综合管廊运营在政府政策方面有了收费权的保障,为其后期运营管理打下了良好的政策基础。广州大学城综合管廊在国内综合管廊的管理运营方面走在了前列。从其经验来看,运营管理好综合管廊,几个关键因素非常重要:一是对综合管廊的产权归属有相应的法律保障,明确了"谁投资、谁拥有、谁受益"的原则;二是政府政策的支持,对于收费标准和收费权等影响到综合管廊投资建设运营具有决定性意义的政策,物价部门必须果断予以明确;三是财政资金的支持,综合管廊是准公益性的城市基础设施,不能仅仅以投资回报的角度和标准去衡量其投资、建设、运营是否成功,对于投资回报不足的部分和运营维护成本,应当由财政进行补贴。

2)上海市模式

上海市张杨路综合管廊和世博综合管廊均由政府投资建设,委托浦东新区环保局下属单位——浦东新区公用事业管理署进行日常管理和运营监管。区公用事业管理署以三年为期,公开招标选定运营管理单位,并每季度对其进行考核。为合理确定综合管廊的日常维护标准和费用标准,上海市城乡建设和管理委员会陆续出台《城市综合管廊维护技术规程》和《上海市市政工程养护维修预算定额(第五册城市综合管廊)》,保障了综合管廊的正常运行和可持续发展。

上海市张杨路和世博综合管廊目前尚未确定和实施有偿使用制度,日常管理维护费用均由政府财政支付,分别为:张杨路36万元/(km·年),世博园78万元/(km·年),合计费用为900万元/年,费用主要包括运行维护费、堵漏费、专业检测费和电费等。应急处置产生的费用不列入财政预算,根据实际情况采取实报实销的方式由财政支付。

上海市张杨路和世博综合管廊由于均属于政府投资项目,其运营管理的模式沿袭了传统的市政基础设施管理模式,政府和主管部门从管理角度出台标准和费用定额,从长远来看,这种管理模式对城市基础设施的日常管理维护是非常有利的,但对于财政基础薄弱的中小城市综合管廊的建设运营是不利的。

3)厦门市模式

厦门市在国内较早启动了综合管廊建设。2005年,在建设翔安海底隧道时同步建设了干线综合管廊;2007年开始,陆续在湖边水库片区结合高压架空线缆入地化,同步建设福建省第一条干支线地下综合管廊;并结合新城建设和旧城改造陆续建设了集美新城、翔安南部新城综合管廊。同时,厦门市成立了专业化的综合管廊建设管理单位——厦门市政管廊投资管理有限公司,全面负责全市综合管廊的投融资、建设和运营管理工作。2011年,厦门市率先制定并实施了《厦门市城市综合管廊管理办法》,明确管廊统一规划、统一配套建设、统一移交的“三统一”管理制度,并陆续制定了财政补贴制度等相关法律法规文件,于2013年市物价局出台实施了《关于暂定城市综合管廊使用费和维护费收费标准的通知》(厦价商〔2013〕15号),开始收取入廊管线单位的有偿使用费用。2016年6月29日,厦门市发展改革委发布了《厦门市发展改革委关于调整城市地下综合管廊有偿使用收费标准的通知》(厦发改收费〔2016〕447号),调整了管廊使用费和维护费收费暂行标准,于2016年7月1日起试行,作为入廊管线单位缴费的指导价格。试行期间的正式结算价格,待按政府定价程序核定收费标准后,再按核定收费标准多退少补。

按照厦门市物价局调整后的收费标准,如果收齐全部费用,则可达到建设成本的40%。目前,厦门综合管廊仅仅收取了通信管线的部分入廊费用和日常维护费用。入廊费按一次性收取,日常维护费按入廊管线的实际长度每年收取。所收取的日常维护费远不足以支付整个管廊的运营管理维护成本,管廊公司日常管理维护费用仍由市财政部门予以承担。核算标准为63.5万元/(km·年),已报政府财政部门审批尚未最后确定,目前暂按50万元/(km·年)给予财政补贴,并根据入廊费和日常维护费的收缴情况相应进行核减。

在厦门市综合管廊的建设运营管理过程中,厦门市市政园林局充分发挥了政府的主导作用,从规划、投资、建设、运营和管理维护等全链条上出台了一系列的法律法规和规章制度,有力地保障了综合管廊建设运营工作的顺利开展。

4)昆明市模式

2003年8月,昆明市政府授权成立昆明城市管网设施综合开发有限责任公司(简称“管网公司”),隶属于昆明市城建投资开发有限责任公司(简称“城投公司”),作为专门建设管理运营地下综合管廊的投资建设公司,负责综合管廊的融资、建设、资产管理、运行管理等。该管网公司自成立以来,按照“自主经营、自负盈亏、有偿使用”的原则建设营运地下综合管廊。早期建设的综合管廊(广福路综合管廊)由城投公司和各管线单位按照比例共同出资建设,并负责后续运营管理,取得了良好效益。2016年4月,昆明市发布了《昆明市城市地下综合管廊规划建设投资管理暂行办法》,实行“统一规划、统一设计、统一建设、统一管理”。昆明市综合管廊作为国内综合管廊市场化运作的典型案例,其创新的运营模式及投融资方式为综合管廊建设运营引入社会资本投资提供了宝贵经验,但其日常维护费用尚无明确经费来源。

但是,由于管网公司改制后由昆明市住房和城乡建设局划归国资委管理,政府收购了民营股份成为国有全资企业，导致前期投资建设的综合管廊产权不清晰，也就在收费问题上无法达成一致意见。因此带来了一些启示：一是政府必须明确综合管廊的产权和经营权；二是政府必须有强制入廊和收费政策；三是综合管廊运营必须有政策倾斜或支持为前提。

5)横琴新区模式

横琴新区综合管廊提出了“公司化运作、物业式管理”的运营管理模式，明确区建设环保局为行业主管部门，珠海大横琴投资有限公司为日常管理运营部门，委托大横琴投资公司的全资子公司——珠海大横琴城市公共资源经营管理有限公司(简称“城资公司”)负责运营管理维护具体实施。

城资公司在项目施工建设阶段，派各专业工程师开始前期介入管廊的管理工作，全程跟踪综合管廊施工进展情况，通过不断地巡查，对设计、建设、管理等方面存在安全隐患、质量缺陷的结构部位，分阶段、分批次主动向设计部门和施工单位进行反馈，并积极督促整改，取得了良好效果。同时，横琴新区建设环保局启动相关规章制度的编制工作，2012年9月编制完成《横琴新区综合管廊管理办法》并报请管委会批准实施，明确规定了“凡是规划建设综合管廊的城市道路，任何单位和部门不得另行开挖道路敷设管线，所有管线必须统一入驻综合管廊，并按规定向经营管理企业交纳使用费。”之后又陆续出台了《横琴新区地下综合管廊安全保护管理暂行规定》和《珠海市横琴新区市政公用设施养护考核办法》等相关制度，明确了综合管廊的养护责任、质量管理标准和考核办法，加强了对综合管廊的管理保护工作。2015年12月，珠海市出台了《珠海经济特区地下综合管廊管理条例》，这是国内首个以立法形式明确了综合管廊的规划、建设和运营的地方性法规。

目前，横琴新区综合管廊已经全部投入使用和运营，尚未实现收费制度，日常维护费用仍由财政予以支付，其成功的运营维护管理已经取得了良好的社会效益、环境效益、经济效益和管理效益。

在有关有偿使用管理制度和费用标准测算问题上，横琴新区政府从城市管理的角度，对综合管廊运营管理和收费问题提出了定位，并启动了《横琴新区地下综合管廊有偿使用管理办法》的编制工作，城资公司提出了收支两条线的经营思路：有偿使用费用收取后上缴横琴新区财政局专用账户，用于管廊大中修费用和更新改造；日常运营管理维护费用则由城资公司制定年度预算报区行业主管部门审批后，纳入财政预算包干支付，行业主管部门通过绩效考核进行扣罚。这样，一方面政府能有效监督控制综合管廊运营管理费用的收支情况；另一方面也能保障综合管廊日常管理维护的标准。

6)台湾模式

台湾在城市地下综合管廊的建设过程中，政府起推动作用。台湾在主要城市都成立了共同管道管理署，负责共同管道的规划、建设、资金筹措及共同管道的执法管理。

台湾的综合管廊主要由政府部门和管线单位共同出资建设，管线单位通常以其直埋管线的成本以及各自所占用的空间为基础分摊综合管廊的建设成本，这种方式不会给管线单位造成额外的成本负担，较为公平合理。剩余的建设成本通常由政府负担，粗略计算管线单位相比于政府要承担更多的综合管廊建设成本，其中主管机关承担1/3的建设费用，管线单位承担2/3的建设费用。管廊建成后，使用期内产生的管廊主体维护费用同样由双方共同负担，管线单位按照管线使用的频率和占用的管廊空间等按比例分担管廊的日常维护费用，政府有专门的主管部门负责管廊的管理和协调工作，并负担相应的开支。政府和管线单位都可以享受政策上的资金支持。

台湾地区已建成了较发达的综合管廊系统，制定了关于综合管廊建设的多项规定。

5.3 运营维护管理制度建设

综合管廊作为具有公共属性的城市能源通道，功用优点十分突出，运维管理十分复杂，涉及政府、投资建设主体、运营管理单位和入廊管线单位等多个主体，一般需要城市政府牵头、各部门和各单位积极配合，制定一套完整的、涵盖综合管廊从规划建设到运营维护管理全生命周期的配套政策和制度保障体系，其中包括规划、建设、运营、维护、管理、收费、考核等多个方面，确保综合管廊的运营维护管理安全、高效、规范和健康发展。

5.3.1 政府配套政策和制度体系

完善的制度规范是城市地下综合管廊的规划、建设和可持续运营维护管理的重要法制保障。2013年9月，国务院发布《关于加强城市基础设施建设的意见》，2014年6月，国务院办公厅下发《关于加强城市地下管线建设管理的指导意见》，均对推进城市地下综合管廊建设提出了指导性意见。但国务院颁布的相关文件均属于政策性质，不属于行政法规。因此，行业主管部门应当完善当地配套措施政策和法律法规，包括建设运营管理制度（含强制入廊政策）、建设费用和运营费用合理分担政策、运营维护管理绩效考核办法和有效进行标准体系建设、投入机制建设和监督机制建设及其他制度机制建设等。

5.3.2 运营管理企业管理制度

综合管廊运营管理企业内部管理制度体系是保障综合管廊日常管理维护工作专业化、规范化、精细化的必要措施和手段。由于目前综合管廊运营管理在国内没有一套完整的、适用的管理制度流程，运营管理单位必须根据实际情况建立包括《进出综合管廊管理制度》《入廊管线单位施工管理制度》《安全管理制度》《岗位责任管理制度》等在内的管理制度体系，对综合管廊维护管理的内容、流程、措施等进行深入和细化，保障综合管廊能高效规范地运行。企业内部需要建立的规章制度主要包括（但不限于）以下内容：

（1）《进出综合管廊管理制度》：规定进出综合管沟及其配电站的所需的手续、钥匙的管理，旨在加强综合管廊各系统管理，确保设备安全运行。

（2）《入廊管线单位施工管理制度》：包括入廊工作申请程序、入廊施工管理规定、廊内施工作业规范、动火作业管理规定、安装工程施工管理规定，对入廊管线单位申请管线入廊和在管廊内的施工作出相应规定。

(3)《安全管理制度》：包括安全操作规程、安全检查制度、安全教育制度，对如何建立应急联动机制、如何实施突发事件的应急处理、事故处理程序、安全责任制等作出详细规定。

(4)《岗位责任管理制度》：主要规定了综合管廊运营管理企业日常维护工作人员的岗位设置，各岗位的责任范围和要求。

(5)《设备运行管理制度》：规定综合管廊设备运行巡视内容、资料管理、安全(消防)设施管理方法，保障设备安全、高效运行。

(6)《监控中心管理制度》：对监控设施设备、值班情况进行管理规范，实现综合管廊运行管理智能化管控。

(7)《档案资料管理制度》：对综合管廊的工程资料、日常管理资料、入廊管线资料予以分类、整理、归档、保管及借阅管理。

(8)《前期介入管理制度》：对综合管廊的规划设计、施工建设，从运营管理的角度提出合理化建议。

(9)《接管验收管理制度》：对综合管廊的分项工程和整体竣工验收和接管验收作出规定，以便符合后续的运营管理和使用。

5.4 运营维护管理

5.4.1 早期介入管理

由于综合管廊运营维护管理是新兴的城市市政基础设施管理行业，入廊管线单位对其全面了解和社会宣传有一个滞后期，而作为建筑设计学科的专业设计还没有把综合管廊运营维护管理的相关内容纳入进来。当前，综合管廊的设计人员只能从自身的社会实践中去学习和掌握，而相当一部分综合管廊设计人员对运营维护管理知之不多。受知识结构的局限，人们在制定设计方案时，往往只是从设计技术角度考虑问题，不可能将今后综合管廊运营维护管理中的合理要求考虑得全面，或者很少从综合管廊的长期使用和正常运行的角度考虑问题，造成综合管廊建成后，给运营维护管理和入廊管线单位使用带来诸多问题。另外，因政策、规划或资金方面的原因，综合管廊的设计和开工的时间相隔较长，少则一年，多则三年。由于人们对城市地下空间建筑物功能的要求不断提高，建筑领域中的设计思想不断进步和创新，这使原有的设计方案很快显得落后。我国早期建设的综合管廊由于缺少规划设计阶段和施工建设阶段的介入，在接管和管线入廊后有大量问题暴露出来，除了施工质量问题外，还有设计没有从运营角度去考虑的问题。如设计者在设计综合管廊时根本没有考虑通信管线单位设备安装、管线盘线和出舱孔位置，致使管线入廊后无法满足使用要求或随意开孔，给管廊防水安全带来很大隐患。但这些细节却给运营管理单位和入廊管线单位带来很多烦恼,同时也影响了管线单位入廊的积极性。

因此,各地在取得综合管廊规划建设许可证的同时,应当提前选聘综合管廊运营管理单位。运营管理企业作为综合管廊使用的管理和维护者,对管廊在使用过程中可能出现的问题比较清楚,应当提前介入设计和施工阶段。

运营管理单位早期介入的必要性如下:

(1)有利于优化管廊的设计,完善设计细节。

(2)有利于监督和全面提高管廊的工程质量。

(3)有利于对管廊进行全面了解。

(4)为前期管廊运营管理做充分准备。

(5)有利于管线单位工作顺利开展。

运营管理单位早期介入的内容如下:

(1)可行性研究阶段。

①根据管廊建设投资方式、建设主体和入廊管线等确定管廊运营管理模式。

②根据规划和入廊管线类别确定管廊运营管理维护的基本内容和标准。

③根据管廊的建设规模、概算和入廊管线种类等初步确定有偿使用费标准。

(2)规划设计阶段。

①就管廊的结构布局、功能方面提出改进建议。

②就管廊配套设施的合理性、适应性提出意见或建议。

③提供设施设备在设置、选型和管理方面的改进意见。

④就管廊管理用房、监控中心等配套建筑、设施、场地的设置、要求等提出建议。

⑤对于分期建设的管廊,对共用配套设施、设备等方面的配置在各期之间的过渡性安排提供协调意见。

(3)建设施工阶段。

①与建设单位、施工单位就施工中发现的问题共同商榷,并落实整改方案。

②配合设备安装,现场进行监督,确保安装质量。

③对管廊及附属建筑的装修方式、用料及工艺等方面提出意见。

④了解并熟悉管廊的基础、隐蔽工程等施工情况。

⑤根据需要参与建造期有关工程联席会议等。

(4)竣工验收阶段。

①参与重大设备的调试和验收。

②参与管廊主体、设备、设施的单项、分期和全面竣工验收。

③指出工程缺陷,就改良方案的可能性及费用提出建议。

5.4.2　承接查验

综合管廊的承接查验是对新建综合管廊竣工验收的再验收，是直接关系到今后管廊运营维护管理工作能否正常开展的一个重要步骤。应参照住房和城乡建设部发布的《房屋接管验收标准》和《物业承接查验办法》，对综合管廊进行以主体结构安全和满足使用功能为主要内容的再检验。

综合管廊接管验收应从今后运营维护保养管理的角度验收，也应站在政府和入廊管线单位使用的立场上对综合管廊进行严格的验收，以维护各方的合法权益；接管验收中若发现问题，要明确记录在案，约定期限督促建设主体单位对存在的问题加以解决，直到完全合格。承接查验的主要事项如下：

(1)确定管廊承接查验方案。

(2)移交有关图纸资料，包括竣工总平面图，单体建筑、结构、设备竣工图，配套设施、地下管网工程竣工图等竣工验收资料。

(3)查验共用部位、共用设施设备，并移交共用设施设备清单及其安装、使用和维护保养等技术资料。

(4)确认现场查验结果，解决查验发现的问题；对于工程遗留问题提出整改意见。

(5)签订管廊承接查验协议，办理管廊交接手续。

5.4.3　管线入廊管理

1)强制入廊

已建成综合管廊的道路或区域，除根据相关技术规范或标准无法入廊的管线以及管廊与外部用户的连接挂线外，该道路或区域所有管线必须统一入廊。对于不纳入综合管廊而采取自行敷设的管线，规划建设主管部门一律不予审批。

2)入廊安排

(1)管廊项目本体结构竣工，消防、照明、供电、排水、通风、监控和标识等附属设施完善后，纳入管廊规划的管线即可入廊。

(2)入廊管线单位应在综合管廊规划之初，编制入廊管线规划方案，报相关部门和规划设计单位备案；并在确定管线入廊前3个月内编制设计方案和施工图，报相关部门和管廊运营管理单位备案后，开展入廊实施工作。

(3)需要大型吊装机械施工的，或管廊建成后无法预留足够施工空间的管线，安排与管廊主体结构同步施工。

(4)燃气、大型压力水管、污水管等存在高危险的管线入廊，管廊运营管理单位应事先告知相关管线单位。

3)入廊协议

在管线入廊前，管理运营管理单位应当与管线单位签订入廊协议，明确以下内容：

(1)入廊管线种类、数量和长度。

(2)管线入廊时间。

(3)有偿使用收费标准、计费周期。

(4)滞纳金计缴方式方法。

(5)费用标准定期调整方式方法。

(6)紧急情况费用承担。

(7)各方的责任和义务。

(8)其他应明确的事项。

4)入廊管理

(1)在管线入廊施工前,管线单位应当办理相关入廊手续,施工过程中遵守相关管理办法、管理规约和管廊运营管理单位的相关制度。

(2)管线单位应当严格执行管线使用和维护的相关安全技术规程,制定管线维护和巡检计划,定期巡查自有管线的安全情况,并及时处理管线出现的问题。

(3)管线单位应制定管线应急预案,并报管廊运营管理单位备案;管线单位应与管廊运营管理单位建立应急联动机制。

(4)管线单位在管廊内进行管线重设、扩建、线路更改等变更时,应将施工方案报管廊运营管理单位备案。

5.4.4 日常维护管理工作

1)地下综合管廊日常维护

地下综合管廊日常维护管理工作主要包括以下部分。

(1)主体工程养护:巡检观测管廊墙体、底板和顶板的收敛、膨胀、位移、脱落、开裂、渗漏、霉变、沉降等病症,并制定相应的养护、防护、维修、整改方案加以维护。

(2)设施设备养护:巡查维护综合管廊的通风、照明、排水、消防、通信、监控等设施设备,确保设施设备正常运行。

(3)管线施工管理:综合管廊出入的审批与登记、投料口开启与封闭、管沟气体检测、安全防护措施与设施、管廊施工跟踪监督、管廊施工质量检测等,加强组织管理、提供优质服务。

(4)管线安全监督:巡检控制管廊内各类管线的跑、冒、漏、滴、腐、压、爆等安全隐患,责成相关单位及时维修整改;预防并及时制止各类自然与人为破坏。

(5)应急管理:对综合管廊可能发生的火灾、水灾、塌方、有害气体、盗窃、破坏等事故建立快速反应机制,以严格周密的应急管理制度、扎实持久的智能监督控制、训练有素的应急处理队伍、第一问责的反应机制、计划有序的综合处理构建完善的应急管理体系。

(6)客户关系管理:建立综合管廊客户档案,建立良好的合作关系,定期进行客户意见调查、快速处理客户投诉、建立事故处理常规运作组织、协调客户之间工作配合关系、促进管廊使用信息沟通。

(7)环境卫生管理:建立综合管廊生态系统、管线日常清洁保洁制度,详细观测/测量/记录管廊生态变化数据,加强"四害"消杀、防毒、防病、防传染、防污染工作,根据管廊生态环境变化,采取科学措施,作相应调整。

地下综合管廊日常维护费用包括开展以上工作所发生的运行人员费、水电费、主体结构及设备保养维修费等费用。

2)管廊本体及附属设施维护

综合管廊属于地下构筑物工程,管廊的全面巡检必须保证每周至少一次,并根据季节及地下构筑物工程的特点,酌情增加巡查次数。对因挖掘暴露的管廊廊体,按工程情况需要酌情加强巡视,并装设牢固围栏和警示标志,必要时设专人监护。

(1)巡检内容主要包括:

①各投料口、通风口是否损坏,百叶窗是否缺失,标识是否完整;

②查看管廊上表面是否正常,有无挖掘痕迹,管廊保护区内不得有违章建筑;

③对管廊内高低压电缆要检查电缆位置是否正常,接头有无变形漏油,构件是否失效,排水、照明等设施是否完善,特别要注意防火设施是否完善;

④管廊内支吊架、接地等装置无脱落、锈蚀、变形;

⑤检查供水管道是否有漏水;

⑥检查热力管道阀门法兰、疏水阀门是否漏气,保温是否完好,管道是否有水击声音;

⑦通风及自动排水装置运行良好,排水沟是否通畅,潜水泵是否正常运行;

⑧保证廊内所有金属支架都处于零电位,防止引起交流腐蚀,特别加强对高压电缆接地装置的监视。

巡视人员应将巡视管廊的结果,记入巡视记录簿内并上报调度中心,根据巡视结果,采取对策消除缺陷:

①在巡视检查中,如发现零星缺陷,不影响正常运行,应记入缺陷记录簿内,据以编制月度维护小修计划;

②在巡视检查中,如发现有普遍性的缺陷,应记入大修缺陷记录簿内,据以编制年度大修计划;

③巡视人员如发现有重要缺陷,应立即报告行业主管部门和相关领导,并做好记录,填写重要缺陷通知单。

运行管理单位应及时采取措施,消除缺陷;加强对市政施工危险点的分析和盯防,与施工单位签订"施工现场安全协议"并进行技术交底;及时下发告知书,杜绝对综合管廊的损坏。

(2)日常巡检和维修的重点检查内容:

①检查管道线路部分的里程桩、温度压力等主要参数、管道切断阀、穿跨越结构、分水器等设备的技术状况,发现沿线可能危及管道安全的情况;

②检查管道泄漏和保温层损害的地方,测量管线的保护电位和维护阴极保护装置,检查和排除专用通信线故障;

③及时做好管道设施的小量维修工作,如阀门的活动和润滑,设备和管道标志的清洁和刷漆,连接件的紧固和调整,线路构筑物的粉刷,管线保护带的管理,排水沟的疏通,管廊的修整和填补等。

3)综合管廊附属系统的维护管理

综合管廊附属系统主要包括控制系统、火灾消防与监控系统、通风系统、排水系统和照明系统等,各附属系统的相关设备必须经过及时有效的维护和操作,才能确保管廊内所有设备的安全运行。因此,综合管廊附属系统的维护在综合管廊的维护管理中起到非常重要的作用。

(1)控制中心与分控站内的各种设备仪表的维护需要保持控制中心操作室内干净、无灰尘杂物,操作人员定期查看各种精密仪器仪表,做好保养运行记录;发现问题及时联系专业技术人员;建立各种仪器的台账,来人登记记录,保证控制中心及各分控站的安全。

(2)通风系统指通风机、排烟风机、风阀和控制箱等,巡检或操作人员按风机操作规程或作业指导书进行运行操作和维护,保证通风设备完好、无锈蚀、线路无损坏,发现问题及时汇报相关人员,及时修理。

(3)排水系统主要是潜水泵和电控柜的维护,集水坑中有警戒、启泵和关泵水位线,应定期查看潜水泵的运行情况,检查是否受到自动控制系统的控制,如有水位控制线与潜水泵的启动不符合,及时汇报,以免造成大面积积水,影响管廊的运行。

(4)照明系统的相关设备较多,包括电缆、箱变、控制箱、PLC、应急装置、灯具和动力配电柜等设备。保证设备的清洁、干燥、无锈蚀、绝缘良好,定期对各仪表和线路进行检查,管廊内和管廊外的相关电力设备应全部纳入维护范围。

(5)电力系统相关的设备和管线维护,应与相关的电力部门协商,按照相关的协议进行维护。

(6)火灾消防与监控系统,确保各种消防设施完好,灭火器的压力达标,消防栓能够方便快速地投入使用,监控系统安全投入。

以上设备需根据有效的设备安全操作规程和相关程序进行维护,操作人员经过一定的专业技术培训才能上岗,没有经过培训的人员严禁操作相关设备。同时,在综合管廊安全保护范围内禁止排放、倾倒腐蚀性液体、气体;严禁爆破;严禁擅自挖掘城市道路;严禁擅自打桩或者进行顶进作业以及危害综合管廊安全的其他行为。如确需进行的,应根据相关管理制度制定相应的方案,经行业主管部门和管廊管理公司审核同意,并在施工中采取相应的安全保护措施后方可实施。管线单位在综合管廊内进行管线重设、扩建、线路更改等施工前,应当预先将施工方案报管廊管理公司及相关部门备案,管廊管理公司派遣相应技术人员旁站,确保管线变更期间其他管线的安全。

4)入廊管线巡查与维修

(1)管线巡查。

入廊管线虽然避免了直接与地下水和土壤的接触,但仍处于高湿有氧的地下环境,因此应当对管线进行定期测量和检查。可用各种仪器发现日常巡检中不易发现或不能发现的隐患,主要有管道的微小裂缝、腐蚀减薄、应力异常、埋地管线绝缘层损坏和管道变形、保温脱落等。检查方式包括外部测厚与绝缘层检查、管道检漏、管线位移、土壤沉降测量和涂层、保护层取样检查。对线路设备要经常检查其动作性能。仪表要定期校验,保持良好的状况。紧急关闭系统务必做到不发生误操作。设备的内部检查和系统测试按实际情况,每年进行1~4次。汛期和冬季要对管廊和管线做专门的检查维护。

主要检查和维修内容如下:

①管廊的排水沟、集水坑、沉降缝、变形缝和潜水泵的运行能力等;

②了解管廊周围的河流、水库和沟壑的排水能力;

③维修管廊运输、抢修的通道;

④配合检修通信线路,备足维修管线的各种材料;

⑤汛期到后,应加强管廊与管道的巡查,及时发现和排除险情;

⑥配备冬季维修机具和材料,要特别注意裸露管道的防冷冻措施;

⑦检查地面和地上管段的温度补偿措施;

⑧检查和消除管道泄漏的地方;

⑨注重管廊交叉地段的维护工作。

(2)管线维修。

对于损坏或出现隐患的管线,要及时进行维修。管道的维修工作按其规模和性质可分为例行性(中小修)、计划性(大修)、事故性(抢修),一般性维修(小修)属于日常性维护工作的内容。

①例行性维修。

a.处理管道的微小漏油(沙眼和裂缝);

b.检修管道阀门和其他附属设备;

c.检修和刷新管道阴极保护的检查头、里程桩和其他管线标志;

d.检修通信线路,清刷绝缘子,刷新杆号;

e.清除管道防护地带的深根植物和杂草;

f.洪水后的季节性维修工作;

g.露天管道和设备涂漆。

②计划性维修。

a.更换已经损坏的管段,修焊孔和裂缝,更换绝缘层;

b.更换切断阀等干线阀门;

c.检查和维修水下穿越;

d.部分或全部更换通信线和电杆；

e.修筑和加固穿越、跨越河道两岸的护坡、保坎、开挖排水沟等土建工程；

f.有关更换阴极保护站的阳极、牺牲阳极、排流线等电化学保护装置的维修工程；

g.管道的内涂工程等。

③事故性维修。

事故性维修指管道发生爆裂、堵塞等事故时被迫全部或部分停产进行的紧急维修工程，亦称抢险。抢修工程的特点是，它没有任何事先计划，必须针对发生的情况，立即采取措施，迅速完成。这种工程应当由经过专门训练，配备成套专用设备的专业队伍施工。

必要情况下，启动应急救援预案，确保管廊及内部管道、线路、电缆的运行安全。

以上全部工作由管线产权单位负责，管廊管理公司负责巡检、通报和必要的配合[50]。

5.4.5　运营维护管理成本要素

1)成本构成要素

2015年12月，国家发展改革委、住房和城乡建设部联合发布了《国家发展改革委住房和城乡建设部关于城市地下综合管廊实行有偿使用制度的指导意见》(发改价格〔2015〕2754号，简称“《指导意见》”)，明确了城市地下综合管廊实行有偿使用制度，并对有偿使用费的构成作了详细说明：“城市地下综合管廊有偿使用费包括入廊费和日常维护费。入廊费主要用于弥补管廊建设成本，由入廊管线单位向管廊建设运营单位一次性支付或分期支付。日常维护费主要用于弥补管廊日常维护、管理支出，由入廊管线单位按确定的计费周期向管廊运营单位逐期支付”。

(1)入廊费可考虑以下因素：

①管廊本体及附属设施的合理建设投资；

②管廊本体及附属设施建设投资合理回报，原则上参考金融机构长期贷款利率确定(政府财政资金投入形成的资产不计算投资回报)；

③各入廊管线占用管廊空间的比例；

④各管线在不进入管廊情况下的单独敷设成本(含道路占用挖掘费，不含管材购置及安装费用)；

⑤管廊设计寿命周期内，各管线在不进入管廊情况下所需的重复单独敷设成本；

⑥管廊设计寿命周期内，各入廊管线与不进入管廊的情况相比，因管线破损率以及水、热、气等漏损率降低而节省的管线维护和生产经营成本；

⑦其他影响因素。

(2)日常维护费可考虑以下因素：

①管廊本体及附属设施运行、维护、更新改造等正常成本；

②管廊运营单位正常管理支出；

③管廊运营单位合理经营利润，原则上参考当地市政公用行业平均利润率确定；

④各入廊管线占用管廊空间的比例；

⑤各入廊管线对管廊附属设施的使用强度；

⑥其他影响因素。

2)影响成本的主要因素

根据《指导意见》，综合管廊日常维护费基本上是运营维护管理成本支出，与管廊的建设规模、建设成本、入廊管线种类和数量等密不可分。

(1)建设规模。

综合管廊建设规模越大，运营维护管理成本的规模经济性就显得更为重要。管廊建设规模越大，专业化组织管理效率就越明显，劳动分工和设备分工的优点就越能体现出来，建设规模的扩大可以使管理队伍雇佣具有专门技能的人员，同时也能采用具有高效率的专用设备，降低能耗；扩大建设规模往往使更高效的组织运营方法成为可能，也使得实现成本的节约成为可能。

(2)建设成本。

综合管廊的建设成本因不同的地质条件、不同的应用环境、不同的入廊管线种类和数量，以及不同的发展城市功能要求等因素而不同，各地差异较大。下面以珠海横琴新区综合管廊为例分析。

珠海横琴新区综合管廊形成三横两纵“日”字形管廊网域，主干线采用双舱、三舱两种规格，先期纳入电力、给水、通信3种管线，规划预留供冷(供热)、中水、垃圾真空管3种管位，能满足横琴新区未来100年发展使用需求。综合管廊内设置通风、排水、消防、监控等系统，由控制中心集中控制，实现全智能化运行。综合管廊建设造价指标如下：

①两舱式综合管廊建设各专业造价指标。

每千米约6264万元。其中，岩土专业主要工作内容有预应力高强度混凝土(PHC)管桩桩基、PHC管桩引孔及基坑土方开挖等，占19.76%；结构专业主要工作内容有钢筋混凝土主体结构、管道设备基础等，占26.01%；建筑装饰装修主要工作内容有防水、墙面抹灰刷漆、门窗安装等，占11.54%；基坑支护专业主要工作内容有钢板桩、钻孔灌注桩、水泥搅拌桩等基坑支护，以及环境监测及保护，占25.48%；安装专业主要工作内容有给水工程、通风工程、电气设备及自控工程、消防工程、通信工程等，占17.21%。

②三舱式综合管沟建设各专业造价指标。

每千米约6923万元。其中，岩土专业主要工作内容有PHC管桩桩基、PHC管桩引孔及基坑土方开挖等，占10.29%；结构专业主要工作内容有钢筋混凝土主体结构、管道设备基础等，占28.18%；建筑装饰装修主要工作内容有防水、墙面抹灰刷漆、门窗安装等，占11.27%；基坑支护专业主要工作内容有钢板桩、钻孔灌注桩、水泥搅拌桩等基坑支护，以及环境监测及保护，占31.02%；安装专业主要工作内容有给水工程、通风工程、电气设备及自控工程、消防工程、通信工程等，占19.24%。

上述的造价和建设成本，对于建设标准和维护标准均提出了很高的要求，也直接影响了后续的维护成本。

3)入廊管线种类和数量

横琴新区综合管廊规划纳入220kV电力电缆、给水、通信、供冷(供热)、中水、垃圾真空管等六种管线,其中给水管敷设从DN300~DN1200不等,通信管线管孔预留28~32孔。目前部分新建综合管廊又将燃气管道、雨污水等纳入建设,上述管线的维护技术要求、使用强度、敷设长度和数量、所占管廊空间比例等,均直接影响综合管廊的使用强度、维护要求和维护成本的支出。

4)成本测算方法

地下综合管廊运营维护管理成本主要包括运行人员费、水电费、维修维保费、监测检测费、保险费、企业管理费、利润和税金等。

(1)运行人员费:主要包括现场运行人员工资、福利、社会保险、住房公积金、劳保用品、意外伤害保险等。

(2)水电费:电费主要是依据管廊内机电设备的功率和使用频率计算用电量,电价以当地非工业电价计取;水费主要是管廊内用于清洁用水和运行管理人员办公场所生活用水。

(3)维修维保费:主要是根据建设工程设备清单并结合实际设施量、维护标准、定额标准等,对主体结构维修、设施设备保养及更换进行测算。

(4)监测检测费:根据所在区域的地质条件,对综合管廊本体的沉降观测和消防检测等费用。

(5)保险费:为保障管廊设施设备和人员的安全而购买的设施保险和第三方责任险。

(6)企业管理费:指因管廊运营维护管理工作而发生的、非管廊运营专用资源的费用,按当地市政工程管理费分摊费率计取,包括管理人员工资、办公费、差旅交通费、固定资产使用费、车辆使用费、工具用具使用费、劳动保险费、工会经费、职工教育经费、财产保险费、财务费、其他。

(7)利润:原则上参考当地市政公用行业平均利润率确定。

(8)税金:按营改增税率6%计取。

(9)其他费用。

5)收费协调机制

管廊有偿使用费标准原则上由管廊建设、运营单位与入廊管线单位协商确定,实行一廊一价、一线一价,由供需双方按照市场化原则平等协商,签订协议,确定管廊有偿使用费标准及付费方式、计费周期等有关事项,见图5.4-1。政府、社会、行业倡导政府和企业资本合作+工程施工设计+采购+施工+维护(PPP+EPCO)的管廊建设、运营管理模式,该模式是当前解决管线运维、安全、检修、消防及城市发展新增管线入廊等难题有效模式之一。

在协商确定入廊费时,应以地下综合管廊寿命周期为确定收费标准的计算周期,当前可以暂时按50年考虑:各入廊管线每一次单独敷设的建设成本以及管廊寿命周期内的建设次数;各入廊管线占用管廊空间的比例;管廊的合理建设成本和建设投资的合理利润。入廊后的节约成本或正效益也应该考虑，如供水管线入廊后，因管网漏失率降低而因此节约的成本，也应该作为入廊费构成所要考虑的因素。在协商日常维护费时，应考虑日常维护费类似于物业费，主要由各入廊管线共同分摊。公益性管线费用缺口，可以考虑节约周边土地开发收益，由政府财政资金提供可行性缺口补助。

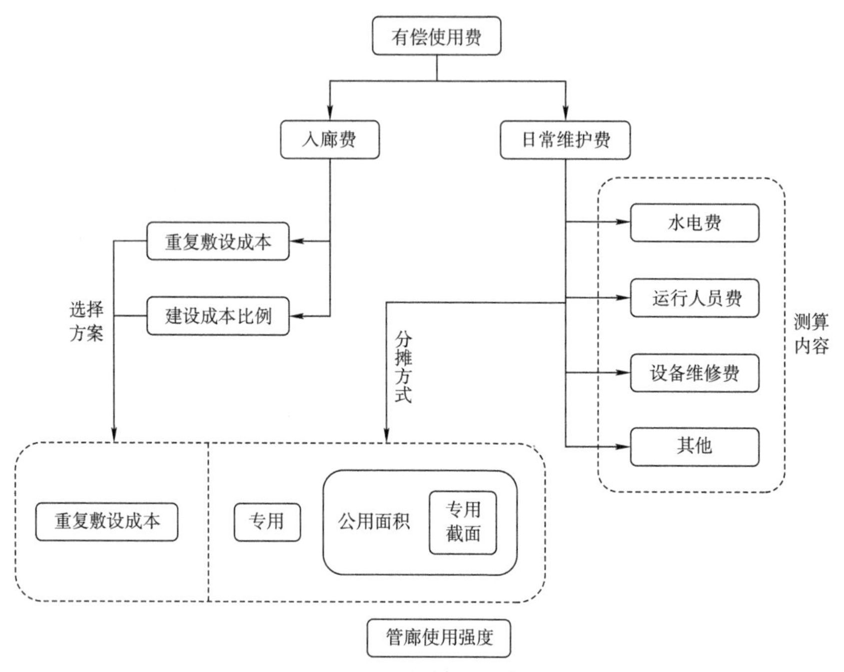

图5.4-1　收费协调机制

首次管廊建设及入廊管线，借鉴类似城市经验，按相关规定，由所在城市人民政府组织价格主管部门进行协调，通过开展成本调查、专家论证、委托咨询机构评估等方式，为管廊运维和入廊管线单位各方协商确定有偿使用费标准提供参考依据[51]。

6)综合管廊运维管理办法

(1)根据住房和城乡建设部管廊有偿使用制度指导意见，综合考虑“占空比”价格系数，针对综合管廊尽快建立相关法规，明确管线强制入廊标准，解决规划设计、投资建设、运营管理及费用分担等关键问题，政府方组织相关行业按虚拟单价制定分摊付费机制，分阶段、区域、行业、具体项目出台政策，以吸引更多的资金更多的机构投入综合管廊的建设及运维管理。

(2)加快推进对管线埋地、管线入廊全生命周期成本的比较研究，制定综合管廊技术规范，按地域建立成本定额数据库，为综合管廊建设及运营维护成本分担提供指导。

(3)加速城市管线产权或主管部门现有建设、运营体制或机制改革，与综合管廊集中建设、集中维护相接轨。在城市管廊项目中，如果按单价法分解和传导，需与水、电、气、热等各市政行业磋商来分担建设总投资和运营费，可以有多种组合方式，如深圳成立了市场管廊公司平台，统筹协调。

(4)引入“PPP+EPCO”的管廊建设、运营管理新模式,入廊费转为股金,鼓励管线单位入廊,可以按直埋费用为基准对管廊运营企业进行入股,形成城市区域管廊公司。管线业主取得入廊权,缓解管廊建设资金困难。

(5)根据“谁受益谁付费”的原则,将部分管廊的成本传递到终端用户服务费单价中,借鉴电价、水价、地铁票价的成熟调整机制,在单价中包含建设和运营成本。还可考虑从后续相邻地块房地产开发环节入手,借鉴市政配套接口收取专项资金,让服务区入住用户分担费用,体现改善公共服务和环境效益的价值。

(6)充分利用新的技术手段,如BIM、大数据、云计算等新技术,集中监控,完善运维模式,降低人工管理成本,提高运维效率,形成实时监控、开放的市政管网平台。

5.5 综合管廊智慧运维管理平台

综合管廊智慧运维管理平台是基于BIM体系结构和地理信息系统(Geographic Information System,GIS)的有效结合,以满足综合管廊的日常运维管理要求,可实现中央集成管理、网络集成、功能集成、软件界面集成等功能的平台。整个平台从逻辑上应分为三大部分、五层结构。三大部分包括SCADA、BIM模型、GIS地图;五层结构包括感知层、网络层、数据层、平台层与应用层[52]。

感知层实现管廊中环境、设备、安防、消防、电力等所有的信息采信感知,通过网络层的光纤环网,将相关信息进入不同的应用数据库。数据层为整个平台的运行提供数据应用支撑。平台层的数据采集与监视控制(Supervisory Control And Data Acquisition,SCADA)系统实现数据实时采集、显示、报警以及机电设备、安防、消防等系统的联动。应用层为工作人员最终在计算机上能够看到各个系统的界面,包括3D展示、集中监控、日常运维管理、大数据分析决策等。GIS可以直观形象对未来多条密集交错管廊的管理,并可以快速定位。BIM系统通过3D的方式将管廊中的实际情况按照虚拟现实一样展示给监控室工作人员。

工作人员在监控室可以实时纵览管廊的运行情况,通过显示器可以有针对性地对报警区域位置的设备、管道等进行查看,获取实时视频及现场声音。界面对应的仪表或者设备状态图以醒目的报警方式展示,帮助工作人员快速确定警报对象,为管廊维修、防护提供依据,避免和减少灾害的发生。

智慧平台采用360°全景虚拟现实技术,真实、全面、直观地展现管廊对象的全貌,具有多视角、多角度、全方位360°环视特点,将360°全景系统与GIS地图系统相结合,同时支持卫星图,提供必要的设备定位功能,可在地图上显示监测设备分布。实现多系统之间的相互联动,不但可以实现管廊全景数据及各种设备在地图上的精确定位,同时也实现了监控实时数据(如温度、湿度、水位、氧气浓度、CO浓度、各设施设备的实时参数等)在地图和全景中的同步展示功能,有助于更加直观、便捷地对管廊实施实时监控。

5.5.1 平台系统结构

智慧运维平台系统包含控制中心、环境与设备监控系统、安全防范系统、通信系统、消防报警系统、管道监测系统、运营维护系统等众多子系统以及与外部数据交换的预留接口系统，见图5.5-1。

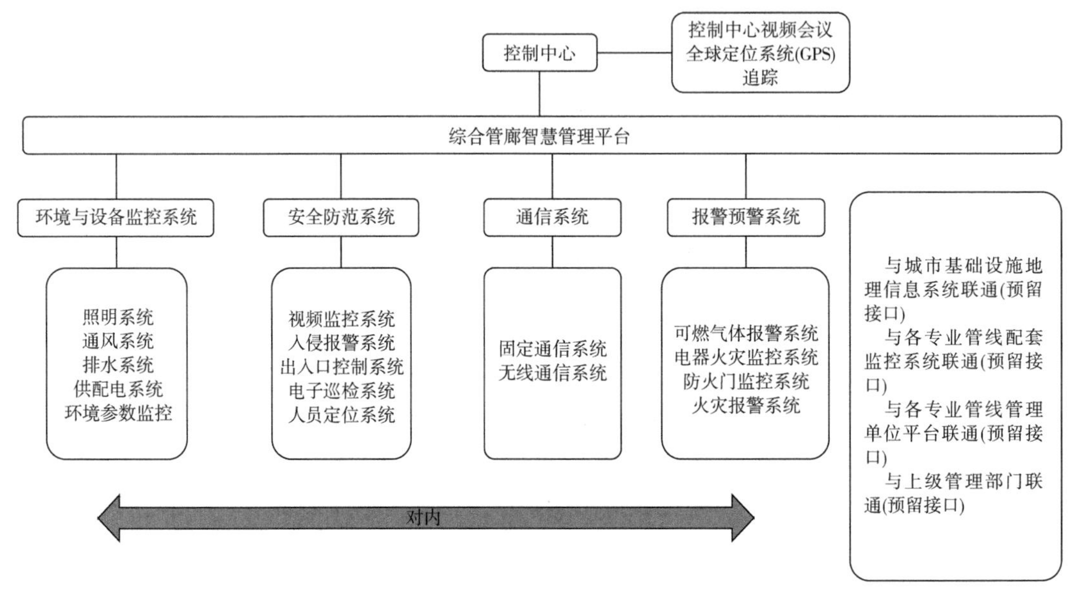

图5.5-1 智慧运维平台系统结构

5.5.2 控制中心

控制中心是整个系统的核心，它联系、协调、控制和管理其他系统的工作，同时还担负与各专业管线管理单位及上级管理部门的报警和事故处理联动通信任务。

控制中心的交换机通过单模光纤与管廊现场区域控制单元组成千兆以太环网。控制中心设置大屏监控系统，集中显示管廊监控信息。控制中心监控平台通过以太网络与管廊内现场的区域控制单元通信，获取现场各设备的状态、仪表检测实时数据，并计算分析，必要时报警；同时，监控平台还向现场设备发出控制命令，启、停相关设备。

5.5.3 监控与报警系统

综合管廊智慧运维平台的监控与报警系统存在多个组成系统，包含环境与设备监控系统、安全防范系统、通信系统、报警预警系统和管道监控系统。监控平台集成各组成系统，具有与各组成系统的通信接口，用于读取数据、下达指令及联动控制。

1)环境与设备监控

主要包括集水坑水位、温度、湿度、通风、照明、消防、结构主体应变与位移等监测与水泵、风机等控制。

综合管廊属于封闭的地下构筑物,这种封闭环境由于空气流通性差,常出现氧气含量过低,有害、可燃气体含量过高等情况。运维人员贸然进入容易因缺氧晕厥或有害气体中毒,危及人身安全。另外,管廊内敷设的电线、电缆、供热管道在使用过程中都会散发出大量的热量,若敷设有燃气管线,还有可能出现可燃气体泄漏等危险。因此,综合管廊设置环境与设备监控系统,对管廊内集水坑水位、温度、湿度、氧气浓度、有害气体浓度等环境信息以及风机、排水泵、照明系统等设备工作状态进行实时采集、处理和上传;同时,根据上级系统的命令指示或者根据监测到的设备状态进行判断,实现风机、排水泵、照明等设备的控制,并设置不同级别的环境信息报警值,降低事故发生率。

水位监测:管廊内有水管一侧,舱内每个监控区内地势最低的两点(一般在集水坑处)各安装一个水位传感器,可以实时监控积水井内液位情况。测得的液位数据可经现场控制单元上传至综合监控平台,实现集中管控。

温湿度监测:安装在管廊现场的温湿度检测仪实时感知现场空气温湿度信息,并通过屏蔽控制电缆接入当前区间现场控制单元,传输至控制中心的综合监控平台。

气体监测:每个监控区段内通风最不利的地方(一般为通风口与投料口的中间点位置,具体也可视现场实际情况调整)配置一套气体传感器,此项目对氧气含量、甲烷、硫化氢含量等进行监测,现场传感器将实时监测到的气体含量信息通过屏蔽控制电缆接入当前区间现场控制单元,传输至控制中心的综合监控平台。

水泵控制:综合监控平台软件可通过以太环网系统控制现场水泵开启、关闭。控制信号由现场控制单元输出。当水位传感器检测到积水坑内积水位太高,出现异常时,综合监控平台软件会自动控制开启排水泵,排出过多积水;水位降低至某一设定的允许值之后,综合监控平台软件自动控制关闭排水泵,停止排水作业。

风机控制:综合管廊采用自然通风与机械通风相结合的通风方式,以自然通风为主,机械通风为辅。当环境监测系统检测到气体、湿度异常报警等时,可联动相关区段的风机进行强制换气。当火灾报警系统发出火情警报时,可联动确保相关区段的风机关闭。此外,还可根据《城市综合管廊工程技术规范》(GB 50838—2015)(2024年版)中对通风系统的要求:“正常通风换气次数不应小于2次/h,事故通风换气次数不应小于6次/h”,在综合监控软件中提前设置好开启、关闭风机的程序,实现系统定时自动进行换气。

照明控制:综合管廊综合监控平台软件通过以太环网系统控制管廊现场的照明设备启闭。

结构体应变及位移:对于管廊顶部及侧墙的应力应变监测,可利用光纤光栅应力传感技术将光纤光栅(FBG)应力探头用膨胀螺栓固定于棚顶中间及棚顶与墙体的拐角处,且每个位置以二维的垂直方式布放两只传感器。当管廊的墙体发生形变时,通过监测数据及探头位置指示巡检、作业人员准确定位、准确处置。

2)安全防范

主要包括:视频监控、门禁管理、防入侵系统、可视化巡检。

视频监控：系统具备视频监视与控制功能，能够对管廊内部环境、出入口等重要位置处实时进行全方位的图像监控。视频监控具备图像分析处理能力，对于进入禁区的非法闯入行为自动报警，当有异常信息时，系统自动弹出相应画面，或根据人工要求在指定大屏区域显示，便于管理值班人员清楚了解整个管廊及出入口的基本情况，并及时获得意外情况的信息，所有视频监视信号数字化存储，以便一段时间的备案和查询。

门禁管理：授权人员在门外通过输入密码、刷卡或指纹确认后，便可开启电控门，门内设置开门按钮即可开启电控门。所有出入资料，都被后台计算机记录在案；通过后台计算机可以随时修改授权人员的进出权限。一旦火灾报警，门禁系统将自动解锁，电控门为常开状态。

防入侵系统：综合管廊人员出入口、通风口等重要位置应设置入侵报警探测装置和声光报警器。在监控中心控制室机房布置入侵报警主机，红外防入侵系统与视频系统联动可以确认"非法入侵"者是否在综合管廊内活动。当产生人员入侵情况时，设备接收到的红外辐射电频变化，产生报警状态并上传，驱动报警响应。

可视化巡检：是安防系统的重要组成部分，是对管廊现场巡查行为进行记录并进行监管和考核的系统，能有效地对管理维护人员的巡逻工作进行管理，实时监控管廊内部巡检维护人员的位置信息并跟踪其运动轨迹。可对定位目标的历史运行轨迹回放和分析，可预设管理维护人员的移动轨迹，如果偏离预设轨迹即报警，服务器可设置报警区域，当人员进出报警设置区域时，即会触发报警。在突发事件发生时能迅速定点救援，有效保障巡检维护人员的人身安全。

3)通信系统

主要包括有线通信、无线通信、可视对讲。

固定式通信系统、有线通信或可视对讲、电话应与监控中心接通，信号应与通信网络联通。综合管廊人员出入口或每一防火分区内应设置通信点；不分防火分区的舱室，通信点设置间距不应大于100m。

无线通信系统：除天然气管道舱外，其他舱室内宜设置用于无线对讲通话的无线信号覆盖系统。无线对讲系统能够满足工作人员在管廊内任意位置进行语音通话的需求，方便快捷，有利于工作的相互协作。

手机通信系统：根据城市地下管廊具体需求，可在地下管廊内安装移动、联通、电信的手机信号放大器，使特定区域内具有运营商的2G、3G、4G信号，便于工作人员使用手机与外界沟通。

应急通信系统：用于紧急情况发生时，外界无法掌握管廊内工作人员的具体情况，不能及时提供必要的救援与帮助时，保持通信联络畅通。应急通信终端宜设置在管廊的出入口、投料口、逃生孔、电缆接头处、风机、水泵等重要位置。

远程广播系统：根据地下综合管廊内结构的具体情况，合理设置扬声器的数量和安装位置，能够对管廊内全段或分区域进行广播，可播放规章制度，并对违规情况进行提醒，当有人非法进入可通过远程广播进行制止。同时,远程广播系统可与消防系统进行联动,当有报警时自动播放火警信息时提醒工作人员撤离。

4)报警预警

主要包括火灾报警、防火门监控系统、电缆火灾系统、可燃气体报警。

报警和预警系统主要应对管廊火灾。综合管廊某部位发生火灾后,火势便会因热气对流、辐射作用向其他部位蔓延扩大,最后发展成为整个管廊的火灾。因而,提前发现火灾和着火后把火势控制在一定区域内,至关重要。

火灾报警预警:系统采用集中报警方式设计,由火灾探测器、手动火灾报警按钮、火灾声光警报器、消防应急广播、消防专用电话、消防控制室图形显示装置、火灾报警控制器、消防联动控制器等组成。管廊内一个防火分区划分为一个报警区域和探测区域,智慧平台获取火灾探测器的报警信息,结合现场照明系统和视频系统确定着火情况,联动关闭着火分区及相邻分区通风设备、启动自动灭火系统。

防火门监控系统:为了控制火灾发生区域,综合管廊划分防火分区并设置防火门,一般不超过200m,综合管廊智慧平台软件通过以太环网系统控制管廊现场的防火门启闭。当管廊现场出现火情时,系统联动人员定位及视频系统确认现场无人员后,设置防火门关闭,避免火情蔓延,并联动消防系统实现隔离灭火功能。

电缆火灾监控:火灾事故大部分是由于温度过高引起的,先是温度异常、冒烟到最终形成火灾。管廊内应沿电缆设置线型感温火灾探测器,且在电缆接头、端子等发热部位应保证有效探测长度,一旦温度出现异常即刻发出预警。在舱室顶部设置线型光纤感温火灾探测器或感烟火灾探测器。

可燃气体报警:每个监控区段内通风最不利的地方(一般为通风口与投料口的中间点位置,具体也可视现场实际情况做调整)配置一套气体传感器,主要用来监测可燃气体,现场传感器将实时监测可燃气体含量信息,通过屏蔽控制电缆接入当前区间现场控制单元,传输至控制中心的综合监控平台。

5)管道监控

主要包括流量监控(水电气)、压力监控、管道应力监控。

管道监控系统主要是对专业管线进行流量和压力检测,现场传感器将实时监测各专业管线的流量和压力等信息,通过屏蔽控制电缆接入当前区间现场控制单元,传输至控制中心的综合监控平台。

5.5.4　运营维护系统

1)日常管理

日常管理是进行管廊的日常巡检和安全监控工作,对共用设施设备养护和维修,记录设施设备的故障处理过程和处理状态,建立工程维修档案,保证设施设备正常运转。

2)设施设备管理

根据设施设备管理制度，检查监督设施设备运行情况和运行状态，注意设施设备运行安全性、合理性、经济性，检查运行、维护保养记录，发现问题及时纠正，对发现的设备问题应详细填表报告。

建立设施设备台账，包括序号、级别、品名、型号、功率、编号、出产地、厂家电话、质保年限、备注等，建立设施设备标识卡。做好设备正常维修保养记录以及设备故障的维修处理情况记录[53]。

5.6 安全应急管理

5.6.1 安全管理方案

根据综合管廊运营及维护的特点，制定具有针对性的各项安全管理制度，包括安全生产责任制、安全生产奖惩办法、安全生产教育培训制度、安全生产检查制度、安全技术措施交底制度、安全生产资金保障制度、生产安全事故报告处理制度、消防安全责任制度、爆炸物品安全管理制度、文明施工管理制度、特种作业人员管理制度、临时用电管理制度、安全防护设施及用品验收与使用管理制度、各工种及机具安全操作规程、生产安全应急预案等。

5.6.2 应急联动演练

管廊运营管理单位应按照各种事故“应急方案”的要求，定期组织员工和各入廊管线单位开展应急处置队伍的训练和应急联动演练工作，提高实战处置能力。各参与单位按其职责分工、协助配合完成演练。演练完毕后，主管部门对“应急方案”的有效性进行评价，可根据“应急方案”的实际需求进行调整或更新，应急联动演练的内容及评价应存档，并由管廊运营管理单位保管。

应急联动演练中，各相关单位应按实际应急预案规定配备、管理、使用应急处置相关的专业设备、器材、车辆、通信工具等，保持应急处置装备、物资的完好，确保应急通信的畅通。

6

翠亨新区起步区科学城片区配套市政路网建设工程实例

6.1 地质资料

6.1.1 工程概况

2020年5月，中山翠亨新区工程项目建设管理中心对翠亨新区起步区科学城片区配套市政路网建设工程（以下称“本项目”）进行公开招标，长大市政工程（广东）有限公司与林同棪国际工程咨询（中国）有限公司联合体参加投标并中标。根据本项目中标通知书和工程勘察设计合同，浙江有色勘测规划设计有限公司承担了本项目的勘察工作。根据勘察合同，本项目为详细勘察，钻孔布置及钻孔数量根据本项目具体情况，按照国家工程勘察标准及规范布设，并经发包人同意后方可施工。

本项目位于中山翠亨新区，翠亨新区位于中山市东部临海区域，地处珠江三角洲地理中心，区位条件优越，文化底蕴深厚，产业基础良好，生态环境优美，是沟通珠江口东西两岸城市群的战略节点。

本项目区域包含17条道路，分别为1条城市主干道、4条城市次干道、12条城市支路，其中城市主干道为启航路，全长约2.69km；城市次干道为仁爱路、悦洋街、宁静路、海月路，路线全长约4.78km；城市支路为品尚街、思洋街、和运路、仁济街、思康街、通汇街、启辉路、启元路、万象街、致远路、万吉街及万晖街，路线全长约12.19km。道路总长约19.66km（未扣除已设计交叉口部分），其中启航路跨越茅龙水道设置一座桥梁；仁爱路、海月路、启航路、宁静路布设综合管廊。项目位置地理如图6.1-1所示。

本工程采用中山市统一坐标系，1985国家高程基准。勘探点的定位测量由长大市政工程（广东）有限公司完成，勘探点定点采用华测GPS进行放孔，控制点来源由业主提供，土工试验由广东中山地质工程勘察院完成。

根据《市政工程勘察规范》（CJJ 56—2012）第3.0.1条规定，本工程重要性等级为一级，场地复杂程度等级为一级，岩土条件复杂程度等级为一级，因此本项目的勘察等级为甲级。

6.1.2 沿线自然地理与区域地质概况

1）沿线自然地理概况

（1）地理位置。

翠亨新区是“广州—珠海—澳门”经济发展轴上重要的一环，半径100km内可到达五大国际机场四大深水港，是珠三角1小时经济圈和深港中半小时经济圈的核心区域。翠亨新区西依五桂山，东临珠江口，北接火炬开发区，南连珠海市。京珠高速公路、中拱公路纵贯南朗全镇，距中山中心城区18km、中山港9km、澳门30km、广州70km，交通区位条件良好。

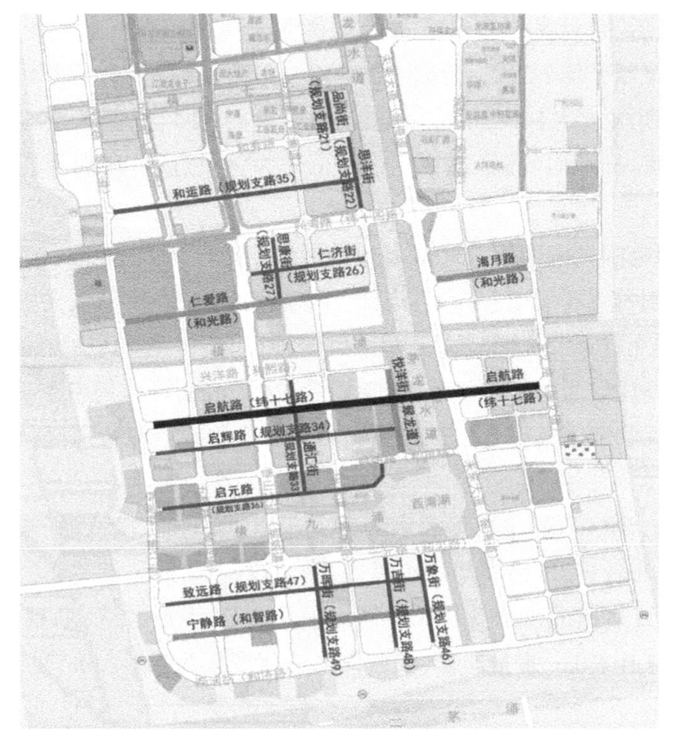

图6.1-1　项目位置地理图

(2)地形地貌。

本项目位于三角洲平原，地形较为平坦，海拔一般在-1.0~5.1m之间，土地资源宝贵。

(3)气象。

中山处于北回归线以南，热带北缘，光照充足，热量丰富，气候温暖。太阳辐射角度大，终年气温较高，全年太阳辐射量为105.3kcal/cm^2，其中散射辐射量为57.7kcal/cm^2，平均直射辐量为45.5kcal/cm^2。全年太阳总辐射量最强为7月，可达12kcal/cm^2，最弱为2月，只有5.6kcal/cm^2。光照时数较为充足，有高产的光能利用潜力。年平均光照为1843.5 h，占全年可照时间的42%，全年光照时数最少时间为2月上旬至4月上旬，平均每天2.8h，最多时间为7—10月，平均每日6.7h。

气候温暖，四季宜种，历年平均温度为21.8℃。年际间平均温度变化不大。全年最热为7月，日均温度28.4℃；最冷为1月，日均温度13.2℃。无霜期长，霜日少，年平均只有3.5d。受海洋气流调节影响，冬季气候变化缓和。相对湿度多年平均为83%，最小为1957年的86%，最大为1967年和1977年的81%。相对湿度的年内变化，5—6月大，12—次年1月小。蒸发量多年平均为1448.1mm，最大为1971年的1605.1mm，最小为1965年的1279.9mm。

常见的灾害性天气，有冬、春的低温冷害，夏、秋的台风、暴雨、洪涝和秋冬的寒露风。低温冷害，分干冷、湿冷两种类型，受北方寒潮影响，每年1月和12月，会出现24h内气温骤降10℃以上的现象，甚至出现霜冻。虽然年平均低温只有7d，但会对冬薯、香蕉、塘鱼和早稻育秧造成威胁，是早稻的主要灾害。低温阴雨天气经常出现在1—3月上旬，倒春寒天气通常出现在3月中旬或以后。台风是影响最严重的灾害性天气，据统计，造成损失的台风年均3~7次，损失严重的台风年平均1.3次。台风侵以7—9月最多。暴雨多出现在4—9月，占全年暴雨量的90%。暴雨汛期雨量达1443.5mm，占全年总雨量的82%。寒露风节气前后，每年9月20日—10月20日之间，日平均气温≤23℃，持续≥3d作为一次过程。1954年以来，出现寒露风年份占70%。

翠亨新区规划范围内南朗镇及马鞍岛地处低纬度地区，均在北回归线以南，属南亚热带季风气候。太阳辐射能量丰富，终年气温较高；濒临南海，夏季风带来大量水汽，成为降水的主要来源；具有光热充足、雨量充沛、干湿分明的气候特征。长年主导风向为偏东风，冬季主导风向为东北风，夏季主导风向为东南风，历年平均降雨量1748.2mm，降雨集中季节在4—9月。

根据《中华人民共和国公路自然区划图》，本区属于华南沿海台风区（Ⅳ7）。

（4）水文。

根据地表调查，测区内的主要地表水为茅龙水道、横七涌、横八涌、横九涌，地表水系较发育，水塘、沟渠分布较多，水系多与海水贯通，受南海海水顶托，潮差小，为弱潮汐区。

茅龙水道：河流呈南北向展布。本项目启航路上跨茅龙水道，勘察期间，河面宽度为110~130m，水深为1.0~6.0m，水量丰富，潮落潮水位年变幅为1.0~2.0m，见图6.1-2。

a）涨潮的茅龙水道

b）退潮的茅龙水道

图6.1-2　茅龙水道

横七涌、横八涌及横九涌：河流呈东西向展布，与本项目中道路基本平行或基本垂直，紧靠本项目部分道路，勘察期间，河面宽度为90~110m，水深为1.0~6.0m，水量丰富。由于翠亨新区大搞建设及道路，横七涌、横八涌及横九涌基本被填土阻断，见图6.1-3。

根据横门水文站资料统计，100年一遇洪潮水位为2.63m，历史最高洪潮水位为2.72m。

2）区域地质概况

（1）区域地质构造。

本项目周边主要断裂有紫金—博罗断裂构造带（五桂山断裂），距离项目较远，对项目无影响。

a)横八涌

b)横九涌

图6.1-3 横八涌及横九涌现状

(2)新构造运动及地震。

本区属三角洲平原,新构造运动具有继承性和新生性的特点,地震活动为新构造运动的主要形式之一。

据记载,自公元288年至近期,本区地震活动比较频繁,有感地震超过400次,多数地震强度不大,震级小于3~4级,地震活动具有频度高、震级小的特点。项目区附近历史上并无破坏性地震发生。

根据《中国地震动参数区划图》(GB 18036—2015),项目区地震动峰值加速度为0.10g(相当于抗震设防烈度为Ⅶ度)。

(3)地层岩性。

根据地质调查及钻孔资料揭露,区域内主要有第四系土层、燕山四期花岗岩。根据其组成物质性质、分布高度和形成条件分述如下。

①第四系(Q):

本项目地区内的第四纪沉积类型较多,包括残积层、冲积~洪积层、海陆交互层,岩性主要为淤泥质土、粉质黏土、砂类土、残积土等。

淤泥质土在本区内广泛分布,厚度在5~35m之间不等,局部为多层分布。

冲积~洪积层岩性主要为黏土、粉质黏土、砂和砾石,局部夹淤泥质黏土和粉砂质淤泥等。

残积层按风化强度、残积物的物理化学性质、岩性特征和结构构造可将残积物分为碎屑型残积物和红壤型残积物两类。本项目多为红壤型残积物,岩性主要为砂质黏性土,其基岩主要为花岗岩。残积物的厚度从几米至数十米不等。

②侵入岩(γ_3):

此处岩石主要指花岗岩,形成时代为燕山四期,广泛分布于场地第四系覆盖层下部。

(4)水文地质。

①地下水赋存条件。

全线地处亚热带，气温高、湿度大、雨量充沛，蒸发量相对较小，为地下水补给提供了物质条件；沿线局部沼泽水塘密布，地表水与地下水交替条件强烈，地下水的补给充沛；沿线地形整体变化较小，主要为三角洲平原，三角洲平原海拔较低，为-1~10.6m。地下水的补给以大气降水、海水、河流为主，其他方式局限。排泄方式主要包括向区外侧向径流、向海洋、河流排泄及蒸发等。

②地下水类型、埋藏情况及其变化特征。

根据含水组地层岩性、地下水的赋存条件、地下水水动力性质等，沿线地下水主要为第四系松散岩类孔隙水和基岩裂隙水等。

松散岩类孔隙水根据工程区内孔隙水含水层按时代成因、岩性、地貌形态及其地下水的埋藏赋存条件可分三个亚层。

a.全新统孔隙潜水含水层。

主要分布平原区上部，含水层组主要为表层素填土、冲(吹)填土及杂填土，水位埋深一般在0.1~4.1m之间，水量较小，主要补给源为大气降水及河流径流补给，厚度一般，赋水量差。

b.全新统孔隙承压含水层。

主要分布于平原区中部，含水层组以海陆交互中粗砂层，水量微弱，具承压性，呈透镜体分布。

c.第四系残积层孔隙潜水含水层。

主要分布于平原区基岩上部，含水层岩性为砂质黏性土，透水层透水性一般，富水性差，地下水主要接受大气降水、基岩裂隙水补给。

③基岩裂隙水。

测区基岩裂隙水主要由风化裂隙水组成，分布于平原区深部。基岩裂隙水主要受第四系孔隙潜水补给。含水层的富水性主要由风化层厚度、基岩的半风化裂隙发育程度、地形地貌及植被发育程度等因素决定。

④场地水腐蚀性评价。

本次详勘共采取水样18组，根据《公路工程地质勘察规范》(JTG C20—2011)附录K进行判别，结果表明：线路范围地表水、地下水对混凝土结构腐蚀性作用等级为微腐蚀性，地下水、地表水对混凝土结构中钢筋腐蚀性作用等级为中~强腐蚀性。水质分析结果见表6.1-1~表6.1-15。

(西三围)**EZK7地表水水质分析判别表**　　表6.1-1

评价项目		实测值	单项评判腐蚀等级	综合评判腐蚀等级	备注
按环境类型对混凝土腐蚀性	SO_4^{2-} (mg/L)	182.34	微腐蚀	微腐蚀	环境类型为Ⅱ类
	Mg^{2+} (mg/L)	15.38	微腐蚀		
	NH_4^+ (mg/L)	—	微腐蚀		
	OH^- (mg/L)	0.00	微腐蚀		

续上表

评价项目		实测值	单项评判腐蚀等级	综合评判腐蚀等级	备注
按环境类型对混凝土腐蚀性	总矿化度（mg/L）	1888.78	微腐蚀	微腐蚀	环境类型为Ⅱ类
按地层渗透性对混凝土腐蚀性	pH值	7.25	微腐蚀		A类 B类
	侵蚀性CO_2（mg/L）	11.65	微腐蚀		
	HCO_3^-（mmol/L）	5.627	微腐蚀		
对钢筋混土中钢筋的腐蚀性	Cl^-（mg/L）	815.35	微腐蚀 中腐蚀	微腐蚀 中腐蚀	长期浸水 干湿交替

注：表中A类是指直接临水或强透水层中的地下水，B类是指弱透水层中的地下水，后同。

（西三围）**FZK9地下水水质分析判别** 表6.1-2

评价项目		实测值	单项评判腐蚀等级	综合评判腐蚀等级	备注
按环境类型对混凝土腐蚀性	SO_4^{2-}（mg/L）	192.45	微腐蚀	微腐蚀	环境类型为Ⅱ类
	Mg^{2+}（mg/L）	28.68	微腐蚀		
	NH_4^+（mg/L）	—	微腐蚀		
	OH^-（mg/L）	0.00	微腐蚀		
	总矿化度（mg/L）	8338.52	微腐蚀		
按地层渗透性对混凝土腐蚀性	pH值	7.45	微腐蚀		A类 B类
	侵蚀性CO_2（mg/L）	13.85	微腐蚀		
	HCO_3^-（mmol/L）	7.275	微腐蚀		
对钢筋混土中钢筋的腐蚀性	Cl^-（mg/L）	4679.40	微腐蚀 中腐蚀	微腐蚀 中腐蚀	长期浸水干湿交替

（西三围）**BZK29地表水水质分析判别** 表6.1-3

评价项目		实测值	单项评判腐蚀等级	综合评判腐蚀等级	备注
按环境类型对混凝土腐蚀性	SO_4^{2-}（mg/L）	169.54	微腐蚀	微腐蚀	环境类型为Ⅱ类
	Mg^{2+}（mg/L）	23.02	微腐蚀		
	NH_4^+（mg/L）	—	微腐蚀		
	OH^-（mg/L）	0.00	微腐蚀		
	总矿化度（mg/L）	2491.38	微腐蚀		
按地层渗透性对混凝土腐蚀性	pH值	7.31	微腐蚀		A类 B类
	侵蚀性CO_2（mg/L）	12.57	微腐蚀		
	HCO_3^-（mmol/L）	34	微腐蚀		
对钢筋混土中钢筋的腐蚀性	Cl^-（mg/L）	1205.30	微腐蚀 中腐蚀	微腐蚀 中腐蚀	长期浸水干湿交替

(西三围)BGL99地下水水质分析判别 表6.1-4

评价项目		实测值	单项评判 腐蚀等级	综合评判 腐蚀等级	备注
按环境类型对混凝土腐蚀性	SO_4^{2-} (mg/L)	194.82	微腐蚀	微腐蚀	环境类型为Ⅱ类
	Mg^{2+} (mg/L)	19.54	微腐蚀		
	NH_4^+ (mg/L)	—	微腐蚀		
	OH^- (mg/L)	0.00	微腐蚀		
	总矿化度(mg/L)	15544.9	微腐蚀		
按地层渗透性对混凝土腐蚀性	pH值	7.28	微腐蚀		A类 B类
	侵蚀性CO_2 (mg/L)	14.82	微腐蚀		
	HCO_3^- (mmol/L)	7.697	微腐蚀		
对钢筋混土中钢筋的腐蚀性	Cl^- (mg/L)	9021.59	微腐蚀 强腐蚀	微腐蚀 强腐蚀	长期浸水干湿交替

(西四围)AZK4地表水水质分析判别 表6.1-5

评价项目		实测值	单项评判 腐蚀等级	综合评判 腐蚀等级	备注
按环境类型对混凝土腐蚀性	SO_4^{2-} (mg/L)	177.63	微腐蚀	微腐蚀	环境类型为Ⅱ类
	Mg^{2+} (mg/L)	26.49	微腐蚀		
	NH_4^+ (mg/L)	—	微腐蚀		
	OH^- (mg/L)	0.00	微腐蚀		
	总矿化度(mg/L)	3272.99	微腐蚀		
按地层渗透性对混凝土腐蚀性	pH值	7.26	微腐蚀		A类 B类
	侵蚀性CO_2 (mg/L)	14.07	微腐蚀		
	HCO_3^- (mmol/L)	6.063	微腐蚀		
对钢筋混土中钢筋的腐蚀性	Cl^- (mg/L)	1651.97	微腐蚀 中腐蚀	微腐蚀 中腐蚀	长期浸水干湿交替

(西四围)CZK6地表水水质分析判别 表6.1-6

评价项目		实测值	单项评判 腐蚀等级	综合评判 腐蚀等级	备注
按环境类型对混凝土腐蚀性	SO_4^{2-} (mg/L)	185.33	微腐蚀	微腐蚀	环境类型为Ⅱ类
	Mg^{2+} (mg/L)	12.28	微腐蚀		
	NH_4^+ (mg/L)	—	微腐蚀		
	OH^- (mg/L)	0.00	微腐蚀		
	总矿化度(mg/L)	6409.46	微腐蚀		

续上表

评价项目		实测值	单项评判腐蚀等级	综合评判腐蚀等级	备注
按地层渗透性对混凝土腐蚀性	pH值	7.27	微腐蚀	微腐蚀	A类 B类
	侵蚀性 CO_2（mg/L）	11.09	微腐蚀		
	HCO_3^-（mmol/L）	5.815	微腐蚀		
对钢筋混土中钢筋的腐蚀性	Cl^-（mg/L）	3545.0	微腐蚀 中腐蚀	微腐蚀 中腐蚀	长期浸水 干湿交替

(西四围)**LZK16地下水水质分析判别** 表6.1-7

评价项目		实测值	单项评判腐蚀等级	综合评判腐蚀等级	备注
按环境类型对混凝土腐蚀性	SO_4^{2-}（mg/L）	206.49	微腐蚀	微腐蚀	环境类型为Ⅱ类
	Mg^{2+}（mg/L）	131.14	微腐蚀		
	NH_4^+（mg/L）	—	微腐蚀		
	OH^-（mg/L）	0.00	微腐蚀		
	总矿化度（mg/L）	5458.26	微腐蚀		
按地层渗透性对混凝土腐蚀性	pH值	7.39	微腐蚀		A类 B类
	侵蚀性 CO_2（mg/L）	12.16	微腐蚀		
	HCO_3^-（mmol/L）	5.314	微腐蚀		
对钢筋混土中钢筋的腐蚀性	Cl^-（mg/L）	2977.80	微腐蚀 中腐蚀	微腐蚀 中腐蚀	长期浸水干湿交替

(西四围)**KZK13地下水水质分析判别** 表6.1-8

评价项目		实测值	单项评判腐蚀等级	综合评判腐蚀等级	备注
按环境类型对混凝土腐蚀性	SO_4^{2-}（mg/L）	174.25	微腐蚀	微腐蚀	环境类型为Ⅱ类
	Mg^{2+}（mg/L）	9.53	微腐蚀		
	NH_4^+（mg/L）	—	微腐蚀		
	OH^-（mg/L）	0.00	微腐蚀		
	总矿化度（mg/L）	2269.28	微腐蚀		
按地层渗透性对混凝土腐蚀性	pH值	7.26	微腐蚀		A类 B类
	侵蚀性 CO_2（mg/L）	12.59	微腐蚀		
	HCO_3^-（mmol/L）	5.249	微腐蚀		
对钢筋混土中钢筋的腐蚀性	Cl^-（mg/L）	1063.50	微腐蚀 中腐蚀	微腐蚀 中腐蚀	长期浸水 干湿交替

（西四围）**AGL57地下水水质分析判别** 表6.1-9

评价项目		实测值	单项评判腐蚀等级	综合评判腐蚀等级	备注
按环境类型对混凝土腐蚀性	SO_4^{2-}（mg/L）	215.23	微腐蚀	微腐蚀	环境类型为Ⅱ类
	Mg^{2+}（mg/L）	17.63	微腐蚀		
	NH_4^+（mg/L）	—	微腐蚀		
	OH^-（mg/L）	0.00	微腐蚀		
	总矿化度（mg/L）	15828.07	微腐蚀		
按地层渗透性对混凝土腐蚀性	pH值	7.33	微腐蚀		A类 B类
	侵蚀性CO_2（mg/L）	14.35	微腐蚀		
	HCO_3^-（mmol/L）	6.334	微腐蚀		
对钢筋混土中钢筋的腐蚀性	Cl^-（mg/L）	9217.12	微腐蚀 强腐蚀	微腐蚀 强腐蚀	长期浸水干湿交替

（西五围）**DZK13地下水水质分析判别** 表6.1-10

评价项目		实测值	单项评判腐蚀等级	综合评判腐蚀等级	备注
按环境类型对混凝土腐蚀性	SO_4^{2-}（mg/L）	197.86	微腐蚀	微腐蚀	环境类型为Ⅱ类
	Mg^{2+}（mg/L）	11.57	微腐蚀		
	NH_4^+（mg/L）	—	微腐蚀		
	OH^-（mg/L）	0.00	微腐蚀		
	总矿化度（mg/L）	7081.22	微腐蚀		
按地层渗透性对混凝土腐蚀性	pH值	7.28	微腐蚀		A类 B类
	侵蚀性CO_2（mg/L）	11.35	微腐蚀		
	HCO_3^-（mmol/L）	7.118	微腐蚀		
对钢筋混土中钢筋的腐蚀性	Cl^-（mg/L）	3899.50	微腐蚀 中腐蚀	微腐蚀 中腐蚀	长期浸水干湿交替

（西五围）**NZK14地表水水质分析判别** 表6.1-11

评价项目		实测值	单项评判腐蚀等级	综合评判腐蚀等级	备注
按环境类型对混凝土腐蚀性	SO_4^{2-}（mg/L）	154.17	微腐蚀	微腐蚀	环境类型为Ⅱ类
	Mg^{2+}（mg/L）	21.28	微腐蚀		
	NH_4^+（mg/L）	—	微腐蚀		
	OH^-（mg/L）	0.00	微腐蚀		
	总矿化度（mg/L）	2,550.86	微腐蚀		

续上表

评价项目		实测值	单项评判腐蚀等级	综合评判腐蚀等级	备注
按地层渗透性对混凝土腐蚀性	pH值	7.18	微腐蚀	微腐蚀	A类 B类
	侵蚀性CO_2（mg/L）	12.17	微腐蚀		
	HCO_3^-（mmol/L）	4.757	微腐蚀		
对钢筋混土中钢筋的腐蚀性	Cl^-（mg/L）	1276.20	微腐蚀 中腐蚀	微腐蚀 中腐蚀	长期浸水 干湿交替

（西五围）**NZK15地下水水质分析判别** 表6.1-12

评价项目		实测值	单项评判腐蚀等级	综合评判腐蚀等级	备注
按环境类型对混凝土腐蚀性	SO_4^{2-}（mg/L）	245.47	微腐蚀	微腐蚀	环境类型为Ⅱ类
	Mg^{2+}（mg/L）	27.28	微腐蚀		
	NH_4^+（mg/L）	—	微腐蚀		
	OH^-（mg/L）	0.00	微腐蚀		
	总矿化度（mg/L）	16798.03	微腐蚀		
按地层渗透性对混凝土腐蚀性	pH值	7.48	微腐蚀		A类 B类
	侵蚀性CO_2（mg/L）	14.84	微腐蚀		
	HCO_3^-（mmol/L）	6.522	微腐蚀		
对钢筋混土中钢筋的腐蚀性	Cl^-（mg/L）	9784.50	微腐蚀 强腐蚀	微腐蚀 强腐蚀	长期浸水 干湿交替

（西五围）**MZK5地表水水质分析判别** 表6.1-13

评价项目		实测值	单项评判腐蚀等级	综合评判腐蚀等级	备注
按环境类型对混凝土腐蚀性	SO_4^{2-}（mg/L）	162.85	微腐蚀	微腐蚀	环境类型为Ⅱ类
	Mg^{2+}（mg/L）	23.64	微腐蚀		
	NH_4^+（mg/L）	—	微腐蚀		
	OH^-（mg/L）	0.00	微腐蚀		
	总矿化度（mg/L）	4207.08	微腐蚀		
按地层渗透性对混凝土腐蚀性	pH值	7.22	微腐蚀		A类 B类
	侵蚀性CO_2（mg/L）	14.65	微腐蚀		
	HCO_3^-（mmol/L）	5.981	微腐蚀		
对钢筋混土中钢筋的腐蚀性	Cl^-（mg/L）	2233.35	微腐蚀 中腐蚀	微腐蚀 中腐蚀	长期浸水 干湿交替

(西五围)**OZK2地下水水质分析判别** 表6.1-14

<table>
<tr><th colspan="2">评价项目</th><th>实测值</th><th>单项评判
腐蚀等级</th><th>综合评判
腐蚀等级</th><th>备注</th></tr>
<tr><td rowspan="5">按环境类型对混凝土腐蚀性</td><td>SO_4^{2-}(mg/L)</td><td>193.56</td><td>微腐蚀</td><td rowspan="8">微腐蚀</td><td rowspan="5">环境类型为Ⅱ类</td></tr>
<tr><td>Mg^{2+}(mg/L)</td><td>12.08</td><td>微腐蚀</td></tr>
<tr><td>NH_4^+(mg/L)</td><td>—</td><td>微腐蚀</td></tr>
<tr><td>OH^-(mg/L)</td><td>0.00</td><td>微腐蚀</td></tr>
<tr><td>总矿化度(mg/L)</td><td>5719.60</td><td>微腐蚀</td></tr>
<tr><td rowspan="3">按地层渗透性对混凝土腐蚀性</td><td>pH值</td><td>7.24</td><td>微腐蚀</td><td rowspan="3">A类
B类</td></tr>
<tr><td>侵蚀性CO_2(mg/L)</td><td>13.67</td><td>微腐蚀</td></tr>
<tr><td>HCO_3^-(mmol/L)</td><td>5.844</td><td>微腐蚀</td></tr>
<tr><td>对钢筋混土中钢筋的腐蚀性</td><td>Cl^-(mg/L)</td><td>3119.60</td><td>微腐蚀
中腐蚀</td><td>微腐蚀
中腐蚀</td><td>长期浸水
干湿交替</td></tr>
</table>

QZK12地表水水质分析判别 表6.1-15

<table>
<tr><th colspan="2">评价项目</th><th>实测值</th><th>单项评判
腐蚀等级</th><th>综合评判
腐蚀等级</th><th>备注</th></tr>
<tr><td rowspan="5">按环境类型对混凝土腐蚀性</td><td>SO_4^{2-}(mg/L)</td><td>202.35</td><td>微腐蚀</td><td rowspan="8">微腐蚀</td><td rowspan="5">环境类型为Ⅱ类</td></tr>
<tr><td>Mg^{2+}(mg/L)</td><td>15.02</td><td>微腐蚀</td></tr>
<tr><td>NH_4^+(mg/L)</td><td>—</td><td>微腐蚀</td></tr>
<tr><td>OH^-(mg/L)</td><td>0.00</td><td>微腐蚀</td></tr>
<tr><td>总矿化度(mg/L)</td><td>7698.59</td><td>微腐蚀</td></tr>
<tr><td rowspan="3">按地层渗透性对混凝土腐蚀性</td><td>pH值</td><td>7.32</td><td>微腐蚀</td><td rowspan="3">A类
B类</td></tr>
<tr><td>侵蚀性CO_2(mg/L)</td><td>13.95</td><td>微腐蚀</td></tr>
<tr><td>HCO_3^-(mmol/L)</td><td>7.684</td><td>微腐蚀</td></tr>
<tr><td>对钢筋混土中钢筋的腐蚀性</td><td>Cl^-(mg/L)</td><td>4254.17</td><td>微腐蚀
中腐蚀</td><td>微腐蚀
中腐蚀</td><td>长期浸水
干湿交替</td></tr>
</table>

⑤场地土腐蚀性。

本次详勘共采取土样12组,根据土样试验成果资料分析,依据《公路工程地质勘察规范》(JTG C20—2011)附录K进行判别,结果表明:场地内土对混凝土结构、钢筋结构具有微腐蚀性,对钢筋混凝土中的钢筋具有微腐蚀性,土质分析结果见表6.1-16~表6.1-27。

(西三围)**BGL47孔位土质分析判别** 表6.1-16

<table>
<tr><th colspan="2">评价项目</th><th>实测值</th><th>单项评判
腐蚀等级</th><th>综合评判
腐蚀等级</th><th>备注</th></tr>
<tr><td rowspan="2">按环境类型对混凝土腐蚀性</td><td>SO_4^{2-}(mg/kg)</td><td>33.58</td><td>微腐蚀</td><td rowspan="2">微腐蚀</td><td rowspan="2">按环境Ⅱ类型对混凝土腐蚀性</td></tr>
<tr><td>Mg^{2+}(mg/kg)</td><td>5.67</td><td>微腐蚀</td></tr>
</table>

续上表

评价项目		实测值	单项评判腐蚀等级	综合评判腐蚀等级	备注
按地层渗透对混凝土腐蚀性	pH值	7.34	微腐蚀		B类
对钢筋混凝土中的钢筋的腐蚀性	Cl^-（mg/kg）	39.79	微腐蚀	微腐蚀	B类
对钢结构的腐蚀性	pH值	7.34	微腐蚀	微腐蚀	—

（西三围）**BGL85孔位土质分析判别** 表6.1-17

评价项目		实测值	单项评判腐蚀等级	综合评判腐蚀等级	备注
按环境类型对混凝土腐蚀性	SO_4^{2-}（mg/kg）	59.64	微腐蚀	微腐蚀	按环境Ⅱ类型对混凝土腐蚀性
	Mg^{2+}（mg/kg）	9.28	微腐蚀		
按地层渗透对混凝土腐蚀性	pH值	7.31	微腐蚀		B类
对钢筋混凝土中的钢筋的腐蚀性	Cl^-（mg/kg）	86.52	微腐蚀	微腐蚀	B类
对钢结构的腐蚀性	pH值	7.31	微腐蚀	微腐蚀	—

（西三围）**BZK35孔位土质分析判别** 表6.1-18

评价项目		实测值	单项评判腐蚀等级	综合评判腐蚀等级	备注
按环境类型对混凝土腐蚀性	SO_4^{2-}（mg/kg）	32.58	微腐蚀	微腐蚀	按环境Ⅱ类型对混凝土腐蚀性
	Mg^{2+}（mg/kg）	6.37	微腐蚀		
按地层渗透对混凝土腐蚀性	pH值	7.28	微腐蚀		B类
对钢筋混凝土中的钢筋的腐蚀性	Cl^-（mg/kg）	39.22	微腐蚀	微腐蚀	B类
对钢结构的腐蚀性	pH值	7.28	微腐蚀	微腐蚀	—

（西四围）**AGL65孔位土质分析判别** 表6.1-19

评价项目		实测值	单项评判腐蚀等级	综合评判腐蚀等级	备注
按环境类型对混凝土腐蚀性	SO_4^{2-}（mg/kg）	50.63	微腐蚀	微腐蚀	按环境Ⅱ类型对混凝土腐蚀性
	Mg^{2+}（mg/kg）	7.54	微腐蚀		
按地层渗透对混凝土腐蚀性	pH值	7.23	微腐蚀		B类
对钢筋混凝土中的钢筋的腐蚀性	Cl^-（mg/kg）	79.36	微腐蚀	微腐蚀	B类
对钢结构的腐蚀性	pH值	7.23	微腐蚀	微腐蚀	—

（西四围）**LZK21孔位土质分析判别** 表6.1-20

评价项目		实测值	单项评判腐蚀等级	综合评判腐蚀等级	备注
按环境类型对混凝土腐蚀性	SO_4^{2-}（mg/kg）	69.64	微腐蚀	微腐蚀	按环境Ⅱ类型对混凝土腐蚀性
	Mg^{2+}（mg/kg）	18.37	微腐蚀		
按地层渗透对混凝土腐蚀性	pH值	7.31	微腐蚀		B类
对钢筋混凝土中的钢筋的腐蚀性	Cl^-（mg/kg）	146.52	微腐蚀	微腐蚀	B类
对钢结构的腐蚀性	pH值	7.31	微腐蚀	微腐蚀	—

（西四围）**LZK8孔位土质分析判别** 表6.1-21

评价项目		实测值	单项评判腐蚀等级	综合评判腐蚀等级	备注
按环境类型对混凝土腐蚀性	SO_4^{2-}（mg/kg）	55.63	微腐蚀	微腐蚀	按环境Ⅱ类型对混凝土腐蚀性
	Mg^{2+}（mg/kg）	9.58	微腐蚀		
按地层渗透对混凝土腐蚀性	pH值	7.26	微腐蚀		B类
对钢筋混凝土中的钢筋的腐蚀性	Cl^-（mg/kg）	71.27	微腐蚀	微腐蚀	B类
对钢结构的腐蚀性	pH值	7.26	微腐蚀	微腐蚀	—

（西四围）**CZK11孔位土质分析判别** 表6.1-22

评价项目		实测值	单项评判腐蚀等级	综合评判腐蚀等级	备注
按环境类型对混凝土腐蚀性	SO_4^{2-}（mg/kg）	40.21	微腐蚀	微腐蚀	按环境Ⅱ类型对混凝土腐蚀性
	Mg^{2+}（mg/kg）	7.13	微腐蚀		
按地层渗透对混凝土腐蚀性	pH值	7.32	微腐蚀		B类
对钢筋混凝土中的钢筋的腐蚀性	Cl^-（mg/kg）	46.25	微腐蚀	微腐蚀	B类
对钢结构的腐蚀性	pH值	7.32	微腐蚀	微腐蚀	—

（西四围）**AZK15孔位土质分析判别** 表6.1-23

评价项目		实测值	单项评判腐蚀等级	综合评判腐蚀等级	备注
按环境类型对混凝土腐蚀性	SO_4^{2-}（mg/kg）	37.26	微腐蚀	微腐蚀	按环境Ⅱ类型对混凝土腐蚀性
	Mg^{2+}（mg/kg）	6.87	微腐蚀		
按地层渗透对混凝土腐蚀性	pH值	7.23	微腐蚀		B类
对钢筋混凝土中的钢筋的腐蚀性	Cl^-（mg/kg）	41.58	微腐蚀	微腐蚀	B类
对钢结构的腐蚀性	pH值	7.23	微腐蚀	微腐蚀	—

(西四围)**CZK12孔位土质分析判别** 表6.1-24

评价项目		实测值	单项评判腐蚀等级	综合评判腐蚀等级	备注
按环境类型对混凝土腐蚀性	SO_4^{2-} (mg/kg)	43.57	微腐蚀	微腐蚀	按环境Ⅱ类型对混凝土腐蚀性
	Mg^{2+} (mg/kg)	7.64	微腐蚀		
按地层渗透对混凝土腐蚀性	pH值	7.29	微腐蚀		B类
对钢筋混凝土中的钢筋的腐蚀性	Cl^- (mg/kg)	54.21	微腐蚀	微腐蚀	B类
对钢结构的腐蚀性	pH值	7.29	微腐蚀	微腐蚀	—

(西五围)**NZK1孔位土质分析判别** 表6.1-25

评价项目		实测值	单项评判腐蚀等级	综合评判腐蚀等级	备注
按环境类型对混凝土腐蚀性	SO_4^{2-} (mg/kg)	56.82	微腐蚀	微腐蚀	按环境Ⅱ类型对混凝土腐蚀性
	Mg^{2+} (mg/kg)	9.57	微腐蚀		
按地层渗透对混凝土腐蚀性	pH值	7.24	微腐蚀		B类
对钢筋混凝土中的钢筋的腐蚀性	Cl^- (mg/kg)	124.35	微腐蚀	微腐蚀	B类
对钢结构的腐蚀性	pH值	7.24	微腐蚀	微腐蚀	—

(西五围)**DGL5孔位土质分析判别** 表6.1-26

评价项目		实测值	单项评判腐蚀等级	综合评判腐蚀等级	备注
按环境类型对混凝土腐蚀性	SO_4^{2-} (mg/kg)	48.27	微腐蚀	微腐蚀	按环境Ⅱ类型对混凝土腐蚀性
	Mg^{2+} (mg/kg)	7.94	微腐蚀		
按地层渗透对混凝土腐蚀性	pH值	7.26	微腐蚀		B类
对钢筋混凝土中的钢筋的腐蚀性	Cl^- (mg/kg)	91.03	微腐蚀	微腐蚀	B类
对钢结构的腐蚀性	pH值	7.26	微腐蚀	微腐蚀	—

(西五围)**OZK10孔位土质分析判别** 表6.1-27

评价项目		实测值	单项评判腐蚀等级	综合评判腐蚀等级	备注
按环境类型对混凝土腐蚀性	SO_4^{2-} (mg/kg)	39.18	微腐蚀	微腐蚀	按环境Ⅱ类型对混凝土腐蚀性
	Mg^{2+} (mg/kg)	7.44	微腐蚀		
按地层渗透对混凝土腐蚀性	pH值	7.27	微腐蚀		B类
对钢筋混凝土中的钢筋的腐蚀性	Cl^- (mg/kg)	43.26	微腐蚀	微腐蚀	B类
对钢结构的腐蚀性	pH值	7.27	微腐蚀	微腐蚀	—

6.1.3 路线工程地质条件及评价建议

1)路线工程地质分区

工程地质区的划分以地貌为基本原则,结合岩组及其物理力学强度和水文地质等情况进行划分。

本项目区地貌属三角洲平原类型，岩组由第四系松散沉积物组成，大多分布在平原及河流沟谷地段，厚度不一，主要为海陆交互相沉积物，软土及饱和砂土分布较广泛，工程地质条件、水文地质及环境条件较复杂。为此，将项目区定为三角洲平原第四系松散层工程地质区（Ⅰ区）。

2)沿线岩土体特征及评价

全线沿线岩土体地层工程地质特征如下：

为三角洲平原，工程地质区的第Ⅰ区，整体地形较为平坦。

岩性组合主要分为两类：浅层多为素填土、杂填土、冲（吹）填土、淤泥质土、黄褐色、浅灰色粉质黏土、砂类土等组成，厚度不均；底部为燕山期花岗岩及其风化层（厚层），厚度较大，本次钻孔深度范围内未揭露层底。

本项目主要为路基工程、管廊工程及桥梁工程，沿线软土广泛分布，厚度不均，主要工程地质问题为软土、软土震陷及可液化饱和砂土问题。

3)不良地质特征及评价

勘察场地内暂未发现无地面沉陷等不良地质作用，地基暂未发现无暗浜、古河道、大的洞室等不良地质作用，主要的不良地质有软土震陷及砂土液化问题。

(1)软土震陷。

场地内广泛分布软土，埋藏浅，局部厚度较大，《岩土工程勘察规范》(GB 50021—2001)(2009年版)第5.7.11条指出："抗震设防烈度等于或大于7度的厚层软土分布区，宜判别软土震陷的可能性和估算震陷量"。该条款要求项目区内有软土分布的，须判定软土震陷的可能性，但未提出估算震陷量的估算方法。条文说明亦指出，当地基承载力特征值或剪切波速大于表6.1-28所列数值时，可不考虑震陷影响。

临界承载力特征值和等效剪切波速　　　　表6.1-28

抗震设防烈度	7度	8度	9度
承载力特征值f_a（kPa）	>80	>100	>120
等效剪切波速V_{sr}（m/s）	>90	>140	>200

根据本场地波速测试成果图，场地20m范围以内的平均剪切波速在135.03~165.10m/s之间，地震基本烈度为7度区，参照规范，可以认为本项目所涉及的软土层可不考虑软土震陷的影响。

(2)砂土液化。

根据本项目区域地质资料，拟建场区抗震设防烈度为7度，地震动峰加速度值为0.1g。依据《建筑抗震设计规范》(GB 50011—2010)(2016年版)，地震动峰值加速度≥0.1g的地区，地面以下20m内有饱和砂土、粉土时需进行液化判别，测区内饱和砂土液化等级为不液化～轻微液化，液化指数为0.43~3.62；测区内饱和砂土液化[冲(吹)填土]等级为中等液化～严重液化，基本位于西五围。砂土液化判别见表6.1-29。

砂土液化判别表　　　　表6.1-29

钻孔编号	地层编号	最高地下水深	地层顶~底板深度	标准贯入试验 试验深度	实测击数	黏粒含量取值	土分类	锤击数临界值	判别	本层 $\sum(1-N_i/N_{cr})\cdot d_i\cdot w_i$	本孔 液化指数	液化等级
		w_i	d_i	d_s	N_i	ρ_c	—	N_{cr}			—	—
		m		m	击	%	—	击			—	
AGL34	②2	1.10	18.30~24.40	18.45	7	3.0	中砂	18.32	液化	0.60	0.60	轻微
AZK17	②6	-0.70	14.90~18.40	16.45	20	3.0	细砂	19.76	不液化	—	—	不液化
			14.90~18.40	18.45	21	3.0		19.76	不液化	—		
DZK1	①3	0.50	0.00~9.60	2.85	2	3.0	冲（吹）填土	7.95	液化	10.15	10.15	中等
			0.00~9.60	4.85	2	3.0		9.35	液化	18.15	18.15	严重
			0.00~9.60	6.85	1	3.0		10.75	液化	29.57	29.57	严重
			0.00~9.60	8.85	1	3.0		12.15	液化	38.66	38.66	严重
DZK6	①3	-0.10	0.00~8.00	2.85	1	3.0	冲（吹）填土	8.37	液化	12.04	12.04	中等
			0.00~8.00	4.85	1	3.0		9.77	液化	20.90	20.90	严重
			0.00~8.00	6.85	1	3.0		11.17	液化	29.94	29.94	严重
DZK20	①3	-0.10	0.00~9.40	2.85	0	3.0	冲（吹）填土	8.37	液化	13.58	13.58	中等
			0.00~9.40	4.85	0	3.0		9.77	液化	23.11	23.11	严重
			0.00~9.40	6.85	0	3.0		11.17	液化	32.64	32.64	严重
			0.00~9.40	8.85	0	3.0		12.57	液化	42.17	42.17	严重
DZK22	①3	-0.20	0.00~7.40	2.85	0	3.0	冲（吹）填土	8.44	液化	13.72	13.72	中等
			0.00~7.40	5.85	0	3.0		10.54	液化	28.17	28.17	严重
DGL28	①3	-0.10	0.00~7.20	2.85	0	3.0	冲（吹）填土	8.37	液化	13.74	13.74	中等
			0.00~7.20	4.85	0	3.0		9.77	液化	23.38	23.38	严重
			0.00~7.20	6.85	0	3.0		11.17	液化	33.02	33.02	严重
DGL32	①3	-0.10	0.00~6.50	2.45	0	3.0	冲（吹）填土	8.09	液化	11.85	11.85	中等
			0.00~6.50	4.45	0	3.0		9.49	液化	21.53	21.53	严重
			0.00~6.50	6.45	0	3.0		7.95	液化	31.20	31.20	严重
	②6		9.30~14.90	10.45	15	3.0	细砂	15.52	液化	0.43	0.43	轻微
			9.30~14.90	12.45	18	3.0		17.12	不液化			
			9.30~14.90	14.45	19	3.0		18.72	不液化			
DGL34	①3	-0.10	0.00~9.80	2.85	0	3.0	冲（吹）填土	8.37	液化	13.55	13.55	中等
			0.00~9.80	4.85	0	3.0		9.77	液化	23.06	23.06	严重
			0.00~9.80	6.85	0	3.0		11.17	液化	32.57	32.57	严重

续上表

钻孔编号	地层编号	最高地下水深	地层顶~底板	标准贯入试验				锤击数临界值	判别	本层	本孔	
			深度	试验深度	实测击数	黏粒含量取值	土分类			$\sum(1-N_i/N_{cr})\cdot d_i\cdot w_i$	液化指数	液化等级
		w_i	d_i	d_s	N_i	ρ_c	—	N_{cr}			—	—
		m		m	击	%	—	击			—	
			0.00~9.80	8.85	0	3.0		12.57	液化	42.08	42.08	严重
DGL38	①3	−0.10	0.00~9.50	3.45	0	3.0	冲（吹）填土	8.79	液化	16.43	16.43	中等
			0.00~9.50	6.45	0	3.0		10.89	液化	30.72	30.72	严重
			0.00~9.50	9.45	0	3.0		12.99	液化	45.01	45.01	严重
DGL42	①3	−0.10	0.00~7.00	2.45	0	3.0	冲（吹）填土	8.09	液化	11.82	11.82	中等
			0.00~7.00	4.45	0	3.0		9.49	液化	21.47	21.47	严重
			0.00~7.00	6.45	0	3.0		10.89	液化	31.12	31.12	严重
DGL44	①3	−0.10	0.00~4.50	3.45	0	3.0	冲（吹）填土	7.53	液化	16.86	16.86	中等
MZK2	①3	−0.10	0.00~8.00	3.85	0	3.0	冲（吹）填土	9.07	液化	18.48	18.48	严重
			0.00~8.00	6.85	0	3.0		11.17	液化	32.88	32.88	严重
NZK18	①3	−0.10	0.00~9.90	3.85	0	3.0	冲（吹）填土	9.07	液化	18.30	18.30	严重
			0.00~9.90	6.85	0	3.0		11.17	液化	32.55	32.55	严重
			0.00~9.90	9.85	0	3.0		13.27	液化	46.81	46.81	严重
NZK20	①3	−0.10	0.00~8.10	3.85	0	3.0	冲（吹）填土	9.07	液化	18.47	18.47	严重
			0.00~8.10	6.85	0	3.0		11.17	液化	32.86	32.86	严重
NZK22	①3	−0.10	0.00~7.90	3.85	0	3.0	冲（吹）填土	9.07	液化	18.49	18.49	严重
			0.00~7.90	6.85	0	3.0		11.17	液化	32.90	32.90	严重
NZK24	①3	−0.10	0.00~11.00	2.85	0	3.0	冲（吹）填土	8.37	液化	13.47	13.47	中等
			0.00~11.00	4.85	0	3.0		9.77	液化	22.92	22.92	严重
			0.00~11.00	6.85	0	3.0		11.17	液化	32.37	32.37	严重
			0.00~11.00	8.85	0	3.0		12.57	液化	41.82	41.82	严重
			0.00~11.00	10.85	0	3.0		13.97	液化	51.27	51.27	严重
OZK4	②2	0.30	17.90~20.80	18.85	21	3.0	中砂	18.96	不液化			不液化
OZK6	②2	0.30	17.30~21.20	18.85	21	3.0	中砂	18.96	不液化			不液化
PZK1	①3	−0.10	0.00~5.10	3.85	0	3.0	冲（吹）填土	9.07	液化	18.76	18.76	严重
PZK3	①3	−0.10	0.00~8.90	3.85	0	3.0	冲（吹）填土	9.07	液化	18.39	18.39	严重
			0.00~8.90	6.85	0	3.0		11.17	液化	32.73	32.73	严重
PZK5	①3	−0.10	0.00~6.00	2.85	0	3.0	冲（吹）填土	8.37	液化	13.82	13.82	中等
			0.00~6.00	5.85	0	3.0		10.47	液化	28.37	28.37	严重

续上表

钻孔编号	地层编号	最高地下水深	地层顶~底板	标准贯入试验				锤击数临界值	判别	本层	本孔	
			深度	试验深度	实测击数	黏粒含量取值	土分类			$\sum(1-N_i/N_{cr})\cdot d_i\cdot w_i$	液化指数	液化等级
		w_i	d_i	d_s	N_i	ρ_c	—	N_{cr}			—	—
		m		m	击	%	—	击			—	
PZK7	①3	−0.10	0.00~10.00	2.85	0	3.0	冲（吹）填土	8.37	液化	13.54	13.54	中等
			0.00~10.00	5.85	0	3.0		10.47	液化	27.79	27.79	严重
			0.00~10.00	8.85	0	3.0		12.57	液化	42.04	42.04	严重
PZK11	①3	−0.20	0.00~8.50	3.85	0	3.0	冲（吹）填土	9.14	液化	18.43	18.43	严重
			0.00~8.50	6.85	0	3.0		11.24	液化	32.79	32.79	严重
	②6		14.90~19.50	16.85	11	3.0	细砂	19.36	液化	3.62	3.62	轻微
			14.90~19.50	18.85	12	3.0		19.36	液化			
备注	抗震设防烈度:7。 设计地震分组:第一组。 设计基本地震加速度(g):0.10。 最大判别深度(m):20。 锤击数基准值:7。 含量取值指计算时采用的黏粒含量百分率,当实测值小于3或为砂土时,应采用3。 本次计算依据《建筑抗震设计规范》(GB 50011—2010)(2016年版)											

4)特殊性岩土特性及评价

(1)人工填土。

根据本次的勘察情况,结合调绘资料,已完成的勘探场地范围内大部分区域分布人工填土,主要为①1素填土、①2杂填土及①3冲(吹)填土。①1素填土主要由黏性土及少量碎、块石组成;①2杂填土主要成分为黏性土及建筑垃圾等,底部为淤泥质土,各成分含量随地段分布不均匀;①3冲(吹)填土主要由粉砂、细砂、黏性土及淤泥质土组成。人工填土松散~稍压实,位于既有土路浅部区域的填土层压实度相对较大,其余部分压实度相对较低,对工程有一定影响。

(2)软土。

本项目软土广泛分布,局部呈多层分布,厚度在1.2~34.8m之间不等。由于本项目软土厚度较大、含水率高、灵敏度高、压缩性高、孔隙比较大、抗剪强度低、地基基本承载力容许值低,若处理不当可能产生严重不良病害。路基路段建议采用复合地基处理。软土特征及分布一览表详见表6.1-30,软土物理力学指标见表6.1-31。

软土特征及分布一览表　　表6.1-30

序号	道路名称	长度（m）	地形地貌、特征地物	软土特征					上覆层及厚度	下卧层	评价建议
				土名	层号	颜色	状态	厚度（m）			
1	品尚街	322.571	三角洲平原	淤泥质土	②1	灰色	流塑	6.9~19.3	填土厚8.6~16.3m	粉质黏土	对浅层软土采用先进技术，如脱水固化等或进行换填，须进行论证，达到大型设备可以施工时再进行地基处理；对深层软土建议进行变形验算，若满足要求则不处理
2	思洋街	610.764		淤泥质土	②1	灰色	流塑	10.3~28.5	填土厚4.5~10.2m	粉质黏土、黏土、中砂、砂质黏性土、全风化花岗岩	
3	和运路	1663.111		淤泥质土	②1	灰色	流塑	3.3~34.8	填土厚3.5~15.2m	粉质黏土、中砂、细砂、砂质黏性土、全风化花岗岩	
4	思康街	509.079		淤泥质土	②1	灰色	流塑	6.0~17.5	填土厚2.8~13.1m	粉质黏土、砂质黏性土	
5	仁济街	846.372		淤泥质土	②1	灰色	流塑	1.6~26.7	填土厚1.5~15.8m	粉质黏土、砂质黏性土、全风化花岗岩	
6	仁爱路	1694.693		淤泥质土	②1	灰色	流塑	2.7~12.8	填土厚1.0~14.6m	粉质黏土、砂质黏性土	

续上表

序号	道路名称	长度（m）	地形地貌、特征地物	软土特征					上覆层及厚度	下卧层	评价建议
				土名	层号	颜色	状态	厚度（m）			
7	海月路	697.413	三角洲平原	淤泥质土	②1	灰色	流塑	3.4~28.5	填土厚2.4~13.5m	粉质黏土、黏土、砂质黏性土、全风化花岗岩	对浅层软土采用先进技术，如脱水固化等或进行换填，须进行论证，达到大型设备可以施工时再进行地基处理；对深层软土建议进行变形验算，若满足要求则不处理
8	通汇街	838.371		淤泥质土	②1	灰色	流塑	4.3~28.7	填土厚0.8~16.4m	粉质黏土、中砂、细砂、砂质黏性土、全风化花岗岩	
9	悦洋街	658.643		淤泥质土	②1	灰色	流塑	4.9~22.1	填土厚1.2~11.5m	粉质黏土、细砂、砂质黏性土、全风化花岗岩	
10	启航路	2692.354		淤泥质土	②1	灰色	流塑	5.5~30.8	填土厚1.0~16.2m	粉质黏土、中砂、细砂、砂质黏性土、全风化花岗岩	
11	启辉路	1669.595		淤泥质土	②1	灰色	流塑	4.6~29.8	填土厚0.0~6.2m	粉质黏土、中砂、细砂、砂质黏性土、全风化花岗岩	
12	启元路	1681.637		淤泥质土	②1	灰色	流塑	1.3~34.4	填土厚0.0~18.5m	粉质黏土、细砂、砂质黏性土、全风化花岗岩	

续上表

序号	道路名称	长度（m）	地形地貌、特征地物	软土特征					上覆层及厚度	下卧层	评价建议
				土名	层号	颜色	状态	厚度（m）			
13	万晖街	772.757	三角洲平原	淤泥质土	②1	灰色	流塑	2.4~14.8	填土厚5.1~11.4m	粉质黏土、中砂、细砂、砂质黏性土、全风化花岗岩	对浅层软土采用先进技术，如脱水固化等或进行换填，须进行论证，达到大型设备可以施工时再进行地基处理；对深层软土建议进行变形验算，若满足要求则不处理
14	万吉街	750.226		淤泥质土	②1	灰色	流塑	3.5~14.3	填土厚1.0~14.5m	粉质黏土、中砂、砂质黏性土、全风化花岗岩	
15	万象街	751.947		淤泥质土	②1	灰色	流塑	7.9~19.8	填土厚1.0~13.1m	粉质黏土、中砂、砂质黏性土、全风化花岗岩	
16	致远路	1768.579		淤泥质土	②1	灰色	流塑	2.5~24.4	填土厚0.7~20.0m	粉质黏土、中砂、砂质黏性土、全风化花岗岩	
17	宁静路	1765.78		淤泥质土	②1	灰色	流塑	5.4~27.5	填土厚1.0~10.7m	粉质黏土、砂质黏性土、全风化花岗岩	

软土物理力学指标表 表6.1-31

层号				②1							
土层名称				淤泥质土							
项目				最大值	最小值	平均值	个数	标准差	变异系数	修正系数	标准值
基本物理性指标	含水率	w	%	87	28.5	54.5	3071	9.334	0.171	1.005	54.7
基本物理性指标	湿密度	ρ	g/cm^3	1.87	1.45	1.66	3071	0.069	0.041	0.999	1.65
基本物理性指标	土粒比重	G_s	—	2.71	2.54	2.62	3071	0.02	0.008	1	2.62
基本物理性指标	孔隙比	e	—	2.262	0.862	1.446	3042	0.233	0.161	1.005	1.453
基本物理性指标	饱和度	S_r	%	100	76.7	98.2	3075	1.313	0.013	1	98.2
液塑限	液限	w_L	%	62.5	33.5	45.5	3071	5.927	0.13	0.996	45.3
液塑限	塑限	w_P	%	39.2	20.5	28.2	3071	3.455	0.123	0.996	28.1
液塑限	塑性指数	I_P	—	28.9	10.1	17.3	3071	3.315	0.191	0.994	17.2
液塑限	液性指数	I_L	—	2.04	0.41	1.5	3070	0.127	0.084	1.003	1.51
直接快剪	凝聚力	c_q	kPa	29.4	1.5	4.4	1605	1.422	0.323	0.986	4.3
直接快剪	内摩擦角	φ_q	°	31.2	1.4	3.6	1605	1.27	0.356	0.985	3.5
直接慢剪	凝聚力	c_s	kPa	10	5.3	7.3	77	0.967	0.133	0.974	7.1
直接慢剪	内摩擦角	φ_s	°	9.6	4.8	6.8	77	0.89	0.13	0.975	6.7
固结试验	压缩系数	a_v	MPa^{-1}	2.88	0.41	1.309	3037	0.29	0.222	1.007	1.318
固结试验	压缩模量	E_s	MPa	5.32	0.89	1.92	3037	0.335	0.174	0.995	1.91
竖向	渗透系数	k_v	cm/s	9.94×10^{-6}	8.00×10^{-9}	7.65×10^{-6}	130	0.19	0.249	1.037	7.94×10^{-6}
水平	渗透系数	k_h	cm/s	9.41×10^{-6}	7.41×10^{-6}	8.60×10^{-6}	9	0.063	0.073	1.046	9.00×10^{-6}
固结快剪	凝聚力	C_{cp}	kPa	49	8.3	13.5	1131	2.394	0.177	0.991	13.4
固结快剪	内摩擦角	φ_{cp}	°	15.1	4.1	6	1131	0.718	0.119	0.994	6
三轴试验 不固结不排水	凝聚力	c_{uu}	kPa	9.4	3.2	6.2	104	1.236	0.2	0.967	6
三轴试验 不固结不排水	内摩擦角	φ_{uu}	°	6.5	2.3	4	104	0.977	0.245	0.959	3.8
三轴试验 固结不排水	凝聚力	c_{cu}	kPa	19.4	9.5	14.7	98	2.324	0.158	0.973	14.3
三轴试验 固结不排水	内摩擦角	φ_{cu}	°	13.2	6.3	9.3	98	1.577	0.17	0.971	9
前期固结压力		P_c	kPa	99.9	23.2	63.345	74	19.004	0.3	1.06	67.125

续上表

层号				②1							
土层名称				淤泥质土							
项目				最大值	最小值	平均值	个数	标准差	变异系数	修正系数	标准值
无侧限抗压强度	原状	q_u	kPa	23.8	13.6	19.25	57	2.487	0.129	0.971	18.68
有机质含量		W_u	%	3.75	2.73	3.071	64	0.223	0.072	1.016	3.118

(3)风化岩及残积土。

本路基段基岩原岩为燕山期侵入花岗岩，经长期风化作用而残留在原地形成厚度不等的花岗岩残积土，其与全风化花岗岩呈过渡接触，一般具有从上部向下部由细变粗、强度由低变高、土质不均匀、具有较大孔隙等特征。该花岗岩厚度变化较大，本项目场地残积土厚度为0.5~26.0m，全风化层厚度为0.6~20.0m。残积土和全风化层物理性质相差不大。

花岗岩残积土、全风化岩的特殊性可归结为"两高两低"，即高孔隙比、高强度、低密度和中低压缩性。一般处于可塑或硬塑状态，矿物成分以高岭石和石英为主，局部地段发育球状风化现象。

当花岗岩残积土、全风化花岗岩作为路基填料使用时，根据地区经验，经初步分层压实、人工整平后的路基，承载力稍低，稳定性和均匀性较差，应进行地基处理。

5)特殊性气体及评价

测区分布厚层海积地层，地质历史上属滨海相沉积形成，局部包裹有植物残骸，经长期化学反应生成甲烷等可燃气体组成的天然沼气，呈小规模的透镜状分布。施工中若遇天然沼气，要注意防止明火，避免火灾，保证施工安全。

6)场地现状稳定性、适宜性评价

场地内软土广泛分布，厚度较大，软基处理不当可能出现地基沉降现象；场地内饱和砂土液化等级为不液化~轻微液化。根据调绘资料，区域内道路工程多出现波浪形不均匀沉降现象，场地稳定性较差，适宜性欠佳，对浅层软土进行固化等措施后，原则上适宜本工程建设[54]。

7)场地地基土类型和场地类别划分

本项目共实施6个钻孔单孔剪切波速测试试验。根据单孔测试波速测试成果，场地20m范围内土层平均等效剪切波速为135.03~165.10m/s。根据《建筑抗震设计规范》(GB 50011—2010)(2016年版)，表6.1-32中分别对项目区内建筑场地的抗震地段类别、地基土类型以及工程场地类别进行划分，根据区域地质资料及本次勘察钻孔资料，等效剪切波速V_{se}≤150m/s且场地覆盖层在15~80m之间，场地类别为Ⅲ类，场地土类型为软弱土，划分为对建筑抗震不利地段；250m/s≥V_{se}>150m/s且场地覆盖层在3~15m之间，场地类别为Ⅱ类，场地土类型为中软土，划分为对建筑抗震一般地段。场地类别判定表见表6.1-32。

场地类别判定表　　表6.1-32

序号	区域	代表性测试点	等效剪切波速 V_{se}（m/s）	土的类型	覆盖层厚度（m）	场地类别	峰值加速度（g）	反应谱特征周期（s）	地段类别（对建筑抗震）
1	西三围	GZK23	165.10	中软土	40.1	Ⅱ	0.10	0.35	一般地段
2	西三围	BGL35	163.81	中软土	27.6	Ⅱ	0.10	0.35	一般地段
3	西四围	KZK16	138.74	软弱土	40.0	Ⅲ	0.125	0.45	不利地段
4	西四围	QZK5	135.03	软弱土	39.7	Ⅲ	0.125	0.45	不利地段
5	西四围	QZK11	135.11	软弱土	44.1	Ⅲ	0.125	0.45	不利地段
6	西五围	DGL39	136.31	软弱土	42.0	Ⅲ	0.125	0.45	不利地段

8)场地地基土力学参数统计及评价

为确定各层地基土的物理力学参数，分别采集原状土试样进行室内常规试验，并进行了标准贯入试验。

根据拟建项目的工程特性，结合本场地所分布的地基土的物理、力学性质指标综合分析后，对建设场地内钻探深度范围内的地基土力学性质作出如下评价：

(1)素填土、杂填土、冲(吹)填土：该层结构松散，压缩性高，力学强度低，承载力低，不能作为地基持力层。

(2)淤泥质土：该层广泛分布，局部呈多层分布，厚度在1.3~34.8m之间不等。厚度较大，软土含水率高、灵敏度高、压缩性高、孔隙比较大、抗剪强度低、地基基本承载力容许值低，不能作为地基持力层。鉴于项目区软土分布特征，建议采用地基处理。

(3)粉质黏土(可塑~硬塑)：属力学性质一般的中等压缩性土，有一定力学强度，一般埋藏较深，可作为地基处理稳定持力层。

(4)砂类土：项目区砂类土局部分布，粒径、埋深、密实度变化较大，力学性质好，可作为地基处理稳定持力层。

(5)全、强风化岩层：属力学性能较好的低压缩土，力学强度较好，一般埋藏较深，可作为地基处理的稳定持力层。

(6)中、微风化岩层：力学强度高，可作为地基处理的稳定持力层。

6.2 结构工程、基坑及软基设计

6.2.1 结构工程设计

1)结构形式

综合管廊根据管廊内管线的系统布置情况采用双舱箱形结构[55]。

A型综合管廊标准断面:0.35m(侧墙)+2.8m(综合舱)+0.25m(中隔墙)+1.65m(电力舱)+0.35m(侧墙)=5.4m;管廊净高为2.8m,顶板厚0.35m,底板厚0.4m。

B型综合管廊标准断面:0.35m(侧墙)+2.8m(综合舱)+0.35m(侧墙)=3.5m;管廊净高为3.4m,顶板厚0.35m,底板厚0.4m。

C型综合管廊标准断面:0.35m(侧墙)+2.8m(综合舱)+0.25m(中隔墙)+1.65m(电力舱)+0.35m(侧墙)=5.4m;管廊净高为3.4m,顶板厚0.35m,底板厚0.4m。

2)结构材料

(1)水泥:宜采用42.5低水化热的普通硅酸盐水泥。每个单体结构必须采用同一品种的水泥,水泥品种不准混用。

(2)集料:使用花岗岩碎石和中砂,严禁含泥或石粉,集料粒径视结构厚度经试验选择合理级配。

(3)混凝土:除设计图纸特别注明外,管廊及其附属工程结构混凝土强度等级为C40的防水混凝土,抗渗等级P6;素混凝土垫层:C15;横坡填充层:C20。混凝土最大水胶比控制值小于或等于0.45,最大碱含量控制值小于或等于3kg/m^3,氯离子含量小于或等于0.06%,每立方米胶凝材料用量不应小于320kg,最大不大于450kg。

(4)管廊内表面做清水混凝土。混凝土配合比设计和原材料量控制每块混凝土所用的水泥配合比要严格一致;新拌混凝土须具有极好的工作性和黏聚性,绝对不允许出现分层离析的现象。所有原材料产地必须统一。水泥、减水剂和粉煤灰应采用同一厂家同一批次的砂、石的色泽和颗粒级配均匀。管廊内表面清水混凝土模板要求如下:标准段均采用钢制组合模板,模板必须具有足够的刚度,在混凝土侧压力作用下不允许有变形,以保证结构物的几何尺寸均匀、断面一致;模板表面要平整光洁,强度高、耐腐蚀,并具有一定的吸水性。模板的接缝和固定模板的螺栓要求接缝严密,并加密封措施防止跑浆。设置施工缝时应保证接茬平顺,并在续浇时按规范进行接茬处理。模板脱模剂应采用无色类型,涂刷要均匀,不能漏刷,保证脱模后混凝土表面不留下污渍和模板油漆。清水混凝土表面不平整处须用砂轮或砂纸打磨、修平,表面刷罩面保护剂。

(5)钢筋:10mm及以下直径为HPB300级,12mm及以上直径为HRB400级。HPB300、HRB400钢筋应分别符合现行《钢筋混凝土用热轧光圆钢筋》(GB 1499.1)和《钢筋混凝土用热轧带肋钢筋》(GB 1499.2)的规定。钢筋宜优先选用延性、韧性和焊接性比较好的钢筋,管廊结构钢筋宜选用符合抗震性能指标的不低于HRB400级热轧钢筋。

(6)钢材:钢结构钢材等级宜采用Q235等级B、C、D的碳素结构钢及Q345等级B、C、D、E的低合金高强度结构钢;材料技术性能应满足现行《碳素结构钢》(GB 700)的有关规定。

(7)焊条:

①采用E43型焊条焊HPB300钢筋和Q235钢板、钢管;

②采用E55型焊条焊HRB400钢筋。

(8)全部材料必须具备出厂合格证和材料试验部门出具的有关证明方能使用。

3)结构构造措施

(1)钢筋保护层厚度:迎土侧钢筋保护层厚度不小于50mm,内侧保护层厚度不小于35mm。

(2)受力钢筋搭接:受力钢筋均采用焊接接头,其类型及质量应符合现行《钢筋焊接及验收规程》(JGJ 18)的要求。

(3)防腐措施:对有腐蚀的管廊段,考虑在构件防腐面涂氰凝聚氨酯防腐涂料。

预埋件、预留孔:应根据管线设计要求进行预留,管线进、出管廊应设置防水套管,禁止随意打孔穿墙,保证防水要求。所有排管、预埋管在未施工之前或管道没有连接之前必须采取有效措施封堵止水。管廊结构施工前,施工单位应认真熟悉其他专业相关图纸,注意各施工节点相关预埋件提前按要求预埋,不得事后补埋。

4)钢筋制作与安装

钢筋接头形式、位置及数量要求如下:

(1)接头位置宜设置在受力较小处,在同一根钢筋上应尽量少设接头。

(2)对于直径大于或等于16mm的钢筋,接头形式应优先采用直螺纹连接或焊接,钢筋接头应错开,其位置及数量应符合《混凝土结构设计规范》(GB 50010—2010)第8.4节的要求。受力钢筋接头的位置应相互错开。当采用绑扎搭接接头时,在规定的搭接长度的任一区段内,以及当采用焊接或螺纹连接时,在焊接或螺纹连接接头处的35*d*(*d*为相互连接的根钢筋中较小的直径)且不小于500mm区段内,有接头的受力钢筋截面面积占受力钢筋总截面面积的百分率应符合表6.2-1的规定。

钢筋截面面积占受力钢筋总截面面积的百分率(单位:%)　　表6.2-1

接头形式	受拉区	受压区
焊接接头或螺纹连接	≤50	不限
绑扎搭接接头	≤25	≤50

底板(顶板)横向拉通钢筋的接头位置:上铁(下铁)可设在隔墙处,下铁(上铁)可设在跨中1/3跨度范围内。接头数量应满足对受拉区钢筋接头的要求。

(3)受拉钢筋锚固、搭接(绑扎)长度见表6.2-2。

受拉钢筋锚固、搭接(绑扎)**长度**　　表6.2-2

混凝土	基本锚固长度 L_{ab}	搭接长度		备注
C40	33*d*	46*d* (50%)	40*d* (25%)	钢筋直径大于25mm时,需参考16G101-1图集取值

(4)单根受力钢筋长度超过12m时,内层钢筋在支座附近接头,外层钢筋在各跨跨中附近接头。

5)模板要求

(1)基坑内的杂物、积水必须清除干净,必要时地模应找坡并设集水井抽升排水。

(2)模板要求拼缝严密,保证不漏浆,凹凸面必须符合要求;水平支撑不得贯穿结构构件,如用穿墙螺栓拉结模板,必须采用焊接钢板止水环(50mm×50mm×5mm),钢板与螺栓必须满焊,混凝土面做30mm×30mm×25mm凹面。拆模后切除螺栓,清理干净,涂双组分聚硫密封膏,用1:2防水水泥砂浆抹平。对拉螺栓的布置必须均匀整齐,要满足模板刚度要求和混凝土外观要求。

(3)钢筋混凝土结构构件尺寸误差、结构总体尺寸误差必须符合有关施工与验收规范的要求。

(4)各种预埋件、预留孔都必须在模板封闭前按各专业有关图纸要求安装妥当,其高程、中心轴线偏差要求在5mm内。

(5)管廊内表面混凝土模板要求:标准段均采用钢制模板,模板必须具有足够的刚度,在混凝土侧压力作用下不允许有变形,以保证结构物的几何尺寸均匀、断面一致;模板表面要平整光洁,强度高、耐腐蚀,并具有一定的吸水性。模板的接缝和固定模板的螺栓要求接缝严密,并加密封措施防止跑浆。设置施工缝时应保证接茬平顺,并在续浇时按规范进行接茬处理。模板脱模剂应采用无色类型,涂刷要均匀,不能漏刷,保证脱模后混凝土表面不留下污渍和模板油漆。混凝土表面不平整处须用砂轮或砂纸打磨、修平。

(6)施工中应采用温控进行防裂,即致力于降低混凝土的升温和减少温差,以防止出现温度裂缝。混凝土入槽温度应严格控制不超过28℃,混凝土中心温度和表面温度之差不应超过25℃。尽量安排夜间浇筑。加强对混凝土表面养护,可用麻袋覆盖浇水润湿混凝土板。延长拆模时间,做好保温工作。底板、侧墙、顶板的浇筑相隔时间,应控制在5 ~ 7d内,以减少相邻混凝土块的温差和约束力。

(7)钢筋混凝土结构构件尺寸误差、结构总体尺寸误差必须符合有关施工与验收规范要求。

(8)各种预埋件、预留孔都必须在模板封闭前按各专业有关图纸要求安装妥当,其高程、中心轴线偏差要求在5mm内。

6)防水设计

根据综合管廊的防水等级,结构构件除采用防水混凝土外,管廊底板内侧采用水泥基渗透结晶型防水涂料,外侧采用1.2mm厚预铺式高分子自粘胶膜防水卷材(非沥青基);管廊顶板外侧自下向上分别采用涂刮1~2厚聚合物浆料修补孔洞及封闭混凝土表面气泡孔、刷基层处理剂一道、2.0mm厚双组分高分子复合防水涂料、1.5mm厚高分子自粘防水卷材、无纺布隔离层、50mm厚C20细石混凝土保护层;管廊外侧墙内侧采用水泥基渗透结晶型防水涂料,外侧采用涂刮1~2厚聚合物浆料修补孔洞及封闭混凝土表面气泡孔、刷基层处理剂一道、1.5mm厚高分子自粘防水卷材和30mm厚挤塑聚苯板保护层,见图6.2-1。

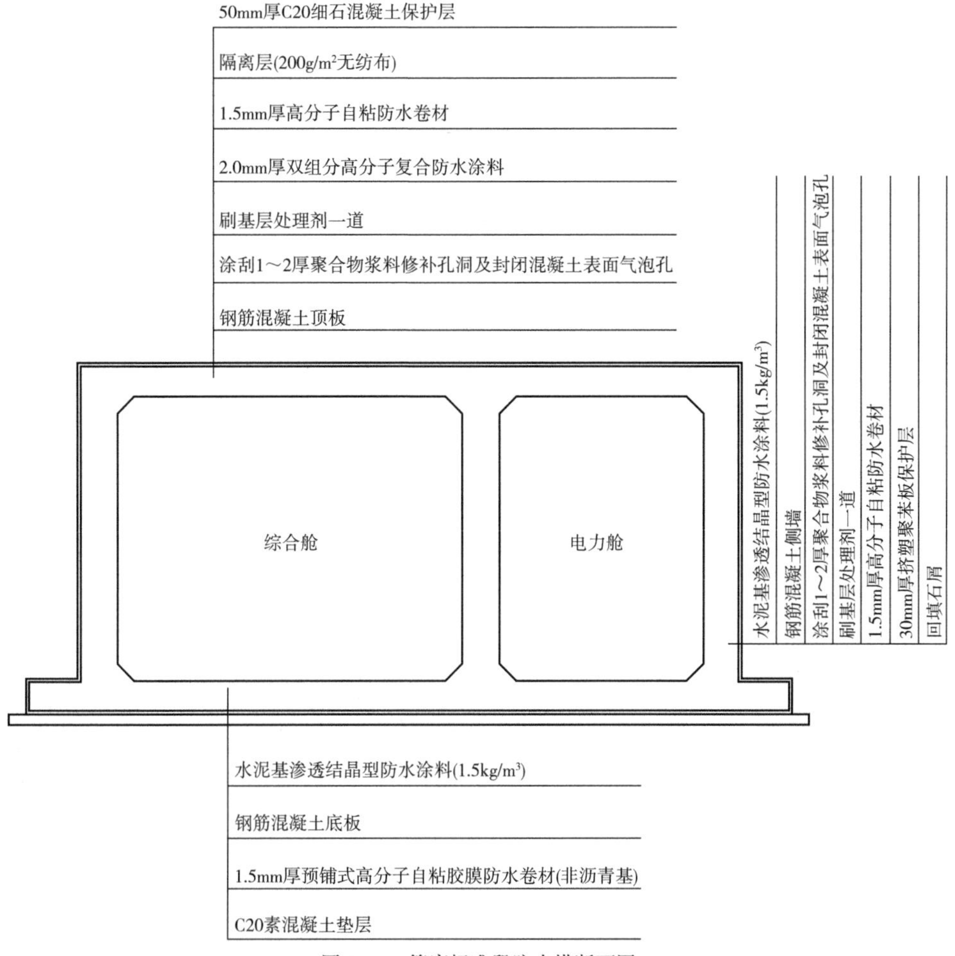

图6.2-1　管廊标准段防水横断面图

管廊的施工缝及变形缝处的防水设计大样及相关要求详见图纸，管廊外侧防水材料性能指标及施工要求须符合现行《地下工程防水技术规范》(GB 50108)的规定。

防水层设计及防水材料技术要求：主体结构底板采用预铺式高分子自粘胶膜防水卷材(非沥青基)，选择预铺反粘法施工，侧墙和顶板采用高分子自粘防水卷材，所有卷材采用高密度聚乙烯片材，片材技术性能应满足现行《高分子防水材料　第1部分：片材》(GB 18173.1)中相关要求，所采用的防水卷材均采用同一厂家的材料。

7)施工缝和变形缝

(1)施工缝应按设计图纸设置，除设计要求的施工缝外，不得以施工理由擅自增设施工缝。

(2)水平施工缝浇灌混凝土前，应将其表面浮浆和杂物清除并用高压水冲刷干净，按图纸防水设计要求施工完毕方可浇灌混凝土。止水钢板埋设位置应准确，妥善固定，止水钢板接缝应平整、密闭、无渗水，与两侧钢筋拉结牢固。

(3)变形缝所用产品都应严格按照生产厂家推荐的方法装卸、放置、装配和安装。

(4)止水带宽度和材质的物理性能应符合设计要求，且无裂缝和气泡，接头应采用热接，不得重叠，接缝应平整、牢固、不得有裂口和脱胶现象。

(5)止水带中心线应和变形缝中心线重合，止水带不得穿孔或用铁钉固定。

(6)止水带在施工过程中，严禁在阳光下暴晒，避免紫外线辐射引起橡胶老化。

(7)变形缝应满足密封防水、适应变形、施工方便、检修容易等要求，变形缝中使用的密封膏、止水带等的物理性能如表6.2-3~表6.2-7所示。

双组分聚硫密封膏性能要求 表6.2-3

项目	指标	项目	指标
密度(g/cm^3)	1.6	低温柔性（℃）	-30
适用期（h）	2~6	拉伸黏结性、最大伸长率（%）（≤）	300
表干时间（h）（≤）	24	恢复率（h）（≥）	80
渗出指数（≤）	4	拉伸-压缩循环性能、黏结破坏面积（%）（≤）	25
流变性、下垂度（mm）（≤）	3	加热失重（%）（≤）	10

橡胶止水带性能要求 表6.2-4

项目			天然橡胶
硬度（绍尔A，度）			60±5
拉伸强度（MPa）（≥）			15
扯断伸长率（%）（≥）			380
压缩永久变形		70℃×24h（%）（≤）	35
		23℃×168h（%）（≤）	20
撕裂强度（kN/m）（≥）			30
脆性温度（℃）（≤）			-45
外观质量			无龟裂
热空气老化	70℃×168h	硬度变化（邵尔A，度）	8
		拉伸强度（MPa）（≥）	12
		扯断伸长率（%）（≥）	300
	100℃×168h	硬度变化（邵尔A，度）	—
		拉伸强度（MPa）（≥）	—
		扯断伸长率（%）（≥）	—
臭氧老化50pph：20%，48h			2级

聚乙烯泡沫塑料板物理力学性能 表6.2-5

项目	单位	指标	项目	单位	指标
表观密度	g/m^3	0.05 ~ 0.1	吸水率	g/m^3	≤0.005
抗拉强度	MPa	≥0.15	延伸率	%	≥100
抗压强度	MPa	≥0.15	硬度	邵尔硬度	40 ~ 60
撕裂强度	N/m	≥4.0	压缩永久变形	—	≤3.0
加热变形	%(70℃)	≤2.0	—	—	—

非沥青基预铺式高分子自粘胶膜防水卷材（预铺反粘）的主要物理性能要求 表6.2-6

项目	高分子自粘胶膜防水卷材
拉力（N/50mm）	≥500
膜断裂伸长率（%）	≥400
钉杆撕裂强度（N）	≥400
材料	天然沥青
耐热性	70°C，2h无位移、流淌、滴落
低温弯折性	−25℃，无裂纹

双组分高分子复合防水涂料的主要物理性能要求 表6.2-7

项目	双组分高分子复合防水涂料
固体含量（%）	≥70
拉伸强度（无处理）（MPa）	≥1.8
断裂伸长率（无处理）(%)	≥80
黏结强度（无处理）(MPa)	≥0.7
抗渗性(MPa)	≥0.6

8)混凝土浇筑与养护

(1)混凝土浇筑。

①浇筑混凝土前，应将模板内杂物清理干净，用水将模板淋透。

②必须做好施工组织计划，合理调配混凝土及保持混凝土浇筑的连续性，不得因施工不当而随意留设施工缝。

③较厚的底板，所有的侧墙应分层浇筑，层厚300~400mm，循序渐进，混凝土落高不得超过2m，否则应使用流槽或漏斗管。

④使用混凝土震动器时，必须防止震动器震动钢筋，破坏已进入初凝阶段的混凝土。

⑤应优先采用商品混凝土，如在现场搅拌，宜建立中心搅拌站及采用混凝土泵输送。

⑥综合管廊混凝土强度达到设计要求时，应尽快组织施工验收，待合格后尽快进行基坑回填，在综合管廊顶板覆土尚未达到设计要求之前，应严格控制地下水位，防止综合管廊

上浮。

(2)混凝土养护。

①混凝土浇筑后4~6h就应开始淋水养护,养护时间不少于14d。

②施工期间应防止太阳暴晒,必要时采取临时遮盖措施,可储水的地下构筑物应注水养护。

③按要求需要做注水试验的,注水试验后应从速进行防水层的施工。

④管廊内壁板和顶板的混凝土表面应及时采用黏性薄膜或喷涂型养护膜覆盖进行保湿养护。

9)管廊基础

管廊基础采用PHC桩,矩形布置,管桩采用PHC-400-AB。

10)注意事项

(1)综合管廊结构施工时,应与其他专业相互配合。

(2)除以上说明外,未尽事宜,应按照国家现行有关规范、标准要求执行。

6.2.2 基坑及软基工程设计

1)基坑支护设计

本工程基坑支护、软基处理等施工存在交叉或影响,应做好施工组织和相互协调,以保证工程安全顺利地进行。需做软基处理段,应按照要求,检测合格后,再开始基坑开挖[56]。

(1)基坑开挖。

①本工程基坑支护设计安全等级为二级,基坑环境等级为三级,工程重要性等级为一级,抗震设防烈度为7度。

②基坑支护设计使用年限1年,基坑施工工期不超过1个月,除特别要求外,施工期间基坑周边20m范围内地面荷载不得大于20kPa,支撑体系上不得有任何施工荷载。

③本工程基坑支护深度范围为5~8.1m,从工程经济性、施工工期、场地条件等方面综合考虑,拟采用钢板桩支护、灌注桩及SMW工法支护方案。具体各段基坑支护形式详见设计图纸。

④横撑与围檩采用焊接,设钢牛腿。围檩在横撑对应位置并沿纵向每隔4m设置加劲钢板。所有钢构件焊缝高度均为10mm,焊接质量应符合现行《钢结构焊接规范》(GB 50661)的相关规定。

a.主要材料。

钢构件:型钢、钢板牌号为Q235B。

焊条:采用E43型。

坑顶截水沟:临时砌砖沟;坑底应根据需要设置临时集水井。

安全护栏:建议采用可移动防护护栏,护栏采用1.2m高ϕ48mm×3.5mm的钢管挂安全网围挡。中间三道水平横杆，立杆间距为2m，安全警示色涂装，见图6.2-2。

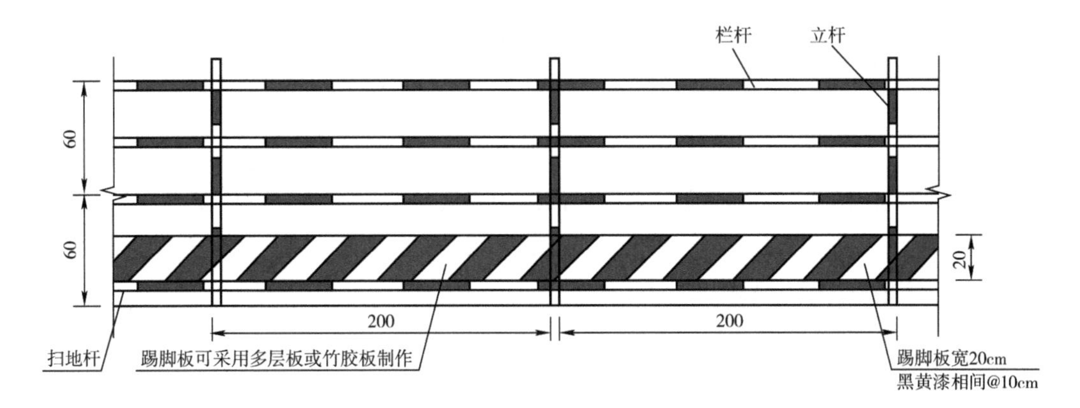

图6.2-2 基坑周边防护栏杆立面示意图(尺寸单位:mm)

注:基坑临边防护除用钢管作栏杆处外还要用密目网或踢脚板(多层板)做挡板。

b.施工要点。

基底高程的允许偏差为20mm，基坑开挖结束后，应立即浇筑混凝土垫层，绑扎底板钢筋、清理基底、浇筑底板混凝土，以防基坑回弹影响地基承载力。

基坑回填时，应四周同时对称进行，回填土应按设计要求进行并且回填土重不应有腐蚀性、有机物等有害物质，然后分层夯实回填。

管廊回填两侧及管顶1m范围内采用石屑回填，管廊顶部1m范围外采用砂性土回填，具体压实度见各分项设计图纸。

管廊施工完成后应待结构强度达到设计要求后及时回填管槽，不可使管槽暴露时间过长，以保证土坡稳定，并保证附近建筑的安全。

基坑顶部设截水沟和底部根据需要设集水井，对井内积水进行集中抽排，避免施工期间积水水浸泡基坑。施工期间应采取有效措施降低地下水位，基坑内地下水位控制在基坑底面0.5m以下，应在降水后开挖地下水位以下的土方。

土方开挖宜分层分段逐步进行，每挖一层应及时施工支护横撑，严禁超挖，并尽量减少基坑暴露时间。

⑤土方开挖及运输必须安排合理路线，禁止对支护结构造成损害。

基坑周边2倍开挖深度范围内不能堆载土方及其他较重物品，临时道路亦应设置在基坑5.0m以外范围。

当开挖揭露的实际土层性状或地下水情况与设计依据的地勘资料明显不符，或出现异常现象、不明物体时，应停止开挖，及时通知设计、勘察等单位到现场协商解决。

其他未尽事宜按照国内相关规范及规程办理。

(2)基坑开挖支护方案设计。

灌注桩支护开挖采用ϕ80cm灌注桩+水泥搅拌桩止水帷幕，灌注桩间距@95cm支护，灌注桩施工要求如下：

①施工前应试成孔，试成孔数量应根据工程规模和场地地质条件确定，且不宜少于2个。

②钻孔灌注桩应满足桩身质量及钢筋笼焊接质量要求，不得有断桩、混凝土离析、夹泥现象发生。

③混凝土应连续灌注，每根桩的灌注时间不得大于混凝土的初凝时间。混凝土浇筑应适当大于桩顶的设计高程，凿除浮浆后的桩顶混凝土强度等级必须满足设计要求。

④钻孔灌注桩工序：钻孔灌注桩定位、钻击成孔（泥浆护壁）、第一次清孔、下放钢筋笼、下导管、第二次清孔、水下浇筑混凝土。

⑤泥浆：槽内泥浆液面应保持高于地下水位0.5m以上，泥浆的相对密度配置应保持孔壁稳定。

⑥清孔：清孔应分两次进行。第一次清孔在成孔完毕后立即进行；第二次清孔在下放钢筋笼和灌注混凝土导管安装完毕后进行。

⑦采用间隔成孔的施工顺序，刚完成混凝土浇筑的桩与邻桩成孔安全距离不小于4倍桩径，或间隔时间不少于36h。

⑧灌注桩排桩顶泛浆高度不小于800mm，设计桩顶高程接近地面时，桩顶混凝土泛浆应充分，凿去浮浆后桩顶混凝土强度应满足设计要求。

⑨钢筋笼的制作。

钢筋笼宜分段制作。分段长度应视成笼的整体刚度、来料钢筋长度及起重设备的有效高度因素合理确定。

钢筋笼制作前，应将主钢筋校直，清除钢筋表面污垢锈蚀等，钢筋下料时应准确控制下料长度。

钢筋笼外形尺寸应符合设计要求，钢筋笼主筋混凝土保护层50mm，允许偏差为±20mm。

环形箍筋与主筋的连接应采用点焊连接；螺旋箍筋与主筋的连接可采用铁丝绑扎并间隔点焊固定。

成形的钢筋笼应平卧堆放在干净平整的地面上，堆放层数不应超过2层。

钢筋笼应经中间验收合格后方可安装。

为保证钢筋保护层厚度，在钢筋笼横断面上应对称焊接4个定位垫块，垫块沿纵向对齐，垫块纵向间距不大于4m。

钢筋笼在起吊、运输和安装中应采取措施防止变形。起吊吊点宜设在加强筋部位。

钢筋笼安装深度应符合设计要求，其允许偏差为±100mm。

⑩灌注桩施工质量检测要求：

灌注桩成孔垂直度不应大于1/200，检测数量不宜少于桩数的50%。

围护灌注桩沉渣厚度不应大于200mm。

定位偏差不大于20mm（用于控制钢筋保护层厚度）。

检测立柱桩的抗压强度，试块每100m^{3}混凝土不应少于1组，且每台班不应少于1组试块。

⑪围护桩检测要求。

采用低应变动测法检测桩身的完整性，检测桩数不少于总桩数的20%，且不少于5根；当采用低应变动测法判定的桩身完整性类别有Ⅲ类、Ⅳ类时，应采用钻芯法补充检测，检测数量不宜少于总桩数的2%，且不得少于3根。

检测抗压强度，试块每100m³混凝土不应少于1组，且每台班不应少于1组试块。

⑫围护钻孔灌注桩施工质量要求如表6.2-8所示。

围护钻孔灌注桩施工质量要求 表6.2-8

序号	检查项目		允许偏差或允许值	
			单位	数值
1	成孔	孔深	mm	+300，0
2		桩位	mm	±50
3		垂直度	—	±1/150
4		泥浆相对密度（两次清孔）	—	±1.15
5		泥浆黏度	s	18～22
6		桩径	mm	+30，0
7		沉渣厚度	mm	200
8	布筋	主筋直径	mm	±10
9		主筋长度	mm	±100
10		混凝土保护层厚度	mm	±20
11		钢筋笼安装深度	mm	±100
12		箍筋间距	mm	±20
13		直径	mm	±10
14	混凝土	混凝土充盈系数	—	1.0～1.3
15		混凝土坍落度	mm	180～230
16		桩顶高程	mm	±50

(3)单轴水泥土搅拌桩(止水帷幕)。

①单轴搅拌桩采用ϕ500mm，搭接长度不小于150mm。

②单轴搅拌桩水泥掺入量坑底以上空桩部分不小于5%，坑底以下部分不小于15%，具体水泥掺量根据试验确定；水灰比为0.45～0.55；桩身28d无侧限抗压强度不小于0.8MPa，具体水灰比应根据室内配比试验及试桩试验确定，搅拌桩达到设计强度后方可开挖基坑。

③单轴搅拌桩施工的桩位误差不大于50mm，垂直误差不大于0.5%，桩底高程误差不大于100mm，桩径和桩长不小于设计值；施工要求连续、封闭，搅拌均匀。

④相邻搅拌桩搭接施工的间歇时间宜小于2d，若搭接时间超过24d，应按冷缝处理。

⑤搅拌桩使用新鲜、干燥的PO42.5级普硅水泥配制的浆液，不得使用已发生离析的水泥浆液。不同品种、强度等级、生产厂家的水泥不能混用于同一根桩内；搅拌桩施工机械应配备计量装置。

⑥基坑开挖前应对水泥土搅拌桩的桩身强度进行钻芯取样检测，取样数量不少于总桩数的1%；芯样应按照土层分组，每组不少于3个试块。

⑦对于淤泥、淤泥质土或其他黏性土的成层土，在预(复)搅下沉时宜直接喷浆，适当增加该土层搅喷次数和增加胶凝材料的掺入比，搅拌次数不应少于4次，喷浆次数不应少于2次。

(4)SMW工法桩支护开挖。

SMW工法采用H型钢+ϕ850mm三轴水泥搅拌桩围护，围护型钢要求如下：

H型钢截面惯性矩$I_x \geq 193620\text{cm}^4/\text{m}$，截面模量$W_x \geq 5532\text{cm}^3/\text{m}$(参考型号：HN700×300型钢)。

①插入H型钢表面应进行清灰除锈，并在干燥的条件下，涂抹经过加热融化的减摩擦剂，并且对于埋设置冠梁中的型钢部分，应用油毡或塑料薄膜等隔离材料将其与混凝土隔开，以便于型钢起拔回收。施工围护桩垂直度偏差不大于1/200，沿基坑轴线方向左右允许偏差为50mm。

②整个基坑开挖施工期间禁止任意拆除横撑。禁止在横撑上任意切割、电焊，也不能在横撑上搁置重物。

③型钢在使用前应进行材质及外观检验，对打入钢板桩有影响的焊接件应予以割除，割孔、断面缺损的应予以补强；若钢板桩有严重锈蚀，应测量其实际断面厚度，不合格者不能使用。

④型钢施打前一定要熟悉地下管线、构筑物的情况，确定无误后，应放出准确的支护桩线再行施打。

⑤插打过程中随时测量监控每条桩的垂直度，当偏斜过大不能调正时，应拔起重打。

⑥基坑开挖过程中，应按照基坑支护横断面图横撑位置，从上至下，每开挖到横撑位置之下0.5m，施加一道钢管支撑，直至施加完成全部内撑，最后开挖至基坑底高程。开挖过程中严禁一步到位开挖到底高程之后再加撑或者不按照要求加撑。

⑦基坑拆、换横撑时，应按照开挖及加撑的逆过程进行，即回填土至横撑以下0.5m时方可拆除横撑；在回填达到规定要求高度后才可拔除型钢，并对桩孔回填满粗砂。严禁一步到位一次性拆完支撑之后一次性回填完成。

⑧基坑内土方开挖时，应先撑后挖，必须对称、均衡、分层。

(5)三轴水泥土搅拌桩(围护结构)。

①三轴搅拌桩采用3ϕ850mm(3根搅拌轴同时工作，每根搅拌轴直径850mm)型，套打一孔，搭接长度不小于250mm。

②三轴搅拌桩水泥掺入量不小于25%，具体水泥掺量根据试验确定；水泥浆液水灰比为(1.5～2.0)∶1；桩身28d无侧限抗压强度不小于0.8MPa，具体水灰比应根据室内配比试验及

试桩试验确定，搅拌桩达到设计强度后方可开挖基坑。

③三轴搅拌桩施工的桩位误差不大于50mm，垂直误差不大于0.5%，桩底高程误差不大于100mm，桩径和桩长不小于设计值；施工要求连续、封闭，搅拌均匀。

④相邻搅拌桩搭接施工的间歇时间宜小于2h，若搭接时间超过24h，应按冷缝处理。

⑤搅拌桩使用新鲜、干燥的PO42.5级普硅水泥配制的浆液，不得使用已发生离析的水泥浆液。不同品种、强度等级、生产厂家的水泥不能混用于同一根桩内；搅拌桩施工机械应配备计量装置。

⑥基坑开挖前，应对水泥土搅拌桩的桩身强度，进行钻芯取样检测，取样数量不少于总桩数的1%；芯样应按照土层分组，每组不小于3个试块。

⑦对于淤泥、淤泥质土或其他黏性土的成层土，在预(复)搅下沉时宜直接喷浆，适当增加该土层搅喷次数和增加胶凝材料的掺入比，搅拌次数不应少于4次，喷浆次数不应少于2次。

(6)拉森钢板桩支护开挖。

采用拉森钢板桩密排围护，要求如下：拉森钢板桩$I_x \geq 38600\text{cm}^4/\text{m}$，$W_x \geq 2270\text{cm}^3/\text{m}$(参考型号：Ⅳ型拉森钢板桩)；拉森钢板桩$I_x \geq 92400\text{cm}^4$，$W_x \geq 4200\text{cm}^3/\text{m}$(参考型号：Ⅵ型拉森钢板桩)。

①支护采用的钢板桩要求锁扣紧密、嵌塞油膏止水、垂直度偏差不大于1/150，沿基坑轴线方向左右允许偏差为100mm。

②整个基坑开挖施工期间禁止任意拆除横撑，禁止在横撑上任意切割、电焊，也不能在横撑上搁置重物。

③钢板桩使用前应进行材质及外观检验，对打入钢板桩有影响的焊接件应予以割除，割孔、断面缺损的应予以补强；若钢板桩有严重锈蚀，应测量其实际断面厚度，不合格者不能使用。

④钢板桩施打前一定要熟悉地下管线、构筑物的情况，确定无误后，应放出准确的支护桩线再行施打。

⑤插打过程中随时测量监控每条桩的垂直度，当偏斜过大不能调正时，应拔起重打。

⑥钢板桩宜采用屏风式打入法施工，施工中应根据具体情况变化确定合适的施打顺序，钢板桩打设的误差应满足现行相关规范要求。

⑦打入钢板桩后，应及时进行桩体的闭水性检查，对漏水处进行焊接修补。

⑧钢板桩拔除前，应仔细研究拔桩顺序和拔桩时间，拔除后灌满中粗砂，随灌随拔，以避免拔桩引起地面沉降和位移。

⑨基坑开挖过程中，应按照基坑支护横断面图横撑位置，从上至下，每开挖到横撑位置之下0.5m，施加一道钢管支撑，直至施加完成全部内撑，最后开挖至基坑底高程。开挖过程中，严禁一步到位开挖到底高程之后再加撑或者不按照要求加撑。

⑩基坑拆、换横撑时，应按照开挖及加撑的逆过程进行，即回填土至横撑以下0.5m时方

可拆除横撑；在回填达到规定要求高度后才可拔除钢板桩，并对桩孔回填满粗砂。严禁一步到位一次性拆完支撑之后一次性回填完成。

2)坑内土体加固

(1)单轴搅拌桩采用ϕ500mm，搭接长度不小于150mm。

(2)单轴搅拌桩水泥掺入量坑底以上空桩部分不小于5%，坑底以下部分不小于20%，具体水泥掺量根据试验确定；水灰比为0.45～0.55；桩身28d无侧限抗压强度不小于0.8MPa，具体水灰比应根据室内配比试验及试桩试验确定，搅拌桩达到设计强度后方可开挖基坑。

(3)单轴搅拌桩施工的桩位误差不大于50mm，垂直误差不大于0.5%，桩底高程误差不大于100mm，桩径和桩长不小于设计值；施工要求连续、封闭，搅拌均匀。

(4)相邻搅拌桩搭接施工的间歇时间宜小于2h，若搭接时间超过24h，应按冷缝处理。

(5)搅拌桩使用新鲜、干燥的PO42.5级普硅水泥配制的浆液，不得使用已发生离析的水泥浆液。不同品种、强度等级、生产厂家的水泥不能混用于同一根桩内；搅拌桩施工机械应配备计量装置。

(6)基坑开挖前，应对水泥土搅拌桩的桩身强度，进行钻芯取样检测，取样数量不少于总桩数的1%；芯样应按照土层分组，每组不少于3个试块。

(7)对于淤泥、淤泥质土或其他黏性土的成层土，在预(复)搅下沉时宜直接喷浆，适当增加该土层搅喷次数和增加胶凝材料的掺入比，搅拌次数不应少于4次，喷浆次数不应少于2次。

3)管廊地基处理

(1)PHC管桩(管廊地基基础)。

本次设计PHC桩采用矩形布置，管桩采用PHC-400-AB，管桩混凝土强度等级为C80，承台桩帽尺寸为1.2m×1.2m×0.3m，采用C40混凝土。桩长应达到设计桩长或连续复压3次稳压达到单桩承载力特征值2.2倍时为终压标准。

(2)主要材料。

管桩桩顶与管廊底板固接，垫层与承台桩帽间填隙：选用级配良好的碎石，碎石最大粒径不大于20mm，含泥量小于5%，并掺入石屑填充。

预应力混凝土管桩：选用直径$D=400$mm，壁厚$t=95$mm，AB型号，其性能应满足现行国家标准《先张法预应力混凝土管桩》(GB 13476)和现行行业标准《预应力混凝土管桩技术标准》(JGJ/T 406)的规定。桩尖宜采用十字形桩尖，材料采用Q235B钢。

(3)PHC桩施工。

①施工前应进行试桩，校核桩机型号、成桩效果、地质情况等，待试桩成功后方可大面积施工。如地址存在填石段压桩时应确保桩体穿过填石层不产生大的垂直偏差。管桩施工前应进行试桩，以便确定收锤标准和终压值。试桩可保留为工程桩，宜每隔250m在适当的位置进行试桩，每50m断面试桩数量不宜少于5根，且不宜少于总桩数的1%，且对于地质处理方式变化较大路段应进行试桩。

②焊接桩尖前，应对桩尖和端板进行除锈，除锈完成，对桩尖和端板实施满焊焊接，焊接

完成后，除焊渣打磨焊缝，涂刷3遍防锈漆。

③管桩沉桩：采用静压法沉桩；第一节管桩插入地面时的垂直度不得超过0.3%；桩帽或送桩器应与桩身在同一中心线上；沉桩过程中应经常观测桩身的垂直度，偏差不得超过0.5%；当桩尖进入较硬土层后，严禁用移动桩架等强行回扳的方法纠偏；每一根桩应一次性连续打（压）到底，接桩、送桩应连续进行，尽量减少中间停歇时间；沉管过程中，出现贯入度反常、桩身倾斜、位移、桩身或桩顶破损等异常情况时，应停止沉桩，待查明原因并进行必要的处理后，方可继续进行施工。

④管桩拼接：工程中尽量减少接桩，接桩宜在桩尖穿过硬土层后进行，应避免桩尖接近持力层或桩尖处于持力层中接桩。任一单桩的接头数量不宜超过3个。接桩时，上下节桩的中心线偏差应小于5mm，节点区矢高不得大于桩段长度的0.1%。上下桩拼接成整桩时，宜采用端板焊接连接或机械接头连接，接头连接槽内和端板应注入（涂满）沥青涂料；上节桩连接鞘完全插入下节桩连接槽内并检查接头无异样后方可继续沉桩。采用焊接接桩时，焊接前应先确认管桩接头质量合格，上下端板表面应清理干净，坡口处用铁刷子刷至露出金属光泽，并清除油污和铁锈。焊接时宜先在坡口圆周上对称点焊4~6点，待上下桩固定后拆除导向箍再分层对称施焊。焊接质量应符合现行国家标准《钢结构工程施工质量验收规范》（GB 50205）的规定，焊接接头应在自然冷却后才可继续沉桩，冷却时间不宜少于8min，严禁用水冷却或焊好后立即沉桩。

⑤管桩截桩时，应采取有效措施，以确保截桩后管桩的质量。截桩宜采用锯桩器，严禁采用大锤横向敲击截桩或强行扳拉截桩。

⑥复合地基检测可采用单桩复合地基试验或者多桩复合地基试验，具体试验方法及检测要求可按城市道路相关检测规范执行，城市道路缺少的检测项目参考相关公路规范。检测、验收方案及方法宜与建设单位、质检部门协商确认后方可实施。

⑦未尽事宜请参考国家建筑标准设计图集《预应力混凝土管桩》（10G409）。

⑧用锤击法施工时，施工、监测及验收标准需满足现行广东省标准《锤击式预应力混凝土管桩基础技术规程》（DBJ/T 15-22）的相关要求，收锤标准应以桩端进入持力层深度和最后的贯入度作为主要收锤控制指标，最后贯入度指标控制值一般为20 ~ 40mm/10击，可结合邻近工程或相近桩基条件的打桩经验并经试桩验证后确定。单舱管廊段管桩单桩承载力不小于800kN，双舱管廊段管桩单桩承载力不小于700kN。

（4）管桩与托板连接。

①对于沉入到设计高程后无须截桩的薄壁预应力混凝土管桩，与托板连接可用托板连接筋与钢筋板圈焊接后，将桩顶直接埋入托板内。连接筋和桩顶埋入托板内深度，应根据不同的工程情况，按设计要求确定。

②需要截桩的管桩与托板连接，管桩截断后，将垫块下入管内，并把连接用钢筋笼插入桩内，用与托板相同强度等级的混凝土灌注。

（5）质量检验要求。

①各种材料(包括管桩、桩尖、接头等)应按相关规程、规范要求检验合格后方能进场使用。

②采用低应变动力测试检测桩身完整性,检测数量不少于总桩数的20%,且不少于10根。

③单桩竖向抗压载荷试验数量为总桩数的1%,且不少于3根。

④静压管桩施工质量应满足如表6.2-9所列标准。

静压管桩施工质量标准　　表6.2-9

序号	检查项目	允许偏差	检查方法和频率
1	桩距（mm）	±100	5%
2	桩长	不小于设计值	吊绳量测，5%
3	竖直度（%）	≤1	5%

4)施工期间排水

(1)施工单位须根据场地水文地质资料、基坑围护图纸及周边环境情况制定详细的地下水控制方案,务必保证基坑内侧的水位低于坑底不小于0.5m。

(2)基坑降水以明排水为主,当降雨量较大或施工用水可能流入坑内时,必须及时排出。

(3)坑内、外集水明排:①基坑外侧应设置地面排水系统(排水沟、集水井、挡水坎等),防止地表水径流涌入坑内,并及时抽除集水井内积水。②坑外侧排水沟、集水井等应有可靠的防渗措施,并定期检查排水沟和集水井开裂、渗漏等情况,发现问题应立即处理。③开挖过程中留置时间较长的边坡,宜在坡顶、坡脚设置临时排水沟。

(4)管廊回填前,须采取必要的降水措施,避免施工期间管廊发生隆起破坏。

5)土方开挖与回填

(1)本工程基坑应“分段、分层、间隔、平衡开挖”,并应“先撑后挖”。

(2)基坑开挖宜结合变形缝的位置设置挖土分段,且每段开挖暴露的围护边长不得大于30m(坑底处);具体方案由施工单位确定,经设计单位同意并通过专家评审后实施。

(3)基坑开挖顺序、分段长度、分层厚度应根据地质情况和设计要求确定,并应符合下列规定:①分层厚度不得大于土钉、支撑的竖向间距,流塑状软土不应超过1m;②禁止采用掏脚的方法挖土;③软土层应分段跳槽开挖,分段长度宜为15～30m,在基坑周边环境敏感时应适当减少分段长度;④分层土石方的坡脚宜留土防护,并应避免长时间浸泡。

(4)挖土机械应谨慎操作,避免破坏围护桩。施工中禁止机械碾压、碰撞支撑;必须跨越时应在支撑两侧采用道砟堆高300mm,采用路基箱或走道板跨越。

(5)基坑开挖到底后应及时浇筑素混凝土垫层,并应浇筑到边,坑底无垫层暴露时间不大于24h。

(6)淤泥层土方开挖,应采用小型挖掘机,并采取防机械沉陷的措施。

(7)基坑开挖时,周边地面超载应符合设计要求。且坑顶堆土的坡脚至基坑上部边缘距离不宜少于1.5倍基坑深度,弃土堆置高度不宜超过1.5m,软土地区基坑周边3倍基坑深度范围内严禁堆土。

(8)管廊基坑两侧及管廊顶部1m范围内回填应采用石屑对称回填，人工夯实每层厚度不大于200mm，机械夯实每层厚度不大于250mm，压实系数应大于或等于0.95。管廊顶部1m至整平设计高程砂性土回填，压实系数不小于0.95。回填过程中应特别注意对已施工的结构防水层进行保护，避免破损防水层。综合管廊顶部第一层回填土碾压时，应采用人工夯实，当顶板上的回填土厚度超过1m时，才允许采用机械回填碾压。

6.2.3 综合管廊地质条件及评价建议

1)工程地质条件

(1)仁爱路管廊。

路段总长1470m，共布置72个钻孔，截至2021年1月21日，钻孔已全部完成，查明了管廊的工程地质条件。仁爱路管廊地处平原区，属于软土路段，地形稍有起伏，场地开阔，地表为人工填土。浅部为人工堆积填土，厚2.00~17.30m，松散~稍密状；上部为全新统海陆交互沉积层，地基土为淤泥质土，厚1.20~14.90m，流塑状，高压缩性，工程力学性质差；局部分布细砂层，厚3.00~8.20m，中密，中压缩性，工程力学性质一般；局部分布粉质黏土层，厚1.50~4.90m，可塑状，中压缩性，工程力学性质一般；下部为第四系残积层，地基土主要为砂质黏性土，厚0.60~13.00m，硬塑状，局部可塑，中~低压缩性，力学性质较好；深部为基岩，岩性为花岗岩，硬塑~块状，力学性质较好~好。

(2)海月路管廊。

路段总长620m，共布置30个钻孔，截至2020年12月9日，钻孔已全部完成，查明了管廊的工程地质条件。海月路管廊地处平原区，属于软土路段，地形稍有起伏，场地开阔，地表为人工填土。浅部为人工堆积填土，厚2.60~13.80m，松散~稍密状；上部为全新统海陆交互沉积层，地基土为淤泥质土，厚7.50~20.10m，流塑状，高压缩性，工程力学性质差；中部地基土以粉质黏土为主，夹条带状细砂中砂，厚1.20~12.20m，可塑~中密状，中压缩性，工程力学性质一般；下部为第四系残积层，地基土主要为砂质黏性土，厚1.20~10.90m，硬塑状，局部可塑，中~低压缩性，力学性质较好；深部为基岩，岩性花岗岩，硬塑~块状，力学性质较好~好。

(3)启航路管廊。

路段总长1790m，共布置74个钻孔，截至2020年12月9日，钻孔已全部完成，查明了管廊的工程地质条件。启航路管廊地处平原区，属于软土路段，地形稍有起伏，场地开阔，局部分布水塘与沼泽，地表为人工填土或冲(吹)填土。浅部为人工堆积填土，厚0.80~14.90m，松散~稍密状；上部为全新统海陆交互沉积层，地基土为淤泥质土，厚4.90~28.60m，流塑状，高压缩性，工程力学性质差；中部局部夹条带状粉质黏土、细中砂层，厚2.60~14.70m，可塑~中密状，中压缩性，工程力学性质一般；下部为第四系残积层，地基土主要为砂质黏性土，厚0.80~20.60m，硬塑，中~低压缩性，力学性质较好；深部为基岩，岩性花岗岩，硬塑~块状，力学性质较好~好。

(4)宁静路管廊。

路段总长1400m,共布置59个钻孔,截至2021年1月21日,钻孔已全部完成,查明了管廊的工程地质条件。宁静路管廊地处平原区,属于软土路段,地形稍有起伏,场地开阔,大部分位于沼泽,地表为人工填土或冲(吹)填土。浅部为人工堆积填土,厚1.10~16.00m,冲(吹)填土,厚4.50~10.10m,流泥状~松散状;上部为全新统海陆交互沉积层,地基土为淤泥质土,厚2.80~28.20m,流塑状,高压缩性,工程力学性质差;中部局部夹条带状粉质黏土、细中砂层,厚1.20~7.60m,可塑~中密状,中压缩性,工程力学性质一般;下部为第四系残积层,地基土主要为砂质黏性土,厚2.00~26.00m,硬塑,中~低压缩性,力学性质较好;深部为基岩,岩性花岗岩,硬塑~块状,力学性质较好。

2)管廊基础评价

测区内共有10个工程地质亚层,根据现场钻探成果、土工试验、原位测试等多种成果,确定各个地基土的性质如下:

(1)1层,素填土,人工堆积形成,广泛分布于测区沿线的浅部,松散~稍密状,以黏性土为主,碎、砾石为次,土质均匀性一般,近期回填,有一定的压实度,承载不详。

(2)2层,杂填土,人工堆积形成,广泛分布于测区沿线的浅部,松散~稍密状,以黏性土为主,碎、砾石为次,少量建筑垃圾及生活垃圾,土质均匀性差,近期回填,有一定的压实度,承载不详。

(3)3层,冲(吹)填土,人工冲(吹)填形成,分布于西四围部分路段浅部及西五围部分路段沿线的浅部,流泥状~松散,以粉砂、细砂、黏性土及淤泥质土为主,土质均匀性一般,近期冲(吹)填,无压实度,承载低。

(4)1层,淤泥质土,分布于平原区上部,为第四系全新统海陆交互相沉积层主要土层,广泛分布于仁爱路管廊、海月路管廊、启航路管廊、宁静路管廊上部。该层土呈流塑状,是本场地内的主要软弱土层,土质较均匀,具有高含水率、高压缩性,灵敏度中等 ~ 高、触变性高、流变性、强度低,透水性低等特点,工程力学性质差,须经加固处理后方可作为管廊的基础持力层。

(5)3层,粉质黏土,分布于冲海积平原上部,为第四系全新统海陆交互相沉积层主要土层,仁爱路管廊②3层分布于西湾路至五桂路,其余路段零星分布;海月路管廊②3层广泛分布,个别渐灭;启航路管廊②3层局部分布;宁静路管廊②3层局部分布;土质均匀性一般,胶结程度一般,具有中~高压缩性,其性质不稳定,粉质黏土性质受泥炭含量控制,工程力学性质一般,建议开挖后,对管廊底部承载力进行测试后确定。

(6)2层中砂、6层细砂,分布于冲海积平原上部,为第四系全新统海陆交互相沉积层主要土层,仁爱路管廊未分布②2层、②6层;海月路管廊②2层零星分布;启航路管廊②2层、②6层局部分布;宁静路管廊东侧局部分布;土质均匀性一般,胶结程度一般,具有中压缩性,其性质不稳定,中细砂受密实度控制,工程力学性质一般,建议开挖后,对管廊底部承载力进行测试后确定。

(7)③层，砂质黏性土，分布于平原区下部，为深部基岩原地风化产物，土质均匀性一般，含有不同程度的风化碎石、砂等粗颗粒，胶结程度一般，可塑~硬塑状，具有中~低压缩性，工程力学性质较好，可作为管廊的基础持力层。

(8)1层，全风化花岗岩，分布于平原区下部，为深部基岩原地风化产物，土质均匀性差，含有较多的强风化块、石英砂等粗颗粒，胶结程度一般，硬塑状，具有低压缩性，工程力学性质较好，可作为管廊的基础持力层。

(9)2层，强风化花岗岩，岩芯多呈碎块状，块径2~6cm不等，层厚变化大，低压缩性，工程力学性质较好，可作为管廊的基础持力层。

(10)3层，中风化花岗岩，岩芯多呈柱状，柱长5~45cm不等，未揭穿，低压缩性，工程力学性质好，可作为管廊的基础持力层。

3)基坑开挖方案

拟建4条道路综合管廊，全长约5.3km，最大埋深约12.5m，管廊开挖最深处底高程约−7.5m，为狭长形基坑，管廊底部土层为填土或淤泥质土，建议进行合适的软基处理，鉴于开挖深度大，且周边环境较复杂，地下水水位高，基坑破坏后果较严重。因此，本工程基坑工程安全等级为一级。

本工程管廊基坑最大开挖深度约为13.0m，宽度约7.4m，综合考虑场址工点复杂，结合场地地质情况、环境状况及中山地区类似工程施工实践经验，本工程对管廊基坑开挖可采用地下连续墙、SMW工法或钻孔灌注桩+内支撑+止水帷幕围护结构方案，具体围护设计方案可对其在技术、经济等其他因素进行综合比选后选择。

基坑开挖前必须做好基坑围护。根据现场试验等，支护所需参数详见表6.2-10~表6.2-13。

基坑支护设计参数　　表6.2-10

层号	土层名称	土的重度 γ	渗透系数		剪切（直接快剪）		三轴（不排水不固结）	
			水平（$\times10^{-6}$）	垂直（$\times10^{-6}$）	内摩擦角 φ	黏聚力 c	内摩擦角 φ_{uu}	黏聚力 c_{uu}
		kN/m³	cm/s	cm/s	°	kPa	°	kPa
		平均值			标准值			
①1	素填土	18	强透水层		12.1	14.7	—	—
②1	淤泥质土	15.5（16）	7.77	8.25	3.5	4.3	3.8	6.0
②2	中砂	19	强透水层		*5.0	*5.0	—	—
②3	粉质黏土	18（19）	*1.40	*1.50	13.8	21.3	—	—
②4	黏土	17.5（18）	*3.30	*0.70	9.6	15.3	—	—
③	砂质黏性土	18	*55	*12	26	24.1	—	—
④1	全风化花岗岩	19	*75	*15	28.3	26.3	—	—

注：*-地区经验数据；()内为饱和重度；其他为试验值。

锚杆、挡土墙参数 表6.2-11

层号	土层名称	土体与锚固体黏结强度标准值 f_{rbk}（kPa）	地基土与挡土墙底面的摩擦因数μ
②1	淤泥质土	5	0.05
②3	粉质黏土	40	0.25
②4	黏土	35	0.25
③	砂质黏性土	55	0.30
④1	全风化花岗岩	65	0.35

地基土水平抗力系数的比例系数*m*建议值 表6.2-12

层号	土层名称	预制桩	灌注桩
		m（MN/m^4）	m（MN/m^4）
②1	淤泥质土	1.5	2.0
②3	粉质黏土	4.5	7.0
②4	黏土	4	6.5
③	砂质黏性土	8	17
④1	全风化花岗岩	12	38

单桩抗拔系数建议值 表6.2-13

层号	土层名称	负摩阻力系数	钻孔桩抗拔摩阻力折减系数
		$K_0 \tan \varphi'$	λ
②1	淤泥质土	0.25	0.40
②3	粉质黏土	0.35	0.60
②4	黏土	0.30	0.55
③	砂质黏性土	0.45	0.65
④1	全风化花岗岩	0.50	0.70

4)基坑降水、排水

本工程基坑建造过程中相当长时期处于抗浮阶段，基坑开挖所涉地层上部填土、冲(吹)填土为强透水层，水径流条件较好，受大气降水和地表水体的入渗补给。基坑开挖时应采用挡土截流及防渗漏措施，可采用管井降水。停止降水时间应经地下室抗浮验算后确定。

5)地质条件可能造成的风险及建议

对沿线各地段路基的稳定性和岩土性质作出工程地质评价，并为城市综合设计回弹模量、适宜的防护、加固设计以及不良地现象防治等提供工程地质依据和必要的设计参数，并提出相应的建议。

根据住房和城乡建设部发布的《危险性较大的分部分项工程安全管理规定》和住房城

乡建设部办公厅关于实施《危险性较大的分部分项工程安全管理规定》有关问题的通知，本工程所涉及的地质条件软土、地下水、基岩全~强风化土可能造成工程风险，管廊基坑开挖深度最深约12.5m，属于超过一定规模的危险性较大的分部分项工程。建议相关责任主体做好危大工程的专项施工方案及其论证工作，以及施工、监理及验收工作，有效防范生产安全事故。

根据勘察结果，结合本工程特点分析，场地地质条件可能造成的工程风险主要有：

（1）软土造成的工程风险。

由于道路工程中的软土地基的含水率较高、流变性特点显著、压缩性高、渗透性差且承载力不足，使得道路路基施工过程中可能产生较大沉降及不均匀沉降，可能引发路基结构失稳问题，使得软土路基工程变形，影响了公路软土地基的工程建设安全性能，进而引起路面裂缝、道路结构沉陷、路面沉降等一系列危害。

（2）地下水造成的工程风险。

如果地下水区域开采过于剧烈，则地下环境很容易出现真空状态，如果在这种作业区域进行岩土工程建设，就很容易出现塌方的事故。岩土工程施工中的地下水位升降变化会引起岩土产生不规则的膨胀和变现，并且在地下水的侵蚀作用下，岩土工程的细小颗粒土壤物的附着度也会显著下降。在地下水富集区域进行大面积施工，容易产生泥沙俱下、管涌、基坑突涌等严重的岩土工程灾害性事故问题，给施工结构安全性带来威胁。

工程建议如下：

（1）针对软土可能造成的工程风险。

路基施工时，应采取合理措施，采用化学固化、表层排水法、换填法、深层搅拌法等组合桩复合地基、桩网复合地基方法，提高地基稳定性、承载力和安全性，减少工程隐患。

（2）针对地下水可能造成的工程风险。

在地下水分类中，基岩裂隙水深度比较大，对工程的安全性危害比较小。在工程施工过程中，技术人员可以选择中壤土、重粉质土壤、重砂质壤土和重粉质砂质壤土地区进行施工，防止由于岩体破碎和地下水漫灌共同作用下对工程带来的不利影响。

6.3 城市综合管廊基坑施工方案

6.3.1 SMW工法桩施工

本项目工程管廊基坑支护部分采用SMW工法采用H型钢+ϕ850mm三轴水泥搅拌桩围护。

（1）SMW工法桩施工工艺流程示意图见图6.3-1~图6.3-3。

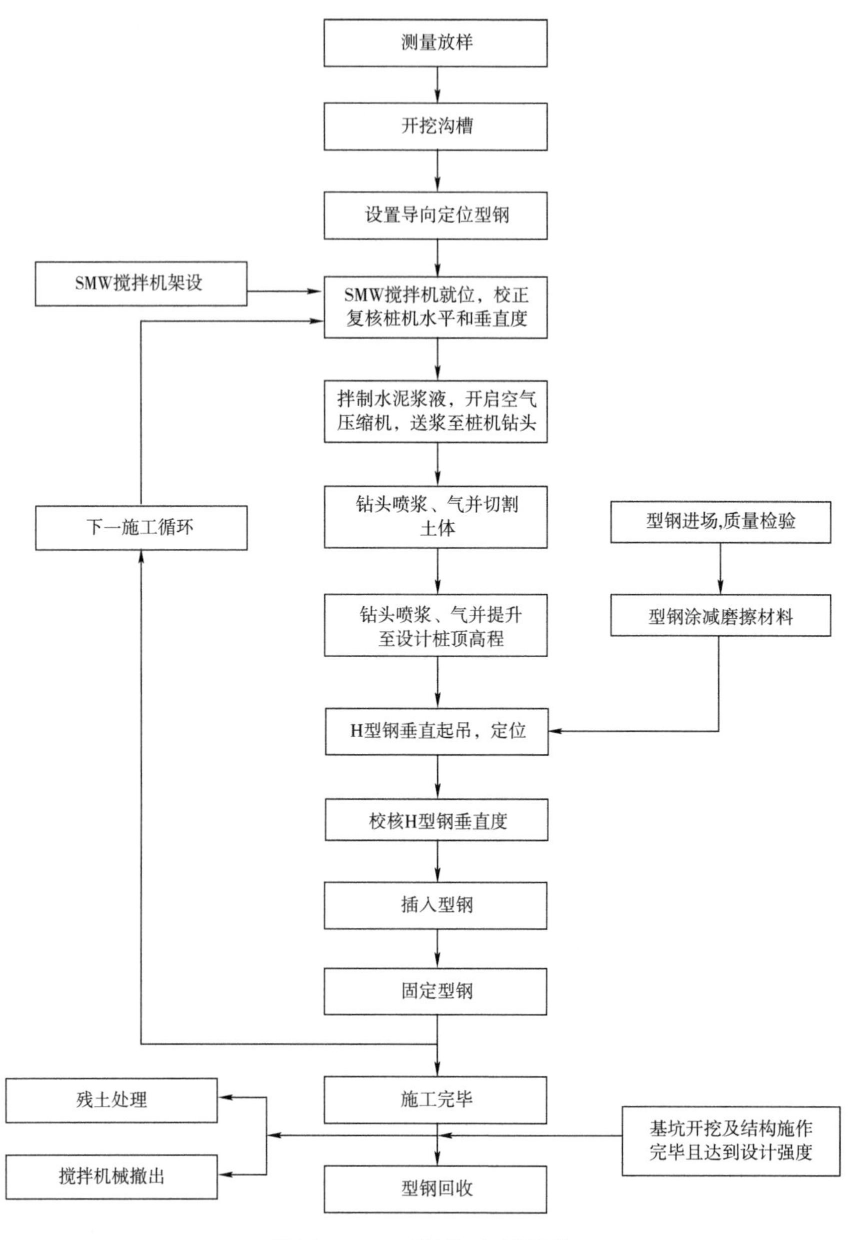

图6.3-1　SMW工法施工工艺流程

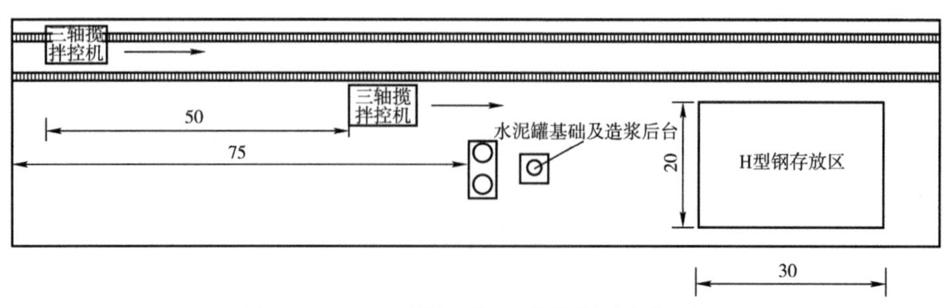

图6.3-2　SMW工法施工平面布置图(尺寸单位:m)

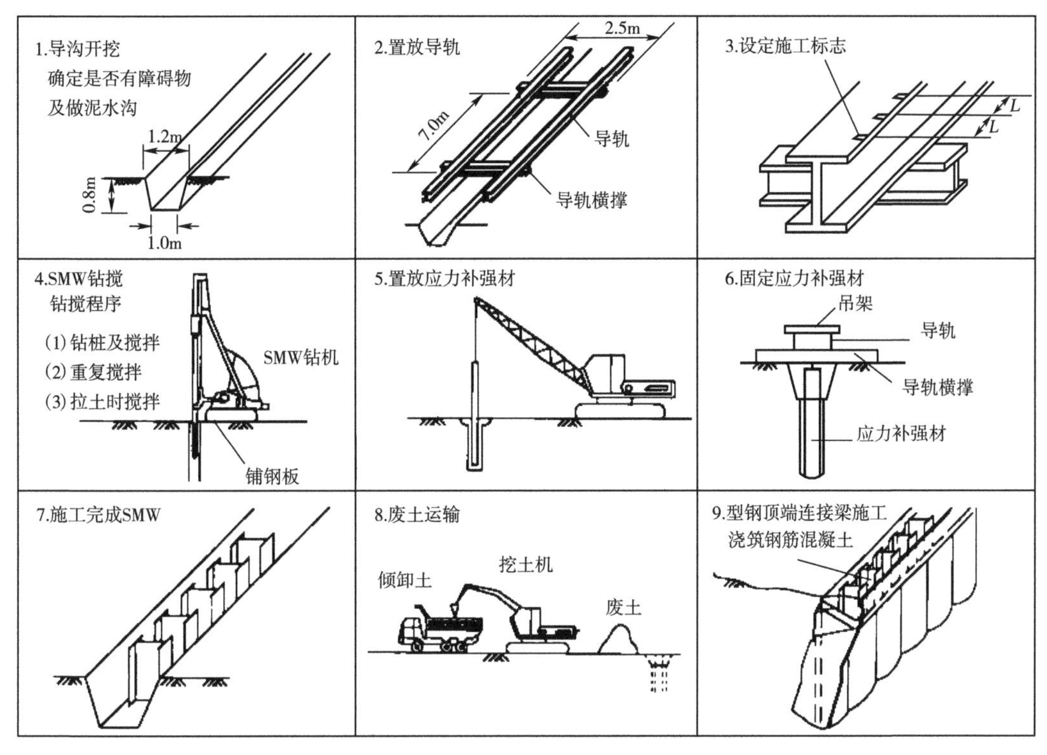

图6.3-3 SMW工法施工工艺流程示意图

(2)SMW工法桩施工工艺[57]。

施工前，必须先进行场地平整，清除施工区域的表层硬物，并用素土回填夯实，路基承重荷载以能行走50t履带式起重机及JB160A桩架130t为准。

①测量放线。

根据提供的坐标基准点，按照设计图进行放样定位及高程引测工作，并做好永久及临时标志。为防止万一搅拌桩向内倾斜，造成内衬墙厚度不足，影响结构安全使用，按设计和实际施工要求每边外放10cm，放样定线后做好测量技术复核单，提请监理进行复核验收签证。确认无误后进行搅拌施工。

②开挖沟槽。

根据基坑围护内边控制线，开挖沟槽，并清除地下障碍物。开挖沟槽余土应及时处理，以保证SMW工法正常施工，并达到文明工地要求，见图6.3-4。

③定位型钢放置。

垂直沟槽方向放置两根定位型钢，规格为200mm×200mm，长约2.5m，在槽沟两侧打入地下4根10号槽钢深1.5m，作为固定支点，垂直槽沟方向放置两根型钢与支点焊接，再在平行沟槽方向放置两根定位型钢规格300mm×300mm，长7～12m，两组型钢之间焊接住。H型钢定位采用型钢定位卡，见图6.3-5。

④三轴搅拌桩孔位定位。

3轴搅拌桩的3轴中心间距600mm，根据这个尺寸在平行H型钢表面用红漆画线定位。

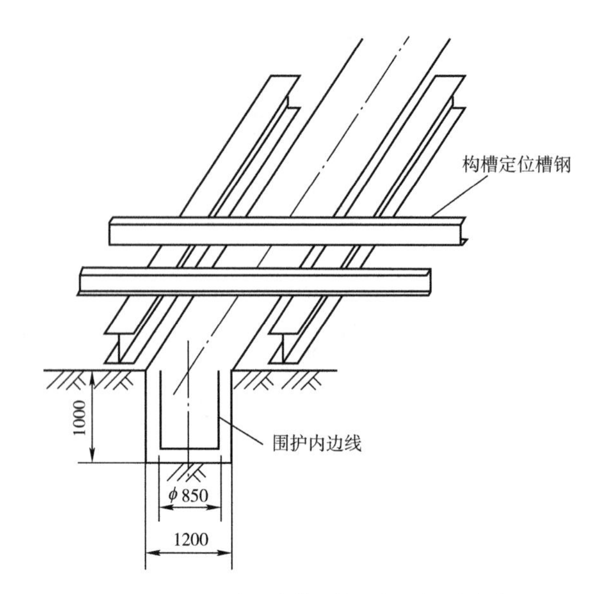

图6.3-4　SMW工法施工沟槽开挖示意图(尺寸单位:mm)

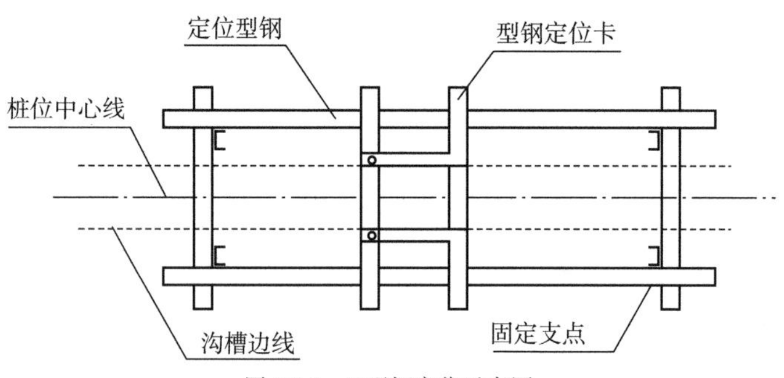

图6.3-5　H型钢定位示意图

⑤SMW工法成桩施工顺序。

SMW工法搅拌成桩一般采用跳槽式双孔全套复搅式连接和单侧挤压式连接两种施工顺序。图6.3-6、图6.3-7中阴影部分为重复套钻,以保证墙体的连续性和接头的施工质量,水泥搅拌桩的搭接以及施工设备的垂直度修正依靠重复套钻来保证,从而达到止水的作用。

a.跳槽式双孔全套复搅式连接:一般情况下均采用该种方式进行施工,如图6.3-6所示。

b.单侧挤压式连接方式:对于围护墙转角处或有施工间断情况下采用此连接。如图6.3-7所示。

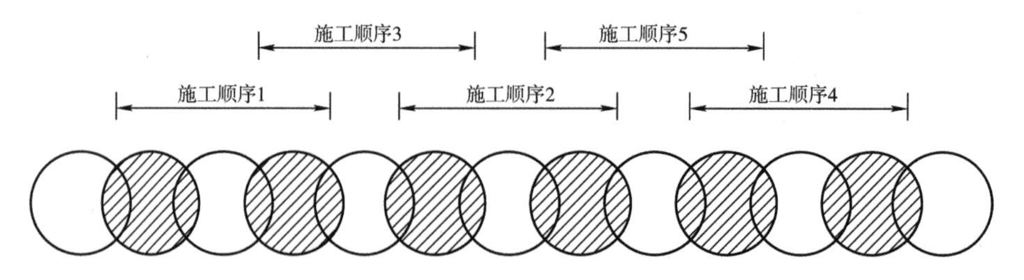

图6.3-6　跳槽式双孔全套复搅式连接

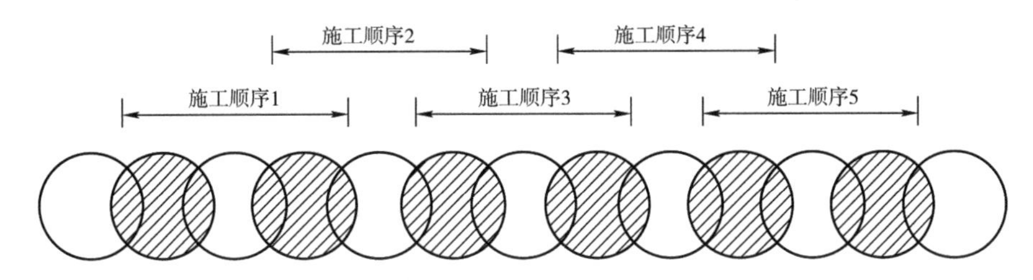

图6.3-7　单侧挤压式连接方式

c.对于围护墙转角处，为保证工法状的质量和止水效果，有时也采用如图6.3-8所示的连接方式。

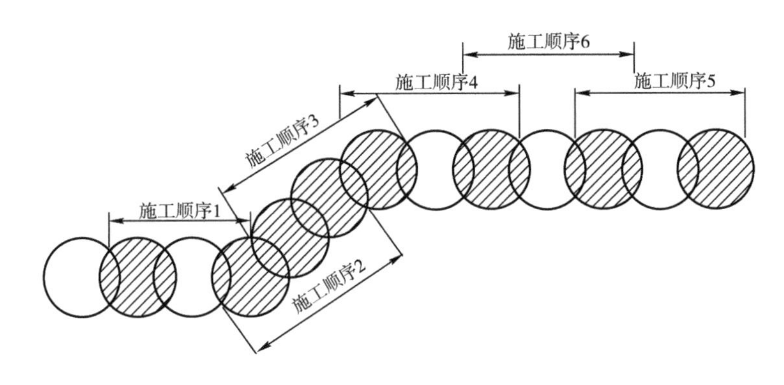

图6.3-8　围护转角处的连接

⑥SMW工法成桩施工。

a.桩机就位。

由当班班长统一指挥，桩机就位，移动前看清上、下、左、右各方面的情况，发现障碍物应及时清除，桩机移动结束后认真检查定位情况并及时纠正。

桩机应平稳、平正，并用线锤对龙门立柱垂直定位观测，以确保桩机的垂直度。

三轴水泥搅拌桩桩位定位后再进行定位复核，偏差值应小于2cm，桩身垂直度偏差不得大于0.5%，桩径误差不大于10mm，桩底高程误差不大于50mm。

b.搅拌成桩施工。

搅拌轴承桩搅拌施工采用两喷四搅的方法，但对于桩底深度以上2～3m范围提升1～2次。

钻进施工时，为边注浆边充气搅拌，提升时为不充气只注浆搅拌。

c.搅拌速度及注浆控制。

三轴水泥搅拌桩在下沉和提升过程中均应注入水泥浆液，同时严格控制下沉和提升速度。根据设计要求和有关技术资料规定，下沉速度不大于1m/min，提升速度不大于2m/min，避免因提升过快，产生真空负压，孔壁塌方。在桩底部分适当持续搅拌注浆，做好每次成桩的原始记录。

SMW工法桩水泥采用罐装水泥，计算机控制的自动拌浆系统拌浆，水泥浆液的水灰比为1.5～2.0，均使用新鲜的、干燥的PO42.5级普通硅酸盐水泥配置的浆液，浆液配比可根据现场试验进行修正，每立方搅拌水泥土水泥用量为450kg，拌浆及注浆量以每钻的加固土体方量换算，注浆压力为1.0～2.5MPa，以浆液输送能力控制。相邻搅拌桩施工的间歇时间宜小于2h，若搭接时间超过24h，应按冷缝处理，见图6.3-9。

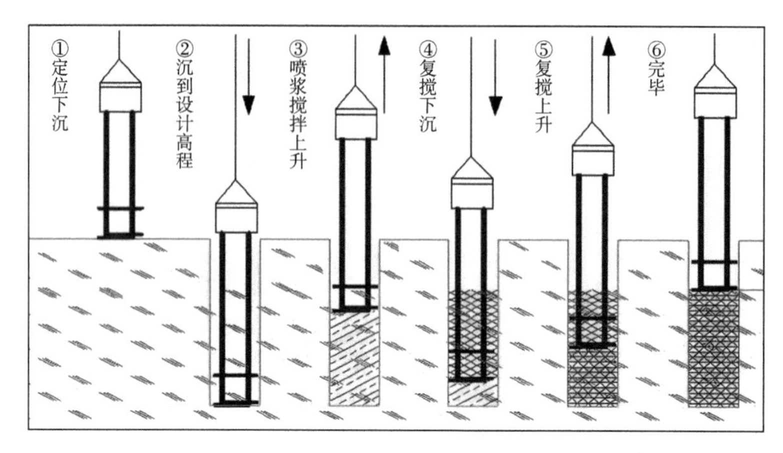

图6.3-9　SMW工法施工工艺流程示意图

d.H型钢插入。

三轴水泥搅拌桩施工完毕后，起重机应立即就位，准备吊放H型钢，H型钢应立即插放，受本方案工序影响，最长时间不超过4h。

起吊前在型钢顶端开一个中心圆孔，孔径约6cm，装好吊具和固定钩，然后用50t起重机起吊H型钢，用线锤校核垂直度，必须确保垂直。

在沟槽定位型钢上设H型钢定位卡，固定插入型钢平面位置，型钢定位卡必须牢固、水平，而后将H型钢底部中心对正桩位中心并沿定位卡徐徐垂直插入水泥土搅拌桩体内。

根据高程控制点，用水准仪将H型钢引放到定位型钢上，根据定位型钢与H型钢顶高程的高度差，在定位型钢上搁置槽钢，焊ϕ8mm吊筋控制H型钢顶高程，误差控制在±5cm以内。

待水泥土搅拌桩达到一定硬化时间后，将吊筋与沟槽定位型钢撤除。

若H型钢插放达不到设计高程，则提升H型钢，重复下插使其插到设计高程，并采用振动锤振动打入高程，下插过程中始终用线锤跟踪控制H型钢的垂直度，如图6.3-10所示。

⑦涂刷减摩剂。

为便于H型钢回收，型钢涂刷减摩剂后插入水泥土搅拌桩，结构强度达到设计要求后起拔回收。

清除H型钢表面的污垢及铁锈。

减摩剂必须加热至完全融化，用搅棒搅时感觉厚薄均匀，才能涂敷于H型钢上，否则涂层不均匀，易剥落。

如遇雨雪天型钢表面潮湿，应先用抹布擦干表面才能涂刷减摩剂，不可以在潮湿表面上直接涂刷，否则将剥落。

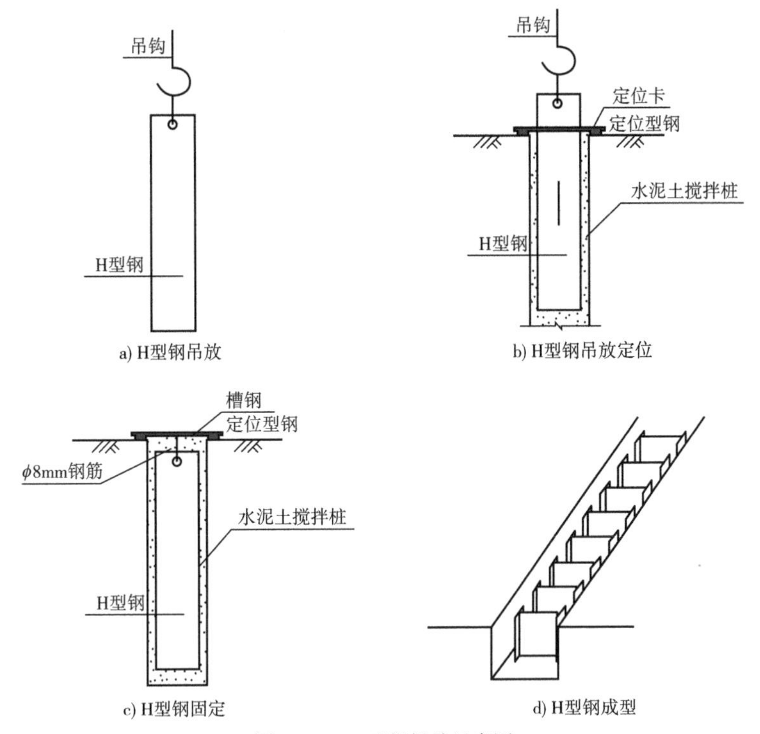

图6.3-10　H型钢插放示意图

如H型钢在表面铁锈清除后不立即涂减摩剂，必须在以后涂料施工前抹去表面灰尘。

H型钢表面涂上涂层后，一旦发现涂层开裂、剥落，必须将其铲除，重新涂刷减摩剂。

基坑开挖后，设置支撑牛腿时，必须清除H型钢外露部分的涂层，方能电焊。地下结构完成撤除支撑，必须清除牛腿，并磨平型钢表面，然后重新涂刷减摩剂。

注压顶圈梁时，埋设在冠梁中的H型钢部分必须用油毡或塑料薄膜将其与混凝土隔开，否则将影响H型钢的起拔回收。

⑧弃土处理。

三轴搅拌机搅拌轴设有螺旋式搅拌翼，钻进时有一定的排土量，约30%以内，一般沉积在导沟内（为泥浆）。由于水泥掺量较大，排浆（土）经短时间即可固结，在施工时应及时用挖机（$0.4m^3$）将导沟内的余浆挖出，集中堆放，固结后干土及时外运。

⑨H型钢回收。

待地下主体结构完成并达到设计强度后，采用专用夹具及千斤顶以冠梁为反梁，起拔回收H型钢，如图6.3-11所示。

⑩施工记录。

施工过程中由专人负责记录，详细记录每根桩的下沉时间、提升时间、注浆量和H型钢的下插情况，记录要求详细、真实、准确。及时填写当天施工的报表记录，隔天送交监理。

(3)基坑开挖施工方法。

①SMW工法桩养护期为28d，达到设计强度后方可开挖，应“分段、分层、间隔、平衡开

挖”,并应“先撑后挖”,每层开挖深度控制在0.2~0.3m之间,人工配合挖机进行开挖。管廊基坑平面示意图如图6.3-12所示。

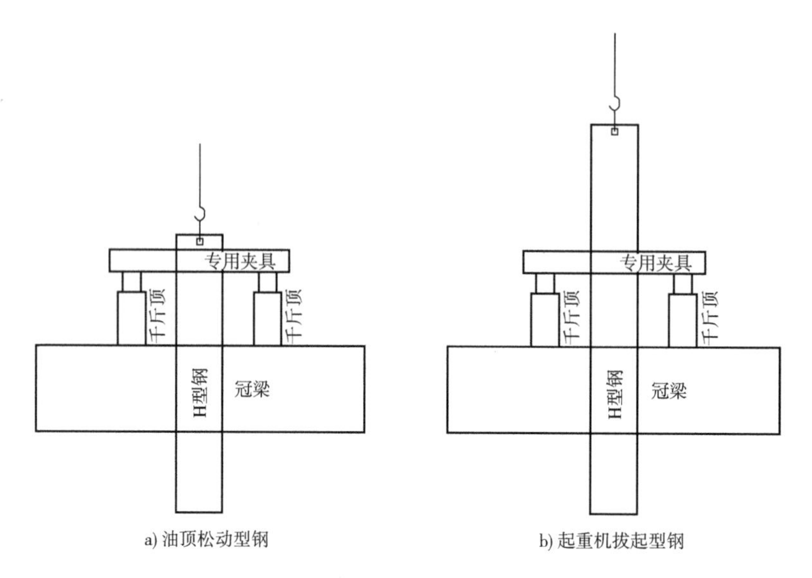

图6.3-11　H型钢回收示意图

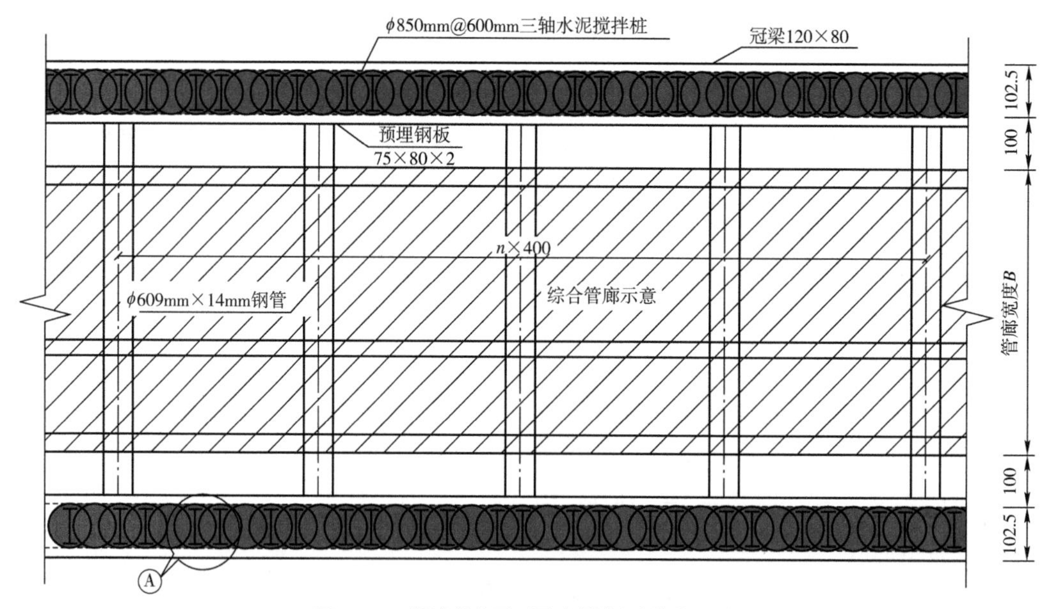

图6.3-12　管廊基坑平面示意图(尺寸单位:cm)

②工法桩施工完毕后,开挖至地面高程以下0.8m,然后绑扎冠梁1200mm×800mm钢筋及预埋钢壁钢板,安装侧模板,浇筑钢筋混凝土冠梁。该工序不受工法桩养护期限制,见图6.3-13。

③第一次土方开挖前进行基坑预降水,降水深度控制在坑底以下0.5m,待冠梁混凝土达到设计强度时,安装第一道钢支撑,钢支撑采用ϕ609mm×14mm钢管,间距4m一道。

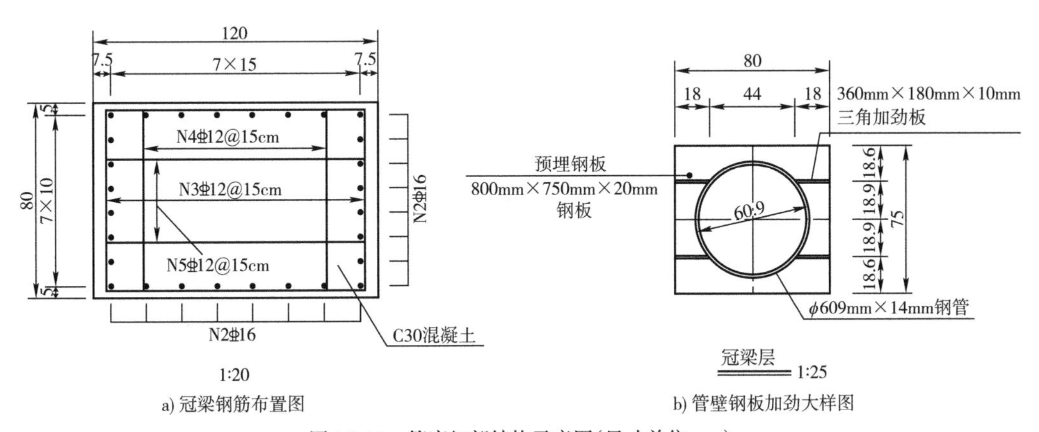

图6.3-13 管廊细部结构示意图(尺寸单位:cm)

④第二次开挖挖至第二道钢围檩中心高程以下0.5m,安装钢围檩,钢围檩采用双拼HM550×300钢组合形式,腰梁加劲肋处采用514mm×130mm×20mm钢板加强,然后安装第二道钢支撑,钢支撑采用ϕ609mm×14mm钢管,间距4m一道,见图6.3-14。

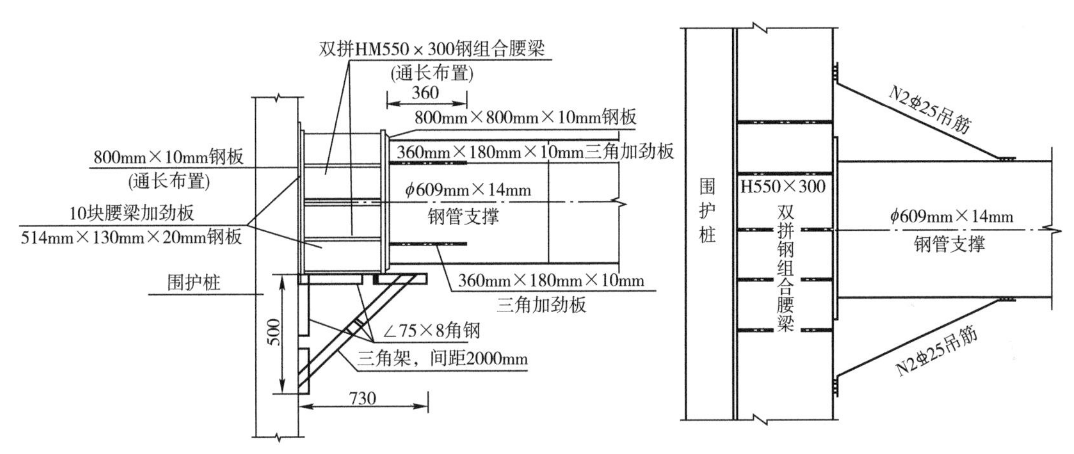

图6.3-14 管廊细部结构示意图(尺寸单位:cm)

⑤第三次开挖挖至设计基坑底高程。

⑥基坑开挖到设计高程后,及时施工管廊垫层。

⑦素混凝土垫层初凝后及防水层施工完成后敷设底板钢筋,并尽快浇筑钢筋混凝土底板。

⑧管廊结构施工完成后,四周用石屑回填,同时满足道路基底回填要求。

⑨回填至围檩和支撑下0.5m时,方可拆除该道围檩和支撑。

6.3.2 钢板桩支护施工

1)钢板桩施工方法

(1)钢板桩施工流程图。

本项目工程钢板桩施工根据地质条件的不同采用SP-Ⅳ型钢板桩与SP-Ⅵ型钢板桩,其工艺流程如图6.3-15所示。

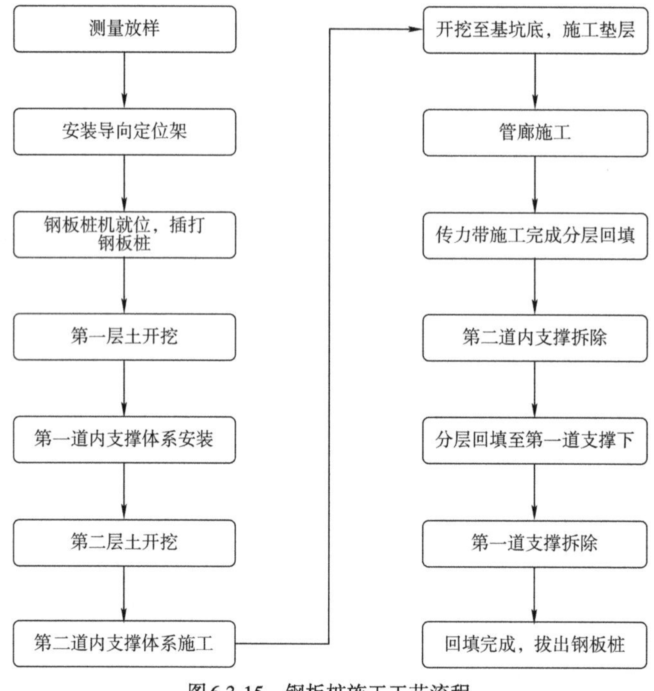

图6.3-15 钢板桩施工工艺流程

(2)钢板桩施工工艺。

①板桩的检验。

对板桩,一般有材质检验和外观检验,以便对不合要求的板桩进行矫正,以减少打桩过程中的困难。

外观检验:包括表面缺陷、长度、宽度、厚度、高度、端头矩形比、平直度和锁口形状等内容。

②板桩的吊运。

装卸板桩宜采用两点吊。吊运时,每次起吊的板桩根数不宜过多,注意保护锁口免受损伤。吊运方式有成捆起吊和单根起吊。成捆起吊通常采用钢索捆扎,而单根吊运常用专用的吊具。

③板桩堆放。

板桩堆放的地点,要选择在不会因压重而发生较大沉陷变形的平坦而坚固的场地上,并便于运往打桩施工现场。堆放时应注意:堆放的顺序、位置、方向和平面布置等应考虑到以后的施工方便;板桩要按型号、规格、长度分别堆放,并在堆放处设置标牌说明;板桩应分层堆放,每层堆放数量一般不超过5根,各层间要垫枕木,垫木间距一般为3~4m,且上、下层垫木应在同一垂直线上,堆放的总高度不宜超过2m。

2)导架的安装

在钢板桩施工中,为保证沉桩轴线位置的正确和桩的竖直,控制桩的打入精度,防止板桩的屈曲变形和提高桩的贯入能力，一般都需要设置一定刚度的、坚固的导架。导架与第一层围檩配合使用，以提高打入的精度，其内空尺寸依所打入的板桩型号而定，见图6.3-16。

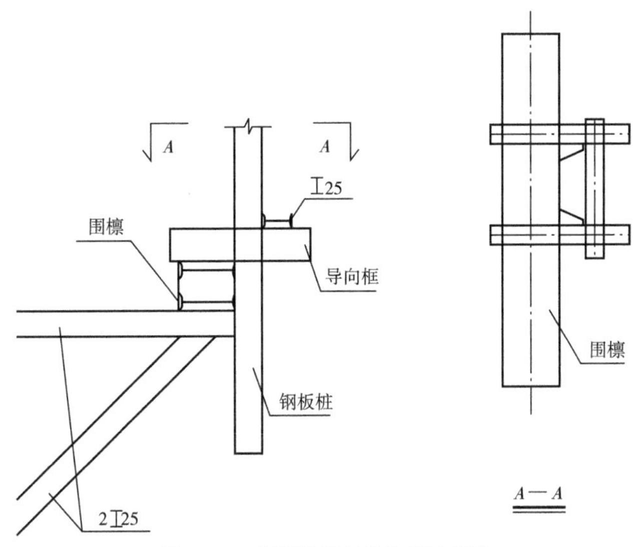

图6.3-16　钢板桩插打导向架示意图

安装导架时应注意以下几点：

(1)采用水平仪控制和调整导梁的位置。

(2)导梁的高度要适宜，要有利于控制板桩的施工高度和提高施工工效。

(3)导梁不能随着板桩的打设而产生下沉和变形。

(4)导梁的位置应尽量垂直，并不能与板桩碰撞。

3)板桩施打

(1)板桩用起重机带振锤施打，施打前一定要熟悉地下管线、构筑物的情况，认真放出准确的支护桩中线。

(2)打桩前，对板桩逐根检查，剔除连接锁口锈蚀、变形严重的普通板桩，不合格者待修整后才可使用。

(3)打桩前，在板桩的锁口内涂油脂，以方便打入拔出。

(4)在插打过程中，随时测量监控每块桩的斜度不超过2%，当偏斜过大不能用拉齐方法调正时，拔起重打。

(5)板桩施打采用屏风式打入法施工。屏风式打入法不易使板桩发生屈曲、扭转、倾斜和墙面凹凸，打入精度高，易于实现封闭合拢。施工时，将10～20根板桩成排插入导架内，使它呈屏风状，然后再施打。通常将屏风墙两端的一组板桩打至设计高程或一定深度，并严格控制垂直度，用电焊固定在围檩上，然后在中间按顺序分1/3或1/2板桩高度打入。

屏风式打入法的施工顺序有正向顺序、逆向顺序、往复顺序、中分顺序、中和顺序和复合顺序。施打顺序对板桩垂直度、位移、轴线方向的伸缩、板桩墙的凹凸及打桩效率有直接影响。因此，施打顺序是板桩施工工艺的关键之一。其选择原则是：当屏风墙两端已打设的板桩呈逆向倾斜时，应采用正向顺序施打；反之，用逆向顺序施打；当屏风墙两端板桩保持垂直状况时，可采用往复顺序施打；当板桩墙长度很长时，可用复合顺序施打，见图6.3-17。

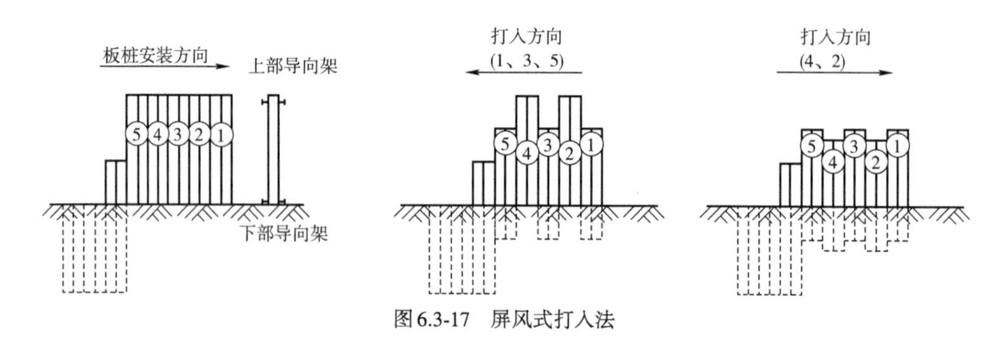

图6.3-17　屏风式打入法

(6)密扣且保证开挖后入土不小于2m，保证板桩顺利合拢；特别是工作井的四个角要使用转角板桩，若没有此类板桩，则用旧轮胎或烂布塞缝等辅助措施密封。

(7)打入桩后，及时进行桩体的闭水性检查，对漏水处进行焊接修补，每天派专人进行检查桩体。

(8)钢板桩防渗漏措施。

钢板桩主要依靠锁口自身密实性进行防漏，但是如果锁口不密、外侧水压力过大，钢板桩围堰会出现渗漏。根据施工经验，可采取如下措施进行预防和处理：

①施工时的预防渗漏措施。钢板桩渗漏一般出现在锁口位置，因此施工过程中重点加强对锁口的检查。施工前用同型号的短钢板桩做锁口渗漏试验，检查钢板桩锁口松紧程度，过松或过紧都可能导致钢板桩施工后渗漏。施打前，在钢板桩锁口内抹黄油；施打时，控制好垂直度，不得强行施打，损坏锁口。

②施工后的小渗漏处理。抽水后发现钢板桩锁口漏水，但不太严重时，可用破棉絮或勃土对渗漏位置填堵。

③施工后的大渗漏处理。渗漏严重时，在钢板桩围堰渗漏外侧堵沙袋或散装细颗粒堵漏物（如木屑、炉渣、谷糠等），内侧用板条、棉絮、麻绒等在板内侧嵌塞。

钢板桩支护转角处采用角桩，如连接不够紧密，发生流沙现象，则需进行压密注浆，注浆数量为3～4根。

4)内支撑的安装及拆除

内支撑包括围檩、对撑、角撑、支撑柱等内容。

基坑土方开挖过程中还须进行内支撑的安装，以防土压力、水压力过大影响基坑内的施工安全。

内支撑的设置除了考虑受力外，还应考虑不妨碍坑内施工。内支撑自上而下地设置，一边挖土、一边安装。安装必须非常及时到位，随挖随撑。安装时确保无缝钢管对撑与H型钢围图正交，及时安装隅撑。在对撑与钢围图相交处设有10mm厚钢端板，端板头用木楔顶围檩，并可起调节作用。

第二道围檩调整其单条长度为4m，从第一道内支撑体系中斜向下方，到达第二道围檩的预定位置。

无缝钢管对撑应对称间隔拆除，避免瞬间预加应力释放过大而导致结果局部变形、开裂。拆除对撑及围囹应配合基坑回填分阶段地进行，防止钢板桩受力过大变形严重无法拔除。

加工钢管对撑、H型钢围檩等钢构件，一定要确保焊缝质量，使用前需要进行详细的焊缝检查。

5）板桩的拔除

基坑回填后，要拔除板桩，以便重复使用。拔除板桩前，应仔细研究拔桩方法、顺序和拔桩时间及土孔处理。否则，由于拔桩的振动影响，以及拔桩带土过多会引起地面沉降和位移，会给已施工的地下结构带来危害，并影响邻近原有建筑物、构筑物或地下管线的安全。

（1）拔桩方法。

本工程拔桩采用振动锤拔桩：利用振动锤产生的强迫振动，扰动土质，破坏板桩周围土的黏聚力以克服拔桩阻力，依靠附加起吊力的作用将桩拔除。

（2）拔桩时应注意事项。

拔桩起点和顺序：对封闭式板桩墙，拔桩起点应离开角桩5根以上。可根据沉桩时的情况确定拔桩起点，必要时也可用跳拔的方法。拔桩的顺序最好与打桩时相反。

振打与振拔：拔桩时，可先用振动锤将板桩锁口振活，以减少土的黏附，然后边振边拔。对较难拔除的板桩，可先用柴油锤将桩振下100～300mm，再与振动锤交替振打、振拔。

起重机应随振动锤的启动而逐渐加荷，起吊力一般略小于减振器弹簧的压缩极限。

（3）供振动锤使用的电源为振动锤本身额定功率的1.2~2.0倍。

（4）对引拔阻力较大的板桩，采用间歇振动的方法，每次振动15min，振动锤连续不超过1.5h。

6）板桩土孔处理

对拔桩后留下的桩孔，必须及时回填处理。回填采用填入法，填入法所用材料为砂。

7）基坑开挖施工方法

（1）钢板桩施工完毕后，第一次开挖至地面高程以下1m，然后安装第一道内支撑。

（2）第二次土方开挖前进行基坑预降水，降水深度控制在坑底以下0.5m。

（3）第二次开挖挖至第二道钢围檩中心高程以下0.5m，然后安装钢围檩。

（4）第三次开挖挖至设计基坑底高程。

（5）基坑开挖到设计高程后，及时施工管廊垫层，碎石垫层厚度30cm+厚度20cm强度等级为C20的垫层。

（6）素混凝土垫层初凝后24h内敷设底板钢筋，并尽快浇筑钢筋混凝土底板与素混凝土传力带。

（7）待结构强度达到设计值时，拆除第二道钢围檩和支撑。

(8)管廊结构施工完成后,四周用石屑回填,同时满足道路基底回填要求。

(9)回填至围檩和支撑下0.5m时,方可拆除该道围檩和支撑。

6.3.3 钢支撑施工及拆除

1)钢支撑施工

(1)钢支撑施工工艺流程如图6.3-18所示。

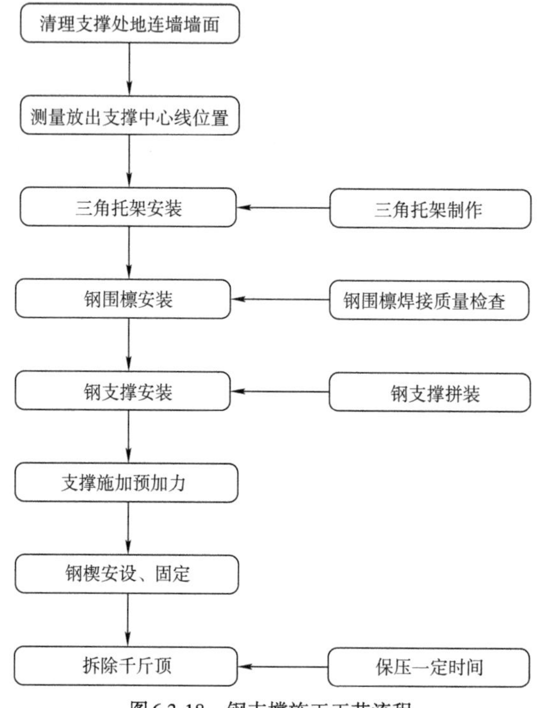

图6.3-18 钢支撑施工工艺流程

(2)钢支撑安装技术要求。

钢支撑安装需掌握好"分层、分段、分块、对称、限时"五个要点,并遵循"竖向分层、水平分区分段、开挖支撑、先撑后挖、严禁超挖、基坑底垫层要求随挖随浇"的原则。支撑的安装与土方施工紧密结合,在土方挖到设计高程的区段内,及时安装支撑并发挥作用。按时限施加支撑预应力,减少基坑暴露时间。要严格控制支撑端部的中心位置,且与支护结构面垂直,接触位置平整,使之受力均匀。

①钢支撑应采用两点吊装,吊点一般在离端部0.2L(L为钢支撑长度)左右为宜。

②钢支撑安装的容许偏差应符合表6.3-1的规定。

钢支撑安装允许偏差 表6.3-1

项目	钢支撑轴线竖向偏差	支撑曲线水平向偏差	支撑两端的高程差和水平面偏差	支撑挠曲度
允许值	±30mm	±30mm	≤20mm且≤1/600L	≤1/1000L

③钢支撑可重复使用Q345B的钢材，焊条采用E43，楔块为45号铸钢。横撑焊接纵向焊缝为V形坡口双面焊。钢管纵向对接焊缝为1级，端头牛腿部分角焊缝为Ⅱ级，其余均为Ⅲ级。

④钢围檩的接长采用焊接，接头位置在钢支撑中心线左右各1/6钢支撑间距范围内。

⑤安装时，围檩、端头、千斤顶各轴线要在同一平面上，为确保平直，横撑上法兰螺栓应采用对角和分等分顺序扳紧，纵向钢围檩就位时，应缓慢放在托架上，不得有冲击现象出现。

a.每榀支撑安装时，用2台100t千斤顶对挡土结构施加预应力，千斤顶本身必须附有压力表，使用前需在试验室进行标定，千斤顶施加项力，达到设计值后，塞紧钢楔块才能拆除千斤顶。

b.随着新安装的支撑预应力的施加，相邻的已经安装好的支撑应力可能会减少，所以可根据设计要求附加预应力。因此，支撑必须要有附加预应力的装置(即支撑连接件)，当墙体水平位移率超过警戒值时，可适量增加预应力，以控制变形。

c.施加预应力时，要及时检查每个接点的连接情况，并做好施加预应力的记录；严禁支撑在施加预应力后由于和预埋件不能均匀接触而导致偏心受压；在支撑受力后，必须严格检查并杜绝因支撑和受压面不垂直而发生渐变，从而导致基坑挡土墙水平位移持续增大乃至支撑失稳等现象发生。

d.为了控制千斤顶油缸伸出的长度在10cm以内，在加压时可以采取在千斤顶后面设置钢板的措施来调整油缸长度。

e.支撑的加压严格按设计图纸上提供的轴力来进行，不允许加载不到位或超加载。

⑥第三道钢支撑架设完毕后，应特别注意第二道钢支撑，因为在基坑开挖深度加大后，接触面压力会减小，乃至出现支撑与地下墙脱开的现象，故采取及时附加预应力等措施，防止支撑因端部移动而脱落。每次加撑后均应由上向下再补加一次预顶力。

⑦钢支撑两端部通过钢围檩与围护结构互相紧密接触。

⑧焊接管端头与法兰盘焊接处，法兰端面与轴线垂直偏差控制在1.5mm以内，每根钢支撑的安装轴线偏差不大于2cm，钢管纵向对接焊缝为Ⅱ级，端头牛腿部分角焊缝为Ⅱ级，其余均为Ⅲ级。

⑨焊接圆管的加工精度为椭圆度不应大于$2D/1000$(D为钢管直径)。

⑩现场施工的钢支撑，除锈后涂刷两道红丹，一道面漆。

⑪钢支撑的保护措施。

a.基坑开挖过程中做好钢支撑的保护，防止挖土机械碰撞支撑体系，造成支撑脱落、变形、失稳事故。

b.挖土机械和车辆不得碰撞支撑和管线；不得在支撑上作用荷载，钢支撑顶面严禁堆放杂物。

c.土方开挖时，弃土堆放远离基坑边线。

d.施工过程中加强监测，若因侧压力造成钢管横撑轴力过大，造成横撑挠曲变形，并接近允许值时,必须及时采取增加支撑等措施,防止横撑挠曲变形过大,保证钢支撑受力稳定,确保基坑安全。

⑫变形监测。

a.工具式组合内支撑系统的变形监测一般与基坑监测同步进行,监测内容有整体相对水平位移、构件轴力变化,如图6.3-19所示。

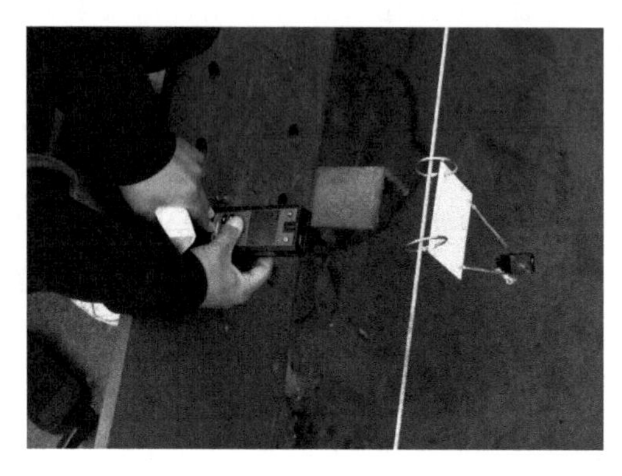

图6.3-19 支撑系统变形监测

b.整体相对水平位移监测。监测点位置一般设置在与钢围檩平行的正上方,固定后拉钢线且设置铝质发射板,数量根据工程大小确定,一般基坑宽度在20~30m之间至少设一道;仪器采用(如德国喜利得PD40型)高精度手持式激光测距仪,误差要求为±1.0mm。监测频率正常情况下2~3次/d,异常情况下4~6次/d。

c.构件轴力监测。采用弦式反力传感器或应变片直接布置于装配式钢支撑构件主要受力点,通过传导电缆线将变形应力进行集成,监测频率正常情况下1~2次/d,异常情况下3~6次/d。

d.监测结果由专业人员分析,及时通报各方,过程连续监测直至基坑开挖结束结构混凝土达到预定强度。报警值的控制请严格按照设计指标进行。

(3)钢支撑安装。

①钢支撑安装要严格按照组织方案施工。轴线、高程必须按设计要求进行,做好技术复核工作。

②施工现场派专职施工技术人员会同生产班组一起施工,对设计变更的情况及时制定相应的技术措施。

③根据设计要求,画出确切的钢支撑排列图。

④为了顺利进行施工,确保施工质量、进度及配合好挖土施工,应做好技术协作工作。

⑤钢支撑的施工要求紧随挖土的施工作业,随撑随挖,无撑挖土的暴露时间控制在16h内,必须遵循先撑后挖的施工原则。

⑥在开挖前需备好合格的带有伸缩头的支撑、支撑配件等安装支撑所必需的设备。对环境保护要求达到特级保护要求的区域,要有附加预应力的技术措施。严防需要安装支撑时,

因缺少支撑条件而延误支撑时间。

⑦因支撑安装过程中电焊量较大,因此要求所有钢支撑的电焊焊缝、长度、厚度必须满足设计和施工规范的要求。

⑧钢支撑安装应确保支撑端头同地下连续墙均匀接触,并设防止钢支撑端部移动脱落的构造措施,支撑的安装允许偏差应符合以下规定。

a.钢支撑轴线竖向偏差:±30mm;

b.支撑轴线水平向偏差:±30mm;

c.支撑两端的高程差:不大于20mm和支撑长度的1/600;

d.支撑的挠曲度:不大于1/1000。

⑨钢支撑系统安装必须平直,每根支撑在全长范围内的弯曲不得超过15mm。十字接头的水平和竖向偏差应小于20mm。钢支撑必须采用整体十字接头连接,钢支撑形成后应具有良好的整体性。

⑩钢支撑安装完毕后,应及时检查各节点的连接状况,经确认符合要求后方可进行下道工序。在施工钢支撑之前,应先将支撑托架焊接牢固,钢支撑托架应严格按照围护施工图施工。钢支撑托架定位必须准确,在架设钢支撑之前,监测单位及总包单位应在监理的严格监督下测定钢支撑托架高程,并认真记录结果。如托架高程偏差大于20mm,钢支撑施工单位应重新设置托架,确保达到设计要求。支撑托架满足设计要求方可架设钢支撑。

⑪钢支撑架设好后,监测单位及总包单位在监理的严格监督下测定钢支撑各节点高程,并认真记录结果,如高程偏差大于20mm,钢支撑施工单位应立即整改,直到各节点高程达到设计要求后方可施工预应力。

⑫在挖土过程中,总包单位应协调专业挖土单位配合支撑施工及保护工作,严禁挖机碰撞支撑及支撑托架。

2)钢支撑拆除

混凝土支撑梁达设计强度后可拆除第二道支撑,回填至第一道支撑以下1m位置可拆除第一道支撑。

钢支撑拆除流程:汽车起重机提吊支撑—活络节内安放千斤顶施加顶力—撤除钢楔—解除顶力,同时卸下千斤顶—支撑杆体下放、拆除高强度连接螺栓—拆开支撑杆体、各部分节吊出。

(1)钢支撑拆除前使用标准支撑架做支点,工人爬上支撑绑扎钢丝绳,拆除时起重机配合吊拆,使钢丝绳拉紧但不受力。

(2)钢支撑拆除准备工作完成后,安装千斤顶,千斤顶分级卸力,拆除时避免瞬间预加应力释放过大而导致结构局部变形、开裂。采用千斤顶支顶并适当加力顶紧,然后切开活络头钢管、补焊板的焊缝,千斤顶逐步卸力,停置一段时间后继续卸力,直至结束。

(3)卸力后将活络头等活动配件卸下,单独调运。卸力后,工人、辅助起重机配合门式起重机把钢支撑移向脚手架一边,避开上部支撑,然后起吊。支撑吊起后,主起重机和辅助起重机配合调整支撑的位置和方向，使钢支撑倾斜一定角度，辅助起重机牵引上端，避让上部支撑吊出基坑。吊出基坑并转移到基坑边后，卸去辅助起重机吊钩，由主起重机放落在指定存放点。

(4)钢支撑拆除时，提升离开基座10cm时应停下检查起重机的稳定性、制动的可靠性、钢支撑的平衡性、绑扎的牢固性，确认无误后，方可起吊。当起重机出现倾覆迹象时，应快速使钢支撑落回基座。

(5)移动过程要缓慢，司机看好基坑情况，避免钢支撑刮碰坑壁、冠梁、上部钢支撑等。

(6)在高温天气，应对钢支撑进行洒水或采用彩条布(无纺布)覆盖等降温措施。

6.3.4 灌注桩施工

1)工艺流程

本工程支护灌注桩的桩径均为ϕ800mm，间隔950mm，桩身混凝土采用水下C30混凝土，桩长遵循图纸要求。根据地勘报告，综合考虑工期、成本等多方面因素，拟采用旋挖钻机进行支护桩的施工，见图6.3-20。

图6.3-20 旋挖钻机示意图

旋挖钻进成孔工艺：采用泥浆护壁旋挖成孔。旋挖成孔首先是通过底部带有活门的桶式钻头回转破碎岩土，并直接将其装入钻斗内，然后再由钻机提升装置和伸缩钻杆将钻斗提出孔外卸土，这样循环往复，不断地取土卸土，直至钻至设计深度。本工程基坑地下水位较高，且孔壁不稳定，可采用静态泥浆护壁钻进工艺，向孔内投入护壁泥浆或稳定液进行护壁。其施工工艺流程及平面布置图分别如图6.3-21、图6.3-22所示。

2)主要施工工艺

(1)桩位测放及高程控制。

根据设计图纸，由专业测量人员制作施工平面控制网，校测场地基准线和基准点、测量轴线、桩的位置及桩的地面高程。采用全站仪对每根桩孔进行放样。为保证放样准确无误，对每根桩必须进行三次定位。

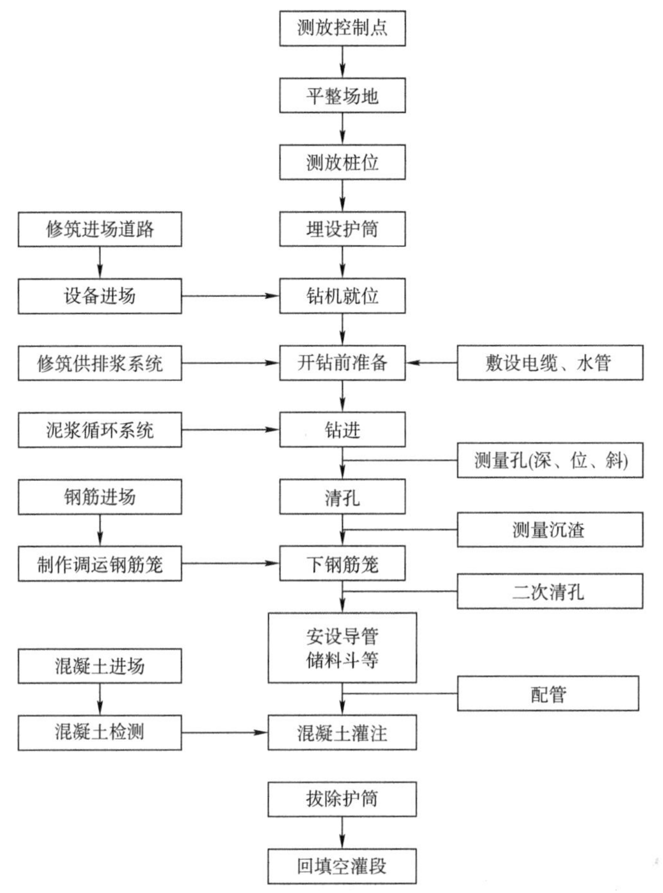

图6.3-21　基坑支护旋挖桩施工工艺流程

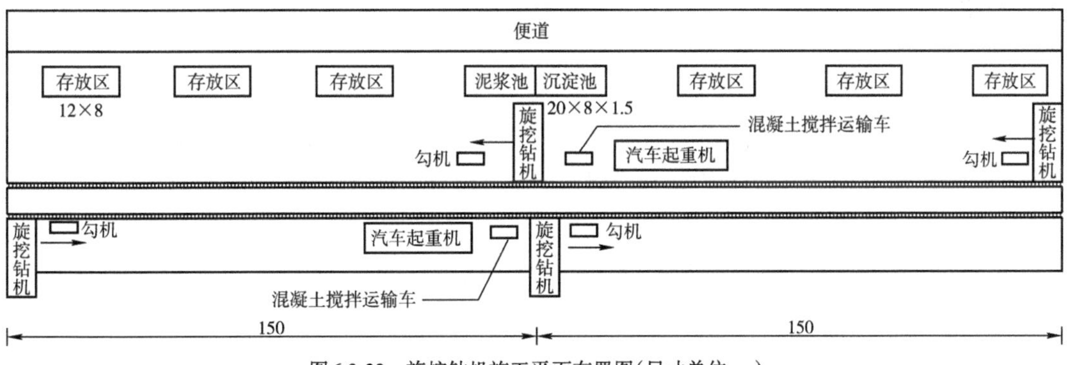

图6.3-22　旋挖钻机施工平面布置图(尺寸单位:m)

(2)埋设护筒。

埋设护筒应准确稳定。护筒周围用黏土回填并夯实。因地质较差,护筒采用15mm厚的钢板加工制作,长度4m。护筒的内径大于钻头直径100mm,并高出地面0.30～0.35m。

(3)成孔。

护筒埋设完毕后,采用十字线法进行二次测定孔位,并根据孔位偏差调整钻杆定位,确保定位无误。当钻机就位准确后即开始钻进，钻进时每回次进尺控制在50cm左右，刚开始要放慢旋挖速度，并注意放斗要稳，提斗要慢。特别是在孔口5～8m段旋挖过程中，要注意通过控制盘来监控垂直度，如有偏差及时进行纠正。

(4)清孔。

钻进至设计孔深后，将钻斗留在原处机械旋转数圈，将孔底虚土尽量装入斗内，起钻后仍需对孔底虚土进行清理。本工程用泥浆循环清孔加用沉渣处理钻斗来排出沉渣。

(5)钢筋笼的制作。

制作钢筋笼的设备与工具有车丝机、锯床、弯弧机、切断机、调直机、滚笼机、电焊机、钢筋笼成形支架等。

(6)钢筋笼的安装。

钢筋笼安装用汽车起重机起吊，对准桩孔中心放入孔内。如桩孔较深，钢筋笼应分段加工，在孔口处进行对接。

(7)二次清孔。

第二次清孔在安装导管后，利用导管输送循环泥浆。清孔后孔底泥浆的含砂率应小于或等于8%，黏度18~28s，泥浆相对密度为1.1~1.25。灌注混凝土之前，孔底沉渣厚度应符合下列规定：端承桩小于或等于50mm，摩擦端承桩、端承摩擦桩小于或等于100mm。

(8)水下混凝土灌注。

混凝土灌注是钻孔灌注桩的重要工序，应予特别注意。钻孔应经过质量检验合格后，才能进行灌注工作。桩身混凝土设计强度等级为水下C30，采用商品混凝土。在水下混凝土灌注过程中，应严格按照规范及设计要求施工，各个施工环节互相配合，技术人员层层把关，混凝土灌注前应会同甲方、监理对该桩孔进行隐蔽验收、签字，合格后方可灌注。

6.3.5 水泥搅拌桩（止水桩）及冠梁施工

1)水泥搅拌桩(止水桩)施工

水泥搅拌桩施工工艺流程如图6.3-23所示。

(1)水泥搅拌桩桩径为ϕ600mm，搅拌桩与支护桩应紧贴，搅拌桩相互搭接不得小于200mm。

(2)水泥搅拌桩机性能参数要求：主电机功率不少于55kW，大盘扭矩不少于60kN·m，进提钻力不少于220kN，油泵电机功率不少于15kW。

(3)搅拌桩水泥渗入量为15%，约75kg/m，水灰比0.5，采用PO42.5普通硅酸盐水泥。应采用早强型水泥或在水泥浆中加入早强剂，早强剂的渗入量及浆液配比等通过现场试验确定。

(4)搅拌桩水泥土28d龄期的设计强度不小于0.5MPa。

(5)搅拌桩定位偏差不超过50mm，桩身垂直度误差不超过0.5%。

(6)搅拌桩施工采用四搅四喷工艺，施工时使水泥土搅拌均匀，并保证相邻搅拌桩相互咬合。

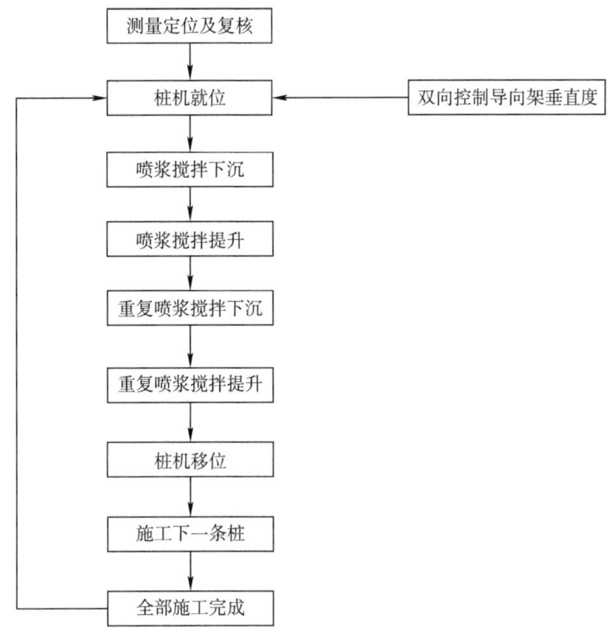

图6.3-23 水泥搅拌桩施工工艺流程

(7)喷浆搅拌时钻杆下沉、提升速度不宜大于0.8m/min。

(8)施工前应进行成桩试验，工艺性试验桩不小于3根；通过成桩试验确定浆液流量、搅拌头或喷头下流和提升速度、注浆压力等参数。

(9)搅拌桩间的联结：相邻两根搅拌桩之间的施工间歇时间不超过24h，当不得已而中断施工时，必须采取有效措施恢复相邻两桩的有效联结，可在中断处增设封口搅拌桩，并在缝隙内适当注浆。

成桩7d后，采用浅部开挖桩头进行检查，开挖深度应超过停浆面下0.5m，且超过地下静止水位。检查搅拌桩的均匀性和止水效果，检查数量(抽芯)不少于总桩数的1%，且不少于6根。

水泥搅拌桩施工方法如下：

(1)搅拌桩按下列顺序进行施工：桩位放线，必要时可开挖导槽；施工机械就位；制备水泥浆；搅拌桩采用“四搅四喷”的施工工艺进行施工，预拌下沉至设计深度，提升，重复喷浆搅拌桩至设计深度，再搅拌提升至孔口；施工机械移位。

(2)施工中的注意事项：喷浆口达到桩顶设计高程时，宜停止提升，搅拌数秒，保证桩头均匀密实；桩间搭接不应大于24h，如果间隔时间太长，搭接质量无保证时，应采取局部补桩或注浆措施；做好施工记录；水泥土达到设计强度(28d)后，方可进行基坑开挖。

水泥搅拌桩施工要点如下：

(1)为了使水泥浆具有较好的和易性和较好的加固土效果，必须严格根据现场情况控制水灰比。针对含水率较多的土层，应采用较低的水灰比。

(2)送浆压力：0.5～0.6MPa。桩上部采用较低的送浆压力，桩下部采用较高的送浆压力，砂层中适当增大送浆压力，重点加固砂层。

（3）搅拌提升速度：根据规范要求提升为0.5～0.8m/min，下沉速度控制在1.0～1.2m/min之间。复搅次数为4次。按照设计要求，采用“四搅四喷”工艺，以保证水泥与土充分搅拌均匀和搅拌桩成桩质量。

（4）严格控制搅拌桩垂直度和桩搭接长度，要求垂直度小于0.5%桩长，桩位偏差不大于5cm。

水泥搅拌桩主要技术措施如下：

（1）深层搅拌桩使用的水泥品种、强度等级、水泥浆的水灰比，水泥加固土的掺入比和外加剂的品种掺量，必须符合设计要求。

（2）在施工前，要标定深层搅拌机械的灰浆泵输送量、灰浆经输浆管到达搅拌机喷口的时间和钻杆提升速度等施工参数，并根据设计要求通过成桩试验，确定搅拌桩的配比和施工工艺。

（3）在施工过程中，要注意调整桩架底盘的平整度和导向架的垂直度，保证搅拌桩的垂直度偏差不得超过0.5%桩长，桩位偏差不得大于50mm。

（4）水泥浆不能离析，水泥浆要严格按照设计的配合比配置，水泥浆要过筛。为防止水泥离析，可用拌浆机不断搅动，待压浆前才将水泥浆倒入料斗中。

（5）深层搅拌施工过程中，输浆应保持连续，同时控制好重复搅拌时的下沉和提升速度，以保证加固范围每一深度内，得到充分搅拌。

（6）施工过程中要经常检查搅拌头拌叶直径，搅拌头直径应大于或等于桩径，发现磨损偏小时立即更换，保证成桩直径。

（7）在成桩过程中，由于电压过低或其他原因造成停机，使成桩工艺中断的，为防止断桩，在搅拌机重新启动后，将深层搅拌钻头下沉到停浆点以下0.5m，待恢复供浆后再喷浆提升。

（8）送浆压力应保持在0.5～0.6MPa之间，在灰浆泵上安装压力表，通过观察压力表可得知直观数据，发现压力表不灵敏时应及时更换。

（9）在施工过程中，若发现搅拌桩垂直度超过规范要求，视该桩为废桩，须调整导向架的垂直度，符合设计要求后重新施工。

（10）搅拌机喷浆提升的速度和次数要符合施工工艺的要求，要有专人对每根桩的水泥用量、成桩过程（下沉、喷浆提升、复搅时间）进行详细记录，深度记录误差不得大于10mm，时间记录误差不得大于5min，施工中发现的问题及处理情况要注明。

（11）为确保成桩质量，在保证每根桩水泥总用量的情况下，采用“四搅四喷”工艺。本工程严格要求搅拌提升速度不得超过0.8m/min，采用连续喷浆相对减小了堵管的可能性。

（12）若在炎热天气下施工，为保证输浆管路畅通，防止堵管，可在浆液中掺入适量的减水剂（木质素磺酸钙）。

（13）本工程有可能存在较厚的块石填土层，若有，在搅拌桩施工之前，对地面以下3m深度范围内的块石填土层进行挖除置换处理。因可能存在较大块石，为确保搅拌桩顺利成桩，需采取钻机引孔措施。

2)冠梁施工

灌注桩的冠梁宽度为100cm，高度为80cm；SMW工法桩的冠梁宽度为120cm，高度为80cm。

(1)施工工艺流程。

施工工艺流程：土方开挖冠梁底—凿支护桩头至桩顶高程处—垫层施工—放线定位—钢筋安装及预埋—模板施工—浇筑混凝土—养护。

(2)施工方法。

①技术准备。

根据设计图纸、施工规范，出钢筋下料单、翻样图，制定各个结构钢筋的绑扎程序。

②材料准备。

钢筋应有出厂质量证明和检验报告，并按规定分批抽取试样做机械性能试验，合格后方可使用。水泥砂浆垫块为边长50mm的立方体，厚度等于保护层。

③钢筋绑扎。

根据设计图纸、施工规范放线定位，对冠梁钢筋进行绑扎，主梁与格构柱之间绑扎搭接必须严格按设计图纸要求进行绑扎搭接。

a.施工条件。

根据工程进度和施工图纸要求，签发钢筋制作和安装任务单，并结合支撑结构特点和钢筋安装要求向操作人员进行质量、安全等技术交底。

b.操作工艺。

钢筋在土方开挖前进行现场加工，安排专人进行制作加工、钢筋验收、取样试验、焊接取样试验、进场及成品钢筋挂牌分类堆放等。钢筋制作前，首先根据设计图纸及规范要求计算下料长度、填写配料单，经审核后严格按照料单下料，每批配好的钢筋应分别编号、堆放。焊工必须持有上岗证，并且在规定的范围内操作。在正式焊接前必须根据施工条件进行试焊，合格后方可施焊，并且在每批焊接件中按规范抽取试件进行试验。

c.冠梁钢筋绑扎顺序与方法：根据设计图纸，钢筋绑扎前应先用蜡笔画出钢筋位置线。钢筋绑扎前应核对成品钢筋的型号、直径、形状、尺寸和数量等是否与实际相符，钢筋随铺随扎，做到纵横成线，钢筋要垫好保护层，保护块纵横向间距控制在1000mm以内。

(3)模板工程。

①技术准备。

根据设计图纸、施工规范，确定支模方式、梁模板的排列方法，作出木工翻样图，并经会审，确定各部位、各节点模板拼接及相应的支撑方法。模板支撑系统应具有足够的强度、刚度、稳定性要求。

②材料准备。

为了提高结构混凝土质量，本工程全部采用优质夹板作模板，以提高支护结构质量，木模板规格、种类必须符合设计要求；木楞的规格、种类必须符合设计要求；对拉螺栓、ϕ48mm钢管及连接扣件等加固系统准备齐全。

③施工条件。

校核轴线，放出模板边线及高程。钢筋、预埋筋经验收符合要求并做好隐检手续。向操作人员进行质量、安全等技术交底。按照模板设计结合施工流水，备齐模板并分规格堆放。

施工前，需提前根据冠梁尺寸进行模板加工。模板采用15mm厚胶合板，次楞采用50mm×100mm木方间距200mm，主楞采用ϕ48mm钢管、对拉ϕ14mm通丝螺杆，间距450mm，另采用短钢管斜撑在沟槽两侧土面上，防止斜撑侧面胀模。

④操作顺序。模板安装工艺：弹出轴线边线，并复核—绑扎钢筋—安装侧梁模—安装上下锁口钢管和对拉螺栓—复核梁模尺寸、位置。

(4)混凝土工程。

①施工准备。

优选混凝土供应单位，确保混凝土质量和供应及时。制定混凝土的浇筑顺序、混凝土车辆进出线路，斜撑混凝土坍落度要求到场为180~220mm。

②施工条件。

清理模板内的泥土、垃圾、木屑、积水和钢筋上的油污等杂物，修补嵌填模板缝隙，加固好模板支撑，以防漏浆。对钢筋、模板进行检查，办理隐检、预检手续，并在模板上弹好混凝土浇筑高程线。各种机械处于良好状态，施工用电、施工用水、施工道路满足要求。向操作人员进行质量、安全等技术交底。

③施工要求。

a.混凝土浇捣前应先检查模板的高程、位置与构件的平面尺寸、钢筋与预埋件的规格和数量、安装的位置及预埋管线。

b.在混凝土施工阶段应掌握天气变化情况，特别在雷雨季节，更应注意，以保证混凝土连续浇筑的顺利进行，确保混凝土质量。

c.混凝土浇筑前应先用水湿润模板，在施工缝处铺同混凝土成分的水泥砂浆。

d.混凝土浇捣前对各部位必须进行现场交底，主要为浇捣顺序要点、操作规程、安全规程及技术规程，并严格按交底来施工。

e.安排好现场施工管理人员轮流值班工作。

f.配备夜间照明灯具及机具修理人员、电工值班人员、后勤管理人员。

g.钢筋班及木工班人员跟班作业，检查钢筋及模板的情况。

④混凝土浇捣的主要方法及要领。

a.浇灌混凝土前，必须将模板内的泥土、杂物、积水等清理干净。

b.浇捣混凝土时，应注意防止混凝土的离析，混凝土自料斗内卸出进行浇筑时，其自由倾落高度一般不超过2m，否则应采用串筒、斜导、溜管等下料。

c.冠梁混凝土振捣采用插入式振捣器，振动器移动间距不宜大于作用半径的1.5倍，延续时间至振实和表面露浆为止，尤其在钢筋埋件较密部位要多振，以防孔洞。使用振动器快插慢拔，每点振捣时间不得小于20~30s，振捣时避免强振模板。

d.混凝土浇筑过程中，要保证混凝土保护层厚度及钢筋位置的正确性。

e.混凝土浇捣完毕待终凝时，采用覆盖塑料薄膜及浇水保湿养护。

6.3.6 基坑开挖与回填施工工艺

管廊施工以300m为一个流水施工段落，具体平面施工布置图如图6.3-24所示。

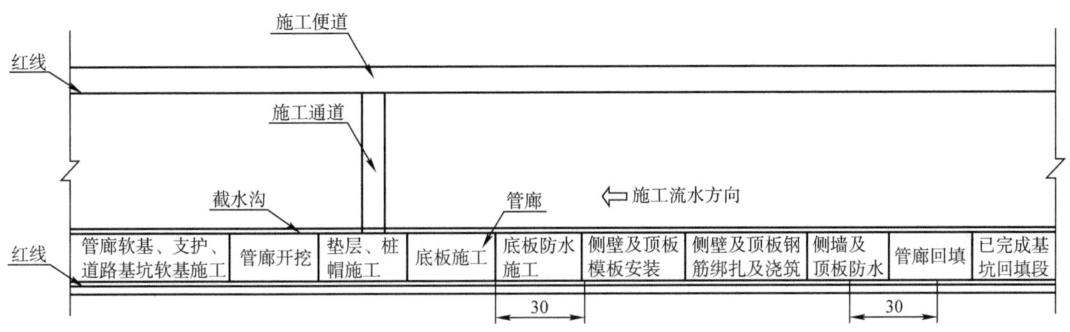

图6.3-24 管廊平面流水施工图（尺寸单位：m）

1）基坑开挖施工（适用于灌注桩与SMW工法桩支护）

土方开挖分层分段对称开挖，根据围囹设置总共分为3层，上2层采用普通挖机单独开挖，最后一层采用长臂挖机+PC60小挖机配合开挖，自卸车装土拉至弃土场或其他需用土区域堆放。

施工流程如图6.3-25所示。

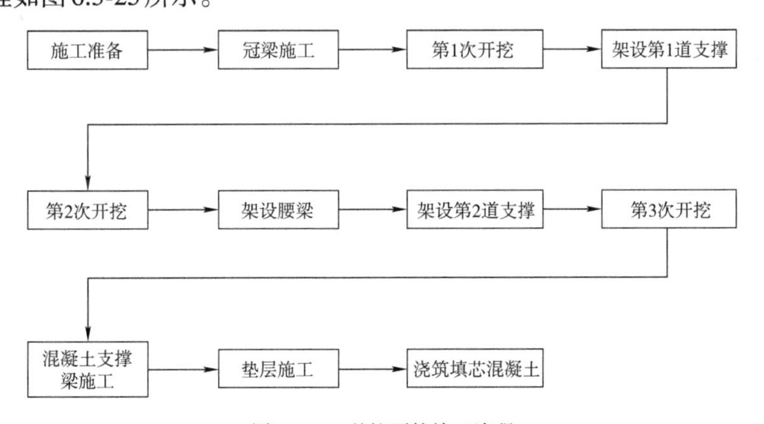

图6.3-25 基坑开挖施工流程

（1）开挖准备工作。

根据设计图，测设管廊中心线，设立中心桩。管廊中心线须经监理复核。按图纸设计的基坑宽定出边线，开挖前用白粉笔画线来控制，在基坑位置的两侧设置控制桩，并记录两桩与基坑中心的距离，以备校核。

根据开挖放线记录及相关规范、措施,完成技术交底。

(2)钢筋混凝土冠梁施工。

灌注桩的冠梁宽度为100cm,高度为80cm,SMW工法桩的冠梁宽度为120cm,高度为80cm。

①测量放样。

通过测量放样确定冠梁位置,指导后续开挖。

②土方开挖。

冠梁施工前,应采用PC200挖机配合人工开挖宽为冠梁宽度左右各加50cm、深为80cm的基坑。

③凿桩头。

环切桩头:用无齿锯绕桩头环向一周切割,深度3~4cm,采用风镐将钢筋主筋剥离,当全部钢筋凿出后切断桩头。

吊离桩头:对已断开的桩头钻出吊装孔,插入钢钎,用起重设备将已断裂脱离的桩头吊出,起重设备应垂直起降,不能左右晃动,避免桩头倾倒,将桩基主筋压成死弯。

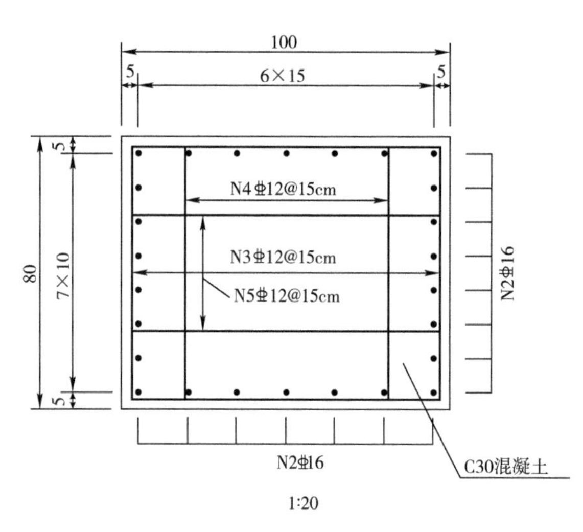

图6.3-26　冠梁钢筋布置图(尺寸单位:cm)

绑扎冠梁钢筋:冠梁钢筋采用钢筋厂加工的半成品钢筋现场绑扎(工法桩钢筋绑扎遇到工字钢做截断处理),如图6.3-26所示。

模板安装:采用1.2cm厚的木模板,并刷上一层脱模油,外部采用方木支撑。

浇筑混凝土:将冠梁混凝土与灌注桩浇筑成一体,有效地将单独的钢筋混凝土灌注桩联系了起来。混凝土强度等级为C30。

2)开挖与布置第一道支撑

第一道钢支撑每4m一道,分两种类型:

(1)可调节支撑:由5.5m标准段+调节段(长度为20cm、30cm)+液压顶升装置拼接而成。

(2)定长支撑:根据基坑宽度定制标准长度支撑。定长支撑与冠梁缝隙处,三面用泡沫胶封闭,从上方灌入高强度灌浆料填充,见图6.3-27。

①土方开挖。

根据设计图纸内支撑的分布,基坑采用分层开挖、纵向1:1.5放坡开挖,根据测量平面位置及高程对基础进行开挖,采用PC200挖机开挖,基础开挖过程中要有专人指挥,严格控制基础的开挖深度。开挖深度预留10~20cm,人工修整至第一道支撑底0.6m处停止。

a) 可调可撑

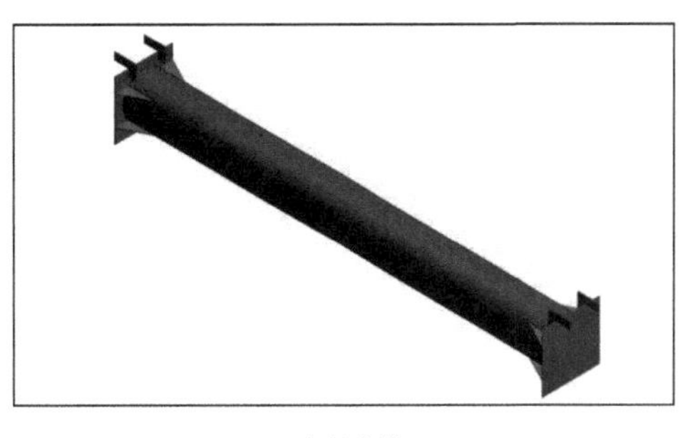

b) 定长支撑

图6.3-27　钢支撑示意图

为了方便人员出入，设置安全爬梯作为人员上下通道或通道采用简易上下钢爬梯。钢爬梯踏板须有防滑条，以保证人员安全。当土质呈淤泥状时，需在基坑底架设木板，以便工人工作。安全爬梯如图6.3-28所示。

图6.3-28　安全爬梯示意图

②拼装钢支撑。

根据基坑宽度拼装钢支撑，采用法兰盘连接钢管（标准节+调节块）与液压顶升装置，并测量支撑长度，以确保下一步吊桩顺利进行，如图6.3-29所示。

③吊装钢支撑。

先将汽车起重机钢丝绳与钢支撑和吊点绑扎好，找准起吊前方可起吊。对准基准线，指挥起重机下降，工人辅助将钢支撑两端的7字扣架在冠梁上，脱钩、拆除钢丝绳，如图6.3-30所示。

④顶紧钢支撑。

钢支撑架设在冠梁上后，用液压顶升装置顶紧冠梁，打入钢楔块，钢楔块将钢支撑的反力通过滑杆传给冠梁，起到支撑的作用。

3)第二次开挖

土方开挖：根据设计图纸内支撑的分布，基坑采用分层开挖。根据测量平面位置及高程对基础采用PC200挖机进行开挖，基础开挖过程中要有专人指挥，严格控制基础的开挖深度。开挖深度预留10～20cm，人工修整至第二道支撑底0.6m处停止。

为了方便人员出入，设置安全爬梯作为人员上下通道或通道采用简易上下钢爬梯。钢爬梯踏板须有防滑条，以保证人员安全。当土质呈淤泥状时，需在基坑底架设木板，以便工人工作。

4)架设腰梁

架设腰梁示意图如图6.3-31所示。

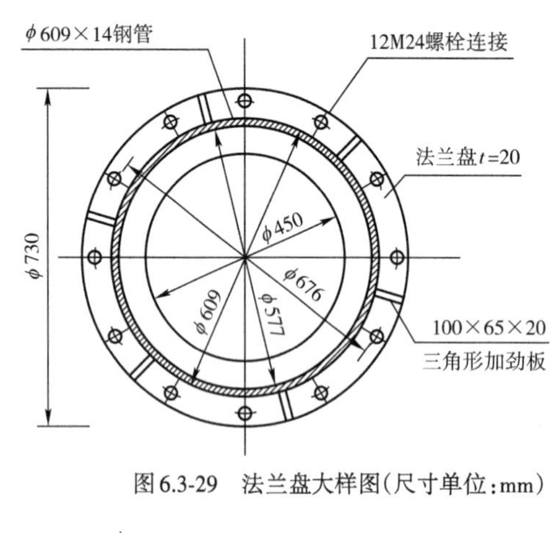

图6.3-29　法兰盘大样图(尺寸单位:mm)

图6.3-30　第一层围檩示意图

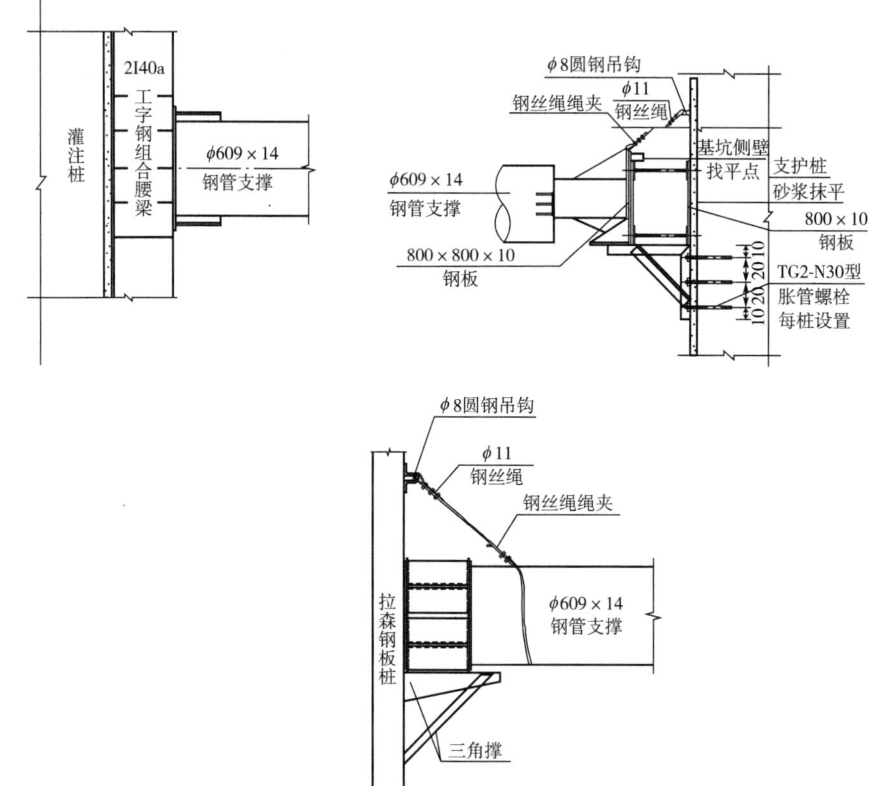

图6.3-31　架设腰梁示意图(尺寸单位:mm)

(1)安装三角撑。

灌注桩:三角撑布置小于或等于2m,在设计高程位置,采用胀管螺栓固定。

SMW工法桩:三角撑布置小于或等于2m,在设计高程位置凿开工法桩,直到凿出工字钢为止,将三角撑满焊在工字钢上。

(2)布置腰梁。

腰梁6m一节，无特殊情况，接头错位控制在10cm以内。腰梁上下两层工字钢的翼板间各焊5块加劲板（514mm×130mm×20mm），间距280mm，如图6.3-32所示。每安装完一道对撑，需检查对应位置是否有5道加劲板，否则应进行完善补充。

（3）吊装腰梁。

先将汽车起重机钢丝绳与腰梁和吊点绑扎好。对准基准线，指挥起重机下降，工人辅助将腰梁架在三脚架上，经过初校正后，脱钩、拆除钢丝绳。

5）架设第二道支撑

第二道钢支撑每4m一道，由4.5m标准段+调节段（长度为20cm、30cm）+液压顶升装置拼接而成。第二道支撑在水平位置与第一道支撑错开60cm，以便吊装与拆除。

（1）拼装钢支撑。

根据基坑宽度拼装钢支撑，采用法兰盘连接钢管与液压顶升装置。

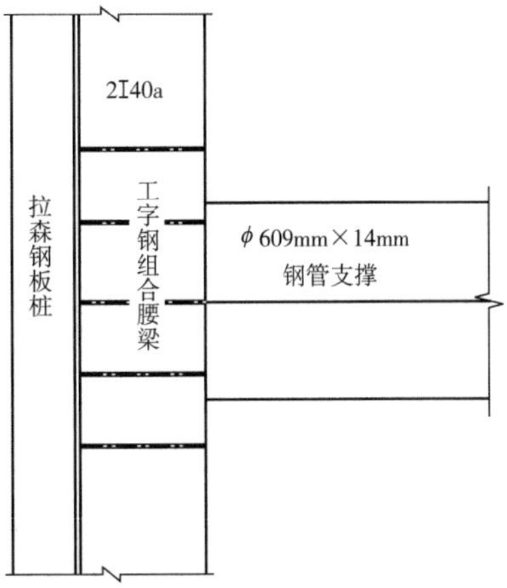

图6.3-32 工字钢组合腰梁加劲板大样图

（2）吊装钢支撑。

先将汽车起重机钢丝绳与钢支撑和吊点绑扎好，找准起吊前方可起吊。对准基准线，指挥起重机下降，工人辅助将钢支撑两端的7字扣架在冠梁上，脱钩、拆除钢丝绳。

（3）顶升钢支撑。

钢支撑架设在腰梁上后，用液压顶升装置顶紧腰梁，打入钢楔块，钢楔块将钢支撑的反力通过滑杆传给腰梁，起到支撑的作用。

6）第三次开挖

（1）土方开挖。

根据设计图纸内支撑的分布，基坑采用分层开挖、纵向放坡开挖（坡率为1∶1.5），根据测量平面位置及高程对基础进行开挖，基础开挖过程中要有专人指挥，严格控制基础的开挖深度。开挖深度预留10～20cm，人工修整至坑底高程。为了防止挖掘机用力勾桩头，桩间土应采用人工开挖。

为了方便人员出入，设置安全爬梯作为人员上下通道或通道采用简易上下钢爬梯。钢爬梯踏板须有防滑条，以保证人员安全。当土质呈淤泥状时，须在基坑底架设木板，以便工人工作。

根据不同土质情况采取相应开挖措施。

①普通土质：在地基承载力满足PC60挖机工作时，采用长臂挖机和PC60挖机配合开挖。

②淤泥状土质：固结土壤情况下，在工作面架设钢板作为挖机的支撑面，采用PC60挖机分区域开挖。

③流状土质：当土质呈流水状无法满足人与机械在基坑内工作时，采用长臂挖机往基坑

内开挖工作，挖至指定位置后堆载固化后运至弃土区。

(2)截桩。

每开挖一层需截桩一段，每次不超过2m，以方便开挖，并保证后续截桩安全。

①高程测量：水准测量，放出实际的桩顶高程，对桩顶高程统一用红漆标识。

②环切桩头：用抱箍式切桩机，按图6.3-33所示方法或锯桩器绕桩头环向一周切割。

图6.3-33　抱箍式切桩机图

7)垫层施工

(1)碎石垫层铺设。

土质较好：通过倾倒等方式快速铺设剩余5cm。随后通过人工修整碎石砂垫层至指定高程。在碎石垫砂层铺设时，需按照管廊设计坡度进行初步找坡。管桩区域先用模具覆盖，为后续C20混凝土垫层与管桩桩头浇筑提供条件。

(2)混凝土垫层施工。

①模板安装：采用模板，用钩头螺栓将模板固定住，将桩帽区域预留出来。

②钢筋安装：按照4m间距布置跨管廊，基坑钢筋作为支撑钢筋同时沿基坑纵向方向布置钢筋。

③浇筑混凝土：混凝土垫层浇筑采用C20混凝土，浇筑厚度为30cm。浇筑时，采用天泵泵送混凝土，同时工人手持振捣棒振捣密实。混凝土垫层需按照设计坡度浇筑，人工找平。在工作面最低位设集水坑，方便有积水时，将水抽出。

④底板防水层施工：底板外侧防水层在混凝土垫层达到一定强度后铺设底板外侧防水层，管廊底板外侧采用1.2mm厚预铺式高分子自粘胶膜防水卷材(非沥青基)。管廊底板内侧防水层在底板浇筑完成后进行涂刷，底板内侧采用水泥基渗透结晶型防水涂料。

8)浇筑填芯混凝土

(1)管桩清孔：采用管桩掏泥机清孔。将螺旋钻杆伸入桩芯内，启动驱动装置向下移动钻杆钻土，钻到设计位置，向上提升钻杆提土。

(2)绑扎钢筋笼：钢筋笼采用现场绑扎，对钢筋笼的规格和外形尺寸进行检查，如图6.3-34所示。在钢筋笼底部焊接一块5mm厚的钢板作为托板，绑扎完后，钢筋笼由工人投放到管桩中。

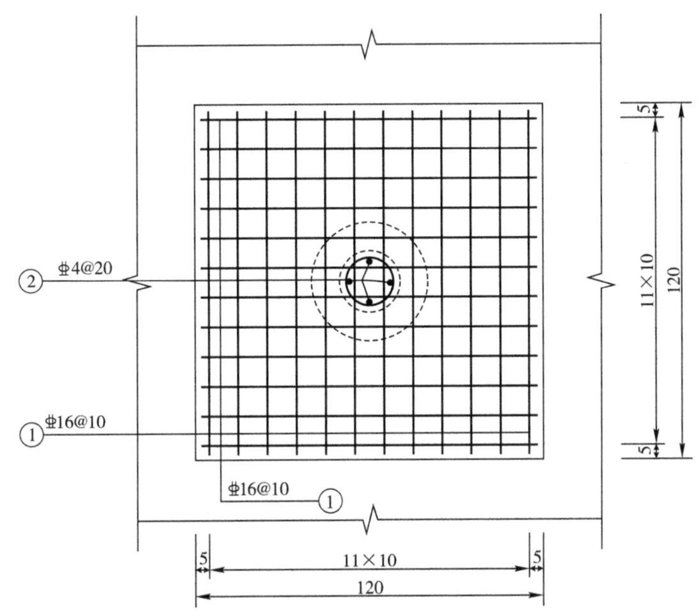

图6.3-34　管廊底板与PHC管桩钢筋平面图(尺寸单位：cm)

(3)浇筑混凝土：填芯混凝土浇筑采用C30细石微膨胀混凝土掺入微膨胀剂，浇筑深度为2m。浇筑前管桩内壁刷一层水泥净浆。浇筑时，用过溜槽输送混凝土，同时工人手持振捣棒振捣密实。

9)支撑拆除

待传力带强度达标后，由工人将汽车起重机钢丝绳与钢支撑和吊点绑扎好，先用液压顶升装置顶松之后拆卸钢楔块收缩钢管，随后将液压顶升装置进行卸油处理，指挥起重机将钢支撑平稳下降至地面，方可使起重机脱钩，工人拆除钢丝绳，并将钢支撑分离成标准节长度。

腰梁部分先将焊接部分切割，后将腰梁吊运至指定地点放置，以便周转使用。拆卸胀管螺栓，使三脚架与灌注桩分离(工法桩：三脚架采用切割方式与工字钢分离)，后存放至指定地点放置。

10)基坑开挖施工(适用于钢板桩支护)

钢板桩支护的开挖分两层围檩和三层围檩。

(1)施工准备。

根据设计图，测设管廊中心线，设立中心桩。管廊中心线须经监理复核。按图纸设计的基坑宽定出边线，开挖前用白色粉末画线来控制，在基坑位置的两侧设置控制桩，并记录两桩与基坑中心的距离，以备校核。

根据开挖放线记录及相关规范、措施，完成技术交底。

(2)第一层开挖。

使用PC200挖机单独开挖。第一层开挖深度为离钢板桩顶部往下至第一道支撑底下60cm。开挖前,根据图纸平面、开挖位置及测量高程确定第一道支撑方位、高程,严禁开挖过度造成安全隐患。开挖时,控制及检测开挖深度,注意基坑设计坡率,注意纵向放坡,放坡坡率为1:1.5。弃土由自卸车装土拉至弃土场或者其他指定堆放区。

基坑开挖时,若有积水要及时排水,在基坑两侧挖小排水沟引至一端的汇水坑用水泵排出,保证基础内平整无积水。

(3)第一道支撑。

在第一层开挖完成后,根据测量平面及高程确定第一道支撑位置。首先安装支撑三脚架,间距小于或等于2m,采用满焊的焊接方式固定三脚架。三脚架安装完毕后,腰梁铺设6m一节,无特殊情况,接头错位控制在10cm以内。在腰梁位于钢管支撑的连接处,需在腰梁上下层焊接腰梁加劲板,见图6.3-35。钢管支撑在腰梁安装完毕后,使用起重机起吊,送至指定安装位置进行安装。由于钢板桩的特性,受土层挤压或者钢板桩施工时的偏移量,迫使钢管支撑的长度需根据现场的情况变化而变化。且出于减少耗材等原则因素,钢管支撑标准节采用4.5m每节,其余长度将用法兰盘(图6.3-36)连接其他钢管调节块,调节至需要长度。为了更好地应对开挖基坑的宽度变化,钢管支撑的一端使用伸缩支撑块,来减少不必要的材料损耗和工时浪费。每道钢管支撑间横向间距须保持4m。三脚架、腰梁、钢管支撑示意图详见图6.3-37。

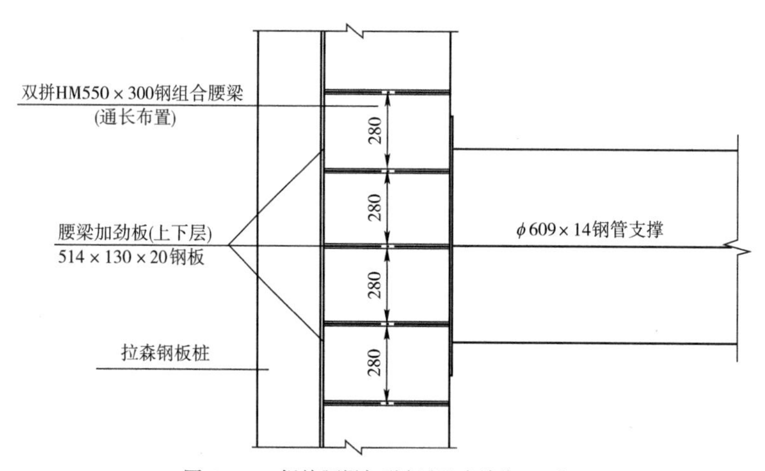

图6.3-35　焊接腰梁加劲板(尺寸单位:mm)

在钢管支撑的两端,需加焊三角加劲肋板,见图6.3-38。

为防止因围檩与内支撑而导致的钢板桩形变,在腰梁的高度范围内,钢管支撑所在的位置,需用细石混凝土填实来减少钢板桩的形变可能性(图6.3-39)。

(4)第二层开挖。

使用PC200挖机单独开挖。第二层的开挖深度为第二道支撑底下60cm。开挖前,根据图纸平面、开挖位置及测量高程确定第二道支撑方位、高程,严禁开挖过度造成安全隐患。开挖时,控制及检测开挖深度,注意基坑设计坡率,注意纵向放坡,放坡坡率为1∶1.5。弃土由自卸车装土拉至弃土场或者其他指定堆放区。为方便人员出入,采用铝合金伸缩爬梯,爬梯底部垫钢板,顶部需钩住钢板桩顶部,防止滑动脱落,以保证人员安全。

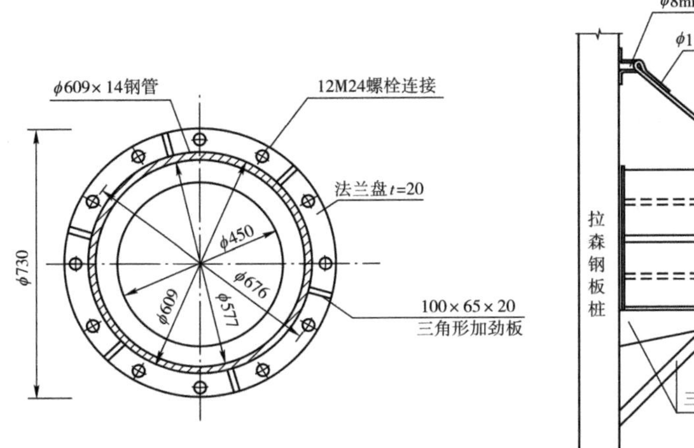

图6.3-36 腰梁加劲板及法兰盘大样图(尺寸单位:mm)

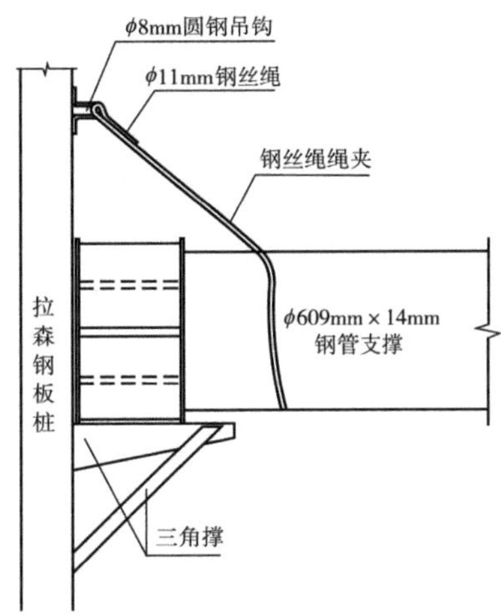

图6.3-37 三脚架、腰梁、钢管支撑示意图

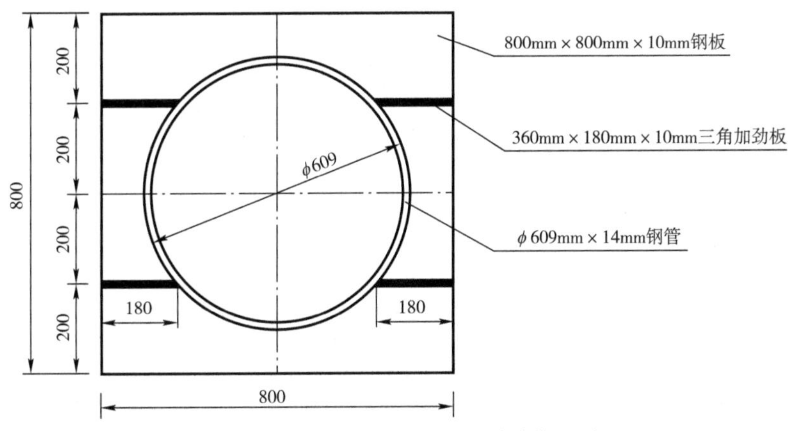

图6.3-38 管壁加劲肋大样图(尺寸单位:mm)

基坑开挖时,若有积水要及时排水,在基坑两侧挖小排水沟引至一端的汇水坑用水泵排出,保证基础内平整无积水。

(5)第二层支撑。

在第二层开挖完成后,根据测量平面及高程确定第二道支撑位置。首先安装支撑三脚架,间距2m,采用满焊的焊接方式固定三脚架。三脚架安装完毕后,腰梁铺设6m一节,无特殊情况,接头错位控制在10cm以内。在腰梁位于钢管支撑的连接处,需在腰梁上下层焊接腰梁加劲板。钢管支撑在腰梁安装完毕后,使用起重机起吊,送至指定安装位置进行安装。由于钢板桩的特性,受土层挤压或者钢板桩施工时的偏移量,迫使钢管支撑的长度需根据现场的情况变化而变化。且出于减少耗材等影响因素,钢管支撑标准节采用4.5m每节,其余长度将用法兰盘连接其他钢管调节块,调节至需要长度。为了更好地应对开挖基坑的宽度变化,钢管支撑的一端使用伸缩支撑块，来减少材料损耗和工时浪费。每道钢管支撑间横向间距需保持4m。为保持安装方便，防止斜拉斜吊等不规范施工，第二层支撑需与第一层支撑错开60cm。为防止因围檩与内支撑而导致的钢板桩形变，在腰梁的高度范围内，钢管支撑所在的位置，需用细石混凝土填实来减少钢板桩的形变可能性。

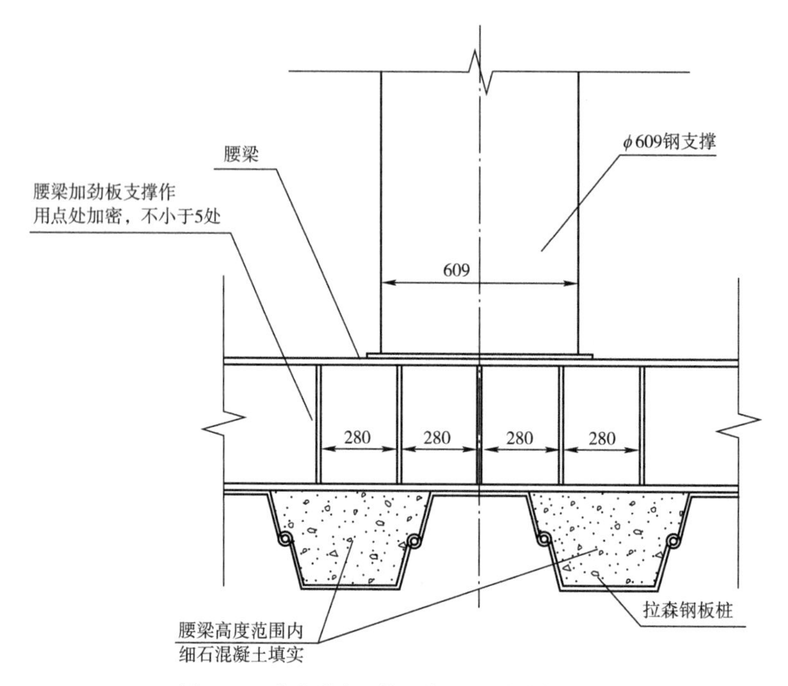

图6.3-39　钢板桩与围檩连接图(尺寸单位：mm)

(6)第三层开挖。

开挖工作选用PC60挖机配合长臂挖机进行。由于施工路段土质为淤泥，但淤泥的流动性尚未可知，为了应对极端情况，此处罗列了两种方案应对不同的土质情况。

①若淤泥含水率高，流动性大，可采用长臂挖机施工工作，挖至指定位置后堆载固化后运至弃土区。

②若淤泥含水率低，流动性差，则可以使用挖机配合钢板铺底进行分段式、分区域挖掘施工。

在仁爱路桩号RAK0+025~RAK0+650与桩号RAK1+200~RAK1+350段，需三道钢管支撑支护(图6.3-40)。则在上述路段中，第三层开挖需增加工序。

根据测量平面及高程确定第三道支撑位置，在开挖至第三道支撑往下60cm时，进行第三道支撑安装施工。首先安装支撑三脚架，间距2m，采用满焊的焊接方式固定三脚架。三脚架安装完毕后，腰梁铺设6m一节，无特殊情况，接头错位控制在10cm以内。在腰梁位于钢管支撑的连接处，需在腰梁上下层焊接腰梁加劲板钢管支撑在腰梁安装完毕后，使用起重机起吊，送至指定安装位置进行安装。每道钢管支撑间横向间距需保持4m。为防止因围檩与内支撑而导致的钢板桩形变，在腰梁的高度范围内，钢管支撑所在的位置，需用细石混凝土填实来减少钢板桩的形变可能性。第三层支撑安装完成后，可继续开挖到设计高度。

仁爱路综合管廊基坑参数统计表					内支撑				支护形式	坑底搅拌桩加固	
					竖向间距（距离钢板桩顶部）(m)			横向间距(m)		是否加固	加固深度(m)
起点桩号	终点桩号	基坑长度(m)	基坑深度(m)	设计标准	第一道	第二道	第三道				
RAK0+000.0	RAK0+025.0	25.0	7.12~7.20	安全等级二级，环境保护等级三级	0.5	3.5	—	4	21mSP-IV型钢板桩	是	6
RAK0+025.0	RAK0+100.0	75.0	7.20~7.35	安全等级二级，环境保护等级三级	0.5	3	6	4	18SP-IV型钢板桩	否	—
RAK0+100.0	RAK0+330.0	230.0	6.88~7.41	安全等级二级，环境保护等级三级	0.5	3	5.5	4	21SP-IV型钢板桩	是	6
RAK0+330.0	RAK0+445.0	115.0	7.31~8.46	安全等级二级，环境保护等级三级	0.5	3.3	6.3	4	21SP-IV型钢板桩	是	6
RAK0+445.0	RAK0+650.0	205.0	7.29~7.85	安全等级二级，环境保护等级三级	0.5	3	5.5	4	18SP-IV型钢板桩	是	3
RAK0+650.0	RAK0+735.0	85.0	7.85~8.06	安全等级二级，环境保护等级三级	0.5	4	—	4	21SP-IV型钢板桩	否	—
RAK0+897.0	RAK0+950.0	53.0	7.65~7.94	安全等级二级，环境保护等级三级	0.5	4	—	4	18SP-IV型钢板桩	否	—
RAK0+950.0	RAK1+200.0	250.0	6.93~7.65	安全等级二级，环境保护等级三级	0.5	4	—	4	21SP-VI型钢板桩	否	—
RAK1+200.0	RAK1+350.0	150.0	6.96~8.03	安全等级二级，环境保护等级三级	0.5	3	6	4	21SP-IV型钢板桩	是	6
RAK1+350.0	RAK1+435.0	85.0	7.33~7.37	安全等级二级，环境保护等级三级	0.5	4	—	4	25m-SMW工法	否	—
RAK1+435.0	RAK1+570.0	135.0	7.33~7.44	安全等级二级，环境保护等级三级	0.5	3.5	—	4	18SP-IV型钢板桩	是	3
RAK1+570.0	RAK1+630.0	60.0	7.44~7.51	安全等级二级，环境保护等级三级	0.5	4	—	4	25m-SMW工法	否	—
海月路综合管廊基坑参数统计表					内支撑				支护形式	坑底搅拌桩加固	
					竖向间距（距离钢板桩顶部）(m)			横向间距(m)		是否加固	加固深度(m)
起点桩号	终点桩号	基坑长度(m)	基坑深度(m)	设计标准	第一道	第二道	第三道				
HYK0+000.0	HYK0+220.0	220.0	5.54~6.94	安全等级二级，环境保护等级三级	0.5	4	—	4	25m-SMW工法	否	—
HYK0+220.0	HYK0+619.0	399.0	6.43~7.69	安全等级二级，环境保护等级三级	0.5	4	—	4	25m-SMW工法	否	—

图6.3-40 管廊基坑方案统计总表节选

第三层的开挖深度为管廊底高程往下50cm，挖机等机器开挖要预留10~20cm的开挖深度，预留开挖深度改用人工修整至基础设计高程。开挖前，根据图纸平面、开挖位置及测量高程确定管廊底高程，严禁开挖过度造成安全隐患。开挖时，控制及检测开挖深度，注意基坑设计坡率，注意纵向放坡，放坡坡率为1∶1.5。弃土由自卸车装土拉至弃土场或者其他指定堆放区。为方便人员出入，采用铝合金伸缩爬梯，爬梯底部垫钢板，顶部需钩住钢板桩顶部，防止滑动脱落，以保证人员安全。

基坑开挖时，若有积水要及时排水，在基坑两侧挖小排水沟引至一端的汇水坑用水泵排出，保证基础内平整无积水。

(7)截桩。

截桩施工采用抱箍式切桩机(图6.3-41)或锯桩器进行施工。须先测量每个桩所要截断的位置，并用红线标记。调整切桩机到指定位置，依据红线标记对管桩进行切割施工。切割完毕后，需复测高程，以保证切割高程无误。截桩后的碎渣、废料需清出现场，以免对后续施工产生阻碍。

图6.3-41 抱箍式切桩机示意图

(8)支撑拆除。

在垫层达到设计强度的75%以上(15MPa)后，对支撑进行拆除施工。采用吊绳固定好支撑后，吊绳须绷实，起重机预吊，防止拆除中钢管支撑意外掉落，引发安全生产事故。液压器放置在调节模块处，将调节模块顶松，卸掉调节钢板后，解除液压装置，吊起钢管支撑至指定地点放置。腰梁部分先将焊接部分切割，分离成标准节长度，后将腰梁吊起至指定地点放置。三脚架采用切割方式与钢板桩分离，后存放至指定位置。

(9)碎石砂垫层铺设。

碎石垫层将铺设5cm厚，铺设方式将根据土质情况分为两种：

①若土质偏好，碎石不宜下沉，可以通过倾倒等方式快速铺设碎石垫层，后通过人工修整至指定高程。

②在碎石砂垫层铺设时，需按照管廊设计坡度铺设。管桩区域先用模具覆盖，为后续C20混凝土垫层与管桩桩头浇筑提供条件。碎石垫层铺设时，若有积水要及时排水，保证基础内平整无积水。

11)基坑回填

综合管廊土建完成后，管廊结构强度达到设计强度的80%以上时才能回填土，如图6.3-42所示。

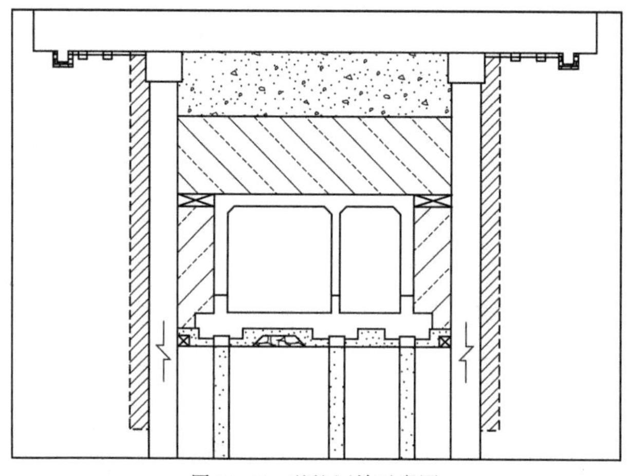

图6.3-42　基坑回填示意图

(1)回填工序。

回填石屑—传力带施工(设计三道支撑时)—回填砂性土—拆除第一道支撑—回填至平面。

(2)第一层回填。

基坑第一层回填采用石屑回填，分层、对称、均匀回填夯实，管廊顶板顶部1m范围内回填材料应采用人工分层夯实，用小型蛙式夯实机进行夯实，压实度不低于95%，下层密实度经检验合格后，再填筑上层，至管廊顶板底高程。回填过程中应特别注意对已施工的结构防水层进行保护，避免破损防水层。

(3)传力带施工。

基坑设计为三道支撑段落，需设置顶板传力带。传力带浇筑采用C40混凝土，浇筑厚度与管廊顶板厚度一致。浇筑时，通过溜槽输送混凝土浇筑，同时工人手持振捣棒振捣密实，人工找平。在工作面最低位设集水坑，方便有积水时将水抽出。

(4)第二层回填。

基坑第二层回填采用砂性土回填，分层、对称、均匀回填夯实，应采用人工夯实，当顶板上的回填厚度超过1m时，则采用机械回填碾压。压实度不低于95%，下层密实度经检验合格后，再填筑上层，至第一道支撑以下1m。回填过程中应特别注意对已施工的结构防水层进行保护，避免破损防水层。

(5)拆除第一道支撑。

由工人将汽车起重机钢丝绳与钢支撑和吊点绑扎好，随后将液压顶升装置进行卸油处理，并拆卸钢楔块收缩钢管。指挥起重机将钢支撑平稳下降至地面，脱钩、拆除钢丝绳。

(6)第三层回填至平面。

基坑第三层回填采用砂性土回填，分层、对称、均匀回填夯实，采用机械回填碾压。压实度不低于95%，下层密实度经检验合格后，再填筑上层，至整平面。

6.3.7 基坑监测

基坑及边坡监测等级将直接影响现场监测项目的选择，本方案参照勘察资料、相关规范以及具体设计文件等相关规定确定各个基坑、道路、软土地基处理的监测等级为二等[58]。相关监测项目及预警值如表6.3-2所示。

基坑监测及报警详细表 表6.3-2

<table>
<tr><th colspan="2" rowspan="3">监测项目</th><th rowspan="3">监测点</th><th rowspan="3">监测位置</th><th rowspan="3">监测频率</th><th colspan="3">监测报警值</th></tr>
<tr><th colspan="2">累计值（mm）</th><th rowspan="2">变化速率（mm/d）</th></tr>
<tr><th>绝对值</th><th>相对基坑深度h控制值</th></tr>
<tr><td colspan="2">支护结构水平位移</td><td rowspan="2">1个/20m·侧</td><td rowspan="2">钢板桩顶端</td><td rowspan="2">1次/d</td><td>45</td><td>0.60%</td><td>5</td></tr>
<tr><td colspan="2">支护结构竖向位移</td><td>30</td><td>0.50%</td><td><4</td></tr>
<tr><td colspan="2" rowspan="2">深层水平位移</td><td rowspan="2">1个/30m·侧</td><td>带内撑钢板桩中部</td><td rowspan="2">1次/d</td><td rowspan="2">80</td><td rowspan="2">0.70%</td><td rowspan="2">4</td></tr>
<tr><td>钢板桩与基坑底交界</td></tr>
<tr><td colspan="2">支撑内力</td><td>1根/30m层</td><td>内支撑杆件</td><td>1次/d</td><td colspan="2">70%f_2（f_2为设计承载力）</td><td>—</td></tr>
<tr><td colspan="2" rowspan="2">地下水位</td><td>1处/50m侧</td><td>两侧无构筑物、重要管线</td><td rowspan="2">1次/d</td><td colspan="2" rowspan="2">1000</td><td rowspan="2">500</td></tr>
<tr><td>1处/20m侧</td><td>基坑外被保护对象周边</td></tr>
<tr><td colspan="2" rowspan="2">周边地表竖向位移</td><td rowspan="2">一个剖面/30m
≥5个点</td><td>现状机动车道内边缘</td><td rowspan="2">1次/d</td><td rowspan="2">50</td><td rowspan="2"></td><td rowspan="2">4</td></tr>
<tr><td>现状机动车道外边缘</td></tr>
<tr><td rowspan="2">周边建筑</td><td>竖向位移</td><td>>3个/处</td><td>建筑四角、沿外墙每10m等</td><td>1次/d</td><td colspan="2">30</td><td>2</td></tr>
<tr><td>倾斜</td><td>>3个/处</td><td>建筑四角、变形缝两侧承重柱或墙上</td><td>1次/d</td><td colspan="2">2/1000</td><td>—</td></tr>
</table>

续上表

<table>
<tr><td colspan="2" rowspan="3">监测项目</td><td rowspan="3">监测点</td><td rowspan="3">监测位置</td><td rowspan="3">监测
频率</td><td colspan="3">监测报警值</td></tr>
<tr><td colspan="2">累计值（mm）</td><td rowspan="2">变化速率
（mm/d）</td></tr>
<tr><td>绝对值</td><td>相对基坑深度h
控制值</td></tr>
<tr><td>周边建筑</td><td>水平位移</td><td>>3个/墙体</td><td>建筑外墙角、中部、裂缝两侧等</td><td>1次/d</td><td colspan="2">25</td><td>2</td></tr>
<tr><td colspan="2" rowspan="2">周边地表裂缝</td><td rowspan="2">2个</td><td rowspan="2">裂缝最宽处及末端</td><td rowspan="2">1次/d</td><td colspan="2">建筑：2</td><td>持续</td></tr>
<tr><td colspan="2">地表：10</td><td>发展</td></tr>
<tr><td colspan="2">坑底软土回弹和隆起</td><td>>2个剖面/
20～30m</td><td>测点布置在坑底</td><td>—</td><td colspan="2">45mm</td><td>5mm/d</td></tr>
</table>

1)钢支撑监测设备的安装及工作原理

钢支撑监测设备见图6.3-43。

a)轴力传感器

b)频率读数仪

图6.3-43　钢支撑监测设备

(1)钢支撑采用轴力传感器进行测试，监测元件安装方法如下：

采用专用的轴力架安装架固定轴力传感器，安装架的一面与支护桩上的支撑牛腿(即钢支撑端头)连接牢固，安装架与牛腿上的钢板通过焊接方式连接，中间加一块250mm×250mm×25mm的加强钢垫板，以扩大轴力计受力面积，防止轴力计受力后陷入钢板影响测试结果。待焊接冷却后，将轴力传感器推入安装架圆形钢筒内，并用螺栓(M10)把轴力传感器固定在安装架上。安装过程中必须注意轴力传感器和钢支撑轴线在一条直线上，各接触面平整，确保钢支撑受力状态通过轴力传感器正常传递到支护结构上，见图6.3-44。

(2)钢支撑轴力的观测及计算。

采用频率读数仪观测轴力传感器的频率值，每次测量进行两次观测。计算公式如式(6.3-1)所示：

$$T=k\times(f_{i2}-f_{l2}) \tag{6.3-1}$$

式中：k——轴力传感器的检定证书上的标定系数；

f_{i2}——本次轴力传感器的频率值；

f_{l2}——轴力传感器的检定证书上的频率值。

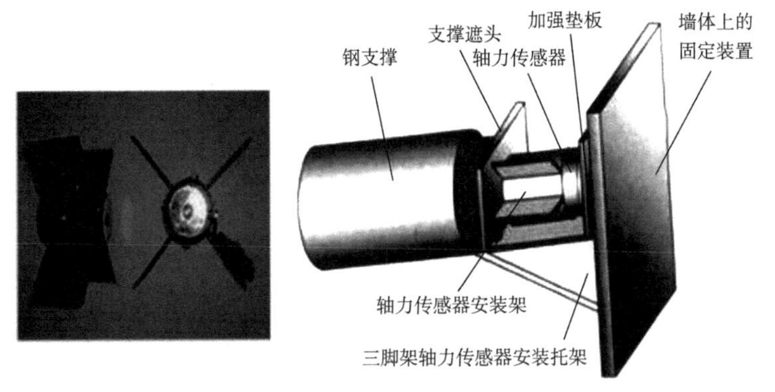

图6.3-44 轴力传感器安装方法

2)围护结构(周边土体)深层水平位移监测

(1)深层水平位移监测点的布设。

基坑或土体深层水平位移的监测是观测基坑维护体系变形最直接的手段，监测孔应布置在基坑平面上挠曲计算值最大的位置。一般情况下，基坑每侧中部、阳角处的变形较大，因此该处宜设监测孔；监测孔水平间距宜为50m(设计为间距50m)；每边监测孔数目不应少于1个。对于边长大于50m的基坑，每边可适当增设监测孔。

(2)深层水平位移监测的方法。

①测斜管的埋设。

测斜管在工程开挖前15～30d埋设完毕。基本埋设方法步骤如下：

a.钻ϕ90~110mm的垂直钻孔，垂直度小于或等于2%。

b.测斜管长度有2种规格：4m、2m，外径ϕ70mm，接头处ϕ80mm，高要求场合可选用ABS管式铝合金管。

c.PVC测斜管接头处，用长8mm、ϕ3mm的自攻螺栓牢固上紧，孔底部必须用盖子盖好，上4个螺栓，孔口也需上保护盖。

d.PVC测斜管有4个内槽，每个内槽相隔90°。安装时，将其中1个内槽对准基坑方向，或地基边坡的需要监测的位移方向。

e.PVC测斜管与钻孔间隙部位用中砂加清水慢慢回填，慢慢加砂的同时，倒入适量的清水。注意一定要用中砂将间隙部位回填密实。否则，影响测试数据。

f.PVC测斜管在下的过程中，可向管内倒入清水，以减小浮力，更容易安装到底。

g.PVC测斜管孔口一般露出地面20~50cm,并用砖及水泥做一个方形保护台。

②随支护桩钢筋笼下吊埋设。

a.测管连接:将4m(或2m)一节的测斜管用束节逐节连接在一起,接管时除外槽口对齐外,还要检查内槽口是否对齐。管与管连接时,先在测斜管外侧涂上PVC胶水,然后将测斜管插入束节,在束节四个方向用自攻螺栓或铝铆钉紧固束节与测斜管。注意胶水不要涂得过多,以免挤入内槽口结硬后影响以后测试。自攻螺栓或铝铆钉位置要避开内槽口且不宜过长。

b.接头防水:在每个束节接头两端用防水胶布包扎,防止水泥浆从接头中渗入测斜管内。

c.内槽检验:在测斜管接长过程中,不断将测斜管穿入制作好的地下连续墙钢筋笼内,待接管结束,测斜管就位放置后,必须检查测斜管一对内槽是否垂直于钢筋笼面,测斜管上下槽口是否扭转。只有在测斜管内槽位置满足要求后,方可封住测斜管下口。

d.测管固定:把测斜管绑扎在钢筋笼上。由于泥浆的浮力作用,测斜管的绑扎定位必须牢固可靠,以免浇筑混凝土时,发生上浮或侧向移动。

e.端口保护:在测斜管上端口,外套钢管或硬质PVC管,外套管长度应满足以后浮浆混凝土凿除后管子仍插入混凝土50cm。

f.吊装下笼:绑扎在钢笼上的测斜管随钢笼一起放入地槽内,待钢笼就位后,在测斜管内注满清水,然后封上测斜管的上口。在钢笼起吊放入地槽过程中要有专人看护,以防测斜管意外受损。如遇钢笼入槽失败,应及时检查测斜管是否破损,必要时须重新安装。

g.圈梁施工:圈梁施工阶段是测斜管最容易受到损坏的阶段,如果保护不当将前功尽弃。因此,在地下连续墙凿除上部混凝土以及绑扎圈梁钢筋时,必须与施工单位协调好,派专人看护好测斜管,以防被破坏。同时,应根据圈梁高度重新调整测斜管管口位置。一般需接长测斜管,此时除外槽对齐外,还要检查内槽是否对齐。

h.最后检验:在圈梁混凝土浇捣前,应对测斜管做一次检验,检验测斜管是否有滑槽和堵管现象,管长是否满足要求。如有堵管现象要做好记录,待圈梁混凝土浇好后及时进行疏通。如有滑槽现象,要判断是否在最后一次接管位置。如果是,要在圈梁混凝土浇捣前及时进行整改。

测斜管布设示意见图6.3-45。

测斜管成孔实物图如图6.3-46所示。

(3)深层位移监测的测量方法。

在开挖前的3~5d内复测2~3次,待判明测斜管已处于稳定状态后,取其平均值作为初始值,开始正式测试工作。每次监测的具体工作步骤如下:

①将探头和仪表连接好,连接好外接采样孔,并拧紧螺母。

②找到探头有十字架标记的一方,对准基坑方向(此时为正向)沿固定位置缓慢放入孔底,一边放探头,一边根据电缆上的标记计算深度。

③打开仪表开关(必须是有效时间),选择“参数设置”选项,对测孔的属性进行设置;若是第一次测量,则需要依次输入“孔号”“起始点”“测量方向”“次数”“孔深”“间距”,第二次及以后测试只要调出所测孔号即可。

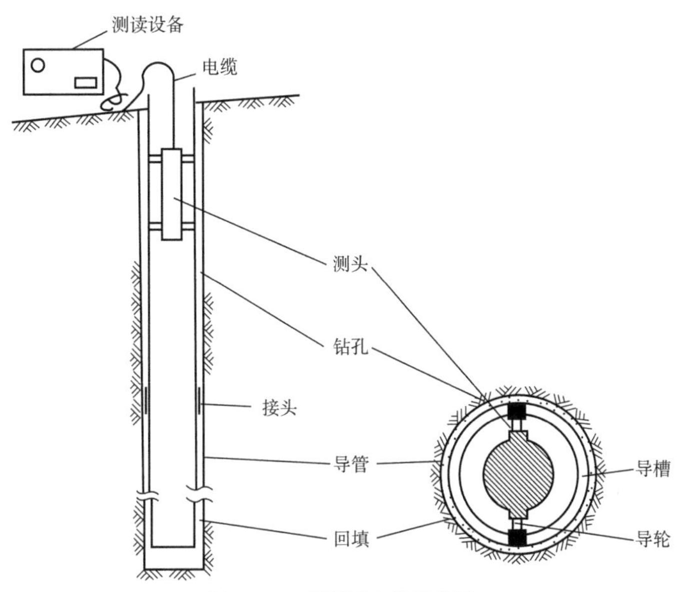

图6.3-45 测斜管布设示意图

④选择“开始测量”。

⑤根据电缆标记,每次缓慢向上提0.5m,待仪表显示数据稳定后,按“确定”键采样。

⑥当正向采样完毕后,会弹出对话框“反向测量”,若需要进行反向测量,选择“是”进行反向测量。

⑦将探头拿起来,旋转180°,使十字架记号背向基坑方向,沿正向同一位置缓缓放至孔底。

⑧同步骤⑤,进行反向测量即可。

⑨测量完毕,取出探头,关闭仪表电源,拔出插头。

多孔测量,重复上述操作。

图6.3-46 测斜管成孔实物图

3)基坑监测设计图

(1)综合管廊基坑监测设计图见图6.3-47、图6.3-48。

(2)管道基坑监测设计图见图6.3-49、图6.3-50。

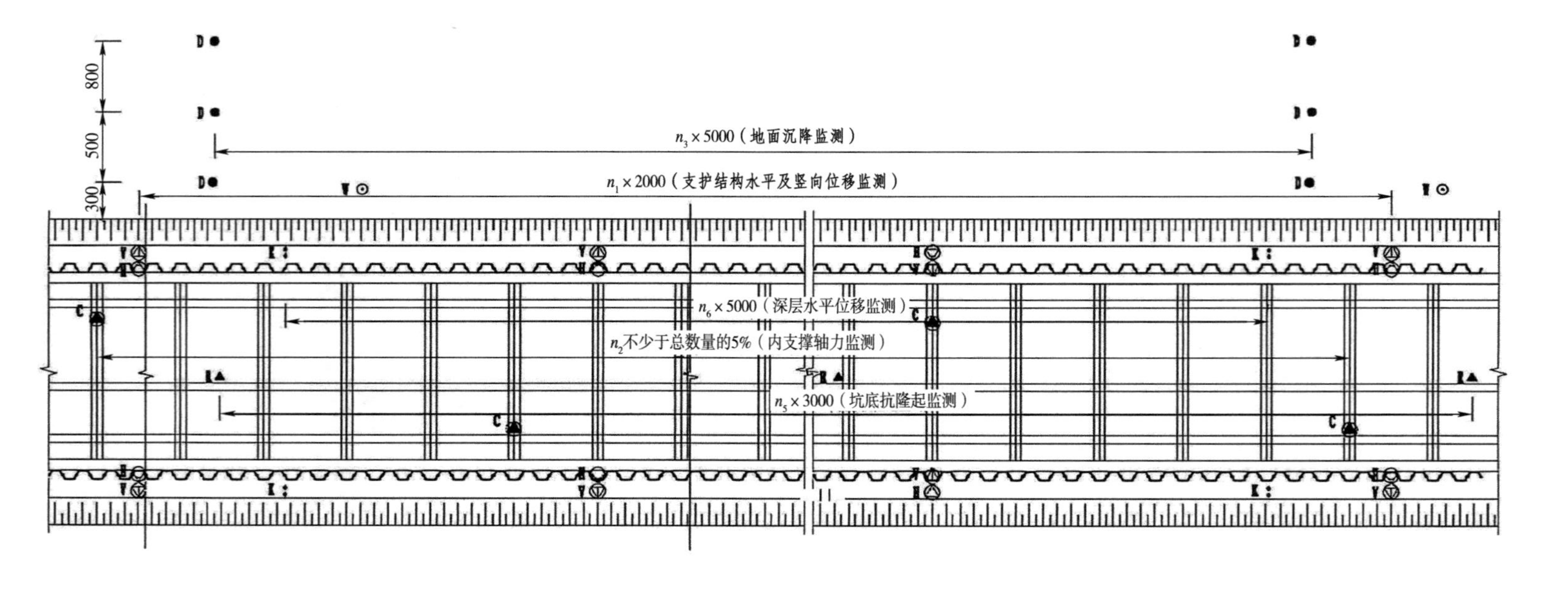

基坑监测平面布置示意图

图例

- W⊙ 地下水位监测
- C 支撑轴力监测
- D● 地面沉降量监测
- H 支护结构顶部水平位移监测
- V 支护结构顶部竖向位移监测
- R▲ 坑底软土回弹和降起监测
- K 围护结构（土层）深层水平位

注：

1.图中的尺寸除注明外均以米为单位，

2.本图仅为平面布置示意图,本图仅为监测示意，具体方案应在基坑施工前，由建设单位委托具备相应资质的第三方实施现场监测，监测单位应编制监测方案，监测方案应符合相应规范。

3.各项监测工作的监测频率应根据施工进度确定，结构变形过大或场地情况变化时应加密量测，有事故征兆时则需连续监测。每次监测工作结束后，应及时提交监测报告和处理意见。

4.在基坑围护结构施工时，将加强施工监测。

图 6.3-47　综合管廊基坑监测设计图(一)

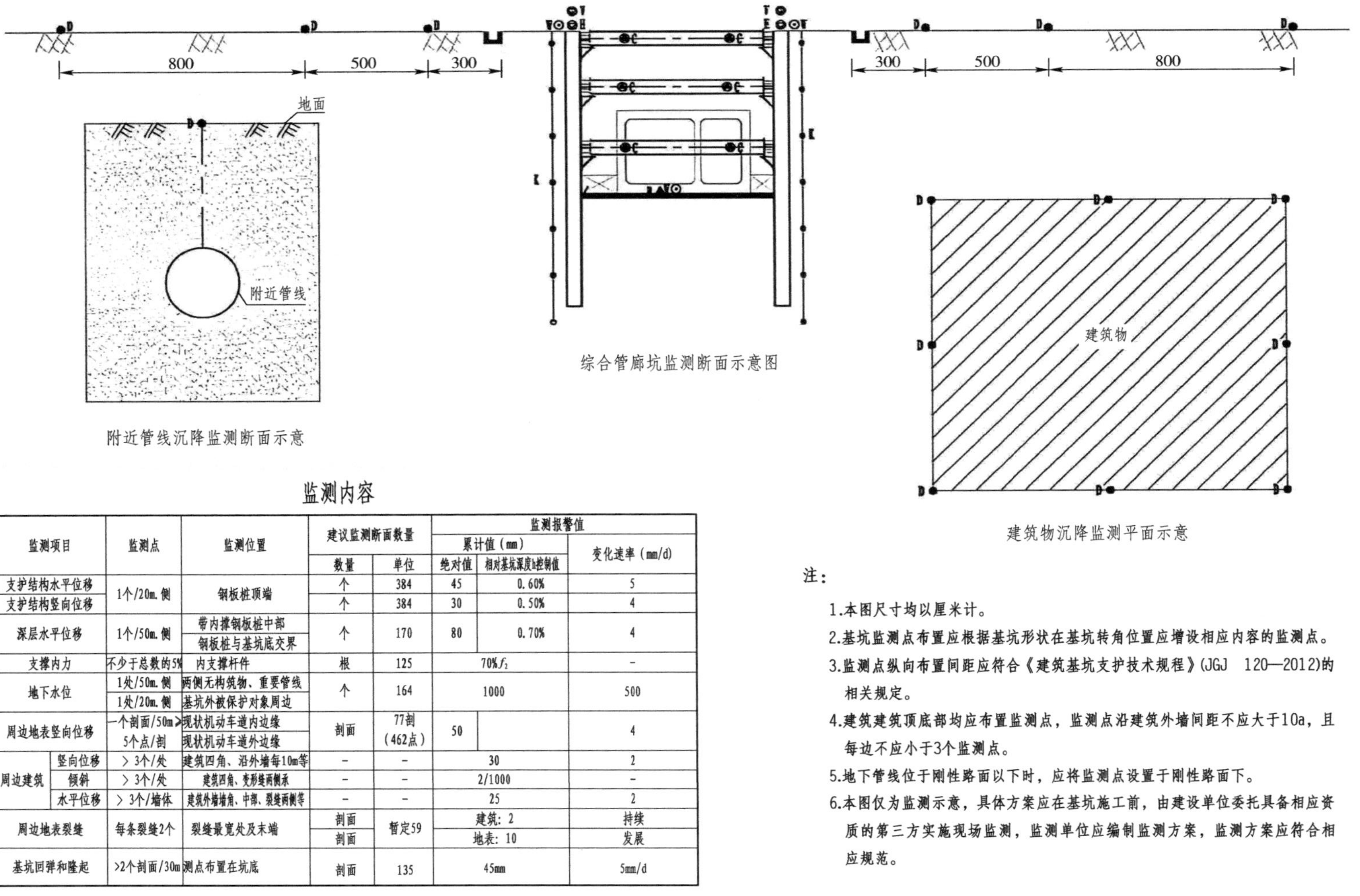

监测内容

监测项目		监测点	监测位置	建议监测断面数量：数量	建议监测断面数量：单位	监测报警值：累计值（mm）：绝对值	监测报警值：累计值（mm）：相对基坑深度h控制值	监测报警值：变化速率（mm/d）
支护结构水平位移		1个/20m.侧	钢板桩顶端	个	384	45	0.60%	5
支护结构竖向位移		1个/20m.侧	钢板桩顶端	个	384	30	0.50%	4
深层水平位移		1个/50m.侧	带内撑钢板桩中部 钢板桩与基坑底交界	个	170	80	0.70%	4
支撑内力		不少于总数的5%	内支撑杆件	根	125	$70\%f_2$		-
地下水位		1处/50m.侧 1处/20m.侧	两侧无构筑物、重要管线 基坑外被保护对象周边	个	164	1000		500
周边地表竖向位移		一个剖面/50m> 5个点/剖	现状机动车道内边缘 现状机动车道外边缘	剖面	77剖 （462点）	50		4
周边建筑	竖向位移	＞3个/处	建筑四角、沿外墙每10m等	-	-	30		2
周边建筑	倾斜	＞3个/处	建筑四角、变形缝两侧等	-	-	2/1000		-
周边建筑	水平位移	＞3个/墙体	建筑外墙墙角、中部、裂缝两侧等	-	-	25		2
周边地表裂缝		每条裂缝2个	裂缝最宽处及末端	剖面 剖面	暂定59	建筑：2 地表：10		持续 发展
基坑回弹和隆起		>2个剖面/30m	测点布置在坑底	剖面	135	45mm		5mm/d

注：

1.本图尺寸均以厘米计。

2.基坑监测点布置应根据基坑形状在基坑转角位置应增设相应内容的监测点。

3.监测点纵向布置间距应符合《建筑基坑支护技术规程》(JGJ 120—2012)的相关规定。

4.建筑建筑顶底部均应布置监测点，监测点沿建筑外墙间距不应大于10a，且每边不应小于3个监测点。

5.地下管线位于刚性路面以下时，应将监测点设置于刚性路面下。

6.本图仅为监测示意，具体方案应在基坑施工前，由建设单位委托具备相应资质的第三方实施现场监测，监测单位应编制监测方案，监测方案应符合相应规范。

图6.3-48 综合管廊基坑监测设计图(二)

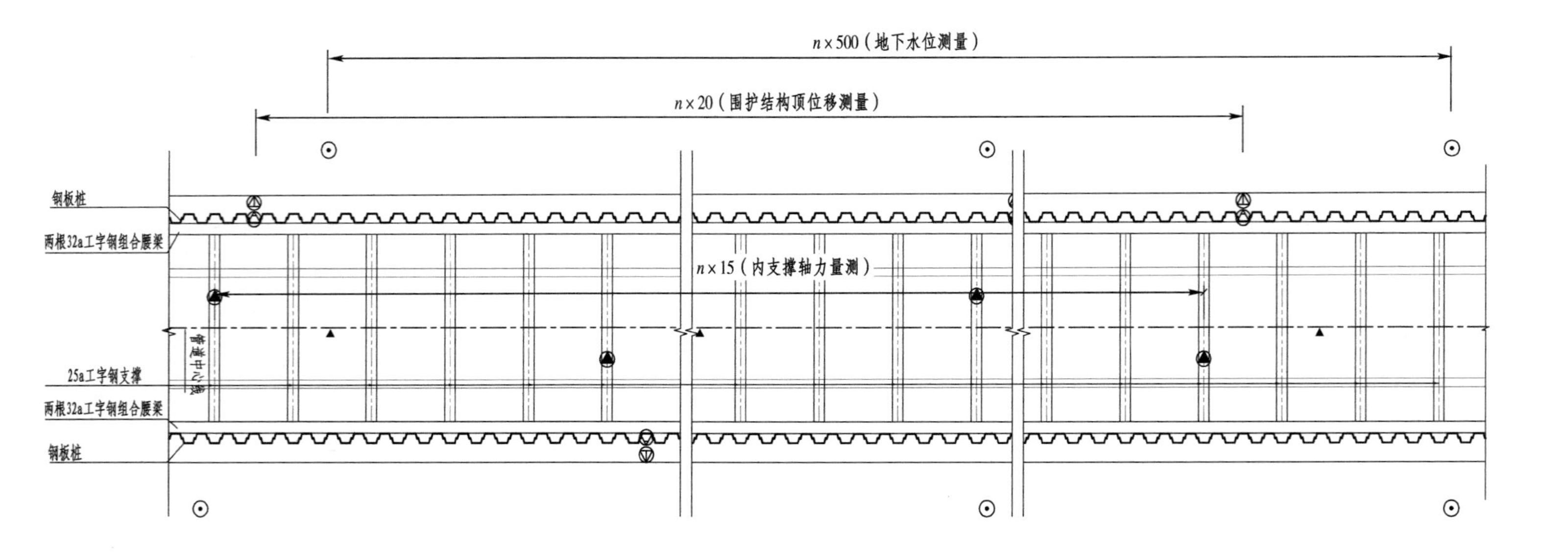

基坑监测平面布置示意图

监测点工程数量表

监测项目	监测点数量（个）
支护结构水平位移	711
支护结构竖向位移	711
深层水平位移	474
支撑内力	474
地下水位	284
周边地表竖向位移	1185
基坑回弹和隆起	237

图 例

- W⊙ 地下水位监测
- C◉ 支撑轴力监测
- D● 地面沉降量监测
- H◉ 支护结构顶部水平位移监测
- V◉ 支护结构顶部竖向位移监测
- R▲ 坑底软土回弹和隆起监测

注：

1. 图中的尺寸除注明外均以米为单位。
2. 本图仅为平面布置示意图，本图仅为监测示意，具体方案应在基坑施工前，由建设单位委托具备相应资质的第三方实施现场监测，监测单位应编制监测方案，监测方案应符合相应规范。
3. 各项监测工作的监测频率应根据施工进度确定，结构变形过大或场地情况变化时应加密量测，有事故征兆时则需连续监测。每次监测工作结束后，应及时提交监测报告和处理意见。
4. 在基坑围护结构施工时，需加强施工监测。

图6.3-49　管道基坑监测设计图(一)

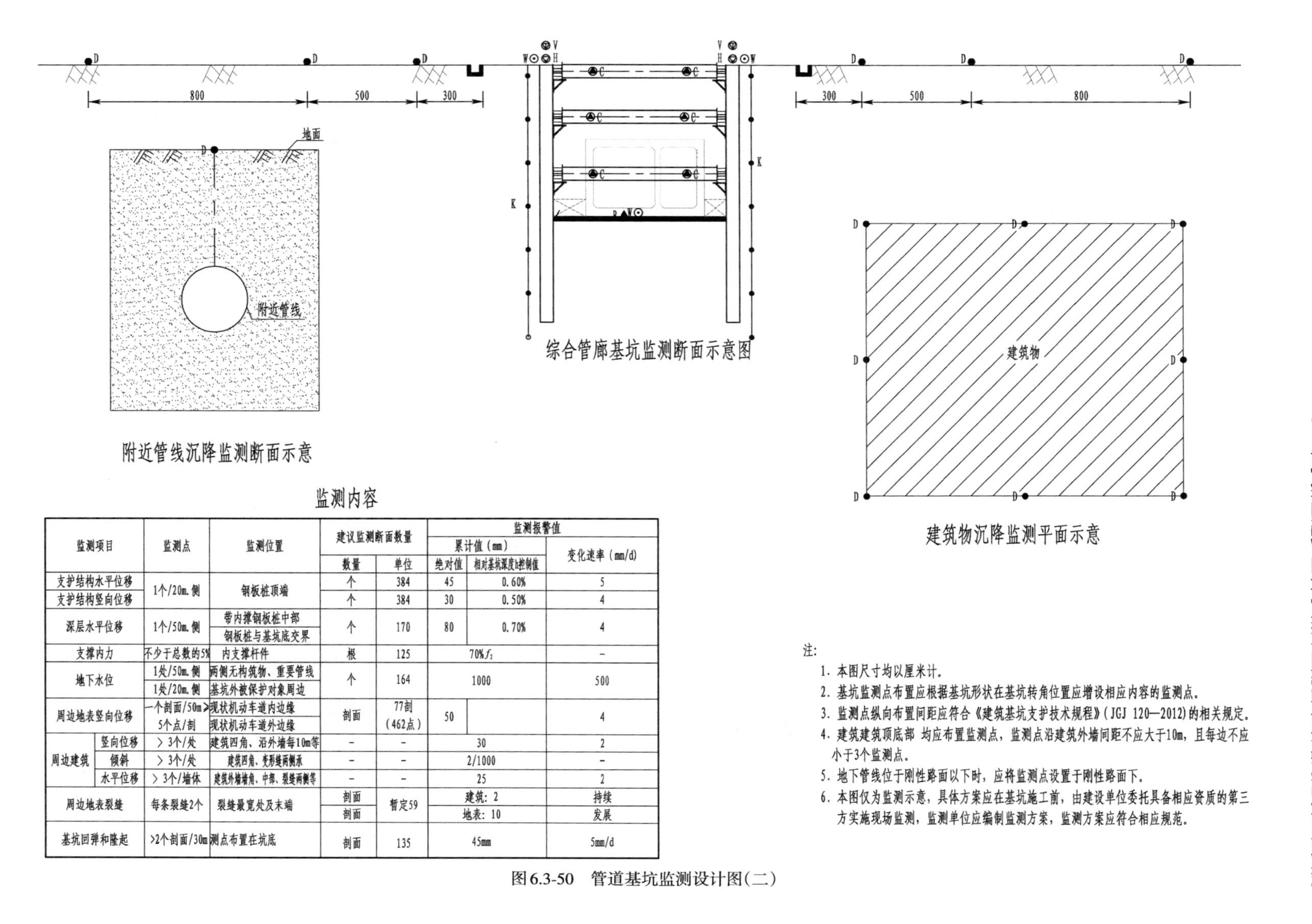

监测项目		监测点	监测位置	建议监测断面数量		监测报警值		
						累计值（mm）		变化速率（mm/d）
				数量	单位	绝对值	相对基坑深度h控制值	
支护结构水平位移		1个/20m.侧	钢板桩顶端	个	384	45	0.60%	5
支护结构竖向位移				个	384	30	0.50%	4
深层水平位移		1个/50m.侧	带内撑钢板桩中部	个	170	80	0.70%	4
			钢板桩与基坑底交界					
支撑内力		不少于总数的5%	内支撑杆件	根	125	$70\% f_2$		-
地下水位		1处/50m.侧	两侧无构筑物、重要管线	个	164	1000		500
		1处/20m.侧	基坑外被保护对象周边					
周边地表竖向位移		一个剖面/50m>	现状机动车道内边缘	剖面	77剖（462点）	50		4
		5个点/剖	现状机动车道外边缘					
周边建筑	竖向位移	>3个/处	建筑四角、沿外墙每10m等	-	-	30		2
	倾斜	>3个/处	建筑四角、变形缝两侧承	-	-	2/1000		-
	水平位移	>3个/墙体	建筑外墙墙角、中部、裂缝两侧等	-	-	25		2
周边地表裂缝		每条裂缝2个	裂缝最宽处及末端	剖面	暂定59	建筑：2		持续
				剖面		地表：10		发展
基坑回弹和隆起		>2个剖面/30m	测点布置在坑底	剖面	135	45mm		5mm/d

注：

1. 本图尺寸均以厘米计。
2. 基坑监测点布置应根据基坑形状在基坑转角位置应增设相应内容的监测点。
3. 监测点纵向布置间距应符合《建筑基坑支护技术规程》（JGJ 120—2012）的相关规定。
4. 建筑建筑顶底部 均应布置监测点，监测点沿建筑外墙间距不应大于10m，且每边不应小于3个监测点。
5. 地下管线位于刚性路面以下时，应将监测点设置于刚性路面下。
6. 本图仅为监测示意，具体方案应在基坑施工前，由建设单位委托具备相应资质的第三方实施现场监测，监测单位应编制监测方案，监测方案应符合相应规范。

图6.3-50 管道基坑监测设计图（二）

6.3.8 基坑降排水

(1)在距离基坑放坡边线2000mm位置，设置300mm×300mm排水沟，将基坑外的水集中在集水沟内，并就近接入市政管网或抽水远离基坑进行排水。

(2)排水沟底面为100mm厚C15素混凝土垫层，沟内使用1∶2.5水泥砂浆向两端集水沟找坡。

(3)基坑降水以明排水为主，当降雨量较大或施工用水可能流入坑内时，必须及时排出。

(4)坑内、外集水明排。

①基坑外侧应设置地面排水系统(排水沟、集水井、挡水坎等)，防止地表水径流涌入坑内，并及时抽除集水井内积水。

②坑外侧排水沟、集水井等应有可靠的防渗措施，并定期检查排水沟和集水井开裂、渗漏等情况，发现问题应立即处理。

③开挖过程中留置时间较长的边坡，宜在坡顶、坡脚设置临时排水沟。

(5)管廊回填前，须采取必要的降水措施，避免施工期间管廊发生隆起破坏。

6.3.9 质量保证措施

本方案管廊基坑支护的质量控制点主要为材料与设备质量控制、钢板桩施工、SMW功法桩施工、灌注桩施工及管廊主体施工等[59]。

1)SMW工法桩施工质量控制

(1)SMW工法桩型钢施工质量要求。

①插入H型钢表面应进行清灰除锈，并在干燥的条件下，涂抹经过加热融化的减摩擦剂，并且对于埋设置冠梁中的型钢部分，应用油毡或塑料薄膜等隔离材料将其与混凝土隔开，以便于型钢起拔回收。施工围护桩垂直度偏差不大于1/200，沿基坑轴线方向左右允许偏差为50mm。型钢采用HN700×300型，插二跳一施工，如图6.3-51所示。

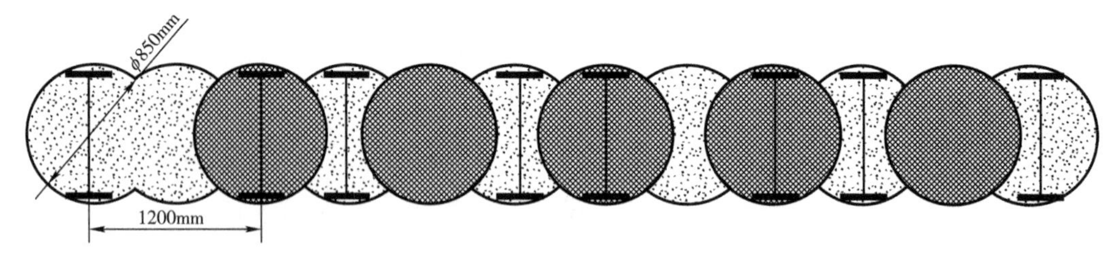

图6.3-51 插二跳一施工示意图

②整个基坑开挖施工期间禁止任意拆除横撑，禁止在横撑上任意切割、电焊，也不能在横撑上搁置重物。

③型钢在使用前，应进行材质及外观检验，对打入钢板桩有影响的焊接件应予以割除，割孔、断面缺损的应予以补强；若钢板桩有严重锈蚀，应测量其实际断面厚度，不合格者，不

能使用。

④型钢在施打前一定要熟悉地下管线、构筑物的情况，确定无误后应放出准确的支护桩线再行施打。

⑤插打过程中随时测量监控每条桩垂直度，当偏斜过大不能调正时，应拔起重打。

⑥基坑开挖过程中，应按照基坑支护横断面图横撑位置，从上至下，每开挖到横撑位置之下0.5m，施加一道钢管支撑，直至施加完成全部内撑，最后开挖至基坑底高程。开挖过程中，严禁一步到位开挖到底高程之后再加撑或者不按照要求加撑。

⑦基坑拆、换横撑时，应按照开挖及加撑的逆过程进行，即回填土至横撑以下0.5m时方可拆除横撑；在回填达到规定要求高度后才可拔除型钢，并对桩孔回填满粗砂。严禁一步到位，一次性拆完支撑之后一次性回填完成。

⑧基坑内土方开挖时，应先撑后挖，必须对称、均衡、分层。

(2)SMW工法桩施工质量保证措施。

①搅拌桩施工质量措施。

a.孔位放样误差小于2cm，钻孔深度误差小于±5cm，桩身垂直度按设计要求，误差不大于桩长的1/300。施工前，严格按照设计提出的搅拌桩两边尺寸外放100mm要求进行定位放样。

b.严格控制浆液配比，做到挂牌施工，并配有专职人员负责管理浆液配置。严格控制钻进提升及下沉速度，下沉速度不大于1m/min，提升速度不大于2m/min。

c.施工前对搅拌桩机进行维护保养，尽量减少施工过程中由于设备故障而造成的质量问题。设备由专人负责操作，上岗前必须检查设备性能，确保设备运转正常。

d.桩架垂直度指示针调整桩架垂直度，并用线锤进行校核。

e.工程实施过程中，严禁发生定位型钢移位，一旦发现挖机在清除沟槽时碰撞定位型钢使其跑位，应立即重新放线，严格按照设计图纸进行施工。

f.场地布置综合考虑各方面因素，避免设备多次搬迁、移位，减少搅拌和型钢插入的间隔时间，尽量保证施工的连续性。

g.严禁使用过期水泥、受潮水泥，对每批水泥进行复试合格后方可使用。

h.在施工前应在钻杆上做好标记，控制桩长不得小于设计桩长。

②施工冷缝处理。

施工过程中一旦出现冷缝，则采取在冷缝处围护桩外侧补搅素桩方案。为保证补桩效果，素桩与围护桩搭接厚度约20cm，并提高水泥掺入量2%左右。

③插入H型钢质量保证措施。

a.型钢到场须得到监理确认，待监理检查型钢的平整度、焊接质量，认为质量符合施工要求后，进行下插H型钢施工。

b.型钢进场要逐根吊放，型钢底部垫枕木以减少型钢的变形，下插H型钢前要检查型钢的平整度，确保型钢顺利下插。

c.型钢插入前必须将型钢的定位设备准确固定，并校核其水平。

d.型钢吊起后有铅垂线调整型钢的垂直度，达到垂直度要求后下插H型钢，保证H型钢的插入深度。

④三轴水泥土搅拌桩施工质量保证措施。

a.三轴搅拌桩采用3ϕ850mm型，套打一孔，搭接长度不小于250mm。

b.三轴搅拌桩水泥掺入量不小于25%，具体水泥掺量根据试验确定；水泥浆液水灰比为（1.5～2.0）∶1；桩身28d无侧限抗压强度不小于0.8MPa，具体水灰比应根据室内配比试验及试桩试验确定，搅拌桩达到设计强度后方可开挖基坑。

c.三轴搅拌桩施工的桩位误差不大于50mm，垂直误差不大于0.5%，桩底高程误差不大于100mm，桩径和桩长不小于设计值；施工要求连续、封闭，搅拌均匀。

d.相邻搅拌桩搭接施工的间歇时间宜小于2h，若搭接时间超过24h，应按冷缝处理。

e.搅拌桩使用新鲜、干燥的PO42.5级普硅水泥配制的浆液，不得使用已发生离析的水泥浆液。不同品种、强度等级、生产厂家的水泥不能混用于同一根桩内；搅拌桩施工机械应配备计量装置。

f.基坑开挖前应对水泥土搅拌桩的桩身强度，进行钻芯取样检测，取样数量不少于总桩数的1%；芯样应按照土层分组，每组不少于3个试块。

g.对于淤泥、淤泥质土或其他黏性土的成层土，在预（复）搅下沉时宜直接喷浆，适当增加该土层搅喷次数和增加胶凝材料的掺入比，搅拌次数不应小于4次，喷浆次数不应少于2次。

2）钢板桩施工质量控制

（1）钢板桩施工质量要求。

①钢板桩表面应进行清灰除锈，并在干燥的条件下，涂抹经过加热融化的减摩擦剂。对于埋设在混凝土垫层部分的钢板桩部分，应用油毡或塑料薄膜等隔离材料将其与混凝土隔开，以便于钢板桩起拔回收。施工围护桩垂直度偏差不大于1/150，沿基坑轴线方向左右允许偏差为100mm。

②整个基坑开挖施工期间禁止任意拆除横撑，禁止在横撑上任意切割、电焊，也不能在横撑上搁置重物。

③钢板桩在使用前，应进行材质及外观检验，对打入钢板桩有影响的焊接件应予以割除，割孔、断面缺损的应予以补强；若钢板桩有严重锈蚀，应测量其实际断面厚度，不合格者，不能使用。

④在施打前一定要熟悉地下管线、构筑物的情况，确定无误后应放出准确的支护桩线再行施打。

⑤插打过程中随时测量监控每条桩的垂直度，当偏斜过大不能调正时，应拔起重打。

⑥基坑开挖过程中，应按照基坑支护横断面图横撑位置，从上至下，每开挖到横撑位置之下0.5m，施加一道钢管支撑，直至施加完成全部内撑，最后开挖至基坑底高程。开挖过程严禁一步到位开挖到底高程之后再加撑或者不按照要求加撑。

⑦基坑拆、换横撑时，应按照开挖及加撑的逆过程进行，即回填土至横撑以下0.5m时方可拆除横撑；在回填达到规定要求高度后才可拔除型钢，并对桩孔回填满粗砂。严禁一步到位一次性拆完支撑之后一次性回填完成。

⑧基坑内土方开挖时，应先撑后挖，必须对称、均衡、分层。

(2)钢板桩施工质量保证措施。

①严格遵守和执行有关的施工质量规范。

②建立质量保证体系，提高全员质量意识，确保质量管理贯彻到整个施工过程中。坚持质量自检、互检、交接检“三检”制。

③实行质量管理项目部负责制，配置专职质检员，具体负责质量管理工作。严格按项目部管理体系进行施工管理。

④各种原材料、半成品严格按质量要求进行采购。钢板桩送到现场后，应及时检查、分类、编号，凡锁口不合应进行修正合格后方能使用。

⑤桩的垂直度控制在1/150以内。

⑥桩底高程误差控制在2cm左右。

⑦沉桩要连续，不允许出现不连锁现象。

⑧桩的平面位移控制在10cm以内。

⑨在使用拼接接长的钢板桩时，钢板桩的拼接接头不能在围堰的同一断面上，而且相邻桩的接头上下错开至少2m。

⑩钢板桩在使用过程中，若钢板桩锁口漏水，在基坑内用板条、棉絮等楔入锁口内嵌缝。

⑪钢板桩及内支撑体系焊接焊缝及纵向焊缝均要求满焊，焊缝高度10mm，严格控制焊缝质量。

3)灌注桩施工质量控制

灌注桩施工质量控制关键点和方法见表6.3-3。

施工质量控制表 表6.3-3

序号	关键点	控制方法
1	测量定位	(1)在测定的桩位点，打入标志桩(露出地面5～10cm)，定位后会同有关部门和人员，对轴线、桩位进行复核，并做记录。 (2)护筒埋设好后，对护筒的中心点进行复核，检查桩位的偏差。 (3)终孔前，利用旋挖机中心进行复测，对桩位进行检查。三次定位复核符合设计、规范要求后方可进行下一道工序施工
2	埋设护筒	(1)护筒采用15mm厚的钢板加工制作，长度为24m。护筒的内径大于钻头直径100mm，其上部宜开设溢浆口，并高出地面0.30m。 (2)护筒有定位、保护孔口和保持水位高差的作用。因此，护筒的埋设要根据设计桩位，按纵横轴线中心埋设。埋设时按护筒的大小挖好坑后，将坑底填平，放下护筒，经检查位置正确，护筒身要正、直，四周用黏土回填，分层夯实。当地基回填土松散、孔口易坍塌时，应扩大护筒坑的挖埋直径或在护筒周围填砂浆混凝土。护筒埋设好后要复核校正，护筒中心与桩中心偏差不得大于50mm

续上表

序号	关键点	控制方法
3	泥浆制备	开钻前必须准备数量充足性能优良的泥浆，造浆主要采用膨润土或黏土、水、增黏剂。泥浆的排浆系统由主排浆沟、支排浆沟和泥浆沉淀池组成。沉淀池内的泥浆采用泥浆净化后，由泥浆泵抽回泥浆池，以便再次利用
4	成孔	（1）为保证桩径在容许偏差内，开钻前由技术人员检查钻斗直径；钻进中要调整好泥浆性能。 （2）根据地层条件，采取充分利用地层造浆、适当制备泥浆相结合的办法制造泥浆，施工中应经常检查泥浆性能。 （3）及时做好成孔记录，正常成孔时，每小时做一次进尺记录。 （4）终孔深度的确定应根据设计图纸要求，岩样的饱和单轴抗压强度满足设计要求。入岩深度满足设计要求，实际孔深以捞取的岩渣作为主要依据来判定。 （5）进入基岩时做好判层记录，并捞岩样以备终孔鉴别。如遇地质资料与地质情况不符，要立即通知勘察、设计及有关人员进行处理。 （6）钻孔成孔后，应对桩位、孔径倾斜度、孔深、孔底沉渣等进行全面检查，并用可靠方法检测成孔质量，若发现有缩径或偏移、倾斜现象应重新钻进。 （7）施工允许偏差： ①桩径允许负偏差不大于10mm； ②桩垂直度允许偏差0.5%； ③桩中心位置允许偏差不大于50mm； ④桩底沉渣不超过100mm
5	清孔	（1）第一次是终孔后，下钢筋笼前，以泥浆正、反循环结合的方式清渣。将泥浆相对密度调整在1.03～1.10之间，含砂率和黏度应分别小于2%和17～20Pa·s。 （2）置放钢筋笼后，以灌浆导管为循环管道进行第二次清渣，可采用正循环方式清渣，遇清渣困难时则采用泵吸反循环方式清渣，直至泥浆指针符合下述要求：密度≤1.10，黏度≤20Pa·s，含砂率小于2%，沉渣厚度小于200mm时才能开始灌注
6	缩径	缩经也是钻孔灌注桩很常见的施工质量缺陷，其主要是由于桩周土体在桩体灌注过程中产生的膨胀而造成。对于这种情况，要选用优质泥浆，降低失水量。成孔时要加大泵量，同时加快成孔速度，在成孔的这段时间内，孔壁表面会形成泥皮，这样孔壁就不会渗水，也不会引起膨胀。或者可以在导正器外侧焊上一定数量的合金刀片，在钻进或起钻过程起到扫孔作用，也可采用上下反复扫孔的办法，用来扩大孔径，如若没有特别原因，钢筋笼安装后要立即灌注混凝土
	塌孔	所处地质覆盖层分别含5~15m厚粉砂或中砂层，若泥浆黏度不够，护壁不好，则极易造成塌孔。因此，在钻进至砂层上层时，应进行泥浆检测，确保泥浆稠度满足护壁要求方可往下钻进，如果泥浆不满足要求，应添加泥粉或羧甲基纤维素（用于增强泥浆的黏性）。同时，应放慢提钻及下钻的速度，减少对桩周护壁的扰动，确保顺利通过砂层
	窜孔	灌注桩窜孔可以理解为两桩距离过密且两桩施工时间差较短，软弱土或者粉细砂之类的松散土层使得灌注桩位移所导致的。应采取跳打措施，也就是隔一打一，待初凝时间过后再回去施工未完成的桩

续上表

序号	关键点	控制方法
7	钢筋笼制作	一般要求： （1）钢筋的种类、钢号、直径应符合设计要求。本工程设计要求，纵筋采用32mm螺纹钢，加劲筋采用25mm螺纹钢，螺旋箍钢筋采用12mm螺纹钢。钢筋的材质应进行物理力学性能或化学成分的分析试验。 （2）制作前应除锈、调直（螺旋筋除外）。主筋应尽量用整根钢筋。如需接长，采用机械连接，接头连接区段为35d（d为钢筋较大直径）且不小于500mm长度范围内，接头面积百分率不宜大于50%。 （3）当钢筋笼全长超过12m时，宜分段制作。分段后的主筋接头应互相错开，同一截面内的接头数目不多于主筋总根数的50%，两个接头的间距应大于35d。接头采用机械连接，加强筋与主筋间采用点焊连接，箍筋与主筋间采用点焊连接
		钢筋笼的制作钢筋笼的设备与工具有电焊机、钢筋切割机、钢筋圈制作台和钢筋笼成型支架等。钢筋笼的制作程序如下： （1）根据设计，确定加劲箍用料长度。将钢筋成批切割好备用。 （2）钢筋笼主筋保护层厚度为50mm。钢筋笼外侧每2m设置一组（4～8块）预制混凝土垫块，在主筋上焊接护壁环，在吊放钢筋笼的过程中，能确保主筋的保护层厚度，同时保证钢筋笼顺利下放到位。 （3）制作好的钢筋笼放置在平整的地面上，应防止变形。 （4）钢筋笼安放前必须经技术人员、质检员按图纸尺寸和焊接质量要求检查验收（内径应比导管接头外径大100mm以上），并报请监理工程师验收。不合格者不得使用
	钢筋笼安装	采用直螺纹套筒连接。为了保证钢筋笼的垂直度，钢筋笼在孔口按桩位中心定位，使其悬吊在孔内。下放钢筋笼应防止碰撞孔壁。如下放受阻，应查明原因，不得强行下插。一般采用正反旋转，缓慢逐步下放。安装完毕后，经有关人员对钢筋笼的位置、垂直度、焊缝质量、箍筋点焊质量等全面进行检查验收，合格后才能下导管灌注混凝土
8	水下混凝土灌注	水下混凝土灌注拟定采用竖向活节导管密封剪球法进行，具体要求如下： （1）本工程使用的水下混凝土的用料及配合比按现行规范和规程处理。水下浇筑的钻孔混凝土强度应比设计值强度高一级配置及验收，以确保达到设计强度。 （2）把好混凝土的质量关，坍落度控制在180～220mm之间。 （3）导管制作与安装。灌注导管要便于安拆，并有足够的强度和刚度。导管用钢管制作，导管壁厚不宜小于3mm，直径为250mm。每节导管长度，导管下部第一根为4000mm，导管中部为2000mm，导管上部为300～500mm。导管的驳接口必须加上止水密封胶圈，确保接头密封良好。密封形式采用橡胶圈或橡胶皮垫。 （4）导管灌注混凝土采用混凝土输送泵输送，灌注前对灌浆设备检查导管并要求内管光滑。下放导管准确，导管底距孔底控制在0.3～0.5m之间。 （5）导管顶部应安装漏斗和储料斗。漏斗安装高度应适应操作的需要，在灌注到最后阶段时，能满足对导管内混凝土柱高度的需要，以保证上部桩身的灌注质量。一般在桩底低于桩孔中水面时，混凝土柱的高度应比水面至少高出2m。漏斗与储料斗应有足够的容量来储存混凝土，以保证首批灌入的混凝土量能达到0.8m以上的埋管高度。 （6）隔水栓：采用预制混凝土球块，开灌前用铁线固定在导管内邻近泥浆面处。 （7）灌注顺序：灌注前，应再次测定孔底沉渣厚度。如厚度超过规定，应再次进行清孔。当下导管时，导管底部与孔底的距离以能放出隔水栓和混凝土为原则，一般为30～50cm

续上表

序号	关键点	控制方法
8	水下混凝土灌注	①首批混凝土连续不断地灌注后，应有专人测量孔内混凝土面高度，并计算导管埋置深度，一般控制在2～4m之间。严禁导管提出混凝土面。应及时填写水下混凝土灌注记录。如发现导管内大量进水，应立即停止灌注，查明原因，处理后再灌注。 ②水下灌注必须连续进行，严禁中途停灌。灌注中，应注意观察管内混凝土下降和孔内水位变化情况，及时测量孔内混凝土面上升高度和分段计算充盈系数（充盈系数应在1.2～1.3之间），不得小于1。 ③导管提升时，不得挂住钢筋笼，可设置防护三角形加筋板或设置锥形法兰护罩。 ④灌注将结束时，由于导管内混凝土柱高度减小，超压力降低，而导管外的泥浆及所含渣土稠度增加，相对密度增大。出现混凝土顶升困难时，可以小于300mm的幅度上下窜动导管，但不许横向摆动，确保灌注顺利进行。 ⑤终灌时，采用捞样筒捞取混凝土样确定混凝土面高度。考虑到泥浆层的影响，实灌桩顶混凝土面应高于设计桩顶0.8～1.0m，以保证桩顶混凝土质量及不浪费材料。 ⑥施工过程中，要协调混凝土运输和灌注各个工序的合理配合，保证灌注连续作业和灌注质量。 ⑦按50m³/组留置混凝土试块，并认真做好试块的养护，达龄期及时送检
9	桩长和桩顶高程的控制	施工时要严格控制桩长和桩顶高程，既不多灌浪费混凝土，增加成本，又不少灌影响质量

4）水泥搅拌桩施工质量控制

（1）保证垂直度为使搅拌桩基本垂直于地面，要特别注意深层搅拌机的平整度和导向架的垂直度，应控制机械的垂直度偏斜不超过0.5%。

（2）保证桩位准确度布桩位置与设计误差不得大于2cm，而成桩桩位偏差不得超过5cm。

（3）水泥应符合要求。对喷粉搅拌所使用的水泥粉要严格控制进入储灰罐前的含水率，严禁受潮结块，不同水泥不得混用。

（4）确保搅拌施工的均匀性。严格控制搅拌时的下沉和提升速度，以保证加固深度范围内每一深度均得到充分搅拌。

（5）施工记录应详尽完善。施工记录必须有专人负责，记录深度偏差不得大于10cm；时间记录误差不得大于5min。施工中发生的问题和处理情况，均应如实记录，以便汇总分析。

（6）水泥搅拌桩泥浆配比。

泥浆配比及性能指针详如表6.3-4、表6.3-5所示。

泥浆配比表 表6.3-4

材料名称	水(kg)	膨润土(kg)	羧甲基纤维素(kg)
泥浆	100	8~15	0.1

泥浆性能指标表 表6.3-5

序号	项目	性能指标	检验方法
1	相对密度	1.05~1.20	泥浆密度计
2	黏度	16~22s	漏斗
3	含砂率	4%~8%	—
4	胶体率	>96%	量杯法
5	失水量	<30mL/30min	失水量仪
6	pH值	7~9	pH试纸

6.4 基坑加固方案

6.4.1 基坑支护-喷锚专项施工方案

1)工程概况

翠亨新区起步区科学城片区配套市政路网建设工程项目主要位于翠亨新区起步区西四围,项目启航路综合管廊西起西湾路,东至东汇路,全长1775m。启航路三段管廊基坑支护形式为灌注桩支护,桩径80cm,桩心间距95cm,桩长为29~36m,基坑深度范围为6.18 ~7.27m。受连续降雨天气影响,桩间淤泥和松散土被雨水冲刷流失,导致支护桩间存在部分空洞,对后续基坑施工过程中安全和质量造成影响,见图6.4-1~图6.4-3。

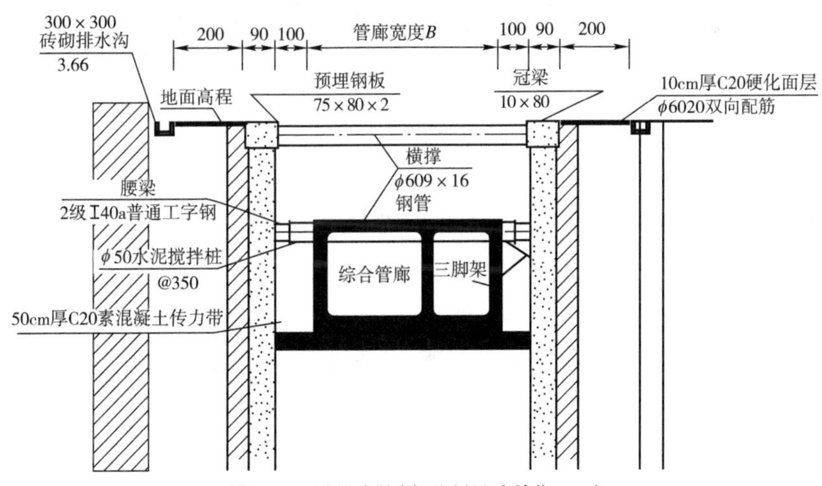

图6.4-1 基坑支护剖面图(尺寸单位:mm)

2)施工方法

针对启航路管廊基坑支护桩间土流失情况,首先清理桩间土,清理完成后进行膨胀螺栓及钢筋网片安装。膨胀螺栓及钢筋网片安装完成后,以高压风为动力,经喷射头喷射水泥浆混合料至挂网钢筋组成的受喷面。待喷锚表面初凝至足够硬度时,进行洒水养护处理。

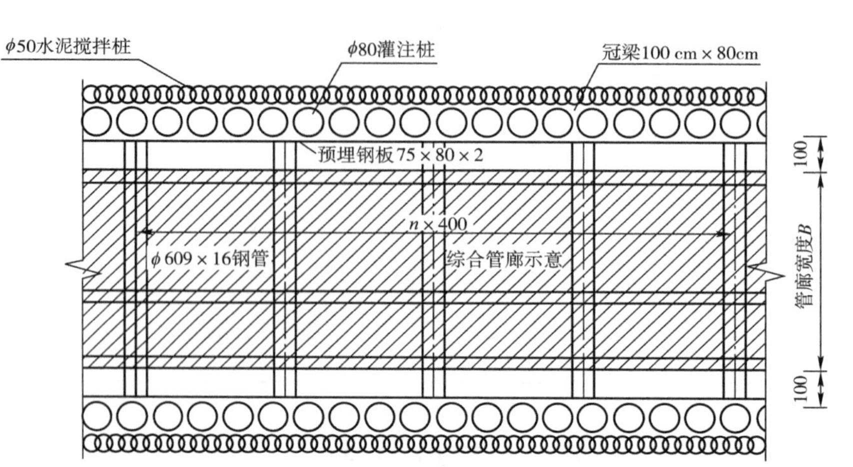

图6.4-2　基坑支护平面图(尺寸单位:mm)

图6.4-3　桩间土流失图

3)施工工艺

(1)施工工艺流程图。

基坑支护喷锚加固施工工艺流程如图6.4-4所示。

(2)详细施工工艺。

①人工清理桩间土。

采用人工修正桩间土壁,清理桩间的淤泥、松散土及杂物,并用高压风吹净,确保水泥浆喷射加固有效。

②膨胀螺栓及钢筋网片安装。

基坑支护桩桩间采用挂网喷射水泥浆护壁,钢筋采用ϕ6mm钢筋,网格尺寸为150mm×150mm,钢筋网片全部采购成品,并验收合格后方可使用。

采用规格为M16的膨胀螺栓,长度为10cm,按上下间距0.6m将其打入灌注桩桩身内并与钢筋网片焊接;挂上ϕ6mm钢筋网片,间距150mm×150mm,网片搭接长度为300mm。

相邻两根桩的膨胀螺栓采用梅花形固定,中间网片原则上只在桩间土位置设置。钢筋网使用前要除锈并调直，膨胀螺栓与钢筋网牢固连接，保证喷射水泥浆时钢筋网片不晃动。

③水泥浆混合料拌制。

原材料进场均应进行质量检验，速凝剂必须进行相容性试验及速凝效果试验，确定速凝剂的最佳材料要求，初凝时间不超过5min，终凝时间不超过10min。

采用容量小于400L的强制式搅拌机时，搅拌时间不得小于60s。将水泥浆按水∶粉∶速凝剂=0.45∶1∶0.04的比例进行配置，喷射水泥浆过程中严格控制干料配合比及水的用量，以保证喷射质量。掺有速凝剂的混合料应搅拌均匀，应无结团且立即使用，存放时间不大于20min。

④水泥浆混合料喷锚施工。

喷射作业前，应确保桩间土松散土及杂物清理干净，钢筋网固定牢固，并调整好喷射机的风压、水压，做好水泥浆混合料喷锚施工准备。

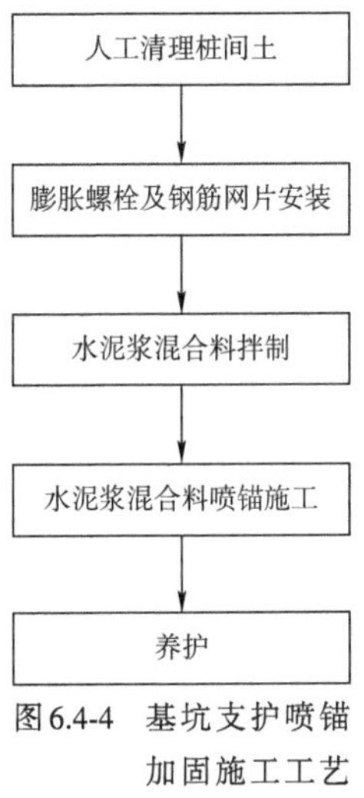

图6.4-4 基坑支护喷锚加固施工工艺流程

桩间土清理完成后，尽快进行喷射水泥浆加固处理，桩间土面不得长期暴露在外，设计网喷厚度为100mm；桩间网喷分层不宜过高，喷射水泥浆前应做好喷射面的标志，以保证喷射面平整且不超喷或欠喷。

喷射作业应竖向分段顺序进行，将每次喷射高度控制在1.5m左右，钢筋网片留出300mm的搭接长度。喷射作业紧跟挂网进行。喷射顺序应由下而上螺旋式移动，螺旋圆直径为200~300mm，一圈压半圈，按螺旋轨迹均匀分层喷射。喷头直对受喷面距离为0.6~1m，喷射压力控制在0.12~0.15MPa之间，一次喷射厚度为50~70mm，第一次喷射后及时清除网筋上的结团，保证喷射水泥浆的密实度。后一层喷射应在前一层混凝土终凝后进行。若终凝时间超过1h，应先用风吹、水清洗喷层表面。喷射水泥浆应密实、平整、无裂缝、脱落、漏喷、漏筋、空鼓、渗水等现象。

⑤养护。

待喷锚水泥浆混合料终凝后进行洒水养护，养护7d。养护期间对施工现场进行封闭，防止对已喷锚完成工作面造成破坏，并检查喷锚水泥浆混合料有无出现裂缝、脱落、空鼓等现象，若发现应及时进行补喷。

6.4.2 管廊深基坑加固专项施工方案

1)工程概况

启航路一、二段管廊全长569m，共25节段。启航路一、二段支护形式均为灌注桩支护，桩长为30~40m。启航路一、二段灌注桩支护布桩图如图6.4-5所示。启航路一段第九节管廊基坑第三层土方开挖过程中，出现南侧支护外扩带动冠梁向外倾斜的现象，影响后续施工。

启航路一段现场地质条件较差，原始地貌为软塑流态淤泥，地表不具备上机条件，前期清表普通挖机无法作业，现场采用船挖作业。根据钻孔地质图，该处表层素填土层厚9.4m，淤泥质土层厚20.6m，细砂层厚1.2m，中砂层厚2.5m。地质柱状图6.4-6所示。

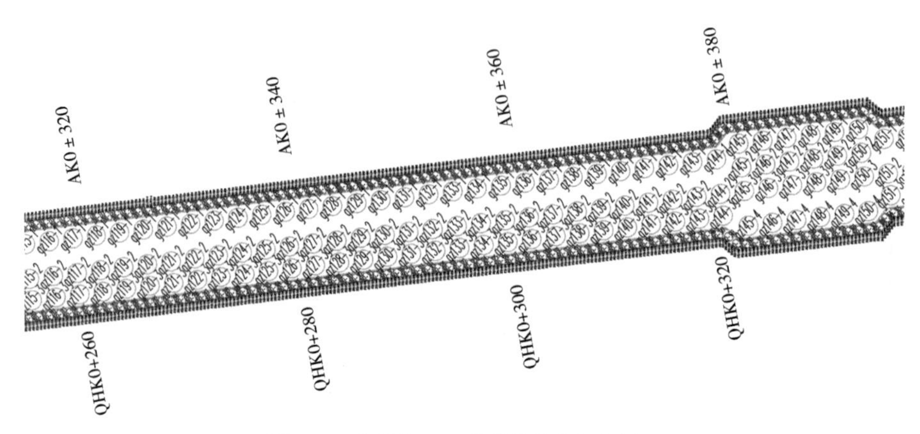

图6.4-5　启航路一、二段灌注桩支护布桩图

钻 孔 柱 状 图

第 1 页 共 1 页

工程名称	翠亨新区起步区科学城片区配套市政路网建设工程					
里　程			钻孔编号	IZK7		
孔口高程(m)	6.82	坐标(m) X=524035.58	开工日期	2020.7.15	稳定水位深度(m)	1.40
钻孔深度(m)	29.90	坐标(m) Y=2492588.66	竣工日期	2020.7.16	稳定水位日期	

地层编号	时代成因	层底高程(m)	层底深度(m)	分层厚度(m)	柱状图 1:200	地层描述	取样	重Ⅱ击数 $N_{63.5}$ / 标贯击数 N/深度(m)	承载力基本容许值 f_a0(kPa)	钻孔桩侧阻力(kPa)
①$_1$	Q_4^{ml}	−4.78	11.60	11.60		素填土:灰黄色，松散-稍密状，稍湿，主要由黏性土及少量碎、块石组成，粒径一般为0.5～6.0cm，个别可达8cm以上，含量为20%～30%，呈次棱角状，碎块石成分以花岗岩为主	T1 2.90 T2 5.90 T3 8.90		80	12
②$_1$	Q_4^{mc}	−15.58	22.40	10.80		淤泥质土：灰黑色，流塑状，主要由黏土矿物组成，有机质含量一般，局部见少量的贝壳碎屑及腐植物，具腥臭味，均匀性尚可，局部可相变为淤泥及淤泥质黏土。韧性及干强度低切面稍具光泽，无摇振反应	T4 11.90 T5 13.90 T6 15.90 T7 17.90 T8 19.90 T9 21.90		50	20
③		−18.88	25.70	3.30		砂质黏性土：中细粒花岗岩原地风化残留产物，灰黄色，湿，硬塑状，主要由长石风化的黏-粉粒、石英颗粒及暗色矿物组成，以黏性土为主，中细砂含量约10%，该层遇水易崩解软化	T10 23.90		220	50
④$_2$		−23.08	29.90	4.20		强风化花岗岩:灰黄夹灰白色，花岗结构清晰，主要成分为长石、石英，部分云母及少量暗色矿物。原岩矿物强烈风化，矿物颗粒间具有一定的结构联结力，网状裂隙发育，岩芯呈碎块状、碎块夹砂砾状，手折或轻击可碎。该岩石为软岩岩体极破碎			500	100
勘察单位							编制			

图6.4-6　地质柱状图

2)施工方法

针对启航路一、二段地质极软以及开挖施工过程发生踢脚失稳等情况,对已发生失稳第9节段进行暂停开挖并快速回填,在8、9节之间插打钢板桩进行封端处理。该地段后续施工节段支护顶冠梁设置拉杆对拉加固及基坑外侧降土,并设置位移监测点及拉杆轴力传感器进行基坑开挖过程的实时监测,确保后续基坑施工过程的稳定安全。

3)施工工艺

(1)施工工艺流程见图6.4-7。

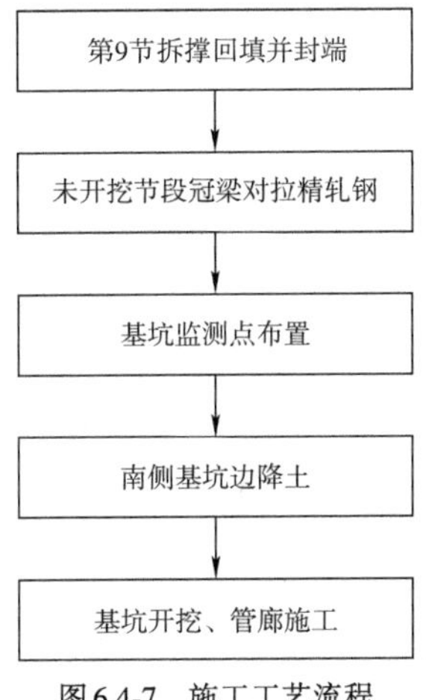

图6.4-7　施工工艺流程

(2)第9节拆撑回填并封端。

①第一次回填。

第9节第2层部分腰梁及三脚架损坏,大部分三脚架回收存在困难,且基坑情况不明确,危险性高,故第一次回填土方至与腰梁底平齐。

②拆支撑。

a.拆除第9节第1道支撑:由于南侧冠梁向外倾斜,侧向观测呈喇叭口状态,第9节第1道支撑已经处于不受力状态,可直接拆除。

b.拆除第9节第2道支撑:待第一次回填完成后,拆除第9节第2道支撑及腰梁。

③第二次回填。

使用18m长臂挖机对第9节进行第二次回填至与冠梁顶面齐平,侧向放坡,坡率为1∶1.5。

④封端。

a.基坑回填完成后,于第8、9节管廊变形缝处往大桩号方向4m位置画线施打Ⅳ型18m钢板桩进行封端处理,避免回填土方对第8节管廊施工造成影响。

b.端部腰梁支撑参考基坑图纸腰梁支撑要求安装见图6.4-8、图6.4-9。

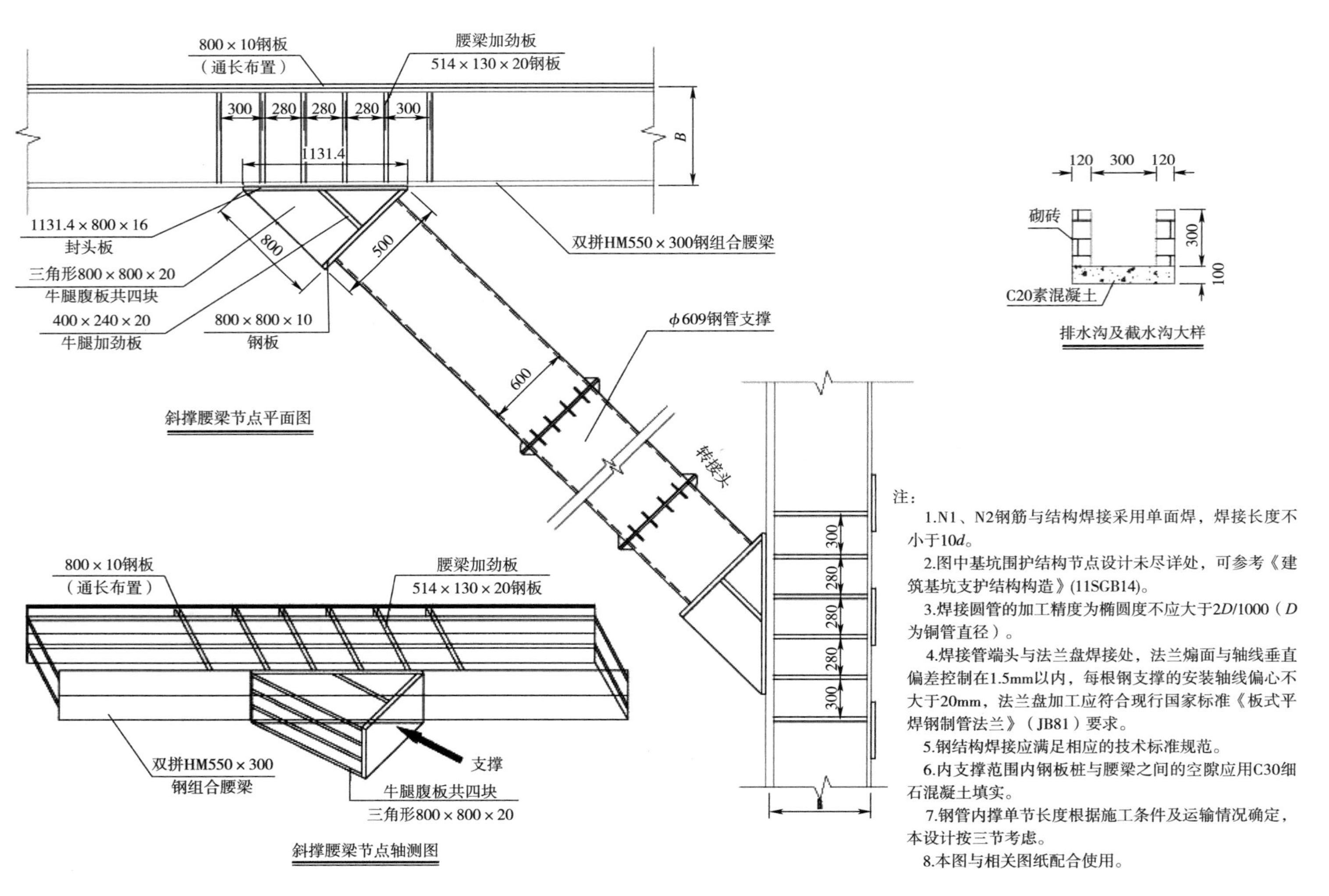

图6.4-8　斜撑安装示意图(尺寸单位：mm)

图6.4-9　斜撑安装示意图

(3)未开挖节段冠梁对拉精轧钢。

自第8节管廊开始，于冠梁中心间隔4m放置ϕ32mm精轧钢，对拉冠梁。

①定位开孔。

a.于北侧冠梁第8节第一道支撑20cm处距冠梁顶面40cm处为第一点，间隔4m放置一个点位。

b.PC200挖机于放点位置开挖沟槽，人工平整工作面。

c.使用水钻打孔机贯穿开孔，孔径40mm。使用激光笔穿过北侧冠梁孔洞，于南侧冠梁点位，开孔，见图6.4-10。

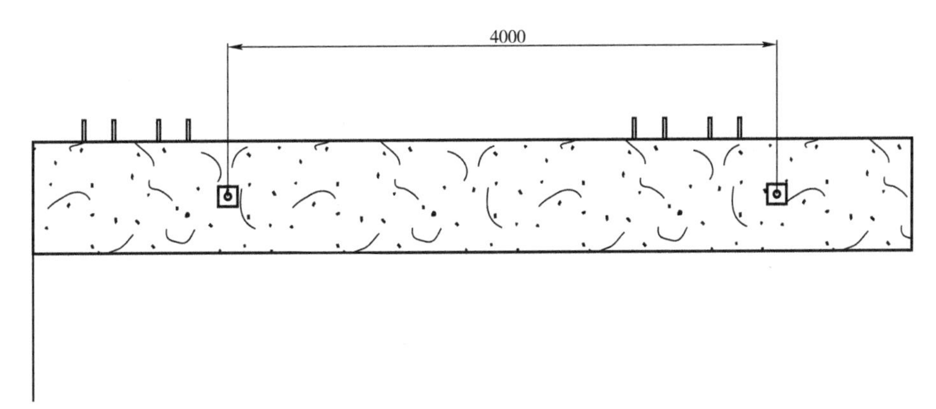

图6.4-10　精轧钢点位开孔示意图(尺寸单位:mm)

②对拉精轧钢。

a. 各孔位测量南北侧冠梁间距，确保精轧钢超出冠梁外侧外露50cm，每根对拉杆分两节进行安装，中间通过连接器对接到位。管廊标准段位置采用两根5m精轧钢，节点舱段两根6m精轧钢。

b. 人工配合25t汽车起重机吊装、精轧钢穿过两侧冠梁，于基坑居中位置使用ϕ32mm连接器连接。连接前在精轧螺纹上画好位置线，连接后在连接器两头设置铁丝绑扎限位，见图6.4-11。

c. 冠梁外侧使用14cm×14cm×2cm钢垫片后，拧紧ϕ32mm连接器，见图6.4-12。

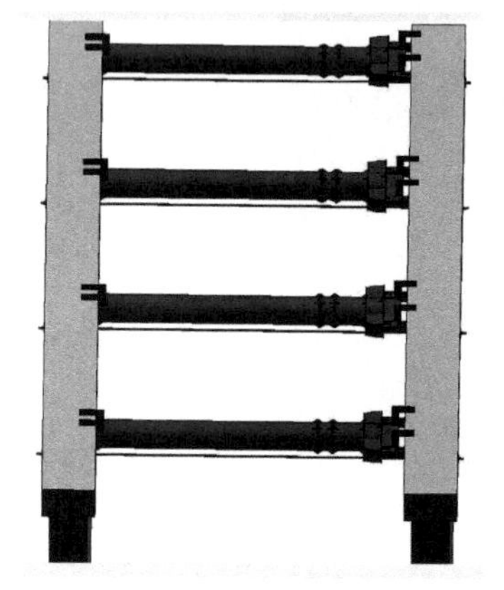

图6.4-11　精轧钢布置示意图

图6.4-12　钢垫片及套筒连接示意图

(4)基坑监测。

①精轧钢监测设备见图6.4-13。

a)轴力传感器

b)频率读数仪

图6.4-13　精轧钢设备

采用频率读数仪观测轴力传感器的频率值，每次测量进行两次观测。计算公式如式

(6.4-1)所示:

$$T = k \times (f_{i2} - f_{l2}) \tag{6.4-1}$$

式中:T——钢支撑轴力值;

k——常数;

f_{i2}——本次轴力传感器的频率值;

f_{l2}——轴力传感器的检定证书上的频率值。

②放置轴力监测点。

a.第三层基坑开挖过程中需实时检测精轧钢受力情况,每隔8m放置一个监测点,每个检测点使用两个轴力传感器配合读数。轴力传感器布置示意图如图6.4-14所示。

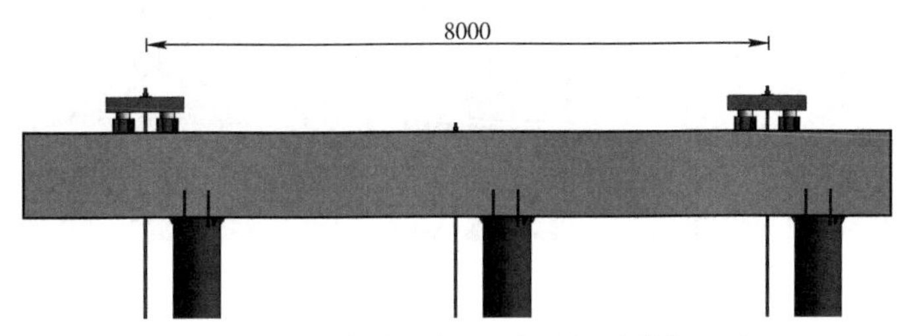

图6.4-14　轴力传感器布置示意图(尺寸单位:mm)

b.垫块与冠梁之间使用双拼Ⅰ20a工字钢作为支撑,于精轧钢两侧放置轴力传感器,锁紧连接器,拉紧精轧钢。轴力传感器安装细部示意图如图6.14-15所示。

图6.4-15　轴力传感器安装细部示意图

③设置位移监测点。

于南、北侧冠梁以第8、9节变形缝往大桩号方向2m分别设置一个监控点，其后每隔4m一个点位，共14个监测点位。位移监测点布置示意图如图6.4-16所示。

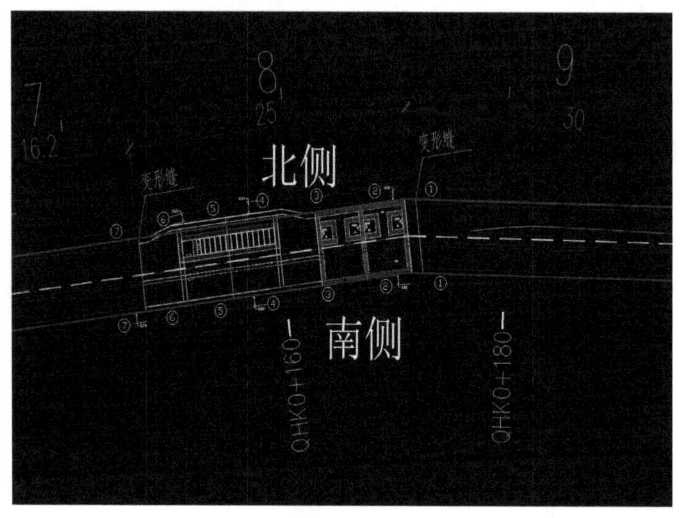

图6.4-16　位移监测点布置示意图

(5)南侧基坑边降土。

对南侧冠梁外侧进行降土处理，自第9节往小桩号方向沿南侧冠梁外侧8m处放点画线，使用PC200挖机开挖，开挖深度2m，见图6.4-17。

图6.4-17　南侧基坑外侧降土图

(6)基坑开挖、管廊施工。

待上述措施处理完成后，按照《翠亨新区起步区科学城片区配套市政建设路网项目管廊深基坑工程专项施工方案》进行后续的基坑开挖和管廊施工。

(7)基坑防排水处理。

①南侧冠梁降土完成后，于基坑外侧对支护体系进行喷锚处理，防止雨季水土经桩体间

隙流入管廊。

②基坑底垫层浇筑完成后，先进行传力带施工，于传力带顶面导流支护两侧渗水，减少水土对基坑底工作面的影响。

(8)基坑开挖精轧钢断裂处理。

基坑开挖时，若出现设置完成的精轧钢断裂失效情况，应立即暂停开挖并快速回填；回填后重新设置两根精轧钢代替原断裂精轧钢，同时加密布置位移监测点及拉杆轴力传感器，紧密观测后续基坑开挖过程的监测数据变化，确保后续基坑施工过程的稳定安全。

6.5　城市综合管廊主体施工方案

6.5.1　管桩基础施工

本项目管桩采用PHC-400-AB型，管桩混凝土强度等级C80，根据现场施工环境选择采用静压法和锤击法施工。

6.5.2　管廊基坑支护及基坑开挖施工

根据设计施工图纸科学城的管廊开挖支护有三种形式：

(1)ϕ80mm灌注桩+水泥搅拌桩止水帷幕采用旋挖机开挖，采用导管法注浆，钢筋笼在钢筋厂加工后运至现场使用。

(2)SMW工法桩支护采用三轴搅拌机施工。

(3)钢板桩采用钢板桩机施工。

基坑深度分布在6~8m之间，宽度为单舱5.5m、双舱7.4m，支护均采用ϕ609mm×14mm钢管支撑，其中工法桩和灌注桩竖向设置两排，拉森钢板桩则设置2排或者3排，三种支护形式横向间距均为4m。仅工法桩和灌注桩设置混凝土冠梁，腰梁构件为：工法桩和钢板桩采用双拼HM550×300型钢；灌注桩采用双拼I40a工字钢(详见科学城片区管廊基坑支护施工图)。

(4)基坑支护形式、数量及位置分布见表6.5-1。

基坑支护形式、数量及位置分布　　表6.5-1

道路名称	管廊支护（m）									
	灌注桩		工法桩				钢板桩（延米）			
			水机搅拌桩		H型钢		18m SPIV	18m SPVI	21m SPIV	21m SPVI
	根数	米数	根数	米数	根数	米数				
仁爱路	—	—	576	14976	366	9406.2	936	—	910	800
海月路	—	—	2172	56472	1352	34746.4	—	—	—	—
启航路	2708	88979	1055	27736	676	17577.2	—	—	470	—

续上表

<table>
<tr><td rowspan="4">道路名称</td><td colspan="10">管廊支护（m）</td></tr>
<tr><td colspan="2" rowspan="2">灌注桩</td><td colspan="4">工法桩</td><td colspan="4">钢板桩（延米）</td></tr>
<tr><td colspan="2">水机搅拌桩</td><td colspan="2">H型钢</td><td rowspan="2">18m SPIV</td><td rowspan="2">18m SPVI</td><td rowspan="2">21m SPIV</td><td rowspan="2">21m SPVI</td></tr>
<tr><td>根数</td><td>米数</td><td>根数</td><td>米数</td><td>根数</td><td>米数</td></tr>
<tr><td>宁静路</td><td>1050</td><td>31500</td><td>208</td><td>5408</td><td>115</td><td>2955.5</td><td>100</td><td>900</td><td>638</td><td>100</td></tr>
<tr><td>合计</td><td>3758</td><td>120479</td><td>4011</td><td>104592</td><td>2509</td><td>64685.3</td><td>1036</td><td>900</td><td>2018</td><td>900</td></tr>
</table>

6.5.3 防水工程

1)管廊底板防水施工

(1)基层处理。

施工前,将混凝土垫层清理、清扫干净,必要时用吸尘器或高压吹尘机吹净,保证基层表面无灰尘、无油污。

基层表面应坚实、平整、基本干燥,不得有明水,允许出现局部潮湿部位,不得有酥松、掉灰、空鼓、裂缝、剥落和污物等存在。若出现上述情况,采用聚合物砂浆修补[60]。

(2)敷设高分子自粘胶膜预铺反粘防水卷材。

预铺反粘防水卷材与底板垫层采用空铺法施工,沿管廊方向纵向敷设,在已处理好的基层表面,按照所选卷材的宽度,留出搭接缝尺寸,搭接尺寸不小于8cm,与侧墙搭接的尺寸预留600mm。将铺贴卷材的基准线弹好,按此基准线进行卷材铺贴施工。铺贴后卷材应平整、顺直,搭接尺寸正确,不得扭曲。

防水卷材铺贴完成后,绑扎底板钢筋,支底板侧模,将卷材上翻置于侧模内侧,之后浇筑混凝土,示意图如图6.5-1所示。

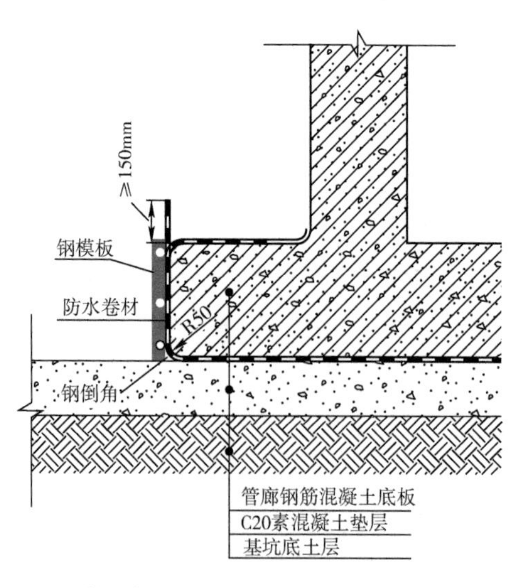

图6.5-1　敷设高分子自粘胶膜预铺反粘防水卷材示意图

对于底板上倒角，采用专用倒角工具处理即可。

(3)注意事项。

①铺贴防水卷材时，相邻卷材错缝设置，不得出现十字接缝。

②铺贴防水卷材时，应先铺贴底板卷材，卷材翻起至模板墙并临时固定处理。

③铺贴防水卷材时，应注意不得拉得过紧或出现大的鼓包，铺贴好的防水卷材保持自然、平整、服帖。

④防水卷材之间接缝采用卷材预留搭接边，搭接宽度8cm，搭接边应紧密贴合且平整，不得出现翘边、露胶、虚接、有Ω形接缝等现象。

⑤防水卷材铺贴完毕后，应对其表面进行全面检查，发现破损部位及时进行修补，以确保大面卷材的不透水性。

⑥防水卷材铺贴完成后，要保持表面清洁，不得有泥块污染；同时，为防止绑扎、焊接钢筋或其他机械、人工损坏，在其表面架设木板或者铁皮进行保护；安装混凝土保护层垫块时，应在撬杠下放置木垫块保护卷材。

⑦管廊底板混凝土浇筑时，要避免混凝土下落高度过高，有尖锐的石块刺破防水卷材。

2)管廊侧墙防水施工

(1)基层处理。

施工前，将混凝土垫层清理、清扫干净，必要时用吸尘器或高压吹尘机吹净，保证基层表面无灰尘、无油污。

基层表面应坚实、平整、基本干燥，不得有明水，允许出现局部潮湿部位，不得有酥松、掉灰、空鼓、裂缝、剥落和污物等存在。若出现上述情况，采用聚合物砂浆修补。

(2)刮涂1~2厚的聚合物浆料(选做)。

当混凝土表面出现蜂窝麻面或不能满足卷材施工条件时采用。在拌制好的水泥砂浆中添加专用聚合物水泥(JS)复合防水浆料乳液，配置聚合物浆料，采用抹灰的形式对混凝土基面进行修复，见图6.5-2。

图6.5-2　刮涂聚合物水泥浆

(3)喷涂基层处理剂。

采用HDPE膜同厂家的基层处理剂，喷涂在混凝土基层表面，待其完全干燥后，再铺贴

HDPE膜防水卷材，主要目的为增加HDPE膜与基层的黏结强度。

(4)HDPE防水卷材铺贴。

首先进行放线，并按照卷材的黏结和搭接线的位置进行铺贴，卷材铺贴时自上而下铺贴，一边铺贴一边撕除隔离膜，保证粘贴密实。卷材自粘搭接，搭接宽度为80mm，短边采用双面丁基胶自粘的方式，卷材对接部位卷材覆盖的宽度为500mm，搭接完毕后采用钩针或扁口螺栓刀检查焊接质量，见图6.5-3、图6.5-4。

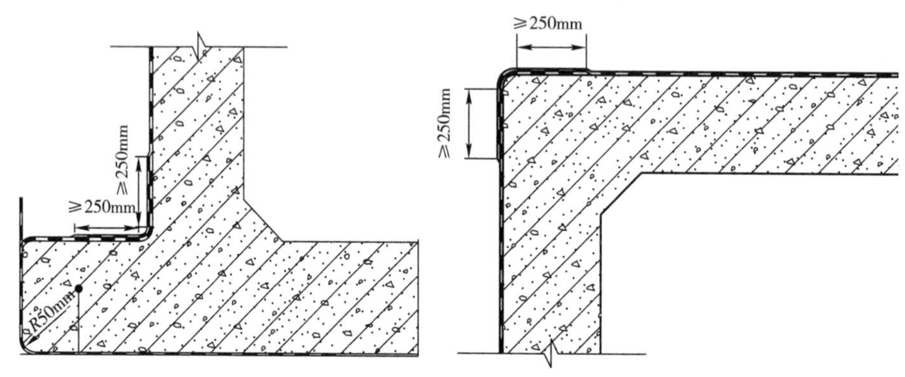

图6.5-3 侧墙及顶板卷材搭接细部图

图6.5-4 侧墙防水卷材铺贴

(5)注意事项。

①铺贴防水卷材时，相邻卷材错缝铺贴，不得出现十字接缝；铺贴好的防水卷材保持自然、平整、服帖。

②防水卷材之间接缝采用卷材预留搭接边，搭接宽度8cm，搭接边应紧密贴合且平整，不得出现翘边、露胶、虚接、有Ω形接缝等现象。

③基层要处理平整，不得有尖锐物凸起刺破卷材。

④卷材搭接边用密封膏密封，密封膏应与卷材材质同性。

3)管廊顶板防水施工

(1)基层处理。

施工前，将混凝土垫层清理、清扫干净，必要时用吸尘器或高压吹尘机吹净，保证基层表面无灰尘、无油污。

基层表面应坚实、平整、基本干燥，不得有明水，允许出现局部潮湿部位，不得有酥松、掉灰、空鼓、裂缝、剥落和污物等存在。若出现上述情况，采用聚合物砂浆修补。

(2)刮涂1~2厚的聚合物浆料(选做)。

当混凝土表面出现蜂窝麻面或不能满足卷材施工条件时采用。在拌制好的水泥砂浆中添加专用聚合物水泥(JS)复合防水浆料乳液，配置聚合物浆料，采用抹灰的形式对混凝土基面进行修复。

(3)喷涂基层处理剂。

采用与HDPE膜同厂家的基层处理剂，喷涂在混凝土基层表面，待其完全干燥后，再铺贴HDPE膜防水卷材，主要目的为增加HDPE膜与基层的黏结强度。

(4)刮涂2mm厚的JS双组分防水涂料。

①JS双组分涂料(区分Ⅰ、Ⅱ、ⅢJS涂料)需按照产品要求的比例进行配制，且搅拌均匀，不得有颗粒，搅拌完成后静置10min，待气泡消完后再使用。

②涂刷第一道涂层：细部节点处理完毕且涂膜干燥后，进行第一道大面涂层的施工。涂刷时要均匀，不能有局部沉积，并要多次涂刷使涂料与基层之间不留气泡。

③涂刷第二道涂层：在第一道涂层干燥后(一般以手摸不粘手为准)，进行第二道涂层的施工，涂刷的方向与第一道相互垂直，干燥后再涂刷下一道涂层，直到达到设计厚度。

(5)HDPE防水卷材铺贴。

首先进行放线，并按照卷材的黏结和搭接线的位置进行铺贴，卷材铺贴时自中间向两边铺贴，即卷材展开后，先由两边向中间卷回，定好位置后从中间向两边撕除隔离膜，并进行铺贴；长边采用自粘搭接方式(搭接宽度80mm)，短边采用双面丁基胶自粘搭接方式施工(搭接宽度120mm)。搭接完毕后采用钩针或扁口螺栓刀检查焊接质量。

4)保护层施工

(1)侧墙30mm厚挤塑聚苯板保护层施工。

根据所进场的挤塑板规格尺寸进行组拼，挤塑板施工时，应错缝拼装。使用建筑胶与水泥进行拌制成胶灰，应随拌随用。粘贴时，挤塑板与防水材料的黏结面积不得少于60%，粘贴后应用手用力挤压，黏结厚度不得大于20mm。涂抹胶黏剂时要均匀，挤压时应整板挤压，以使胶粘剂能分布均匀。

(2)顶板隔离层及C20细石混凝土保护层施工。

防水卷材铺贴完成后，及时铺贴一层无纺布隔离层，隔离层在管廊左右侧各预留250mm，用胶粘剂粘贴紧密，不得翘边。其作用是隔离混凝土与防水卷材，使两者之间脱离。之后进行混凝土保护层施工，保护层采用5cm厚的C20细石混凝土，保护层浇筑时要注意对防水层的保护，严禁使用铁质工具进行混凝土抹平。

5)水泥基渗透结晶防水涂料施工

(1)基层处理。

基层表面的气孔、凹凸不平、蜂窝、缝隙、起砂等应进行处理，使基层表面保持清洁、平整；对蜂窝结构及疏松结构均应凿除，并将所有松动的杂物用水冲掉，直露坚硬的基层。基面必须粗糙、干净，充分湿润至饱和(但无明水)。对结构裂缝、蜂窝等处先用防水砂浆进行修补，然后再喷刷水泥基渗透结晶型防水涂料。

(2)特殊部位处理。

对穿墙孔、结构裂缝(缝宽大于0.4mm)、施工缝等缺陷的部位应凿成U形槽，槽宽2mm，深度2mm，清洗干净后用涂料填满，待固化后再施工表层涂料。

①在大面积防水层施工前，应先对构造细部进行防水增强处理。

②在穿墙管周边用刷子涂刷一道100mm宽涂料增强层。

③在后浇带施工缝、地下室底板或顶板与墙连接的水平施工缝处用刷子涂刷一道200mm宽涂料增强层。

④在阴阳角两面用刷子涂刷一道100mm宽、0.8mm厚涂料增强层。

部分特殊部位处理见图6.5-5。

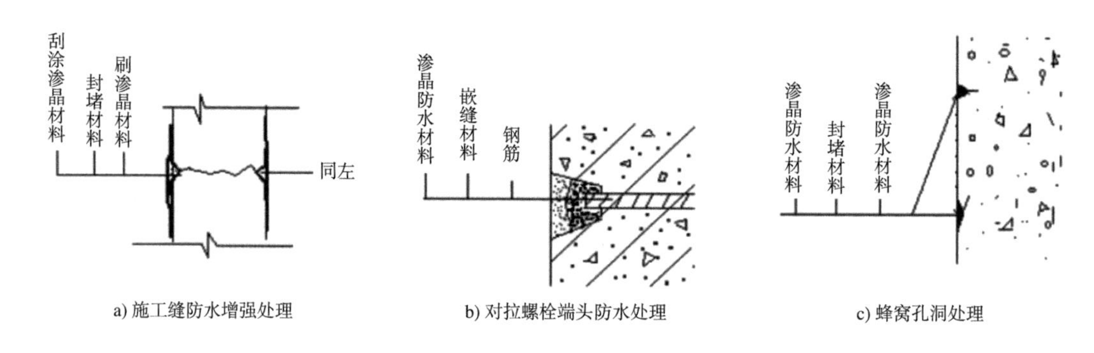

a) 施工缝防水增强处理　b) 对拉螺栓端头防水处理　c) 蜂窝孔洞处理

图6.5-5　特殊部位处理

(3)配制浆料。

将水泥基渗透结晶防水浆料倒入清水中，按照厂家规定配比进行配制。配料采用机械搅拌器搅拌，充分搅拌至色泽均匀，无结块、粉团的涂料。静置3min后再搅拌一下即可使用。一次拌料不能超过5kg，拌制好的防水涂料，从加水起计算，材料应在20min内用完。在施工过程中，应不时地搅拌混合物，已经发硬的灰浆不能再用。不得向已经混合好的涂料中另外加水。

(4)刮涂涂料。

涂刷时机的掌握：应待混凝土的各种收缩、变形基本稳定后再开始涂刷作业。

刮涂第一遍涂料：用刮板进行刮涂，刮涂时应用力按刀，使刮刀与被涂面的倾斜角为50°~60°，按刀要用力均匀。刮涂时只能来回刮1~2次，不宜往返多次刮涂，否则出现“皮干里不干”现象。涂刷应均匀，无漏刷、无堆积露底等现象，涂料用量必须满足要求0.8~1.2kg/m²。涂膜的先后搭茬宽度宜为40~60mm。

刮涂第二遍涂料：等第一层涂膜初凝后，仍呈潮湿状态时进行，如第一层过干则应先将图层湿润再施工,涂抹施工时,方向与第一遍垂直,要做到边涂刮,刮涂方向与第一遍垂直边用毛刷沾水(或喷细雾)在涂层表面来回拉刷,阴角处做重点处理。两遍刮涂厚度保证大于1.5mm,且涂料用量必须大于1.5kg/m²,如若厚度或用量不足要求,刮涂第三遍,直至满足要求为止。

(5)养护。

当涂层固化时(约2h)开始养护,养护时间不少于5d,每天喷洒水至少3次(天气热时,应增加喷水次数)或用潮湿的粗麻布覆盖,防止涂层过早干燥。由于涂层在养护期需要与空气直接接触来确保渗透效果,故严禁采用不透气的塑料薄膜等材料直接覆盖在涂层上。

(6)成品保护。

防水层施工完后,严禁穿硬底鞋在上面走动,禁止尖锐物碰砸到防水层面。其他工序施工时,施工人员要求穿软底鞋进行施工,并在施工前做好成品保护书面交底。一旦发现防水层被破坏,应及时修补,杜绝隐患。

6)细部节点处理

(1)桩头防水处理。

①桩头清理:将桩身上的泥土、浮浆、松动的碎石等清理干净,保证混凝土基层的洁净,钢筋调整到位。

②水泥基渗透结晶防水涂料施工:水泥基渗透结晶防水涂料涂刷部位包括桩顶、桩侧及桩体周边150mm范围,分两遍进行涂刷;为保证其厚度,材料用量控制在1.5kg/m²,整体厚度大于或等于1.0mm,见图6.5-6。

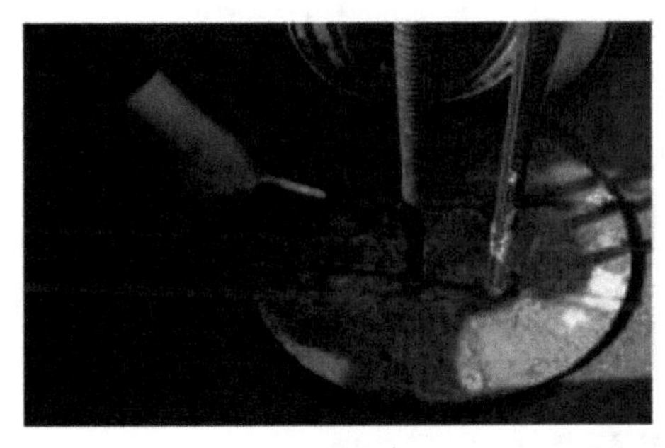

a) 湿润桩头

b) 涂刷水泥基渗透结晶型防水涂料

图6.5-6 管廊桩头防水施工示意图

③底板大面防水层施工:防水卷材收于桩头距离10~20mm处。

④卷材收头处理:采用聚合物水泥防水砂浆,涂刷在桩体周边50mm范围内,保证大面防水层能被压实。

⑤采用与大面防水层配套的节点密封膏密封。

⑥桩头涂刷水泥砂浆及节点密封膏,见图6.5-7。

a) 铺设平面防水卷材并裁剪后卷材离桩头10~20mm，然后用水泥浆压实桩头周围卷材

b) 涂刷节点专用密封膏进行密封

图6.5-7　管廊桩头防水施工示意图

⑦止水胶(条)施工:桩主筋根部打遇水膨胀止水胶(条),止水胶(条)应与钢筋贴合紧密、牢固。

(2)底板变形缝防水处理见图6.5-8。

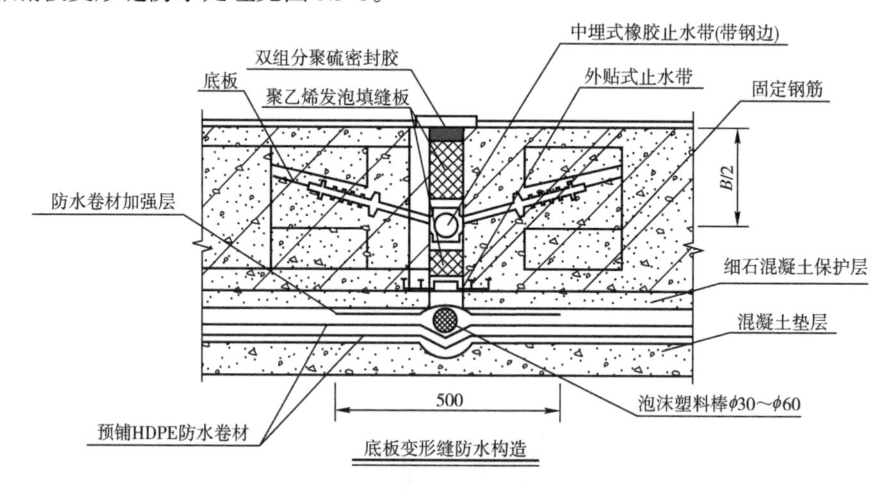

图6.5-8　管廊底板变形缝防水施工示意图(尺寸单位:mm)

①聚乙烯泡沫棒。预铺HDPE防水卷材之后,在施工缝中心位置处放置直径不小于30mm的聚乙烯泡沫棒,并用防水胶水固定,在一定程度上也可对变形应力予以缓冲,见图6.5-9。

图6.5-9　聚乙烯泡沫棒图

②防水加强层。在聚乙烯泡沫棒上对中铺贴防水加强层，加强层宽度应满足不小于缝宽＋500mm，用防水胶与聚乙烯泡沫棒黏结即可。

③外贴式橡胶止水带。

止水带安装：外贴式橡胶止水带中心与泡沫棒中心对齐铺贴，且在两边侧墙施工缝各预留管廊周长的一半长度，以便后期热融对接。止水带与底板防水附加层用防水胶黏结固定，见图6.5-10。

图6.5-10 橡胶止水带图

外贴式橡胶止水带热硫化对接见图6.5-11。

a.将两个止水带接头切齐对正；预留3~5mm接缝，将热混炼胶片填补在预留接缝处；

b.用8cm宽、65cm长、2mm厚的生胶带包裹止水带接缝一周，并用手压实密贴；

c.将连接接头位置置于热熔焊接主机上，在温控仪上调试好需要加热的温度(195℃±10℃)；

d.在加热过程中不断调整千斤顶，使两块模具缝隙刚好达到止水带厚度为止；

e.加热时间为10min±5min，待冷却到室温即可。

图6.5-11 橡胶止水带安装施工图

④绑扎底板钢筋。绑扎底板钢筋及变形缝钢筋。

⑤嵌入聚乙烯发泡填缝板。嵌填密封材料之前应对变形缝进行清理，并应涂刷基层处理剂，确保密封材料和缝两侧基面黏结紧密。

⑥安装带钢边止水带施工示意图见图6.5-12。

止水带安装：按设计要求，将止水带放在规定的部位，利用钢边橡胶止水带两边的安装孔，用铁丝将钢边橡胶止水带与钢筋网捆扎定位。钢边橡胶止水带定位时应两边钢带外侧高于中间橡胶止水带形成U字形安装，角度为15°。

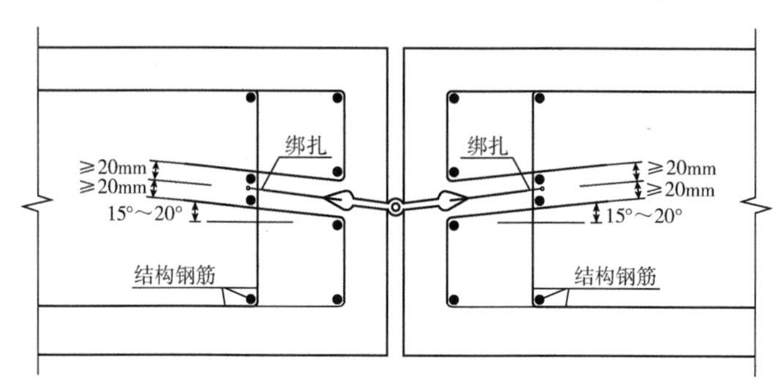

图6.5-12　安装带钢边止水带施工示意图

模板安装：模板应严格按施工操作规程要求进行施工，安装在钢边止水带的中间橡胶O型环上下两面间的平面上，模板要牢固，谨防混凝土浇灌振捣时模板移位。

混凝土浇筑：安装好的钢边橡胶止水带在施工时一定要保护和支撑好未浇捣混凝土部分的橡胶止水带，在浇捣止水带附近混凝土时要细微振捣，尤其在水平部分，止水带下缘的混凝土更要细微，使混凝土中的气泡从钢边橡胶止水带翼下跑出来，当混凝土捣面超过止水带平面后，可以剪断铁丝，使止水带呈水平状态。

带钢边止水带热硫化对接见图6.5-13。

a.用铆钉将U形箍件固定在钢边上。

图6.5-13　带钢边止水带施工示意图(一)

b.所需胶料放入止水带预留间隙中，胶料尺寸按预留间隙尺寸裁剪，盖上模，然后拧紧螺栓，见图6.5-14。

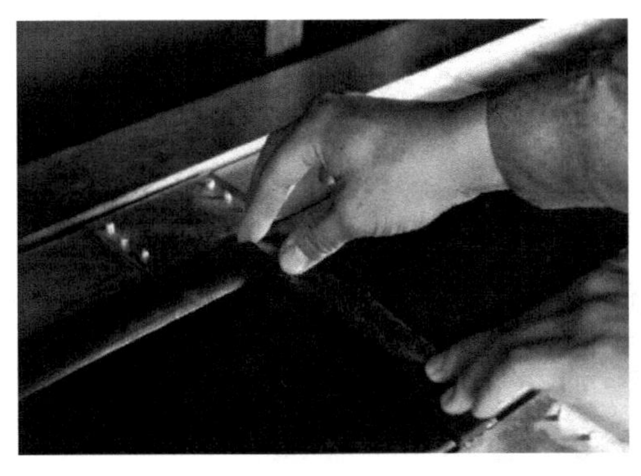

图6.5-14 带钢边止水带施工示意图（二）

c.合上电源，当温控仪温度显示达到规定温度（135～160℃）时，温控仪红灯亮起，自动断电，同时开始记录硫化时间，硫化时间根据带钢边止水带的厚度确定（350mm×10mm带钢边止水带硫化时间为15～30min），达到硫化时间后，断开电源，出模，见图6.5-15。

图6.5-15 带钢边止水带施工完成图

（3）底板侧墙施工缝防水处理。

①止水钢板安装时折边面向迎水面，并设置控制高程与位置限位，见图6.5-16，第一次混凝土浇筑高度为止水钢板宽度的一半。

图6.5-16 止水钢板施工示意图（一）

②止水钢板搭接方式:要求止水钢板搭接不小于20mm,双面满焊,为保证止水钢板焊接质量,本工程止水钢板双面搭接焊接长度为150mm,见图6.5-17。

图6.5-17　止水钢板施工示意图(二)

③止水钢板固定:止水钢板就位调整好垂直度后,将上口点焊在水平定位筋,并将中部限位筋(原已焊牢在钢板上)与外墙立筋点焊牢固,现场采用ϕ12@600mm对止水钢板进行固定,见图6.5-18。

图6.5-18　止水钢板施工示意图(三)

④转角处工艺要求:转角处钢板优先采用成品弯折钢板,或者采用丁字形焊接现场焊

接，本工程采用工厂焊制的成品转角钢板，见图6.5-19。

图6.5-19 成品转角钢板

⑤支模、浇筑及后续处理：本工程按照施工方案要求，在混凝土浇筑时保证止水钢板固定牢靠，拆模后对混凝土表面进行了凿毛，并及时清理了止水钢板上的水泥浆，见图6.5-20。

图6.5-20 浮浆清理示意图

⑥模板安装：模板应严格按施工操作规程要求进行施工，安装在钢边止水带的中间橡胶O型环上下两面间的平面上，模板要牢固，谨防混凝土浇灌振捣时模板移位。

(4)侧墙及顶板施工缝防水处理见图6.5-21。

①外贴式橡胶止水带安装。

对于侧墙：在外贴式止水带的背面配30mm厚木模板，模板的宽度和长度应满足外贴式止水带安装的主要要求，木模板应与外墙整体模板连成一体，以防浇筑混凝土时木模板再次发生位移、漏浆，失去止水作用。同时再用212in(1in=25mm)双帽钉将外贴式止水带与木模板固定，将双帽钉钉在止水带两侧边缘的这些部位，每隔200mm钉双帽钉各一个。固定过程中，要在模板内侧挂水平线抄平，作为外贴式止水带上沿安装基准线，确保止水带平直，安装好的背贴式橡胶止水带应平整，无下垂现象。

②嵌入聚乙烯发泡填缝板:嵌填密封材料之前,应对变形缝进行清理,并应涂刷基层处理剂,确保密封材料和缝两侧基面黏结紧密。

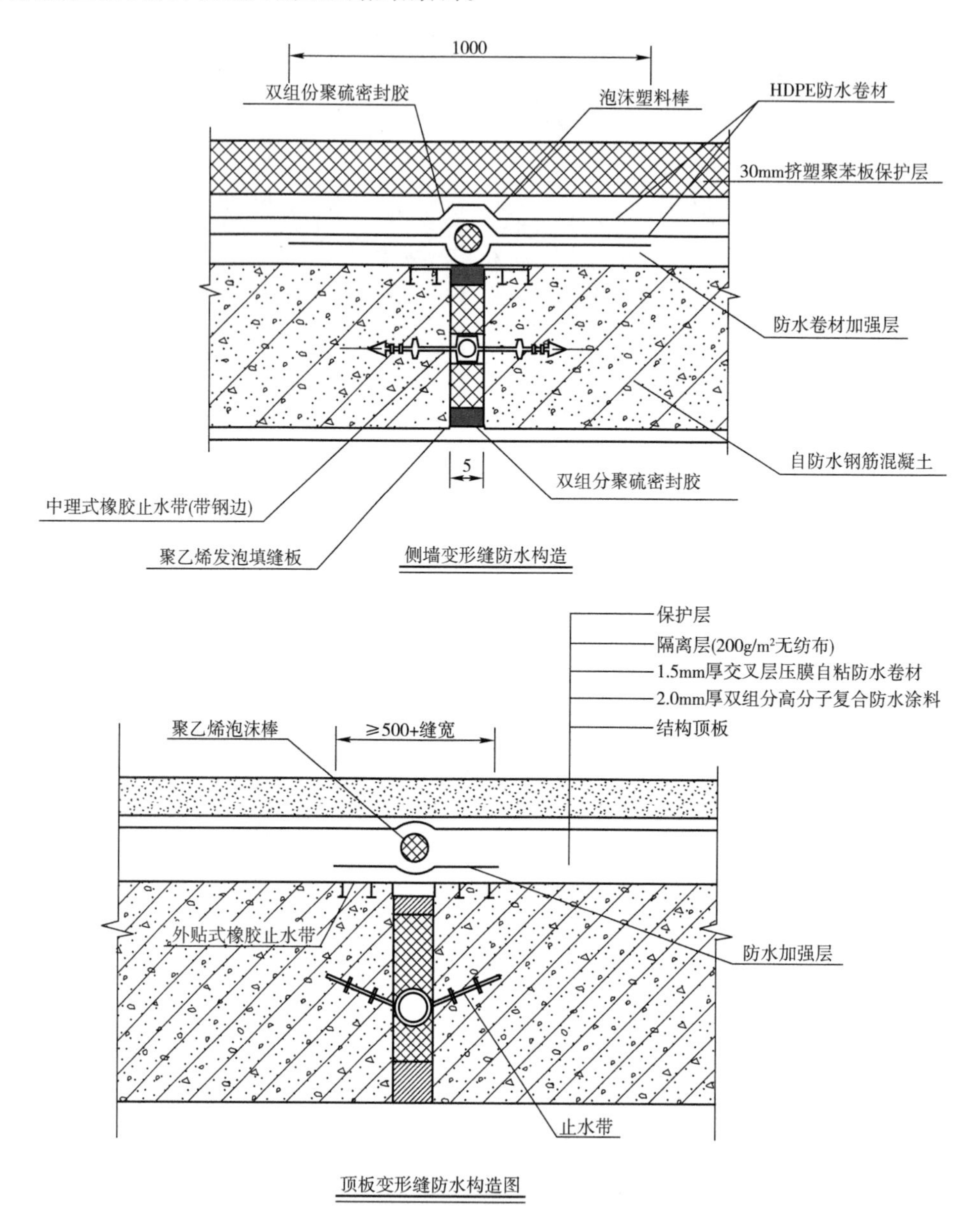

图6.5-21　侧墙及顶板施工缝防水处理示意图(尺寸单位:mm)

③带钢边橡胶止水带安装:同底板安装方法。

④浇筑侧墙及顶板混凝土。

⑤拆模:墙体具备拆模条件时,外贴止水带固定相连的模板不拆除。外侧模板可以拆除,进行钢筋、外贴式止水带表面、墙顶面浮浆清理。

⑥铺贴防水加强层及聚乙烯泡沫棒:加强层及泡沫棒应铺贴顺直,不得有褶皱、弯曲,并

且其中心线与变形缝中心线重合。

⑦铺贴外侧HDPE防水卷材及挤塑聚苯板保护层(底板为5cm后细石混凝土保护层)。

(5)变形缝密封胶施工。

①施工时间:混凝土结构施工完成并养护完成后。

②嵌入聚乙烯发泡填缝板:嵌填密封材料之前应对变形缝进行清理,并应涂刷基层处理剂,确保密封材料和缝两侧基面黏结紧密。

③填充双组分聚硫密封胶。

a.嵌缝前,应按照设计要求的嵌缝深度除掉变形缝内一定深度的衬垫板,并将缝内表面混凝土面用钢丝刷和高压空气清理干净,确保缝内混凝土表面干净、干燥、坚实,无油污、灰尘、起皮、砂等杂物。变形缝衬垫板表面无堆积杂物。

b.顶板迎水面嵌缝胶必须与侧墙外贴式止水带密贴粘贴牢固。

c.注胶应连续、饱满、均匀、密实。与接缝两侧混凝土面密实粘贴,任意部位均不得出现空鼓、气泡、与两侧基层脱离现象。

d.密封胶表面应平整,不得突出接缝混凝土表面。

e.嵌缝完毕后,密封胶未固化前,应做好保护工作。

(6)管廊内清水混凝土找平层施工。

①施工时间:管廊主体结构施工完成后。

②施工工艺:在管廊内侧安装模板,采用斗车运输人工浇筑找平。

6.5.4 管桩承台施工

(1)截桩。

基坑开挖至设计高程后,整平基坑底采用锯桩器将管桩切割至设计高程。针对检测需求的试验桩及部分因地质条件变化未及时调整配桩导致在管廊基坑内侧的管桩,在保证施工安全的前提下,每2m进行截断。

(2)级配碎石垫层施工。

截桩完成后,进行级配碎石垫层施工,先将基底平整压实,之后铺筑30cm级配碎石垫层至支护桩边。

(3)素混凝土垫层施工。

碎石垫层铺设完成后即可进行管廊垫层施工,垫层为20cm厚素混凝土,垫层应浇筑至支护桩边。管桩桩帽处,搭设模板,预留120cm×120cm×30cm桩帽空间,待管廊底板浇筑时同步浇筑。

(4)填芯及桩帽钢筋预留。

管桩锯桩完成后,检查管桩是否因桩尖脱落或其他原因导致能不存在泥土,若有则采用自制清理工具将内侧清理2m高空间后放置管桩内置2m钢筋笼(含5mm托板),需预留锚固钢筋待后续与管廊底板钢筋锚固,浇筑C30微膨胀混凝土,如图6.5-22所示。

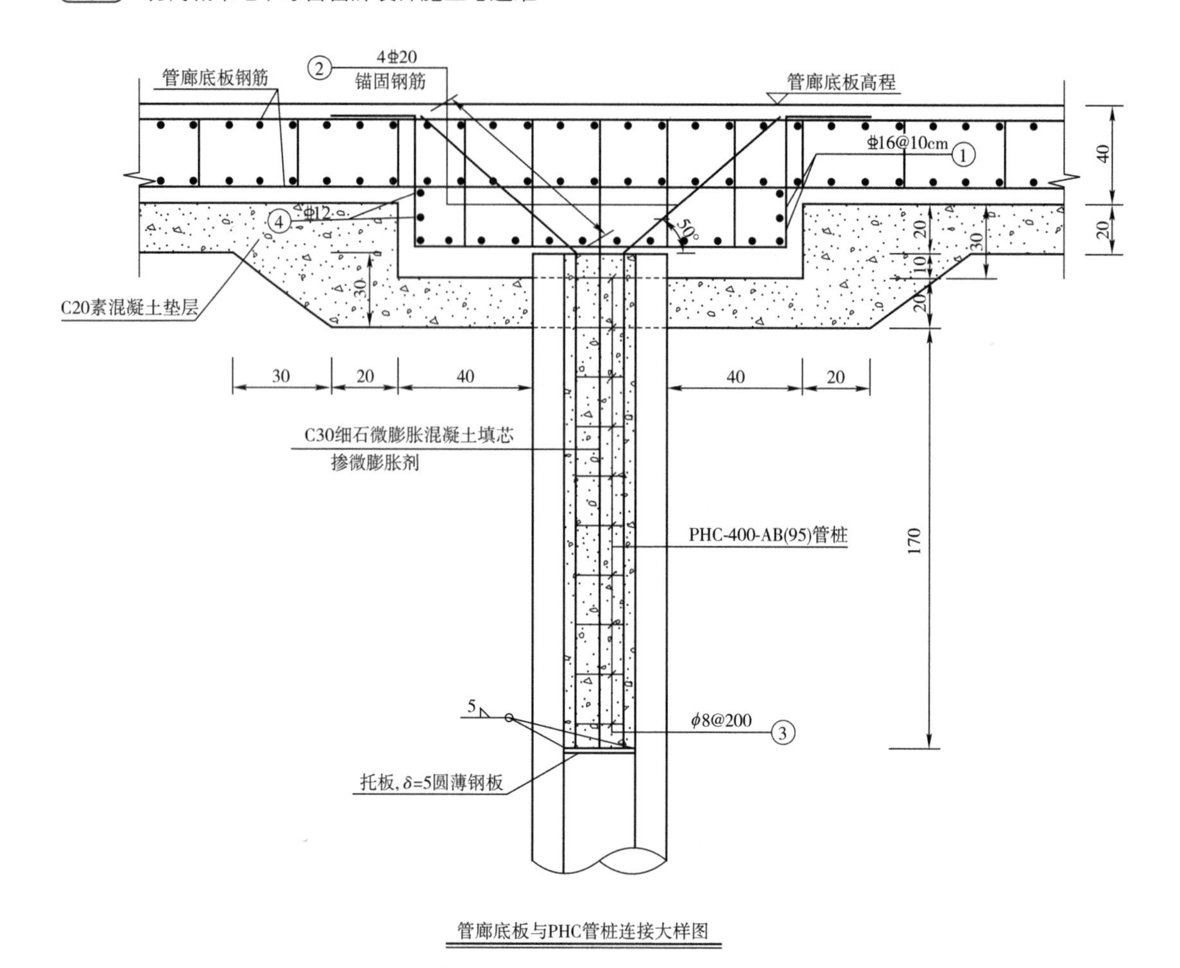

图6.5-22 管廊底板与PHC管桩连接大样图(尺寸单位:mm)

6.5.5 沟槽回填

综合管廊土建完成后,土方回填工作沿管廊顶及四周分层均匀回填,防止超填。管廊基坑两侧及管廊顶部1m范围内采用改良土进行对称回填;回填过程中须注意对已施工的结构防水层进行保护,避免防水层破损。

管廊两侧及管廊顶板1m范围内采用人工+小型蛙式夯实机进行夯实,压实系数应大于或等于0.95;管廊顶部1m至设计高程部分采用12t压路机进行压实回填。

综合管廊回填人工夯实每层厚度不大于200mm,机械夯实每层厚度不大于250mm,纵向断面考虑回填材料放坡斜率问题,完成结构长度应大于需回填部分10m。

6.5.6 附属结构安装

1)综合管廊附属结构物

本项目综合管廊共设置出线舱17个、排风亭/新风亭28个、逃生口12个、投料/逃生口11个,人员出入口6个,中水混凝土支墩1241个,具体简介如下:

（1）人员出入口：标准长度20m。

（2）投料口/逃生口：标准长度16m。

（3）排风亭：A型排风亭长4.4m，B型排风亭长8.45m；A型新风亭长8m，B型新风亭长8m。

（4）出线舱：标准长度16m。

（5）中水管道支墩：适用于DN500中水管，布置间距为2.5m。

（6）逃生口：标准长度6m。

2）综合管廊附属系统

综合管廊附属系统主要包括消防系统、疏散逃生系统、通风系统、供电系统、照明系统、防雷接地系统、火灾自动报警系统、视频监控及安防系统、有害气体及环境监测系统、井盖监控系统、有线语音电话系统、网络系统、门禁系统、地理信息系统、排水系统、标识系统、监控中心等。

3）管廊排水工程

本方案仅简述给水排水系统，其他相关系统具体施工工艺见综合管廊机电施工方案。

（1）管廊内设置必要的自动排水设施，以排除管廊内的积水。在综合管廊排水区间同防火区间一致，长度不宜大于200m，每个舱室内的底板设计排水明沟，其布置在综合管廊各舱室的单侧，舱室横向坡度为2%坡向排水沟；排水沟断面尺寸采用200mm×100mm，纵向坡度为0.2%坡向集水井；各集水井内设置2台潜水泵，一用一备。集水井结合排水管道排泥井设计。

（2）每个防火分区低点设置2台潜水泵，一用一备。单泵参数：流量Q = 60m^3/h，高度H = 13m，功率N = 5.5kW。

（3）集水井的排水通过出水压力管排向市政雨水管，承接集水井出水的检查井具备消能功能。

（4）中水管道采用支墩形式，间隔2.5m设置滑移支墩，并于管廊起终点设置固墩。

（5）海月路、启航路、宁静路给水管道采用吊架形式安装，间隔2.0m设置吊架；仁爱路给水管道采用托架形式，间距3m。成品采购，给水支架及吊架均须设置抗震支架。

①管道敷设。

a.管道吊装采用专用吊装索具，专人指挥，管道吊住入仓后，沿仓布设同样由专人指挥，将管道提升至管道支墩和钢制管道支架上，调直调平予固定。

b.球墨铸铁管道安装前，检查管道及管件承口及插口，清除油污、铸砂、毛刺及凹凸不平处，胶圈套入后，检查接口的环向间隙应均匀。

c.本工程所用碳钢管道，焊接焊条质量符合现行国家标准《碳钢焊条》（GB/T 5117）的规定；焊条应干燥。采购焊条使用前要经业主及监理工程师批准方可进场。

d.钢管安装前，管节应逐根检查，下管前应先检查管节的质量，将管口的毛刺和管内杂物清除干净，合格后方可下管。

e.出舱后暗埋敷设管道，应按规定进行排尺，将沟底清理到设计高程，并挖出工作坑，接口工作坑采用人工开挖，管节采用人工与机械配合下入沟槽。

f.根据高程确定管道中线并将管道临时稳固，防止安装好的管产生位移，位置尺寸校验合格后进行定位焊接。

g.焊接成型后焊缝高、缝宽要一致，焊缝纹路要均匀，不得出现漏焊、气泡、焊瘤、夹渣、咬边等缺陷；管段焊接应先修口、清根，管端端面的坡口角度，钝边、间隙、应符合设计文件的规定，不得在对口间隙内夹条或采用强力组对缩小间隙后施焊。

h.焊接完成后应立即去除焊缝渣皮、飞溅物，清理干净焊缝表面，然后进行焊缝外观检查。

②阀门安装。

a.按设计规定校对型号，阀门外观检查应无缺陷、开闭灵活。

b.清除阀口的封闭物(或挡片)和其他杂物。

c.阀门的开关手轮应放在便于操作的位置。水平安装的闸阀、截止阀、阀杆应处于上半周范围内。阀门应在关闭状态下进行安装。

d.阀门的操作机构应进行清洗检查和调整，达到灵活、可靠、无卡涩现象，开关程度指示标志应准确。

e.集群安装的阀门应按整齐、美观、便于操作的原则进行排列。

f.不得用阀门手轮作为吊装的承重点。

③法兰连接。

a.法兰密封面及密封垫片应进行外观检查，不得有影响密封性能的缺陷存在。

b.法兰端面应保持平行，偏差应不大于法兰外径的1.5%，且不大于2mm。不得采用加偏垫、多层垫或强力拧紧法兰一侧螺栓的方法，消除法兰接口端面的缝隙。

c.法兰连接应保持同轴，螺栓中心偏差不超过孔径的5%并保证螺栓能自由穿入，螺栓宜涂以二硫化钼油脂或石墨机油加以保护。

d.垫片的材质和涂料应符合设计规定，垫片尺寸应与法兰密封面相等，严禁采用先加好垫片并拧紧法兰螺栓，再焊接法兰焊口的方法进行法兰焊接。

e.法兰连接应使用同一规格的螺栓，安装方向应一致，紧固螺栓时应对称、均匀地进行、松紧适度。紧固后丝扣外露长度，应不超过2~3倍螺距，需要用垫圈调整时，每个螺栓只能用一个垫圈。

④水压试验。

a.管道施工完毕后，应进行管道分段水压试验，试验压力为工作压力的1.5倍，管道系统注满水后，进行水密性检查。

b.对系统加压，加压宜采用打压泵缓慢升压，升压时间不应小于10min。当试验压力升至规定的试验值后，停止加压，进行稳压10min后，检查接口部位，管道焊缝应无渗漏、管段应无扭曲、变形等现象。

c.试验中如有泄漏或稳压时压力下降超过规定值时，应检查原因，并及时排除，重新再试，直至合格为止。

6.5.7 重难点及施工措施

1)变形缝的防水控制

变形缝作为防水施工的重点和难点，从材料的运送、卸载、储存、安装到维护都应严格遵从生产厂家给出的方法。变形缝施工前应保持施工面的清洁，应按照设计要求选取各项物理指标均合格的止水带材料，保证其表面完整、无裂缝，内部充实、无气泡或浮渣；止水带接头采用高温热接，接缝位置均匀受热，两接头不重叠，接口处无裂口或脱胶现象。变形缝与止水带应使其中心线处于同一水平面上，止水带安装时不得损坏其材质，无孔洞。止水带施工过程中避免直接与强光接触，露天应用草袋等遮挡物遮盖，防止紫外线辐射造成橡胶老化[61]。

2)施工缝的防水控制

施工中因特殊原因影响造成混凝土不能一次浇筑完成，初凝时间过长时，为保证管廊主体结构的质量，在工作缝处增设止水钢板，以确保浇筑后无裂缝。

3)管线出入口的防水控制

管线出入孔是渗漏最严重的部位，应加强出线口预埋标准预制件的止水施工，采用防水混凝土；给水、中水等管线采用预埋防水套管，套管内带防水隔板，以防浇筑后雨水倒灌。套管内带止水环，止水法兰直径满足设计规范要求。

4)管廊主体工期控制

针对管廊主体施工工期，采取以下保障措施：

(1)管廊变节段、节点舱较多，采用木质模板施工，便于材料转运周转。

(2)施工时期属于雨季，做好基坑降排水工作，停雨后立即进行抽排水，减少因积水导致的工期延误。

(3)合理加大人员设备投入，在天气良好的大干时期进行“三班倒”加快管廊施工进度。

5)管廊主体混凝土防裂控制

(1)管廊墙身、顶板浇筑完成后，待混凝土强度达到设计强度的80%才能拆除模板。

(2)管廊主体采用养护液或洒水覆盖土工布养护。在混凝土抹平压光表面无水及拆模后，即在表面喷洒混凝土养护剂。

6)管廊回填压实度控制

(1)管廊主体施工完成后采用分层回填，分层实铺厚度不得大于20cm，压实度不得小于92%。

(2)管廊侧墙与支护桩空隙及顶板上方1m高度采用人工手持小型平板夯机进行夯实，覆土3m以内采用3.5t压路机进行夯实，覆土3m以上采用12t压路机进行夯实。

6.6 安全文明措施

6.6.1 施工安全保障措施

主要管理人员包括项目经理、技术负责人、安全员等人员，主要项目管理人员名单如表6.6-1所示。

主要项目管理人员名单 表6.6-1

序号	拟任职务	工作内容
1	项目经理	负责全面施工管理、安全、质量、进度
2	安全副经理	负责安全文明施工、应急救援组织
3	生产副经理	协助项目经理做好施工各项协调工作
4	商务经理	协助项目经理做好施工各项协调工作
5	总工程师	全面负责施工技术的管理工作
6	质检工程师	负责现场质量检验、控制
7	安全工程师	负责施工现场安全管理
8	测量工程师	现场测量、定位工作
9	资料员	现场施工资料记录、整理
10	机材负责人	负责机械调配、材料供应

(1)现场施工组织管理体系。

本项目组成机构由领导决策层、项目管理层、施工作业区组成，项目管理机构图见图6.6-1。

①领导决策层由项目经理、项目副经理、总工程师等成员组成，以项目经理为核心，对工程质量、工期、安全、文明施工、经营管理、科学技术的推广应用等全面负责。

②项目管理层由工程技术部、安监部、法经部及党群综合部等职能部门组成，负责项目实施过程中的工程计划管理、技术质量管理、物资设备管理、安全行政管理、环保及文明施工管理以及对外协调。

(2)项目经理管理职责。

①对项目部安全生产工作负全面管理责任，为项目部安全生产第一责任人。

②贯彻执行国家相关安全生产法律、法规及上级主管部门的安全生产方针、目标和安全生产规章制度。

③组织制定和完善本项目的安全生产规章制度及操作规程并指导组织实施。

④建立健全项目部安全生产工作全员安全生产责任制并督促考核落实。

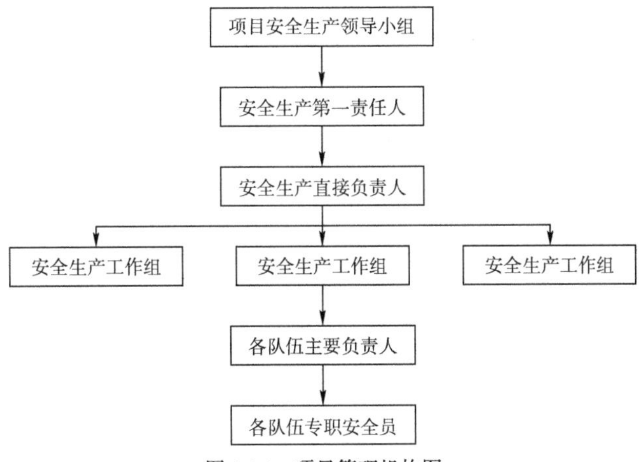

图6.6-1　项目管理机构图

⑤组织制定项目部的安全管理目标、安全生产管理策划方案、年度安全生产工作计划，建立项目部安全生产保证体系。

⑥督促、检查项目部的安全生产工作，组织每月一次的定期安全检查，及时排查治理事故隐患。

⑦组织制定项目部生产安全事故应急预案（含现场处置方案），每年至少组织和参与两次事故应急演练。

⑧组织制定并实施项目部安全生产教育和培训计划。

⑨组织和参与项目部的安全生产会议，分析项目部安全生产工作形势，提出工作要求。

⑩审批项目部安全生产经费的使用计划并保证投入。

⑪及时、如实报告项目部生产安全事故，并按照应急预案进行响应和处置，参与或配合事故调查。

⑫监督协调各部门对安全整改要求的落实，审批项目部安全生产奖励与惩罚有关事项或决定。

⑬协调项目部对供应商安全生产职责落实情况的监管，支持项目安全管理人员及施工管理人员行使安全监督、检查和督促权利。

⑭组织落实配备安全生产管理机构，协助调配齐全安全管理人员。

⑮法律、法规和政策规定的其他安全生产职责。

(3)项目副经理管理职责。

①对项目部安全生产工作进行综合监管、指导协调，为项目部安全生产直接责任人。

②落实执行国家相关法律法规及上级主管部门安全方针、目标，协助安全第一责任人实现项目部安全生产目标。

③指导制订项目部安全生产管理制度、操作规程及生产安全事故应急预案（含现场处置方案）并监督实施。

④指导制订项目部安全生产管理策划方案、年度安全生产工作计划、安全生产专项工作

方案。

⑤每月至少主持召开一次安全生产会议，及时研究解决安全生产存在问题，并向第一责任人报告安全生产工作情况；不定期组织召开安全生产专题会议，及时分析和总结项目部安全生产情况。

⑥每月至少组织一次综合安全生产检查（隐患排查），及时整治事故隐患，发现重大事故隐患及时向第一责任人报告。

⑦督促落实安全生产工作所需人、财、物等资源。

⑧每半年至少组织和参与一次生产安全事故应急演练。

⑨监督检查项目部安全生产责任制落实情况，组织开展项目部年度安全生产考核，提出奖惩意见。

⑩总结推行安全生产先进经验，向第一责任人提出项目安全生产工作存在的重大问题及解决办法。

⑪组织对本项目安全生产管理责任范围内的供应商进行年度考核评比。

⑫督促、指导安全生产管理部门和纳入本项目责任范围的供应商的安全生产管理工作。

⑬指导开展安全生产宣传、教育及培训。

⑭发生安全生产伤亡事故后，及时赶赴现场，积极组织抢救工作，协助事故调查及善后处理工作。

⑮组织承担项目部安全生产领导小组日常工作。

⑯组织项目部信息化系统安全管理模块的管理工作。

⑰法律、法规和政策规定的其他安全生产职责。

(4)项目技术负责人管理职责。

①对其分管领域内的安全工作负领导责任，是其分管领域的安全生产直接责任人。

②负责项目部安全生产的技术工作，及时解决施工中的安全技术问题。

③认真贯彻落实国家安全生产、文明施工和环境保护方针、政策，严格执行安全环保技术规程、规范、标准及上级安全环保技术文件。

④指导制订项目部安全生产技术管理制度并监督实施。

⑤组织编制项目实施性施工组织设计、特殊工程及风险性较大的分部分项工程的专项施工方案，确保施工方案中技术措施合理、安全措施得当，并监督方案的实施；对风险较大和专业性较强的工程项目应组织安全技术论证，组织对专控工序进行自检和监控。

⑥组织开展项目部的风险源辨识、评估工作，组织制定重大风险源的监控管理方案。

⑦组织实施施工安全技术交底工作。

⑧负责组织安全技术方面的教育、培训工作。

⑨主持或参与安全生产综合检查、专项检查，监督现场文明施工安全管理，对施工中存在的重大事故隐患和不安全因素，从技术上提出整改解决意见。

⑩组织编制项目部应用新技术、新工艺、新材料、新设备的安全技术措施。

⑪参与制定、实施项目部的生产安全事故应急预案并参与应急演练。

⑫参与事故的调查,从技术上分析事故发生的原因,提出防范措施和整改意见。

⑬督促检查其分管领域内安全生产责任制的有效运行。

⑭组织为保证安全生产、改善劳动条件、完成整改措施项目的科学技术专题研究,审批落实有关改善劳动条件、减轻劳动强度技术的项目和措施。

⑮法律、法规和政策规定的其他安全生产职责。

(5)质检部管理职责。

①贯彻执行国家、交通运输部、业主关于本项目工程质量方针、政策,参与质量计划的制订、修改,负责质量计划的宣传落实工作,参与创优计划的策划并负责落实。负责制定内部质量检查工作程序及细则。

②负责对工程用材料的型号、质量进行检验、验收,督促试验人员对进场材料取样试验。

③负责现场工程施工的质量自检工作,对施工工序的质量进行检查和控制,填报工程质量检查证,配合监理工程师做好质量检查及控制工作。

④负责传达和落实上级部门、业主、监理单位的质量文件。

⑤负责工程质量的检验和评比工作,负责不合格产品的处置方案及其纠正预防措施的制定和落实工作。

⑥填报质量月报、季报、年报,编写质量记录。

(6)工程部管理职责。

负责收发施工图纸、工程洽商和技术文件,手续齐全。参加图纸审核,负责将图纸问题及意见按专业汇总、整理,形成图纸会审记录。参加单位工程施工组织设计和专项施工方案的编制,经审批后及时向有关人员进行技术交底,并做好记录。参加设计交底,办理工程洽商,解决工程中的技术问题。负责对企业自主施工项目的加工订货和技术翻样工作。监督、检查施工管理资料、技术资料、物资资料、施工记录、施工试验记录,发现问题及时采取措施解决。对外分包工程的技术管理、资料管理监督检查。参加基础、主体结构工程验收和工程竣工预、验收;负责新技术推广应用及质量统计工作。

①收集安全技术管理法规、规范、制度等,参照拟订项目部安全技术管理制度并组织实施,包括但不限于施工组织设计、专项施工方案编审批制度、安全技术交底制度、安全风险源辨识、评估制度。

②编制项目实施性施工组织设计,确保技术措施合理、安全措施得当,以技术、措施保障安全生产。

③按相关技术管理规定及安全管理制度要求,做好分级安全技术交底工作。

④组织并监督施工人员按经批准的施工方案组织施工,落实施工方案中的安全技术措施。

⑤组织和参与项目部安全生产检查(隐患排查),落实职责范围内事故隐患的整改。

⑥对特殊工程及风险性较大的分部分项工程编制完整、可行的安全专项施工方案,必要

时组织召开专家论证会。

⑦组织落实职责范围内的专控工序安全验收工作。

⑧协助做好工程技术人员的安全生产教育培训工作。

⑨负责施工现场质量、安全管理(包括消防安全管理),参与纠正措施的制定。

⑩参与安全事故的现场技术分析及鉴定处理工作,协助做好防范措施的落实。

⑪参与项目部应急预案的编制并积极参与应急演练。

⑫负责本部门风险源的辨识与控制并及时更新。

⑬负责本部门安全台账的管理工作。

⑭法律、法规和政策规定的其他安全生产职责。

(7)安监部管理职责。

①宣传、贯彻相关安全生产方面的法律、法规、规范性文件,收集新公布实施的相关安全生产方面的法令并及时宣贯。

②依据国家有关法律、法规和公司的有关规定,组织制定项目部安全管理制度、操作规程并监督实施。

③依据公司年度安全管理目标、指标,结合项目实际情况,参与制定项目部安全管理目标、指标。

④编制并实施项目部安全生产工作计划,组织、参与并记录月度安全生产会议,提出改进安全生产管理的建议。

⑤参与项目部施工组织设计、专项施工方案中安全技术措施的制定工作。

⑥组织拟订项目部安全生产费用使用计划,负责项目部安全生产费用的使用管理工作。

⑦组织或参与拟订项目部安全生产教育培训计划,组织或参与实施项目部安全生产教育培训。

⑧组织并参与项目部定期、不定期安全、质量检查工作,对发现的隐患下发整改通知,督促相关部门制定整改措施并跟踪检查整改通知的执行情况,发现重大风险隐患有权令其停工整改;制止超能力、超强度组织生产。

⑨组织各部门拟订项目部重大事故隐患基础清单,结合安全生产检查,做好重大事故隐患管理工作。

⑩负责本部门风险源的辨识与控制;审查、汇总、整理、更新项目部风险源的辨识、风险评价及管理方案,督促落实重大风险源管理措施。

⑪制定并实施项目部生产安全事故应急救援预案(包括应急处置措施),组织或者参与项目部应急演练。

⑫监督指导并检查劳务供应商的安全管理工作,及时制止和纠正违章指挥、强令冒险作业、违反操作规程的行为。

⑬监督机材部对机械设备的管理,参与特种设备进场验收,检查特种设备“三证”和特种作业人员持证情况,组织对本项目各工程施工中的特种作业安全情况的监督检查。

⑭组织安全防护设施和设备的验收。

⑮参与供应商安全履约检查、评价，落实对项目部劳务供应商的安全生产年度考核、评比、总结工作。

⑯组织施工工序的自检、交接检和复检工作，以工序质量保安全。

⑰组织涉及结构安全的材料检测工作。

⑱负责试验检测仪器设备与试验室（如有）危化品的使用安全。

⑲落实对项目部信息化系统安全、质量管理模块的管理工作。

⑳发生事故时做好事故的逐级报告，参与项目部对事故的内部调查、分析及处理工作。

㉑监督各部门、安全生产管理人员履行安全生产职责，组织安全生产考核，提出奖惩意见。

㉒具体承担项目部安全生产领导小组日常工作。

㉓负责本部门安全台账的管理。

㉔法律、法规和政策规定的其他安全生产职责。

6.6.2 安全技术措施

1)安全管理措施

(1)安全管理制度及其内容见表6.6-2。

安全管理制度及其内容　　表6.6-2

序号	制度名称	制度内容
1	安全教育制度	所有进场施工人员必须经过岗前教育、安全培训，经公司、项目、岗位三级教育，考核合格后方可上岗
2	安全学习制度	项目经理部针对现场安全管理特点，分围护桩、土方施工两个阶段组织管理人员进行安全学习。各分包队伍在专职安全员的组织下坚持每周一进行一次安全学习，施工班组针对当天工作内容进行班前教育，通过安全学习提高全员的安全意识，树立“安全第一，预防为主，综合治理”的思想
3	安全技术交底制度	根据安全措施要求和现场实际情况，项目部必须分阶段对管理人员进行安全书面交底，各施工工长及专职安全员必须定期对各作业队伍进行安全书面交底
4	安全检查制度	项目部每月由项目经理组织一次安全专项检查；项目部每周三9:00由项目经理或生产经理组织工程、技术、安全等专职管理人员，对施工现场进行安全生产专项检查，并对重要生产设施和重点作业部位加大巡检周期密度；每日由各专业工长和专职安全员对所管辖区域的安全防护进行检查，督促各作业队伍对安全防护进行完善，消除安全隐患。对检查出的安全隐患落实责任人，定期进行整改，并组织复查
5	持证上岗制度	特殊工种持有上岗操作证，严禁无证上岗
6	安全隐患停工制度	专职安全员发现违章作业、违章指挥，有权进行制止；发现安全隐患，有权下令立即停工整改，同时上报公司，并及时采取措施消除安全隐患
7	安全生产奖罚制度	项目部设立安全奖励基金，根据半月一次的安全检查结果进行评比，对遵章守纪、安全工作好的班组进行表扬和奖励，违章作业、安全工作差的班组进行批评教育和处罚

(2)安全管理一般规定。

①现场施工用设备禁止使用破损或绝缘性能差的电线,严禁电线随地走。电气设备要有良好的保护接地接零,传动装置有防护罩。

②加强防火消防管理,切实加强火源管理,易燃、易爆物品指定专人管理。焊工作业时必须清理周围的易燃物品。消防工具、器材要齐全并安装在适当位置,指定专人负责清理定期检查。

③上岗人员必须戴安全帽,上高人员必须系安全带。浇灌时,活动漏斗上和起重机起重臂下严禁站人。

④安全用电,电气设备必须安装漏电保护器,输电线路须按规定连、架设。如不能架设,必须敷设安全可靠的电缆。

⑤所有施工设备在使用前一定要试运行,确认正常后再正式运行。凡不符合安全要求的机械、设备禁止使用。

⑥在自然光线不足的工作地点或者在夜间进行工作,都应该设置足够的照明设备。

(3)安全生产保证措施。

①"一线三排"措施。

坚守发展绝不能以牺牲人的生命为代价这条不可逾越的红线。

组织安全管理人员、工程技术人员和其他相关人员对本单位的隐患进行排查,并按隐患等级进行登记,建立隐患信息档案。

按照隐患整改治理的难度及其影响范围,分清轻重缓急,对隐患进行分级分类。

组织落实隐患整改,排除隐患。

②施工安全防护措施。

严格按操作规程施工,司机持证上岗。

所有的机械电缆应定期检查,防止漏电伤人。

必须设两级保护配电箱,配电箱应安门、上锁,有防潮、防雨设施,并指令专人负责。需使用隔离开关,保证一机一闸一漏。

工地电工必须持证上岗,其技术等级应与其承担的工作相适应。值班电工每天应对所有电气设备及线路检查一次;发现老化、破旧、缺损的器件应及时更换。尤其强调对漏电保护装置的检测,一旦发现失灵,及时维修或更换。非电工不许触动、装拆、修理电气设备。

③防止物体打击的防护措施。

本工程属于临边工程,所以防止坠落,物体坠落是本工程整个施工过程的防护重点,主要采取如下措施确保施工安全:

a.规范各个专业工种的操作行为;

b.基坑周边栏杆必须外挂密目安全网进行全封闭防护;

c.在各种材料加工厂搭设防护棚。

④电动机具、设备的安全防护措施。

施工现场应有施工机械安装、使用、检测、自检记录。

使用电动工具(手电钻、手电锯、圆盘锯)前检查安全装置是否完好,运转是否正常,有无漏电保护,严格按操作规程作业。

电焊机上应设防雨盖,下设防潮垫,一、二次电源接头处要有防护装置,结合施工应用性、安全性,选用带电压降低装置(VRD)的逆变直流弧焊机。

配电箱、开关箱应装设在干燥、通风及常温场所,不得装设在易受外来固体物撞击、强烈震动、液体浸溅及热源烘烤的场所。

吊索具必须使用经检验合格的产品。钢丝绳应根据用途保证足够的安全系数。凡表面磨损、腐蚀、断丝超过标准的,打死弯、断股、油芯外露的不得使用。吊钩除正确使用外,应有防止脱钩的装置。卡环在使用时,应使销轴和环底受力。

⑤临时用电系统的安全措施。

项目建立健全用电规章制度,明确用电责任。

临时用电必须建立对现场的线路、设施的定期检查制度,并将检查、检验记录存档备查。

临时配电线路必须按规范架设整齐,架空线必须采用绝缘导线,不得采用塑胶软线,不得成束架空敷设,也不得沿地面明敷设。

施工机具、车辆及人员,应与内、外电线路保持安全距离。达不到规范规定的最小距离时,必须采用可靠的防护措施。

配电系统必须实行分级配电。各类配电箱、开关箱的安装和内部设置必须符合有关规定,箱内电器必须可靠完好,其选型、定值要符合规定,开关电器应标明用途。

各类配电箱、开关箱外观应完整、牢固、防雨、防尘,箱体应外涂安全色标,统一编号,箱内无杂物。停止使用的配电箱就应切断电源,箱门上锁。

独立的配电系统必须按照标准采用三相四线制(TN-S)的接零保护系统,非独立系统可根据现场实际情况采取相应的接零或接地保护方式。各种电气设备和电力施工机械的金属外壳、金属支架和底座必须按规定采取可靠接零或接地保护。在采用接零和接地保护方式的同时,必须设两级漏电保护装置,实行分级保护,形成完整的保护系统。漏电保护装置的选择必须符合规定。

手持电动工具的使用,应符合国家标准的有关规定。工具的电源线、插头和插座应完好。电源线不得任意接长和调换,工具的外结缘应完好无损,维修和保管应由专人负责。

凡在一般场所采用220V照明灯必须按规定布线和装设灯具,并在电源一侧加装漏电保护器。特殊场所必须按国家标准规定使用安全电压照明器。使用行灯照明,其电源电压应不超过36V,灯体与手柄应坚固绝缘良好,电源线应使用橡套电缆线,不得使用塑胶线,行灯变压器应有防潮防雨水设施。

电焊机应单独设开关。电焊机外壳应做接零或接地保护。一次线长度应小于5m,二次线长度应小于30m,两侧接线应压接牢固,并安装可靠防护套。焊把线应双线到位,不得借用金属泵站、金属脚手架、轨道及结构钢筋做回路地线。焊把线无破损,绝缘良好。电焊机设置地点应防漏、防雨、防砸。

施工现场严格执行“一机一闸一漏”的规定，并采用“TN-S”供电系统，严格地将工作零线(N)和保护地线(PE)严格分开，并定期对总接地电阻进行测试，保证在4Ω以下；重复接地能够缩短故障维持时间，降低领先上的压降损耗，减轻相、零线反接的危险性，每一重复接地装置的接地体应使用2根以上的角钢、钢管或圆钢，不得用铝导体或螺纹钢。两接地体间的水平距离以5m为宜，接地体以2.5m长较好，接地极埋深以顶端距地大于或等于0.6m为宜，保证不大于10Ω。

整定各级漏电保护器的动作电流，使其合理配合，不越级跳闸，实现分级保护，每10d必须对所有的漏电保护器进行全数检查，保证动作可靠性。

施工现场采用36V的安全电压进行照明。

对所有的配电箱等供电设备进行防护，防止雨水打湿引起漏电和人员触电。

⑥消防安全管理措施。

施焊前必须开动火证，否则不准动火；动火时必须有防火措施，备有足够的灭火器具，清理作业面易燃物，必须有专人看火。

氧气、乙炔瓶存放要相距5m以上，乙炔瓶要竖立放置，上部用进行遮挡，防止日晒，使用前检查氧气、乙炔表是否完好、有效。

施工现场禁止使用未经国家技术监督部门认可的电气设备；严禁私接电源；如需改动电源，须经项目部批准，由持有证件的正式电工操作，并经安检人员检验合格后方可使用。

灭火器的类型应与配备场所可能发生的火灾类型相匹配，根据现场潜在火源及现行《建筑灭火器配置设计规范》(GB 50140)的规定，施工现场采用干粉灭火器，每隔30m布置一组。

⑦地下管线保护措施。

必须先对工程地质条件进行勘察，由相关单位出具相应的工程地质勘查报告，作为基坑设计和施工的依据。

施工前做好沉井施工范围内既有管线的摸排以及人工深挖工作，对存在干扰的管线迁出施工影响范围，对不能迁移的现状管线，经设计、监理及建设单位现场查看并同意后，合理调整工作井及接收井的布设位置。

加强施工过程中现状管线监测，发现问题及早采取应对措施。根据地勘单位管线调查成果，本工程初步管线保护措施严格按设计施工图要求实施。

基坑开挖范围内及影响范围内的各种管线、地面构筑物，施工前必须调查清楚。现况各种管线，建设单位必须提供有关资料，必要时向规划、管线管理单位查询，查阅有关专业技术资料，掌握管线的施工年限、使用状况、位置、埋深等，并请相关管理单位现场交底，必要时在管理单位的现场监护下进行坑探。

对于资料反映不详、与实际不符或在资料中未反映的管线，必须采取雷达探测、坑探的方法进行查明，确定管线的位置、埋深和结构形式，查明管线的使用状况。

基坑影响范围内的地面、地下构筑物必须查阅相关资料并现场调查，掌握结构的基础、结构形式等情况。

将调查的管线、地面地下构筑物的位置埋深等实际情况按照比例标注在施工平面图上，作为制定地下管线保护方案的依据。

⑧高大设备防倾覆措施。

开工前要根据设计文件，划定施工红线后，邀请拆迁单位、通信、电力公司等有关设备管理单位，共同到现场对施工范围内可能影响通信、电力等线路情况进行调查。查明之后跟相关部门协商进行改迁。

作业开始前，施工负责人应认真、全面地做好技术、安全交底，明确安全注意事项，按规定设置好防护，才能进行作业。施工过程中，要随时掌握好进度和质量，及时消除不安全因素，施工完毕，要认真进行检查，确认施工状态合格、机具材料无侵限才能收工。

检查起重机各部位装置是否正常，钢缆是否符合安全规定，制定器、液压装置和安全装置是否齐全、可靠、灵敏。

使用起重机作业时，现场要具备完好的作业环境，地基平稳坚固，防止倾下沉，与坑槽边口保持安全距离（根据起重机吨位大小及地基牢固考虑3~5m），吊运各种吊件时，严禁超载、超高、超宽，并加固拴牢，吊钩、吊绳要有5倍以上的保险系数并无破损。

起重机放置时应尽量离相邻公路较远侧放置。

起重机司机必须持证上岗，挂牌作业。

在吊装物品时，严禁臂杆跨越架空线进行操作，严禁斜拉物品进行操作。

汽车起重机不可直接利用轮胎为支撑点吊物，不能吊物行驶。

起重机在进行满负荷起重时，禁止同时用两种或两种以上的操作动作。起重机大臂的左右旋转角度均不能超过45°，严禁快速升降。严禁吊拔埋入地面的物件，严禁强行吊拉吸贴于地面的面积较大的物体。

回转作业时，要注意机上是否有人或后边有无障碍物危险。不要急停转，以防吊物剧烈摆动发生危险。起重臂外伸时，吊钩应尽量低。主副臂杆角不得小于说明书规定的最小角度，防止整机倾覆。

遇有雷雨、大雾和六级及以上大风等恶劣天气时，应停止一切作业。当风力超过七级或有风暴警报时，应将起重机顺风向停置。

其他高大机械放置要离邻近公路较远的一侧放置。

遇有雷雨、大雾和六级及以上大风等恶劣天气时，应停止一切作业。当风力超过七级或有风暴警报时，应将机械顺风向停置。

在使用机械前，要对机械进行检查，禁止使用带病机械作业。

大型机械的安装场地应平整、夯实、无障碍物。能承载大型机械的工作压力。

大型机械必须按规定设置揽风绳、斜撑杆等防倾覆措施。

⑨疫情防控管理措施见表6.6-3。

疫情防控管理措施 表6.6-3

序号	项目	具体措施
1	出入口管理	(1)材料、设备等物资运输车辆及驾乘人员只允许进入施工作业区的指定区域,并采取必要的防护、消杀措施。 (2)进出口采用工地卫士小程序健康上报管理或由专人登记
2	施工现场管理	施工现场不能封闭的散、点等工程采用临时围挡封闭。确实无法封闭的,要专人值守,禁止施工人员与非施工人员接触
3	防疫消杀	遵守办公、生活、施工、观察区等场所消杀的频次、方法、通风方式。按照相关防疫要求,做好生活垃圾、废弃放弃物资等分类处理
4	防疫物资管理	(1)编制防疫物资采购计划。 (2)将防疫物资存储在项目仓库,由卫生员专人管理,入库登记发放管理,负责检查上报
5	监控巡查	实名制管理(登记排查),按照“一人一档”要求建立人员健康台账,内容包括人员信息、体温数据、是否咳嗽、呼吸状况及接触史等信息。纠察每日检查,巡查每周检查,结果通报,建立日常疫情报告制度和流程
6	宣传教育	资料收集管理;张贴宣传画,制定防疫教材;“学习强安”平台措施

2)文明施工与环境保护措施

(1)环境因素及管理方案。

针对本工程特点,开工伊始,首先识别施工生产中将要出现的各种环境因素(主要是水、气、声、渣)及其会造成的影响。针对其对环境的影响程度,确定环境保护目标、指标,编制环境管理方案,详见表6.6-4。项目经理部成立环境保护领导小组,项目经理为第一责任人,在运行控制中加强培训教育,增强全体施工人员的环保意识,提高能力,公司相关职能部门定期检查、监督和指导,保证环境管理方案的贯彻落实并持续改进。

项目重大环境因素及管理方案一览表 表6.6-4

环境因素	环境影响	环境保护目标、指标	环境保护管理方案
噪声	影响人身健康、社区居民休息	施工现场场界噪声:结构施工,昼间小于70dB,夜间小于50dB	施工阶段,尽量选用低噪声施工机械;现场搬运材料、脚手架的拆除等,针对材质采取措施,轻拿轻放;购置噪声监测仪,专人定期监测,发现超标立即整改
粉尘	污染大气、影响居民身体健康	现场目视无扬尘;现场主要运输道路硬化率达到100%,其余道路采用碎砖渣填实	现场运输道路进行硬化,场区内进行绿化,覆盖易扬尘地面;成立文明施工保洁队,配备洒水设备,做好压尘、降尘工作。 建筑垃圾分类存放,及时清运,清运时适量洒水,降低扬尘;现场供暖采用清洁燃料
废弃物和建筑垃圾	污染土体、水体、大气	分类管理,合理处置各类废弃物,有毒有害物回收率100%	施工前,向城市环卫部门申报建筑垃圾处理计划,填报建筑垃圾种类、数量、运输路线及处置场地;建筑垃圾和生活垃圾分类存放,及时清理;有毒有害废弃物及时回收,回收率达100%;工程完工5d内,将工地剩余垃圾处理干净

续上表

环境因素	环境影响	环境保护目标、指标	环境保护管理方案
运输遗洒	污染路面，影响居民生活	运输无遗洒现象	施工点位出入口设洒水车，车辆离开现场前应清洗轮胎、底盘的泥尘；车辆不超载，并覆盖严密，严防遗洒，一旦发现遗洒，及时组织人力清扫；水泥搬运要注意；混凝土搅拌运输车出场前清洗下料斗
机具、机械设备漏油	污染水质或路面	无机具和机械设备漏油现象	严格按照机械设备管理制度，定期对机具、机械设备进行维护保养，保证机具和机械设备在正常状态下使用

注：其他遵守《中华人民共和国环境保护法》和中山市有关法规和规定，减少环境污染，营造绿色建筑。

(2)文明施工保证措施。

严格落实施工现场安全文明“六个100%”，具体内容如下：

①施工工地周边100%围蔽。

施工现场实行封闭式管理，施工围挡坚固、严密，表面平整、清洁。

围挡材质使用专用金属定型材料、砌块砌筑、装配式围挡等。

围蔽沿线路口处，按交警部门要求应在端头30m范围内设置通透式挡板。

②施工现场地面和道路100%硬化。

对施工现场出入口、操作场地、生活区、场内道路进行硬化处理。

材料存放区、大模板存放区等场地需平整夯实，面层材料可用混凝土。

场地硬化的强度、厚度、宽度应满足安全通行卫生保洁的需要。

现场排水畅通，保证施工现场无积水。

③土方开挖100%湿化处理。

土方开挖、土方回填、平整场地、外架拆除、清运建筑垃圾和渣土等作时，应当边施工边适当洒水，喷雾抑尘，防止产生扬尘污染。

在基坑周边，设置雾炮，确保基坑施工湿法作业。

开挖完毕的裸露地面应及时固化或覆盖等。

④物料堆放及裸露地面100%覆盖。

工地内堆放水泥、灰土、砂石、砂浆等易产生扬尘味尘的细颗粒建筑材料密闭存放或进行覆盖，使用、运输过程中采取有效措施防止扬尘。

裸土采用标准密布网100%苫盖，或采取绿化、固化措施。

存土高度不得超过2m，形状整齐大方，采用基层和表层苫盖密布网、中间覆盖塑料布的“2+1”方式进行100%覆盖。

土方施工作业面(钻孔、打桩、土方开挖、土方回填等)应采取适度洒水等降尘措施。

正在使用或正在装卸的建筑材料或建筑垃圾应酌情采取防尘措施。

⑤出入车辆100%冲洗。

在施工现场车行出入口安装高效洗车设备及配套排水、泥浆二次沉淀设施，设置水压和冲洗时间。

所有车辆出工地之前都必须通过高效洗车设施清洗干净，车辆冲洗处应有专人负责检查监督，建立车辆冲洗台账，对车辆冲洗进行记录。

混凝土输送泵车、混凝土搅拌运输车、渣土运输车等车辆清洗后的废水排入沉淀池。

车辆在行驶出责任区进入场内公共道路前，需要设置冲洗车辆的设施和沉淀池，对车辆槽帮、车轮等易携带泥沙部位进行清洗，不得带土上公共道路。

⑥渣土运输车100%密闭运输。

在建筑垃圾、土方清运和土方回填阶段，应当在施工现场门口设立检查点，按照“进门查证、出门查车”的原则，安排专人对进出施工现场的运输车辆逐一检查，做好登记。加强夜间检查，确保进出施工现场的运输车辆符合标准要求。

严格执行“三不进、两不出、三禁止”规定。

加强对车辆机械密闭装置的维护，确保设备正常使用，运输途中的物料不得沿途泄漏、撒落或者飞扬。

一旦有弃土、建材散落及时清扫。

(3)防止施工扰民措施。

①进场前主动与住房和城乡建设委员会、市容、市政、环卫等政府部门取得联系、备案，办齐各项手续，施工过程中随时保持联系，加强沟通。

②现场设居民接待室，公布现场联系电话，专人负责接待居民来访，及时解决居民反映的问题，以避免民扰带来的一系列麻烦，确保工程顺利进行。

③加强对全体施工人员的环保教育，提高环保意识，把环境保护、文明施工、最大限度减少对周边环境的影响、保护市容、场容整洁变成每个施工人员的自觉行为。

④规范每位员工的举止行为和言谈，不说粗话脏话，避免和周边居民以及其他人员发生纠葛；对于因自己单位人员造成的纠纷，自己单位将严格处理。

⑤本工程施工有其特殊性，因为施工现场和周边建筑物距离很近，针对施工过程中可能引起扰民的重要环境因素，要采取措施来控制。另外还要做到以下几个方面：

a.对于废弃物的处置，要设置临时存放场地并及时清运出现场，尤其是生活垃圾，现场周边多设封闭式垃圾桶并且每天定时清运，避免散发难闻气味。

b.废水的排放要经过沉淀池的沉淀达标后排入市政污水管网，绝对禁止乱排乱放。

(4)施工噪声控制措施。

本工程沿线多为居民区，因此在施工过程中必须采取有效措施，维护周边环境，营造安全、宁静的氛围，以保障周围群众工作、生活、休息环境。

①人为噪声的控制。

施工现场提倡文明施工，建立健全控制人为噪声的管理制度。尽量避免喧哗，增强全体施工人员防噪声扰民的意识。

②机械设备噪声的控制。

在进行土方施工作业的各种挖掘、运输设备，应保持机械完好，在施工前应按照机械设备管理制度进行保养。在施工中发现故障及时排除，不得带病作业。

现场租用的汽车起重机、混凝土输送泵等大型设备进场前应进行检查验收，才可投入使用。在使用过程中操作人员对可能产生噪声的部位进行清理、润滑、保养，控制噪声的产生。

设备在使用前要检查鉴定，使用过程中要督促开展正常的维修保养，必要时应对设备采取专项噪声控制措施，如设置隔音防护棚、转动装置防护罩、尽量采用环保型机械设备。

对有可能产生尖锐噪声的小型电动工具，如冲击钻、手持电锯等，应严格控制使用时间，在夜间休息时应减少或停止使用。

③施工作业噪声控制。

严格控制施工作业中的噪声，对模板安拆、钢筋制作绑扎、混凝土浇捣，按降低和控制噪声发生的程度，应尽可能将以上工作安排在昼间进行。

在混凝土振捣中，按照施工作业程序施工，控制振捣器撞击模板钢筋发出的尖锐噪声，在必要时，应采用环保振捣器。

④在运输作业中的噪声控制。

在现场材料及设备运输作业中，应控制运输工具发出的噪声的材料、设备搬运、堆放作业中的噪声；对于进入场地内的运输工具，要求发出的声响符合噪声排放要求。

在材料如钢管、钢筋、金属构配件等材料的卸除，采用机械吊运或人工搬运方式。

在易发生声响的材料堆放作业时，应采取轻取轻放，不得从高处抛丢。

⑤加强施工现场的噪声监控。

加强施工现场环境噪声的长期监测，采取专人管理的原则，根据测量结果填写建筑施工场地噪声测量记录表，凡超过《施工场界噪声限值》标准的，要求及时对施工现场噪声超标的有关因素进行调整，达到施工噪声不扰民的目的。

6.6.3　特殊季节施工措施

1）特殊天气下的施工措施

（1）雨季、汛期施工措施。

①汛期施工前，对所有施工人员进行一次汛期施工安全培训，明确在汛期施工期间的注意事项及工作要点，提高全体人员防大汛、抗大汛的意识。

②雨季施工时，认真落实防洪责任制，成立防洪抢险组织，严格执行防洪值班制度，对重点防洪区段和防洪部位设专人进行负责，昼夜监护。执行雨前、雨中、雨后检查巡视制度，发现问题及时进行处理，同时设置防护，并报告有关部门。

③雨季施工前，要对已完和未完工程项目做好防护，在现场准备足够的防洪物资，同时合理规划现场的排水流向，对易受雨水冲刷的部位设置挡水坝或用塑料布进行覆盖，严格保证缺口填土密实度。

④对有防护的工程的开挖及填方地段要一并做完，对于确实不能完工的要采取可靠的临时加固措施，并尽快完工。

⑤加强防汛值班，下雨期间必须派出巡视人员对施工现场进行巡回检查，发现问题立即处理。

⑥落实防洪物资，防洪物资必须落实到位，专人进行管理，不得擅自挪用。

⑦遇有雷雨或暴风雨天气不得进行室外施工作业。雨天施工时，严禁在室外使用发电机、电钻等设备。

⑧坚持汛期24小时值班制度。项目部负责对全线范围内的施工工点进行防汛检查，各应急抢险小分队负责各自分工范围内的防汛检查。所有值班人员均不得脱岗，并做好交接记录。

⑨坚持雨前、雨中、雨后三检制。接到汛情预报后，领导组组织各小分队对所有施工工点进行检查，做好加固、遮盖、疏通措施，防止造成路基坍塌、基坑浸泡等现象；雨情命令下达后，领导组及各小分队人员要分赴各施工工点重点24小时进行看守，并做好相关应急处理措施；雨后要对所有施工处所进行全面检查，对路基下沉、边坡冲毁部位及时进行修复。

⑩各工点施工完毕前、如需要破坏既有排水系统时，必须先新建临时防排水设施，保证在施工期间排水畅通，并对施工现场的排水沟及涵洞进行清理疏通，做到沟涵相通、沟不积水、涵不堵塞。施工完毕后，要及时恢复既有排水系统，新建结构物与既有排水系统沟通，施工现场建筑垃圾及时进行清理。

⑪工地各建筑设备做好防雷接地措施，临时用电箱盒加箱、加锁保护，电线电缆外露接头加强包裹，教育现场人员在雷雨天气条件下，不得在高大建筑物及大树下避雨，防止事故发生。

⑫加强施工便道、便桥的养护工作，保证雨季施工期间顺利通行。

(2)高温季节施工措施。

①高温季节施工，每日开始施工前的安全教育活动要涉及预防中暑的措施和中暑后的急救措施，强化施工人员的意识。

②调整作息时间，避开正午温度最高时间段作业，确保作业人员在良好的气温环境下开展施工作业。

③安全员每日认真听天气预报，在室外温度高于37℃的时间段，停止烈日下的现场施工作业，组织进行其他项工作，避免发生高温中暑情况。

④项目部给各个施工班组配备足够的防暑降温用品，并督促施工人员适时使用。

⑤对项目部人员进行高温中暑的预防和急救培训，成立急救小组，以便在发生中暑事件时，及时实施救治，保证施工人员职业健康安全。

(3)台风季节施工措施。

本工程所处的中山市处于台风影响范围内。为降低台风对工程施工的影响，拟采取如下措施：

①台风期间密切关注天气情况和台风走向，超过6级大风天气禁止进行高处作业，如若

台风对施工现场影响较大，则及时停止施工作业，并做好各项防台风工作措施。

②施工用电的电缆线尽量埋入地下，对架空的露天电缆电线除严格按照现行《施工现场临时用电安全技术规范》（JGJ 46）的要求布置并保证支架强度外，还应采取可靠的固定措施，确保不被台风刮断而导致断电或发生事故。

③基坑周围离基坑边缘5m范围内不得堆放杂物，已放置的材料、设备等要及时做好加固措施。

④砂石料、水泥堆放场所要用可靠的围蔽遮盖措施，并做好加固措施。

⑤加强对临时房屋和临时设施的巡回检查，发现安全隐患及时处理。

⑥做好台风应急和救援准备工作，一旦发生事故，立即根据影响程度采取相应的救援工作。

2）基坑监测监控措施

（1）监测目的。

为确保施工期间基坑围护结构、附近道路、地下管线和其他建(构)筑物设施的安全及正常使用，施工期间必须加强监控量测，做到信息化施工。同时，通过施工监控量测掌握地层、支护结构、场区周围建（构）筑物的动态，并及时分析、预测和反馈信息，以指导施工，确保工期和施工安全。

（2）基坑安全等级和监控项目。

根据《建筑基坑支护技术规程》（JGJ 120—2018），基坑支护设计时，应综合考虑基坑周边环境和地质条件的复杂程度、基坑深度等因素。对同一基坑的不同部位，可采用不同的安全等级，见表6.6-5。

支护结构的安全等级划分　　表6.6-5

安全等级	破坏后果
一级	支护结构失效、基坑深度 H>12m、土体过大变形对基坑周边环境或主体结构施工安全的影响很严重
二级	支护结构失效、基坑深度 6m<H≤12m、土体过大变形对基坑周边环境或主体结构施工安全的影响严重
三级	支护结构失效、基坑 H≤6m、土体过大变形对基坑周边环境或主体结构施工安全的影响不严重

按照表6.6-5破坏后果进行划分，确定本工程基坑支护结构安全等级。

（3）基坑工程监控项目。

①基坑工程监控项目按表6.6-6选择。

基坑监测项目选择　　表6.6-6

监测项目	支护结构的安全等级		
	一级	二级	三级
支护结构顶部水平位移	应测	应测	应测
基坑周围建（构）筑物、地下管线、道路沉降	应测	应测	应测
坑边地面沉降	应测	应测	宜测

续上表

监测项目	支护结构的安全等级		
	一级	二级	三级
支护结构深部水平位移	应测	应测	选测
坑底隆起（软土地区）	宜测	可测	可测
坑底隆起（其他地区）	可测	可测	可测
支撑立柱沉降	应测	宜测	选测
地下水位	应测	应测	选测
土压力	宜测	选测	选测
孔隙水压力	宜测	选测	选测

②其他日常巡查监控项目。

从基坑开挖开始到基坑回填期间，对施工全过程进行日常巡查，巡查的主要项目及内容如表6.6-7所示。

基坑巡查监控项目 表6.6-7

序号	巡查项目	巡查监控内容
1	施工工况	开挖后暴露的土质情况与岩土勘察报告有无差异
2		基坑开挖深度是否与方案要求一致
3		场地地表水、地下水排放状况是否正常
4		基底有无变形现象
5		基坑周边地面有无超载现象
6	支护结构	边坡支护防护结构成形质量
7		边坡土体有无裂缝、沉陷及滑移现象
8		周边建筑有无新增裂缝出现，沉降变形观测
9		周边道路（地面）有无裂缝、沉陷，路面变形的监控量测
10	监测设施	基准点、监测点完好状况
11		监测元件的完好及保护情况
12		有无影响观测工作的障碍物

(4)监测点布置。

①桩(坡)顶水平位移、竖向位移监测。

支护桩顶的水平和竖向位移监测点设置在支护桩顶上，测点水平间距不大于20m，矩形基坑周边在中部，角部处布置监测点。

②周边建(构)筑物位移监测。

对基坑边缘以外20m范围内的建(构)筑物进行位移监测，基准点应选设在变形影响范围以外并便于长期保存的、稳定的位置，基准点数不少于3个。基坑周边建筑物位移监测点设置在建筑物的结构墙、柱上，并分别沿平行、垂直于坑边的方向上布设。在建筑物邻基坑一侧，平行于坑边方向上的测点间距不大于15m。垂直于坑边方向上的测点，设置在柱、隔墙与结构缝部位。垂直于坑边方向上的布点范围应能反映建筑物基础的沉降差。必要时，可在建筑物内部布设测点。

③周边建筑物裂缝监测。

监测点应选择有代表性的裂缝进行布置，每条裂缝的监测点至少设2个，且设置在裂缝的最宽处及裂缝末端。

④周边地表沉降监测。

地表沉降监测点设置在基坑中部或者有代表性的部位。监测剖面与坑边垂直，每个监测剖面上设5个监测点，每个开挖段土坡的坡顶上设2个位移监测点。

⑤周边地下管线变形监测。

根据管线年份、类型、材料、尺寸及现状等情况，确定监测点设置。监测点布置在管线的节点、转角点和变形曲率较大的部位，监测点平面间距为15~25m，并延伸至基坑边缘以外1~3倍基坑开挖深度范围内的管线。

⑥地下水位监测。

基坑外地下水位监测点宜布置在施工基坑角点，每间隔50m布置一个，并宜布置在基坑坡顶外侧约2m处。

基坑内地下水位监测点宜布置在相邻降水井近中间部位，其中潜水水位观测管埋置深度不宜小于基坑开挖深度以下3m。

⑦巡视监测。

监测内容有地表、邻近建(构)筑物、支护结构等有无裂缝及其出现的位置、发生时间，地面发生鼓胀、沉降的位置、形态、面积、幅度及发生时间，坑底有无积水等。

(5)监测频率。

①在基坑开挖前须读得初读数。

②在基坑降水及开挖期间，须做到一日一测，在基坑施工期间的观测间隔，可视测得的位移及内力变化情况放长或减短。

③各监测点监测数据出现突变异常或遇大雨时，应提高监测频率。

④做好监测记录，测得数据及时上报甲方、设计及相关单位和部门。

(6)监测报警。

①监测报警值由监测项目的累计变化量和变化速率共同控制，监测报警值详见表6.6-8。

支护结构监测控制指标表 表6.6-8

监测项目	控制值（mm）	变化速率（mm/d）
桩（坡）顶部水平位移	50	5（8）
桩（坡）顶部竖向位移	30	3（5）
坑边地面沉降位移	50	5（8）

注：控制值的70%作为预警值、80%作为报警值。当监测项目的变化速率达到上述规定值或连续3d超过该值的70%时，应报警。

②基坑周边环境监测报警值按表6.6-9采用。

基坑周边环境监测报警值 表6.6-9

监测项目			累计值(mm)	变化速率(mm/d)
地下水位变化			1000	500
管线位移	刚性管道	压力	10~30	1~3
		非压力	10~40	3~5
	柔性管道		10~40	3~5
邻近建筑物位移			10~60	1~3
裂缝宽度		建筑	1.5~3	持续发展
		地表	10~15	持续发展

注:建筑整体倾斜度累计值达到2/1000或倾斜速度连续3d大于0.0001H/d(H为建筑承重结构高度)时应报警。

(7)报警后处理。

如监测过程中发现报警的,应立即检查使用的一期是否完好和数据处理是否有误,以确保没有误报;如果检查无误,报警属实,则需立即停工,迅速报知施工方、监理单位,并会同施工、监理、测量中心、业主研究应对措施及方案。

待应对措施方案出来后报总工批准,对报警地段基坑支护结构和周边的保护对象采取应急措施进行加固处理,以防止发生事故。若情况严重或出现异常情况,应立即停止施工。

加固处理完成后,对该段地区重新监测,并且监测频率加强。如重新加过后一段时间内再无报警或异常情况,则可解除报警。报总工批准后重新施工。

6.6.4 安全生产措施

1)危险源辨识

危险源辨识有关内容详见表6.6-10。

危险源辨识表 表6.6-10

事故类型	事故发生的区域、地点或装置的名称	事故发生的可能时间、事故的危害严重程度及其影响范围	事故前可能出现的征兆	事故可能引发的次生、衍生事故
物体打击	施工现场	时间:作业时间;危害程度:一般死亡事故;影响范围:作业人员、管理人员	存在交叉作业时;现场人员不按规定佩戴安全防护用品;现场安全网破损或未设置;作业人员、管理人员存在“三违”现象	救助过程中处理不当可能导致受伤害人员二次伤害

续上表

事故类型	事故发生的区域、地点或装置的名称	事故发生的可能时间、事故的危害严重程度及其影响范围	事故前可能出现的征兆	事故可能引发的次生、衍生事故
机械伤害	钢筋吊装、混凝土浇筑作业、设备维修现场	时间:作业时间;危害程度:一般死亡事故;影响范围:作业人员、管理人员	作业人员、管理人员存在“三违”现象	救助过程中处理不当可能导致受伤害人员二次伤害
起重伤害	施工起重作业活动、各类起重设备	时间:作业时间;危害程度:一般死亡事故;影响范围:作业人员、管理人员	支撑基础突然塌陷;起重装置发出异常响声;作业人员、管理人员存在“三违”现象	救助过程中处理不当可能导致受伤害人员二次伤害
触电	各项设备操作、照明、电焊等活动	时间:作业时间;危害程度:一般死亡事故;影响范围:作业人员、管理人员	用电设备、线路、电箱突然发生放电起火现象;雷电、暴雨等;作业人员、管理人员存在“三违”现象	救援过程中可能导致再次触电,危及救援人员
车辆伤害	作业现场	时间:作业时间;危害程度:一般死亡事故;影响范围:作业人员、管理人员、进入现场的其他人员	作业人员、管理人员存在“三违”现象	救助过程中处理不当可能导致受伤害人员二次伤害
有限空间	作业现场	时间:作业时间;危害程度:一般死亡事故;影响范围:作业人员、管理人员、进入现场的其他人员	出现异味气体;人员感觉头昏,供氧不足	救助过程中处理不当,可能导致前往救援人员出现缺氧、中毒
高处坠落	作业现场	时间:作业时间;危害程度:一般死亡事故;影响范围:作业人员、管理人员、进入现场的其他人员	临边作业未佩戴安全带、临边防护设施不健全或破损	救助过程中处理不当可能导致受伤害人员二次伤害
高温中暑	作业现场	时间:作业时间;危害程度:一般死亡事故;影响范围:作业人员、管理人员、进入现场的其他人员	通风设置配备不足或破损、工作时间段不合理	救助过程中处理不当可能导致受伤害人员二次伤害

2)主要危险源的管控措施

项目经理部对施工过程中可能影响安全生产的因素进行控制,确保施工生产按照安全生产的规章制度、操作规程和顺序要求进行。

(1)开工前做好以下准备。

①落实施工机械设备、安全设施、设备及防护用品进场计划。

②落实现场施工人员。

③办理职工意外伤害保险。

(2)持证上岗。

施工现场内的管理人员、特种作业人员必须持证上岗。对电工、焊工、天泵工还应进行培训、考核、持相关证件上岗。由项目部生产副经理、机材部门和安全生产部门确认。

大型起重机等专用设备操作应按照安全作业规程严格进行，上岗前必须经过专门培训，考试合格后方可上岗。

(3)对安全设施、设备、防护用品的检查验收。

施工安全防护工作十分重要。对安全防护必须做到防护明确、技术合理、经济适用、安全可靠。实施要点如下：

①按照安全防护的技术措施方案执行。

②防护职责落实到人，具体由现场施工技术管理人员、专职安全员、各施工作业队队长负责。

③管廊支架模板应按照施工方案搭设，并经过验收合格后方可使用。

④定期对施工平台、扶手立网进行检查，做好防滑及破损修补工作。

(4)加强施工现场安全管理。

①施工现场的布置须符合防火、防爆、防高温、防雷电、防风、防雾等安全规定和文明施工的要求，施工现场的生产生活办公用房、仓库、材料堆放场地、停车场、生产车间等应按照批准的总平面布置图进行布置，并符合安全规程。

②危险地点悬挂按照现行《安全色》(GB 2893)和《安全标志》(GB 2894)制定的安全要求，施工现场设置大幅安全宣传标语。

(5)起重作业安全管理。

①起重时，起重物体的重量应在规定负荷内，除经过批准的试验外，绝对不准超重。

②捆缚起吊物件时，要考虑到捆缚用钢丝绳的承受能力，所用钢丝绳长度要适当。

③在吊有坚硬边缘角的物件时，在硬角和钢丝扣相摩擦处应垫胶皮或硬木，以免损坏钢丝绳或物体。

④在吊圆形物体时，系扣应夹垫、木料或胶皮，以防被吊物件滑落。

⑤起重时，吊钩应在物件正上方垂直起吊，禁止斜吊或用吊钩拖拉物件。

⑥正式起吊前，物件应经过试吊，离地不超过0.5m，如发现不平衡或不稳、或刹车不良，应放下重新调整。

⑦在吊起的物件上及吊起的物件下，禁止站人。

⑧起重前应查看和计算船体吃水是否足够。

⑨开始起吊时，要用慢车，保持吊钩与物体不摇摆。

⑩物件起吊时，速度要均匀平稳，禁止忽快忽慢或突然制动。

⑪物件起吊时，应注意吊钩的上升高度，避免吊钩到达顶点。

⑫物件吊到空中时，避免车辆从下面经过。

⑬物件吊在空中时，操作人员不得离开操作岗位。

⑭吊重物移位时，各绞车应注意指挥人的指挥信号，做到松紧均匀，避免突然停或突然起吊而使重物在空中摇摆。

⑮吊重物件放落时，要用慢车，距地1m时，主绞车应缓慢停住，等校正安放位置后再慢车放下。

⑯吊重物体落下后，绞车卷筒上钢丝绳不能全部放完，至少留五圈。

⑰等待工作或休息时，不准物体吊挂在空中。

⑱在起吊埋在土中或水中的物件时，应缓慢进行，防止超载，等该物体有移动时再起吊。

⑲当用两台起重机共同吊一物件时，必须在使用部门和有关技术人员的领导下，拟出操作方案、安全措施，经使用部门签字确认后，方能进行。

⑳当用两台起重机共同吊一物件时，两车应互相联系，并明确一个指挥人员进行指挥，保持物件吊起同一高度，并保持上升、下降、前进、后退，横行的速度同步。

㉑起重吊装作业应有专人指挥。

㉒夜间起重时，工作地点应有足够的照明，但不能妨碍指挥人员和操作人员的视线。

(6)临时用电安全管理。

①施工现场临时用电，须编制《临时用电设计方案》经审批后实施。

②临时线路、用电设施的安装、维修和拆除等临时用电工程，必须由电工完成；电工必须持证上岗，非现场指定电工，不得从事电工作业。

③电工操作必须严格执行现行《建设工程施工现场供用电安全规范》(GB 50194)及施工组织设计方案的有关要求进行电气设施安装、维修、拆除等作业。

④电工必须正确使用个人劳动防护用品。

⑤施工机具用电必须采用三相五线制供电，实行“一机、一闸、一漏、一箱”的安全防护措施；配电开关箱必须符合“三级配电两级保护”的安全措施，开关箱内不准有积尘和有杂物，闸具防护齐全有效；配电箱内多路配电必须有明确的标识；开关箱引出线必须整齐并固定牢靠。

⑥临时线路装置上的所有电气设备金属外壳都必须进行可靠接地；采用TN-S系统，接地电阻值≤10Ω；禁止借用中性线作为接地线；临时线路应用绝缘导线，按规定标准色线进行安装。在特别潮湿或危险场所，应采用橡套可塑料护套电缆，禁止导线裸露。

⑦临时用电线路的导线必须按安全有关要求，支架安装在柱、杆或墙上；现场施工道路(即户外)处电线杆线路离地面高度不小于6m，室内一般不低于2.5m的高度并套管保护；导线的接头和绝缘层的恢复，应按照规定的要求进行加工、包扎。

⑧施工现场使用的电气装置和用电器具，均需采取防雨措施。各种临时线路上的电气装置和电具，要安装牢固可靠，并尽量固定。

⑨用电线路的工作电压、电量应符合安全技术要求，同时按规定使用安全电压。

⑩闸具、熔断器参数与设备容量匹配，禁止用铜线或其他金属丝代替熔断丝。

⑪严格执行有关要求进行外电防护。

⑫为防止布置于施工平台上的配电箱、变压器遭受施工机械车辆碰撞和雨淋，在变压器周围设置防护栏杆，并在其上设置挡雨棚。

(7)有限空间作业安全保证措施。

①严格执行作业审批制度，作业批准后方可作业如一门两锁制。

②坚持先通风、再检测、后作业的原则。在作业开始前，对危险有害气体浓度进行检测。

③必须采取充分的通风换气措施，确保整个作业期间处于安全受控状态。

④作业人员必须配备并使用安全带（绳）等防护用品。

⑤安排监护人员，监护人员应密切监视作业情况，不得离岗。

⑥发现异常情况，应及时报警，严禁盲目施救。

（8）高温季节施工措施。

①高温季节施工，每日开始施工前的安全教育活动要涉及预防中暑的措施和中暑后的急救措施，强化施工人员的意识。

②调整作息时间，避开正午温度最高时间段作业，确保作业人员在良好的气温环境下开展施工作业。

③安全员每日认真听天气预报，在室外温度高于37℃的时间段，停止烈日下的现场施工作业，组织进行其他项工作，避免发生高温中暑情况。

④项目部给各个施工班组配备足够的防暑降温用品，并督促施工人员适时使用。

⑤对项目部人员进行高温中暑的预防和急救培训，成立急救小组，以便在发生中暑事件时，及时实施救治，保证施工人员职业健康安全。

（9）防坠落安全保证措施。

①施工现场挂置相关警示牌。

②临边区域设置警戒区域或临边护栏、设置生命线。

③高处施工人员配备安全带。

（10）职业健康安全保证措施见表6.6-11。

职业健康安全保证措施 表6.6-11

影响因素	保证措施
工时设定是否合理、体检是否定期进行	定期对作业人员公休情况进行检查，合理安排工休。 定期组织职工进行职业健康检查，做好职业病的防治工作
是否对人场员工培训考核、考核是否合格	组织所属员工入场前安全知识和操作技能培训。 按体系文件规定做好调入员工的“三级”教育培训。 作业人员必须持有与其岗位适应的证书或操作许可证
劳动保护用品配备是否齐全、有效	从业人员配备合格、足够、适用的劳动防护用品和用具。 组织相关管理人员对安全帽、安全带等的使用、检查方法和要求进行培训。 通过日常巡查、月度检查等方式，对使用、保管劳动保护用品的情况进行监督

6.6.5 事故应急救援措施

1）较大危险源清单及应急措施

如发生相关生产安全问题，应逐级汇报，并及时向地方人民政府应急管理部门和有关部门备案,见表6.6-12。

较大危险源清单及预应急措施表 表6.6-12

序号	危险源	产生原因	应急措施
1	基坑渗漏水	(1)钢板桩支护未密扣; (2)地下水丰富; (3)未及时进行抽排	(1)撤出基坑内作业人员; (2)对基坑内漏水进行抽排; (3)评估基坑稳定性,基坑存在不稳定因素时,需要回填基坑
2	基底突涌	(1)地下水位过高,负压大; (2)土质太差,含水率过大,未及时抽排水	(1)撤出基坑内作业人员; (2)降低地下水位、降低承压水压力; (3)采用隔水帷幕,切断坑内承压水
3	基坑较大变形	(1)钢板桩、钢围檩施工不到位; (2)基坑旁边堆载过大	(1)基坑作业人员撤离; (2)基坑旁边的堆载、挖机撤离; (3)在基坑稳定的情况下,对基坑进行加固
4	人员受伤	(1)触电; (2)窒息	(1)脱离触电接触,及时送医; (2)及时移动到空气流动区域、吸氧,并送医
5	高空坠落	基坑顶部临边不到位,人员、物品高处坠落	对受伤的人员及时送医
6	管线破坏	(1)探挖不当破坏管线; (2)基坑沉降破坏管线	(1)燃气、高压电需要人员立即撤离并通知产权单位进行处理; (2)受伤人员须立即送医
7	物体打击	吊装作业过程中人员近距离活动	对受伤的人员及时送医
8	高大设备倾覆	作业过程中高大设备倾覆	对受伤的人员及时送医

2)基坑渗漏水应急救援措施

(1)当渗水量较小,不影响施工及周边环境时,可通过坑底排水沟和集水井将水排出。

(2)当渗水量较大,但没有泥沙带出,造成施工困难,而对周边环境影响不大时,可采用“引流—修补”的方法,即在渗漏较严重的部位现在视乎桩墙上水平(略向上)打入一根钢管,内径20~30mm,使其穿透桩墙体进入桩墙背土体内,由此将水从该管内引出,而后将管边支护桩的薄弱处用混凝土或快硬水泥修补封堵,待修补封堵的混凝土或水泥砂浆达到一定强度后,再将钢管出水口封住。如封住管口后出现第二处渗漏,按上述方法再进行“引流—修补”,如果引流的水为清水或出水量不大,则可不进行修补,只需将引入基坑的水设法排水即可。

(3)对渗漏量很大的情况,应查明原因,采取相应的措施:入漏水位置距离地面不深处,可将支护桩背后土体开挖至漏水位置下50cm处,在支护桩后用密实混凝土封堵。如漏水位置埋置较深,则可在墙后采用压密注浆方法,浆液中应插入水玻璃,使其尽早凝结,也可采用高压喷射注浆方法。采用压密注浆时应注意,其对支护结构桩体会产生一定的压力,可能会引起支护桩向坑内较大的侧向位移,所以必要时应对坑内回填土进行反压,待注浆效果达到后再重新开挖。

当渗漏水超过警戒值时，立即撤离施工人员及主要施工机械，启动应急措施。

3)基坑较大变形应急措施

(1)如果基坑支护结构变形较大，可以采取坡顶卸载或削坡、坑内停止挖土作业、适当增加支撑或锚杆、堆沙包反压坑脚等措施。

(2)如果基坑开挖引起流沙、管涌或坑底隆起失稳，应立即停止坑内降水和施工挖土，采用回填沙包、土包或再加抛大石反压，回灌水以平衡动水压力。待管涌、流沙停止后，再采用有效方法处理(如压浆、被动区加固等)。

(3)如果基坑壁漏水、流土，引起坑外地面或道路下陷、建筑物倾斜或坑周管道断裂等，应采取停止坑内降水和施工挖土、迅速灌注堵漏材料(如速凝水泥浆液、化学浆液、树脂材料等)等措施处理渗漏;严重时应立即停止基坑开挖和在坑内回灌水，使坑内外水位平衡，关闭该段管线阀门，用黏土阻塞夯实再加混凝土封砌渗漏和用水泥浆液、化学浆液等材料处理止水帷幕的渗漏。必要时需补做止水帷幕方可继续施工。

(4)当支护结构地面周边出现裂缝时，必须及时用黏土或水泥砂浆封堵。

(5)基坑支护结构变形超过允许值或有失稳前兆时，应立即采用下列措施：

①当支护结构变形超过允许值，但比较小，无明显大的变形时，应及时对变形部分增加内支撑或锚杆，锚索的补张拉，并增加监测频率。

②当坑边土体严重变形，且变形速率持续增加时，应视为基坑整体滑移失稳的前兆，应立即采用沙包或其他材料回填基坑，待基坑稳定后再作妥善处理。

③当因支护结构桩嵌固深度不足，使支护结构内倾或踢脚失稳时，应立即停止土方开挖，在支护结构前堆沙包反压或在被动区打入短桩加固。

④当基坑变形处于危险状态时，应马上停止正常施工作业，安排作业人员撤离危险区域，并采取应急措施进行加固。

⑤当支护结构变形过大，有失稳前兆，并明显倾斜时，可立即在坑底与坑壁之间加设斜撑来稳固。

⑥当基坑周围建筑物发生严重开裂、倾斜时，应立即组织人员紧急疏散，待基坑支护和周围土体稳定后补强加固或拆除周围建筑物。

4)人员受伤应急救援措施

(1)先复后固：遇有心跳呼吸骤停又有骨折者，应先用口对口人工呼吸和胸外按压等技术使心肺脑复苏，直至心跳呼吸恢复后，再进行固定骨折。

(2)先止后包：遇有大出血又有创口者时，首先立即用指压、止血带等方法止血，再消毒伤口进行包扎。

(3)先重后轻：遇有垂危和较轻的伤员时，应优先抢救重者，后救较轻的伤病员。

(4)先救后运：在到医院以前，不要停顿抢救措施，注意观察病情，少颠簸，注意保暖，直至目的地。

(5)急救与呼救并重：发生工伤事故后，除了及时落实急救措施外，还应在第一时间内拨打“120”呼救。在电话中要讲清受伤人员的受伤部位，报清发生事故的地址、号码和联系电话，并由综合办公室人员在路口守候、引路，并陪伴同去医院。

(6)搬运受伤人员的要求：搬运受伤人员要万般小心，对脑外伤、胸部骨折、内脏外露等伤员，搬运时要使用担架。搬运过程要平稳，其他人员要紧张镇定地分工合作。抢救伤员，应不同类别选送专门医院抢救。

5)高处坠落应急救援措施

(1)如基坑边缘作业人员或其他人员不慎跌入基坑中，应立即派遣有经验营救人员进入基坑内，及时解除其呼吸道梗阻和呼吸机能障碍，立即解开伤员衣领，消除伤员口鼻、咽、喉部的异物、血块、分泌物、呕吐物等。

(2)若伤员有骨折、关节伤、肢体挤压伤、大块软组织伤，都要固定。

(3)用安全救生带将伤员调离孔口，移至安全地带。

(4)有效止血，包扎伤口。

(5)视其伤情采取报警直接送往医院，或待简单处理后去医院检查。

(6)若伤员有断肢等应尽量用干净的干布(无菌敷料)包裹装入塑料袋内，随伤员一起转送。

(7)预防感染、止痛，可以给伤员使用抗生素和止痛剂。

(8)记录伤情，现场救护人员应边抢救边记录伤员的受伤机制、受伤部位、受伤程度等第一手资料。

(9)若有必要，应拨打“120”与医院取得联系，并详细说明事故地点、严重程度、本部门的联系电话，并派人到路口接应。

6)管线破坏事故应急措施

(1)给水管线。

如果施工期间发生给水管线破裂事故，事故发生后，领工员立即赶赴现场，迅速通知基坑内作业人员通过安全通道撤离，及时对溢水做好疏导工作，并打电话通知经理部领导。在基坑开挖前，对管线两端的阀门做好标记，一旦发生管线破裂漏水事故，第一时间打开检查井，关闭阀门，尽可能地减小由于管线破裂造成的损失，同时及时向产权单位报告，由其指导或派专人对管线进行抢修。在抢修队伍赶到前，项目部停止可能继续造成管线安全的作业活动，派专人保护好现场，避免由于事故发生而影响周围社区的正常生活及道路交通安全。

(2)通信、电力。

如果施工期间发生通信电缆破坏事故，事故发生后，有关人员立即向管线监护人员或主管部门报告，由其指导或派专人对管线进行抢修。在抢修队伍赶到前，项目部停止可能继续造成通信安全的作业活动，派专人保护好现场，避免由于事故发生而影响周围社区的正常生活及道路交通安全。

(3)其他管线。

如果施工期间发生其他类型的管线的破坏事故，事故发生后，有关人员立即向管线监护人员或主管部门报告，由其指导或派专人对管线进行抢修或采取紧急措施。如有关人员能确定泄漏物质的性质，可根据物质的特性采取临时预防性措施，以防止泄漏物质对施工人员造成伤害。在抢修队伍赶到前，应停止可能继续造成管线安全的作业活动，指派专人保护好现场，禁止人员随意靠近现场，避免由于事故发生而影响周围社区的正常生活及道路交通安全。

7）应急救援指挥部的组成、职责和分工

（1）指挥机构。

项目成立“应急救援小组”，下设应急救援办公室（项目安全管理部），日常工作由安全环保部兼管。

（2）应急反应组织结构。

项目经理是应急救援组织的第一负责人，担任总指挥，负责紧急情况处理的指挥工作。生产经理是应急救援第一执行人，担任副总指挥，负责紧急情况处理的具体实施和组织工作。应急反应组织下设4个应急救援小组分别为危险源辨识评估组、后勤供应组、应急救援组、事故调查组，见图6.6-2。

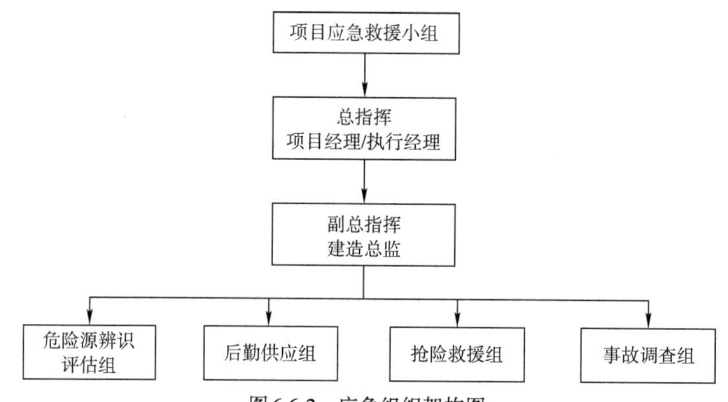

图6.6-2　应急组织架构图

应急救援小组职责见表6.6-13。

应急救援小组职责　　表6.6-13

岗位	职责
项目经理（应急总指挥）	①分析紧急状态确定相应报警级别，根据相关危险类型、潜在后果、现有资源控制紧急情况的行动类型； ②指挥、协调应急反应行动； ③与外部应急反应人员、部门、组织和机构进行联络； ④直接监察应急操作人员行动； ⑤最大限度地保证现场人员和外援人员及相关人员的安全； ⑥协调后勤方面以支援应急反应组织； ⑦应急反应组织的启动； ⑧应急评估、确定升高或降低应急警报级别； ⑨通报外部机构，决定请求外部援助； ⑩决定应急撤离，决定事故现场外影响区域的安全性

续上表

岗位	职责
应急副总指挥（生产经理）	①协助应急总指挥组织和指挥应急操作任务； ②向应急总指挥提出采取的减缓事故后果行动的应急反应对策和建议； ③协调、组织和获取应急所需的其他资源、设备以支援现场的应急操作； ④组织相关技术和管理人员对施工场区生产过程各危险源进行风险评估； ⑤定期检查各常设应急反应组织和部门的日常工作和应急反应准备状态； ⑥根据实际条件，努力与周边有条件的项目部、社区沟通，为在事故应急处理中共享资源、相互帮助、建立共同应急救援网络和制定应急救援协议
危险源风险评估组	①对各施工现场以及生产安全过程的危险源进行科学的风险评估； ②指导安全环保部安全措施落实和监控工作，减少和避免事故发生； ③完善危险源的风险评估资料信息，为应急反应的评估提供科学的合理的、准确的依据； ④落实周边协议应急反应共享资源及应急反应最快捷有效的社会公共资源的报警联络方式，为应急反应提供及时的应急反应支援措施； ⑤确定各种可能发生的事故，确定现场指挥中心位置，以使应急反应及时启用； ⑥科学合理地制定应急反应物资器材、人力计划
后勤供应组	①制订施工项目应急反应物资资源的储备计划，按已制订的项目的应急反应物资储备计划，检查、监督、落实应急反应物资的储备数量，收集和建立并归档； ②定期检查、监督、落实应急反应物资资源管理人员的到位和变更情况，及时调整应急反应物资资源的更新和达标； ③定期收集和整理各项目经理部施工场区的应急反应物资资源信息、建立档案并归档，为应急反应行动的启动做好物资数据储备； ④应急预案启动后，按应急总指挥的部署，有效地组织应急反应物资到施工现场，并及时对事故现场进行增援，同时提供后勤服务
应急救援组	①抢救现场伤员、抢救现场物资； ②组建现场消防队，保证现场救援通道的畅通
事故调查组	①保护事故现场，对现场的有关实物资料进行取样封存； ②调查了解事故发生的主要原因及相关人员的责任； ③按“四不放过”的原则，对相关人员进行处罚、教育、总结

（3）应急响应程序。

①应急响应分级。

按安全事故灾难的可控性、严重程度和影响范围，应急响应级别原则上分为Ⅰ、Ⅱ、Ⅲ级。当达到应急分级响应条件时，事故单位应按照应急响应程序，启动相应级别响应，开展应急行动，并根据事故等级及时上报。

a.Ⅰ级应急响应。

出现下列情况之一，应启动Ⅰ级应急响应：

（a）造成3人及以上死亡（含失踪）、遇险事故；

（b）造成10人及以上重伤（含中毒）事故；

（c）直接经济损失1000万元以上的事故；

（d）需要启动Ⅰ级应急响应的其他伤亡事故。

b.Ⅱ级应急响应。

出现下列情况之一，应启动Ⅱ级应急响应：

(a)造成1~2人死亡(含失踪)、遇险事故；

(b)造成3人以上、10人以下重伤(含中毒)事故；

(c)直接经济损失100万元以上1000万元以下的事故；

(d)发生与安全生产有关的，被举报或被新闻媒体曝光，造成恶劣社会影响的事件；

(e)需要启动Ⅱ级应急响应的其他伤亡事故。

c.Ⅲ级应急响应。

发生Ⅱ级应急响应条件以下的生产安全事故、未遂事故或需要启动Ⅲ级应急响应的其他应急事件时启动Ⅲ级应急响应。

②应急响应行动。

发生生产安全应急事件时，各相关单位应按照如下程序采取相应行动：

a.发生Ⅰ级应急响应事件时，事故单位应第一时间电话报告指挥部安质部，随后按照报告时限要求上报事故快报。项目部、事故分包方同时进入预警状态。当现场救援困难或遇紧急情况时，项目应急救援小组经指挥部许可可决定扩大应急程序，请求外部支援或政府救护支持。

b.发生Ⅱ级应急响应事件时，事故单位应第一时间电话报告指挥部安质部，随后按照报告时限要求上报事故快报。项目相关部门和事故发生队伍同时进入预警状态。项目根据本应急救援响应程序组织开展应急救援工作，并及时将救援进展情况报告指挥部安质部。当救援困难，事态进一步扩大等紧急情况出现时，可向指挥部安质部申请实施Ⅰ级响应行动。

c.发生Ⅲ级应急响应事件时，由项目部会同事故单位进行现场处置，并报告指挥部安质部备案。当救援困难，事态进一步扩大等紧急情况出现时，可向指挥部申请实施Ⅱ级响应行动。

③应急响应程序。

基本应急响应程序见图6.6-3。

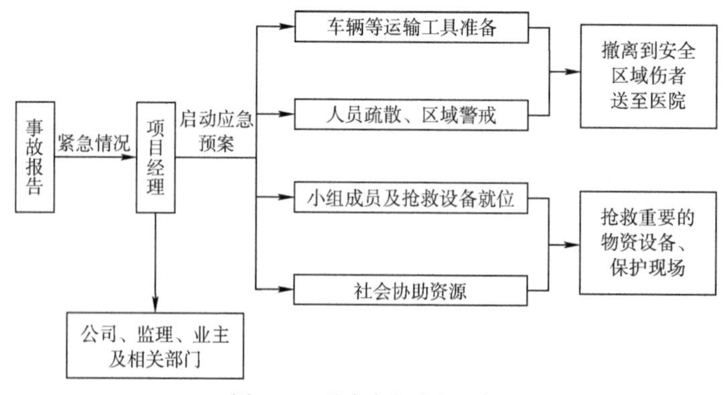

图6.6-3 基本应急响应程序

a.指挥与控制程序。

应急救援的统一应急指挥为组长负责现场监控的安全员、施工队长、部门主管分析险情报告总指挥，组长会同各部负责人对险情进行评估，确认紧急状态，作出应急决策，迅速有效地进行应急响应。

b.资源调度程序。

由物资设备部负责所需物资的调动和抢险设备的调配，后勤保障部负责物资的供应。

c.医疗救护程序。

接到启动应急预案通知后，综合管理部负责人马上同医疗救护部门取得联系，安排现场医疗救护准备工作，一旦出现人员受伤等情况，迅速开展现场紧急救护工作，并及时送至附近医院进行治疗。

d.应急人员的安全防护程序。

在应急救援突击抢险过程中，突击抢险队员一定要注意自身防护，如在夜间组织应急抢险应携带手持式照明，并禁止单兵抢险，必须坚持两人原则，相互照应。

e.应急结束。

经实施现场抢险救援，事故现场得到有效控制，环境或设施经检测符合国家相关标准，次生、衍生事故隐患和危险已消除，经现场救援小组批准，由项目经理发布应急结束指令，通知相关单位或周边社区，事故危险已解除，现场应急救援工作结束。

(4)应急设备及物资。

应急计划确立后，根据项目经理部施工场区所在位置的具体条件以及周边应急反应可用资源情况，按0.5h自救的应急反应能力，配置合理的应急反应行动物资资源和人力资源。

救护物资种类、数量：救护物资有水泥、黄沙、石灰、麻袋、铁丝等。

救护装备器材的种类：仓库内备有安全帽、安全带、切割机、气焊设备、小型电动工具、一般五金工具、雨衣、雨靴、手电筒等。统一存放在仓库，仓库保管员24小时值班。

急救物品：配备急救药箱、口罩、担架及各类外伤救护用品。

其他必备的物资供应渠道：保持社会上物资供应渠道（电话联系），随时确保供应。

急救车辆：项目部自备车辆或报“120”救助。

重要应急设备和物资如表6.6-14所示。

重要应急设备和物资 表6.6-14

序号	应急物资设备	应急功能和作用	现存放位置	数量	物资设备状况
1	担架	抢救伤员	项目部	1套	完好
2	商务车	作为救护车	项目部	1部	完好
3	灭火器	发生火灾时灭火	项目部	1批	完好
4	急救箱	急救药品	项目部	1套	完好
5	手电	停电照明	项目部	10把	完好
6	对讲机	应急联络	项目部	5部	完好

续上表

序号	应急物资设备	应急功能和作用	现存放位置	数量	物资设备状况
7	水泵	紧急情况下排水	项目部	2台	完好
8	电话/内线电话	应急联络	项目部	5组	完好
9	警示带	布置警戒区域	项目部	100m	完好
10	麻绳	临时固定	项目部	200m	完好

8)汇报程序事故报告

安全事故发生后,现场值班人员将事故报告项目领导:

(1)发生事故的单位、时间、地点、位置。

(2)事故类型。

(3)伤亡情况及事故直接经济损失的初步评估。

(4)事故涉及的危险材料性质、数量。

(5)事故发展趋势,可能影响的范围,现场人员和附近人口分布。

(6)事故的初步原因判断。

(7)采取的应急抢救措施。

(8)需要有关部门和单位协助救援抢险的事宜。

(9)事故的报告时间、报告单位、报告人及电话联络方式。

9)交通管制机制

事故发生后,对场区周边必须警戒隔离。其任务和作用是保护事故现场、维护现场秩序、防止外来干扰、尽力保护事故现场人员的安全等。同时,对事故发生地的周边道路实施有效的管制,主要是为救援工作提供畅通的道路。

10)现场处置措施

(1)组织人员。当施工现场发生事故时,现场人员及时上报,应急救援小组接到事故报警后立即启动应急救援小组进行人员抢救。人员抢救时必须坚持“以人为本”和“安全优先”的原则。在实施救援的过程中,要牢牢把握“及时进行救援处理”和“减轻事故所造成的损失”两个事故损失控制的关键点,把遇险人员、受威胁人员和应急救援人员的安全放在首位。不准放弃一丝解救遇险人员脱离险情的希望,不准有新的人员伤亡。

①抢救:抢险组到达事故现场后立即组织人员展开救援,确认现场情况,明确救援步骤。

②疏散:根据情况确定疏散、逃生通道,指挥撤离并维持秩序和清点人数。

③救护:根据伤员情况确定急救措施,并协助专业医务人员进行伤员救护。

④保卫:做好现场保护工作,设立警示牌,防止二次伤害。

(2)立即报警。当接到发生事故信息时,应确定事故的类型和级别,并立即报告应急救援小组。

(3)人员疏散是减少人员伤亡扩大的关键。在现场平面布置图上绘制疏散通道,一旦发生事故,人员可按图示疏散撤离到安全地带。

(4)现场保护。当受伤人员离开现场后，救援小组要派人保护好现场，维护好现场秩序，等待事故原因和对责任人调查。同时应立即采取善后工作，及时安抚现场人员，确保事态处于控制中，避免事态影响扩大化。

(5)按“四不放过”原则进行查处。处理事故后分析原因，编写调查报告，采取纠正和预防措施，及时完善现场安全措施。

11)防疫应急处理措施

本着“早发现、早报告、早隔离、早诊断、早治疗”的原则，按照项目人员一般发热、次密切接触(或发现黄码)、密切接触(或发现红码)、人员确诊4种情况分别制定疫情应急管控流程，防止项目聚集性传染、杜绝项目聚集性疫情事件的发生。

(1)成立疫情防控小组。项目经理为本项目疫情防控第一责任人，配齐劳务管理员，指定疫情信息专员，制定项目疫情防控应急预案。按照应急管控流程和属地疫情防控部门要求，出现项目疫情应急情况，立即启动项目疫情防控应急预案。

(2)做好疫情应急资源准备。项目部储备好防疫物资，安排专人进行防疫物资管理，设置必要的单独隔离观察宿舍，用于临时隔离观察人员居住。隔离宿舍和观察措施要符合属地疫情防控部门要求。

(3)第一时间向上级单位汇报。出现上述4种情况时，发现者必须第一时间报告项目经理，项目经理必须第一时间报告上级单位工会负责人或分管生产负责人，并层层上报，各公司应第一时间上报至局工会，允许越级上报。公司应立即安排相关人员对该项目进行防疫指导。

(4)应第一时间向地方政府、属地疫情防控部门汇报。在层层上报子公司、公司、工程局的同时，在公司领导下，由项目经理或公司指派人员第一时间向地方政府、属地疫情防控部门进行具体汇报。

(5)应立即组织初步隔离。出现上述4种情况的人员，项目应采取措施进行单独初步隔离，防止交叉感染。项目其他人员之间不得串门，应就地先行隔离。对于出现密接、“红码”、确诊人员，项目应该立即进行停工，封锁施工现场，并告知建设单位、监理单位及参建各方。

(6)应立即开展初步排查。立即对一切疑似密切接触人员进行初步排查，并采取进一步的隔离措施。项目经理必须第一时间将排查的疑似密切接触人员上报上级单位。

(7)应按照地方政府或疫情防控部门要求开展防疫工作。与所辖区域政府、卫健委或属地疫情防控部门取得联系后，立即严格按照属地疫情防控部门要求执行。项目经理及项目副经理应全程跟进、了解、掌控，以便及时采取相应防疫措施。

(8)应统计全部参建单位名单、人员，项目生活区全部住宿人员名单，以及与外部接触单位及人员名单，包括在场人员名单、场内住宿人员名单、场外住宿人员名单、近期(一般为14d内，具体按照各个地方要求)出入人员名单、近期离开人员去向、与外部接触人员名单等，以及健康码、核酸检测情况、疫苗接种情况等基本信息，并在项目启动疫情防控应急预案的第一时间上报上级单位。由疫情信息专员进行动态更新，项目经理要进行严格核实。

(9)组织初步隔离、初步排查时，必须按照基本防疫要求开展，做好人员防疫，防止交叉感染。运送相关人员时，一般应请求使用地方政府、属地疫情防控部门专用车辆。

(10)要严格落实人员实名制。疫情期间要实行封闭管理，对于必须与外界接触的人员，先应查验对方健康码、行程码、疫苗接种、核酸检测情况等，确保安全才能进行接触，接触双方必须全程做好防疫措施，对接触人员、单位等进行登记。

6.6.6 文明施工

为使施工现场符合现代化施工的客观要求，保证施工现场有良好的施工环境和施工程序，使文明施工贯穿施工现场全过程，项目部采取以下文明施工措施：

(1)组织专门队伍对施工便道进行日常维护，对于村庄、较多行人或车辆通行段定期洒水降尘。

(2)优化施工组织，合理布置施工现场，实现施工现场所需的人、机、物、料、场所在空间上的最佳结合。

(3)便道施工机械有规定的停置位置和行走路线，以及完整的使用、操作、检查、维护等规章制度，施工现场便道畅通，排水系统处于良好的使用状态，保证施工便道整洁。

6.6.7 环境保护

1)管理机构

成立以项目经理为首的管理领导小组，从组织上、制度上、防范措施上保证安全文明施工，做到规范施工，安全操作，保护生态环境。

主要人员由项目经理、项目副经理、项目总工程师、项目部各部长和专职监督员组成。每个作业班组配兼职监督员，负责监督、检查、指导和落实安全施工、保护环境的生产作业。

2)环境保护措施

环境保护是保证社会生态平衡、保证社会人们身体健康的需要，为了控制工程施工便道的各种粉尘，采取如下措施：

(1)根据场地实际情况合理地进行布置，设施设备按现场布置图规定设备堆放，并随施工不同阶段进行场地布置和调整。施工区道路通畅、平坦、整洁，不乱堆乱放，无散落物；场地平整不积水，排水成系统，畅通不堵。

(2)对清理场地的表层腐殖土、砍伐的荆棘丛林等废料，要运至指定地点进行废弃物处理。

(3)在机械化施工过程中，要尽量减少噪声、废气、废水及尘埃等的污染，以保障人民的健康，运转中尘埃过大时要及时洒水。

(4)材料堆放分类，堆放整齐。

(5)重视环境保护环境工作，确保文明施工，促进施工顺利进行。

6.7 建设工作总结

6.7.1 实际施工情况

1)综合管廊工程施工实施情况

(1)管廊地基处理。

①坑内土加固。

a.施工前准备。

根据各施工路段地形特点,对水泥搅拌桩坑内土加固施工区域进行场地整平,地质较软路段需进行干土换填处理或施工时垫钢板,使地基承载力能够满足单轴搅拌桩机施工需要。进行桩机后台场地平整、架立水泥罐、机械进场及调试、材料准备等的准备工作。

b.测量放样。

根据水泥搅拌桩设计布桩图确定桩位坐标,现场采用全站仪或全球定位系统(GPS)在间距适当位置定出角点的桩位坐标。因本项目水泥搅拌桩坑内土加固间距过密,施工过程中地面返浆较多,需在设计桩位上挖沟后再进行施工。故现场需将桩位引至搅拌桩机边上,桩位之间采用拉尺方式按设计间距定位,采用红色塑料袋等显眼物品标记桩位。放样后随机踩点复核桩位,桩位误差不大于50mm,确认无误后方能进行后续施工,见图6.7-1。

c.桩机就位。

搅拌桩机到达作业位置,由当班机长统一指挥,移动前仔细观察现场情况,确保移位平稳、安全,见图6.7-2。待桩机就位后,用吊锤检查调整钻杆与地面垂直角度,确保垂直度误差不大于0.5%。

图6.7-1 引桩放样

图6.7-2 单轴水泥搅拌桩施工

d.制备水泥浆。

搅拌桩使用新鲜、干燥的PO42.5级普硅水泥配制的浆液,水泥浆水灰比为0.45~0.55,不得使用已发生离析的水泥浆液。不同品种、强度等级、生产厂家的水泥不能混用于同一根桩内。

现场采用全自动搅拌桩机连接水泥罐和搅拌台，设置水和水泥掺量后可实现自动加料、拌和，精准控制水灰比。拌浆坑容量应适中，要保证水泥浆有一定余量，不会造成因浆液不足而断桩。为防止浆液在沉淀离析，喷浆过程中需不断搅拌水泥浆，如图6.7-3所示。

图6.7-3　水泥浆自动拌和

待水泥浆充分搅拌均匀后，须采用比重尺对水泥浆相对密度进行检测，符合设计要求后方可放闸使用，见图6.7-4。

图6.7-4　泥浆相对密度检测

e.喷浆搅拌。

设计要求搅拌次数不应少于4次，喷浆次数不应少于2次，因现场实际地质淤泥层较厚，只搅拌不喷浆易堵管，故调整为四搅四喷工艺进行施工。启动搅拌桩机使钻杆沿导向架下降，钻头搅拌切土下沉，当钻头下沉至地面高程以下时，开始边喷浆边搅拌。空桩部分钻进与提升速度控制在2~4m/min之间；实桩部分钻进速度控制在1.0~1.2m/min之间，当钻杆到达设计桩底后，停留喷浆5~10s后开始提升，提升速度控制在0.8~1.0m/min之间。为保证桩端施工质量，当浆液到达出浆口时，应喷浆座底30s，使浆液完全到达桩端。

本项目水泥搅拌桩施工采用桩机施工监控系统，见图6.7-5，桩机操作人员及项目管理人员可通过后台监控系统实时查看每台搅拌桩机的钻杆钻进与提升的深度、速度。

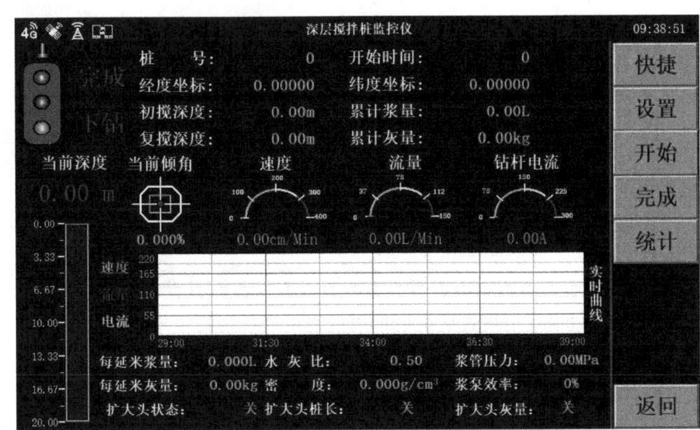

图6.7-5　水泥搅拌桩监控系统

在成桩过程中因某些原因造成停机，在搅拌机重新启动时，应将搅拌机钻杆钻进0.5m继续制桩。停机超过3h，为防止浆液硬结堵管，需向水泥浆搅拌桶中加入清水，开启灰浆泵，清洗全部管中残存的水泥浆。直至清理干净并将黏附在搅拌头的软土清洗干净后，进行下一桩位施工。

②管桩。

a.施工前准备。

根据各施工路段地形特点，对管桩施工区域进行场地整平，地质较软路段需进行砖渣或碎石换填处理，使地基承载力能够满足静压桩机施工需要。进行管桩材料堆放场地平整、机械进场及调试、材料准备等的准备工作。

b.测量放样。

根据测量放样出管廊基础桩、支护桩点位及基坑边线，根据布桩图及间距要求在现场拉线布点，点位采用红色塑料袋等显眼物品标记桩位，见图6.7-6，由项目部测量人员复测检查，合格方可进行下一步施工。

c.管桩进场。

预应力管桩出厂到工地，应按批量查收管桩生产许可证、出厂合格证、质量保证书。项目机械材料部、质检部联合项目工程部现场管理人员同现场监理共同按照方案及规范要求检查、验收预应力管桩，验收合格后，方准使用，见图6.7-7。如验收中发现不合格，应做好标记并及时退货。

堆桩场地应平整、坚实，桩堆存时，必须要有可靠的防滚、防滑措施。管桩堆放时管桩下方两侧应布置枕木，枕木位置位于距桩端距离为0.2L（L为管桩长度）。当场地允许时，尽量采用单层叠放；受场地限制时，可采用叠层堆放；叠层高度不得超过3层。管桩在现场堆放后，需要二次倒运时，宜采用起重机及平板车配合操作。

图6.7-6　测量放样示意图

图6.7-7　管桩进场检查验收

d.管桩起吊。

采用静压桩机起重机起吊管桩，吊桩定位过程中，需将钢丝绳绑在不小于距离桩端0.3L处（L为桩长）。由司索工指挥管桩起吊，吊装前应检查确认吊装区域内无人。

e.桩尖焊接。

桩尖采用十字形桩尖，材料采用Q235B钢，见图6.7-8。桩尖焊接前须将施焊面上的泥土、油污、铁锈等清刷干净，再进行十字形桩尖满焊焊接。焊接完成后，除焊渣打磨焊缝，涂刷3遍防锈漆，焊接后预留8min的冷却时间。

图6.7-8　十字形桩尖

f.压桩。

吊桩就位且桩尖焊接冷却后，操作手对准测量放样点位插桩入孔内，管桩压入过程中须修正桩的角度，现场工人利用吊锤双向控制管桩垂直度，见图6.7-9。由液压系统持桩，利用桩机的重量将管桩垂直压入土中，入土50～80cm停止压桩，然后进行垂直度调校。安排专人采用两条铅锤吊线进行监控，现场技术员需利用数显水平尺检查桩身垂直度，垂直度需小于0.3%。

图6.7-9 垂直度控制

插桩过程中需随时观察压桩的压力与深度，初压时如果下沉量较大，宜采取轻压，随着沉桩加深，沉速减慢，压力逐渐增加，沉桩速度一般控制在1m/min。在整个压桩过程中，要使压杆、桩身尽量保持在同一轴线上。必要时，应将桩架导杆方向按桩身方向调整。要注意尽量不使管桩受到偏心压力，以免管桩受弯。压桩较难下沉时，要检查桩架导杆有无倾斜偏心、桩身是否垂直，每一根桩应一次性连续压到底，接桩、送桩应连续进行，尽量减少中间停歇时间，以免难以继续下压。

若该桩位管桩需要接桩时，应在第一节管桩桩头距地面1~1.2m时进行焊接接桩。接桩时使新接桩节与原桩节的轴线一致，错位不得超过2mm，两施焊面上的泥土、油污、铁锈等预先清刷干净，保证上下节段接头端板坡口洁净干燥，坡口处用铁刷子刷至露出金属光泽，并清除油污和铁锈。如图6.7-10所示，焊接时宜先在坡口圆周上对称点焊4~6点，待上下桩固定后再分层对称施焊。管桩焊接时要采取防风措施，减少焊接变形，焊缝连续饱满，焊渣清理干净，并确保规定的焊缝长度。焊接完成后，由项目现场技术员检查焊缝是否合格，管桩焊接接头应在自然冷却后才可继续沉桩，冷却时间不宜少于8min。严禁用水冷却或焊好后立即沉桩。

图6.7-10 管桩焊接

根据设计图纸要求，桩长应达到设计桩长或连续复压3次稳压达到单桩承载力特征值的2.2倍时为终压标准。施工前参考每台桩机油压与压桩压力对照表，确定油压控制值，终压时观测静压桩机油压表数值情况，确定是否达到终压条件。

当满足终压条件后，稳定压桩时间控制在5～10s之间。如未达到要求，必须调整静压配载重量，直至满足设计要求为止，并且必须通知设计、监理、业主到现场，根据试桩情况，商定控制方法及标准，确定施工参数，如图6.7-11所示。

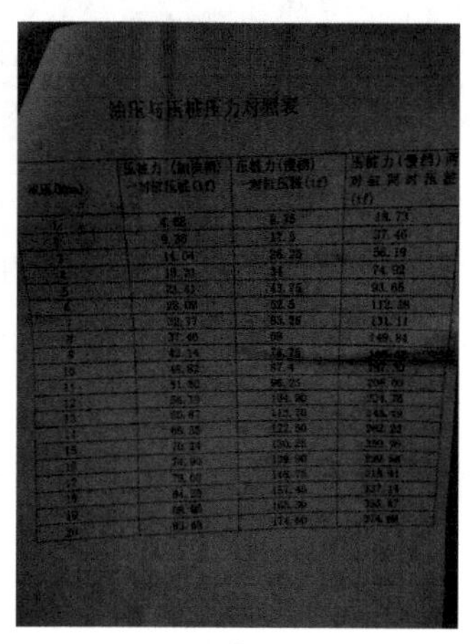

图6.7-11　桩机油压表

为将管桩压到设计高程，需采用送桩器或者管桩，送桩器用钢板制作，长度根据空桩长度调整。操作时，先吊起送桩器或管桩，下端面紧挨上管桩上端面，中心线对齐，保证垂直度满足要求后再加压，直到送桩至设计高程。沉桩时详细、准确地填写沉桩记录，内容包括桩编号、桩长及终压值。

（2）管廊深基坑支护。

①SMW工法桩。

a.施工前准备。

根据各施工路段地形特点，对工法桩施工区域进行场地整平，地质较软路段需进行砖渣换填等处理，使地基承载力能够满足三轴搅拌桩机施工需要（现场采用JB160A三轴搅拌桩机，机身施工宽度需15m范围，故沿桩中心点向外换填约15m）。进行桩机后台场地平整、架立水泥罐、机械进场及调试、材料准备、H型钢入场堆放等的准备工作。

b.测量放样。

根据设计布桩图放出桩位并做好标记，根据布桩间距要求在现场拉线布点，点位采用红色塑料袋等显眼物品标记桩位，由项目部测量人员复测检查，合格方可进行下一步施工，见图6.7-12。

c.开挖导沟。

用石灰粉沿原放点位置连线，挖机沿石灰线开挖至设计桩顶高程（开挖深度根据场地换填厚度而定），形成宽度不大于1.5m的导沟，见图6.7-13。

图6.7-12 测量放样示意图

图6.7-13 导沟开挖

d.桩机就位。

移动三轴搅拌桩桩机到指定位置，对准桩位，并使用电子水平尺及吊锤检查桩机垂直度，桩机垂直度应小于或等于1%，用卷尺检查桩位间距偏差，误差控制在2cm内，见图6.7-14、图6.7-15。

图6.7-14 铅锤竖直

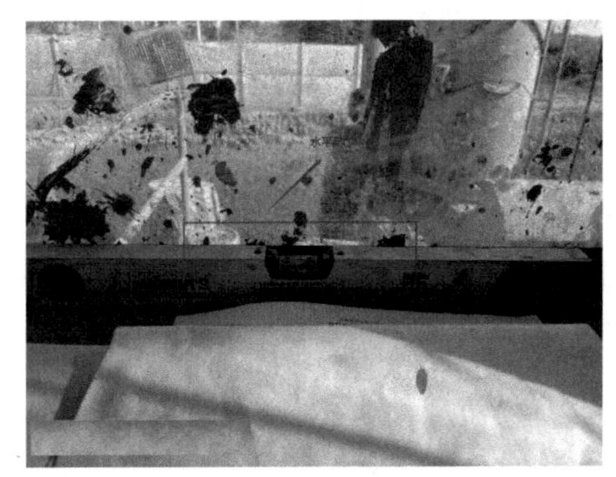
图6.7-15 水平尺气泡居中

e.水泥浆制备。

SMW工法桩水泥采用罐装水泥，选用PO42.5级普通硅酸盐水泥。后台采用全自动拌浆系统拌浆，水泥浆的设计为水灰比1.5～2.0，浆液配比可根据现场试验进行修正。前期采用水灰比1.5，1000kg水配666kg水泥拌和，但因该水灰比水泥浆凝结速度较快，型钢下放困难，后续施工将水灰比调整至1.67。数字化控制后台见图6.7-16。

f.搅拌桩施打。

将机身调整至平稳后将钢架对齐标记点；启动泥浆注射水泥浆，注浆压力为1.0~2.5MPa，钻杆下钻速度控制不大于1m/min，提钻速度不大于2m/min。钻进至桩底时需持续喷浆搅拌不少于10s。设计采用四搅两喷工艺，但实际操作中只搅拌不喷浆易堵管，故调整为四喷四搅工艺进行施工，施工过程中需挖机配合舀浆。相邻搅拌桩施工的间歇时间宜小于2h，若搭接时间超过24h，应按冷缝处理。现场管理人员需做好每次施工成桩的原始记录与台账。三轴水泥搅拌桩施工见图6.7-17。

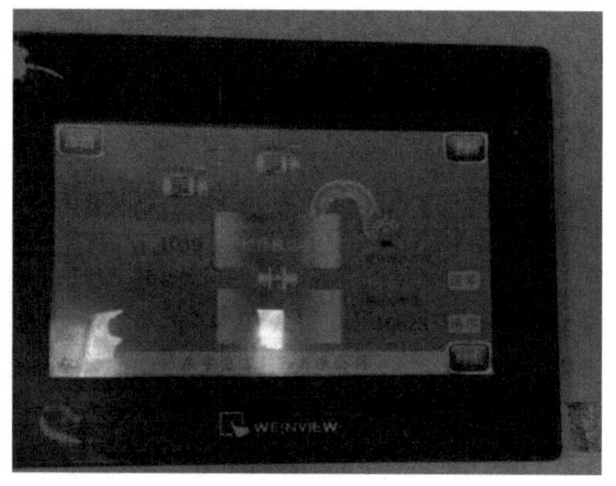

图6.7-16 数字化控制后台

图6.7-17 三轴水泥搅拌桩施工

g.H型钢材料进场。

设计采用HN700×300型钢，具体尺寸见表6.7-1。型钢对接面与两侧应均匀、光洁，且应无毛刺、裂纹和其他对焊缝质量有不利影响的缺陷，见图6.7-18。

HN700×300型钢尺寸要求 表6.7-1

性质	数值	性质	数值
截面尺寸	HN700×300型钢	腹板厚度t_1	13mm±0.4mm
高H	700mm±2mm	翼缘厚度t_2	24mm±0.5mm
宽B	300mm±2mm		

h.H型钢加工。

H型钢对接坡口形式采用单边V形缝，角度不得小于45°，主要检查焊缝宽度是否不小于焊接面厚度，见图6.7-19。

H型钢插入前，表面应进行清灰除锈，并在干燥的条件下，涂抹经过加热融化的减摩剂，便于型钢起拔回收，见图6.7-20。减摩剂必须加热至完全融化，用搅棒搅时感觉厚薄均匀，才能涂敷于H型钢上，否则涂层不均匀，易剥落。

图6.7-18　材料尺寸验收

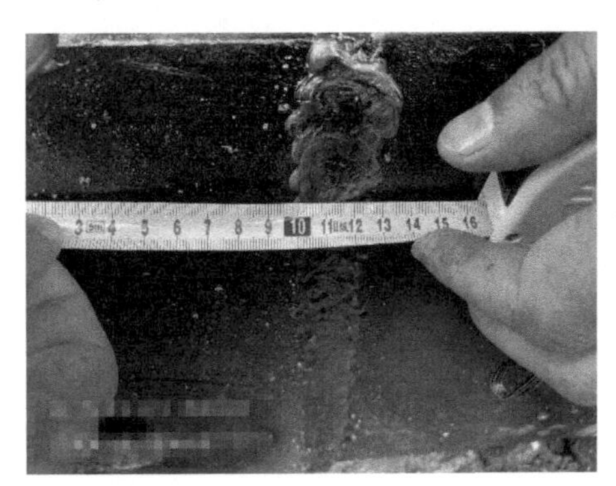

图6.7-19　焊缝宽度检查

如遇雨雪天型钢表面潮湿，应先用抹布擦干表面才能涂刷减摩剂，不可以在潮湿表面上直接涂刷，否则将剥落。

如H型钢在表面铁锈清除后不立即涂减摩剂，必须在以后涂料施工前抹去表面灰尘。

H型钢表面涂上涂层后，一旦发现涂层开裂、剥落，必须将其铲除，重新涂刷减摩剂。

基坑开挖后，设置支撑牛腿时，必须清除H型钢外露部分的涂层，方能电焊。地下结构完成撤除支撑，必须清除牛腿，并磨平型钢表面，然后重新涂刷减摩剂。

浇筑冠梁时，埋设在冠梁中是H型钢部分必须用油毡、塑料薄膜或珍珠棉等将其与混凝土隔开，否则将影响H型钢的起拔回收，见图6.7-21。

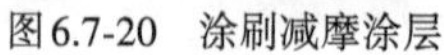

图6.7-20　涂刷减摩涂层

图6.7-21　珍珠棉包裹H型钢

i.H型钢吊装。

三轴水泥搅拌桩施工完毕后，起重机应立即就位，准备吊放H型钢，H型钢应立即插放，最长间隔时间不超过4h，避免搅拌桩硬化，导致型钢插入困难。

起吊前，在型钢顶端开一个中心圆孔，孔径约6cm，装好吊具和固定钩后，用50t起重机起吊H型钢，见图6.7-22。H型钢吊装需采用钢丝绳套孔（同一孔套入一根1.2m长绳作为受力绳断后保险）或副钩挂钢丝绳圈住型钢（圈住型钢位置距离桩顶须大于总桩长的1/8）做保险措施。

图6.7-22　H型钢吊装套保险绳

j.H型钢插打。

在沟槽上设置H型钢定位架，固定插入型钢平面位置，型钢定位架必须牢固、水平。将H型钢底部中心对正桩位中心并沿定位架缓慢垂直插入水泥搅拌桩桩体内，见图6.7-23。下插过程中始终用线锤跟踪控制H型钢垂直度，施工垂直度需偏差不大于1/20，沿基坑轴线方向左右允许偏差为50mm，当偏斜过大不能调正时应拔起重打。

根据设计高程控制点，用激光水准仪（图6.7-24）引放到定位型钢上，根据定位型钢与H型钢顶高程的高度差，在定位型钢上搁置槽钢，焊ϕ8mm吊筋控制H型钢顶高程，误差控制在±5cm以内。

图6.7-23　定位架固定

图6.7-24　激光水准仪

待水泥土搅拌桩达到一定硬化时间后，将沟槽中定位型钢撤除。

若H型钢插放未达到设计高程时，则采取提升H型钢，重复下插使其插到设计高程，并采用振动锤振动打入高程，见图6.7-25。

k.施工记录。

施工过程中由专人负责记录，详细记录每根搅拌桩的钻进时间、提升时间、注浆量和H型钢的下插情况，记录要求详细、真实、准确。及时填写当天施工的报表记录（图6.7-26），隔天送交监理。

图6.7-25　振动锤辅助下放

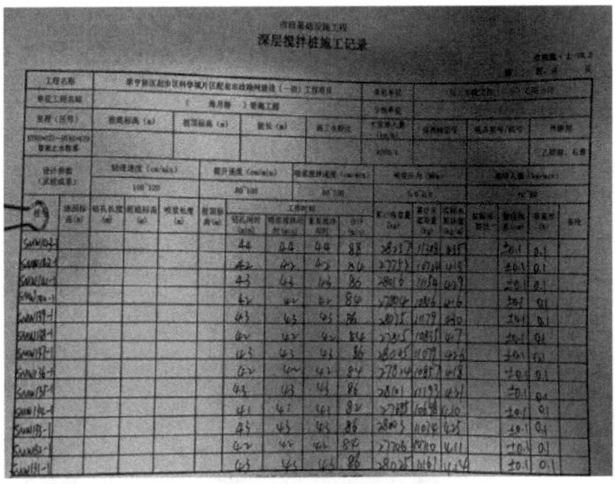

图6.7-26　三轴搅拌桩施工记录表

l.弃土处理。

三轴搅拌机搅拌轴设有螺旋式搅拌翼，钻进时有一定排土量，约30%以内，一般沉积在导沟内（为泥浆）。由于水泥掺量较大，排浆（土）短时间内易固结，在施工时应及时用挖机将导沟内的余浆挖出，集中堆放，固结后干土及时外运。

m.H型钢回收。

待综合管廊主体结构完成并达到设计强度后，将基坑回填至第一道支撑以下0.5m时进行支撑的拆除及H型钢的拔除。型钢拔除前，必须先进行冠梁上的清土工作，以保证千斤顶垂直平稳放置，见图6.7-27。

图6.7-27 清理桩间土

将两个千斤顶对准型钢平稳地安放在冠梁上，在要拔除的型钢的两边用起重机将起拔器吊起，冲头部分圆孔对准插入H型钢上部的圆孔并将销子插入，销子两端用开口销固定以防销子滑落，然后插入起拔架，使其与H型钢翼羽之间的锤型钢板夹住H型钢，见图6.7-28、图6.7-29。

图6.7-28 起拔架圆孔

图6.7-29 插销安装

开启高压油泵，两个千斤顶同时向上顶住起拔架的横梁部分进行起拔，待千斤顶行程到位时，敲松锤型钢板，起拔架随千斤顶缓缓放下至原位。待第二次起拔时，需用钢丝绳穿入H型钢上部的圆孔，吊住H型钢，并采用钢丝绳套孔（同一孔套入一根1.2m长绳作为受力绳断后保险）或副钩挂钢丝绳圈住型钢（圈住型钢位置距离桩顶须大于总桩长的1/8）做保险措施，见图6.7-30、图6.7-31。

待型钢拔出约12m后，使用等离子切割机进行人工热切割，见图6.7-32。将型钢截断并吊起至堆放区，采取分段拔出的方式将型钢拔出。

图6.7-30　千斤顶加力

图6.7-31　二次起拔

②灌注桩+水泥搅拌桩止水帷幕。

a.施工前准备。

根据各施工路段地形特点，对灌注桩施工区域进行场地整平，地质较软路段须进行砖渣换填等处理，使地基承载力能够满足灌注桩施工需要。进行泥浆池设置、机械进场及调试、材料准备、钢筋笼入场堆放等的准备工作。

b.桩位测放及高程控制。

根据设计图纸，由专业测量人员制作施工平面控制网，校测场地基准线和基准点、测量轴线、桩的位置及桩的地面高程。采用全站仪对每根桩孔进行放样见图6.7-33。为保证放样准确无误，对每根桩必须进行三次定位，定位偏差不大于20mm（用于控制钢筋保护层厚度）。

图6.7-32　型钢切割

图6.7-33　测量放样

c.埋设护筒。

因地质较差，护筒采用15mm厚的钢板加工制作，长度24m；顶部焊接两个吊环，供提拔护筒时使用。护筒的内径大于钻头直径100mm，并高出地面0.30~0.35m，同时应高于桩顶设计高程1m。埋设护筒应准确稳定，护筒埋设前先根据桩位引出四角控制桩，控制桩用ϕ10mm钢筋制作，打入土中至少30cm。四角控制桩必须经过现场技术人员复核无误方可施工，以保证护筒埋设精度。

采用履带式起重机配振动锤插放护筒，并采用钢丝绳穿过护筒顶部两个吊环，将钢丝绳套在振动锤上做保险措施，见图6.7-34。护筒振设时，需安排两名工人分别在护筒的东西向与南北向利用吊锤控制护筒垂直度，护筒埋设偏差不大于50mm，护筒埋设的垂直度控制在0.5%以内。护筒埋设完成后，露出地面部分四周用黏土回填，分层夯实。

图6.7-34　振动锤插放护筒

护筒埋设完毕后，采用十字线法进行二次测定孔位，见图6.7-35，并根据孔位偏差调整钻杆定位，确保定位无误。

图6.7-35　二次测定孔位

d.钻进成孔。

采用间隔成孔的施工顺序，刚完成混凝土浇筑的桩与邻桩成孔安全距离不小于4倍桩径，或间隔时间不小于36h。

当钻机就位准确后即开始钻进，在成孔过程采用泥浆正循环护壁，槽内泥浆液面应保持高于地下水位0.5m以上，泥浆的相对密度配置应保持孔壁稳定。

钻进时，钻头升降速度宜控制在0.75~0.80m/s之间，且每回次进尺控制在50cm左右，刚开始要放慢旋挖速度，并注意放斗要稳，提斗要慢。特别是在孔口5~8m段旋挖过程中，要注意通过控制盘来监控垂直度，如有偏差及时进行纠正，见图6.7-36。

图6.7-36　旋挖机钻进成孔

终孔后应进行复测，孔径按规范要求进行测量，确保孔径准确，并做好记录。复测无误后，应及时联合监理进行终孔验收，见图6.7-37、图6.7-38。

图6.7-37　终孔测孔深

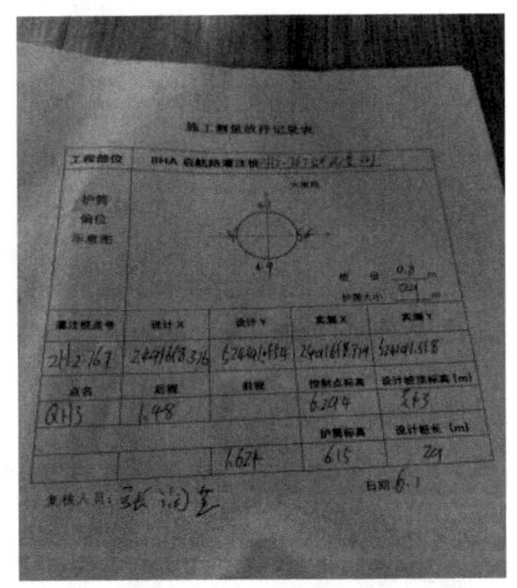

工程部位

护筒偏位示意图

灌注桩点号	设计X	设计Y	实测X	实测Y
点名	后视	前视	控制点标高	设计桩顶标高(m)
			护筒标高	设计桩长(m)

复核人员：

日期

图6.7-38　终孔点位复测

e.一次清孔。

钻进至设计孔深后，将钻斗留在原处机械旋转数圈，将孔底虚土尽量装入斗内，起钻后仍需对孔底虚土进行清理。用泥浆正循环清孔加用沉渣处理钻斗来排出沉渣。

f.钢筋笼的制作。

钢筋笼宜分段制作。分段长度应视成笼的整体刚度，来料钢筋长度及起重设备的有效高度因素应合理确定。

钢筋笼制作前，应将主钢筋校直，清除钢筋表面污垢锈蚀等，钢筋下料时应准确控制下料长度。

钢筋笼外形尺寸应符合设计要求，钢筋笼主筋混凝土保护层50mm，允许偏差为±20mm。

环形箍筋与主筋的连接应采用点焊连接；螺旋箍筋与主筋的连接可采用铁丝绑扎并间隔点焊固定；加强箍必须电焊成封闭箍，加强环箍必须与主筋焊接。主筋接头应间隔错开且间距符合混凝土结构设计规范要求，在同一截面上的接头不得多于总根数的1/4。同一截面上钢筋接头面积不得超过钢筋总面积的25%。

成形的钢筋笼应平卧堆放在干净平整的地面上，堆放层数不应超过2层。

钢筋笼应经中间验收合格后方可安装。

为保证钢筋保护层厚度，在钢筋笼横断面上应对称焊接4个定位垫块，垫块沿纵向对齐，垫块纵向间距不大于4m，见图6.7-39。

图6.7-39　钢筋笼制作

g.钢筋笼的安装。

钢筋笼制作完成并运输至施工现场后，应进行钢筋笼尺寸及材料验收工作，见图6.7-40。

图6.7-40　钢筋笼进场验收

采用汽车起重机吊装钢筋笼，起吊吊点宜设在加强筋部位，对准桩孔中心放入孔内。如桩孔较深，钢筋笼应分段加工，在孔口处进行对接。钢筋笼在起吊、运输和安装中应采取措施防止变形。钢筋笼安装深度应符合设计要求，其允许偏差±100mm，见图6.7-41、图6.7-42。

图6.7-41 钢筋笼下放

图6.7-42 钢筋笼对接

h.二次清孔。

第二次清孔在安装导管后，利用导管输送循环泥浆。清孔后孔底泥浆的含砂率应小于或等于2%，黏度为18~22Pa·s，泥浆相对密度为1.1~1.25，灌注混凝土之前孔底沉渣厚度应不大于200mm。图6.7-43所示为泥浆指标检测。

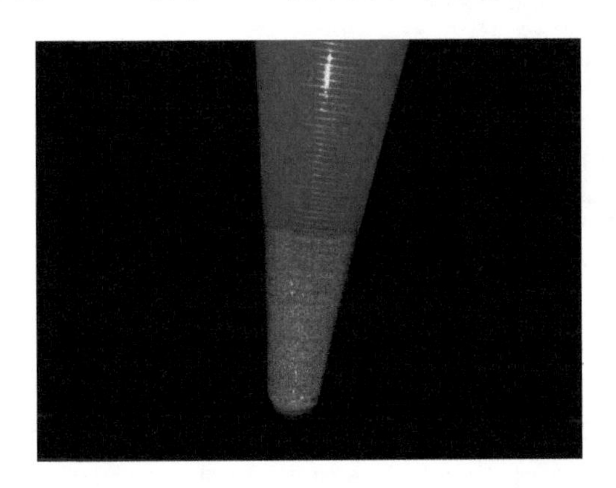

图6.7-43 泥浆指标检测

i.水下混凝土灌注。

桩身混凝土设计强度等级为水下C30，采用商品混凝土。混凝土的初凝时间应根据气温、运距及灌注时间长短等因素确定，并满足现场使用要求。混凝土可经试验掺配适量缓凝剂。在水下混凝土灌注前应会同监理对该桩孔进行终孔隐蔽验收、签字，合格后方可灌注，见图6.7-44。

混凝土拌合物应具有良好的和易性，灌注时应能保持足够的流动性，坍落度宜为160~220mm，且应充分考虑气温、运距及施工时间的影响导致坍落度损失。混凝土到场后，项目管理人员应进行混凝土坍落度试验，检测合格后方可使用，见图6.7-45。

图6.7-44 终孔验收

图6.7-45 坍落度试验

首批灌注混凝土的量应能满足导管首次埋置深度1.0m以上的需要。首批混凝土入孔后，应连续灌注，不得中断。在灌注过程中，应保持孔内的水头高度。导管的埋置深度宜控制在2~6m之间，并应随时测探孔内混凝土面的位置，及时调整导管埋深；在确保能将导管顺利提升的前提下，方可根据现场的实际情况适当放宽导管的埋深，但最大埋深应不超过9m。

当导管提升到丝扣接头露出孔口以上一定高度后，拆除1节或2节导管。暂停灌注，先取走漏斗，重新拴牢井口的导管，并挂上升降设备，然后松动导管的接头螺栓，同时将起吊导管用的吊钩挂入待拆的导管上端的吊环，待螺栓全部拆除，吊走被拆的导管，将混凝土漏斗重新接到井口的导管上，校正好位置，继续灌注。拆除导管动作要快，以10min控制。要防止螺栓、橡胶垫和工具等掉入孔中，并注意人身安全。已拆下的管节要立即清洗干净，堆放整齐。

水下混凝土灌注过程中，应采取措施防止钢筋骨架上浮，见图6.7-46。当灌注的混凝土顶面距钢筋骨架底部以下1m左右时，应降低灌注速度；混凝土顶面上升到骨架底部4m以上时,宜提升导管,使其底口高于骨架底部2m以上后再恢复正常灌注速度。

混凝土灌注至桩顶部位时,应采取措施保持导管内的混凝土压力,避免桩顶泥浆密度过大而产生泥团或桩顶混凝土不密实、松散等现象;在灌注将近结束时,应核对混凝土的灌入数量,确定所测混凝土的灌注高度是否正确。灌注桩桩顶高程应比设计高程高出不小于0.5m,以保证桩顶混凝土强度;当存在地质条件较差、孔内泥浆密度过大、桩径较大等情况时,应适当提高其超灌的高度;超灌的多余部分在冠梁施工前应凿除,凿除后的桩头应密实、无松散层,混凝土应达到设计规定的强度等级。

图6.7-46 水下混凝土灌注

j.拔除护筒。

待混凝土浇筑完成、导管拔出后,即可将护筒拔除。采用履带式起重机配振动锤拔除护筒,并采用钢丝绳穿过护筒顶部两个吊环,将钢丝绳套在振动锤上做保险措施。将振动锤与护筒固定相连,分别正向旋转和反向旋转钻杆几次;护筒松动后,提升钻杆拔出护筒。

k.水泥搅拌桩止水帷幕。

施工工艺同管廊地基处理坑内土加固。

③钢板桩。

a.施工前准备。

根据各施工路段地形特点,对钢板桩施工区域进行场地整平,地质较软路段需进行石渣、砖渣换填处理或施工时垫钢板,使地基承载力能够满足钢板桩机施工需要。进行钢板桩材料堆放场地平整、机械进场调试等的准备工作。

b.测量放样。

根据钢板桩设计布桩图确定桩位坐标,现场采用全站仪或GNSS按照5~10m间距放出桩位,采用红色塑料袋等显眼物品标记,并撒石灰将放样桩位连接。放样后随机踩点复核桩位,桩位误差不大于100mm,确认无误后方能进行后续施工,见图6.7-47。

图6.7-47　钢板桩材料进场验收

c.钢板桩进场。

钢板桩材料进场后，项目现场技术员联合机材部、质检部对钢板桩材质、型号、外观尺寸等进行内部验收，见图6.7-48。待内部验收合格后，联合监理进行材料进场验收工作。钢板桩应分层堆放，每层堆放高度不超过1.5m。

d.导向架的安装。

在钢板桩施工中，为保证沉桩轴线位置的正确和桩的竖直，控制桩的打入精度，防止板桩的屈曲变形和提高桩的贯入能力，需设置一定刚度的、坚固的导向架，见图6.7-49。项目以H型钢作为导向架，导向架背面插打两根钢板桩固定，位置应尽量垂直，并不能与钢板桩碰撞。

图6.7-48　钢板桩材料进场验收

图6.7-49　导向架设置

e.钢板桩施打。

钢板桩插打前，在板桩的锁口内涂油脂，以方便打入拔出。钢板桩机夹桩起吊前，需套设保险绳，见图6.7-50，防止在钢板桩起吊过程中，钢板桩机振动锤液压系统突然损坏，导致钢板桩坠落。

图6.7-50 保险绳设置

钢板桩施打要求锁扣紧密，在封端转角处要使用转角板桩。现场采用屏风式打入法施工，该施工方法不易使钢板桩发生屈曲、扭转、倾斜和墙面凹凸，打入精度高，易于实现封闭合拢。施工时，将10~20根钢板桩成排插入导架内，使它呈屏风状，然后再施打。通常将屏风墙两端的一组板桩打至设计高程或一定深度后，在中间按顺序分1/3或1/2板桩高度打入。

在钢板桩插打过程中，现场工人利用吊锤双向控制钢板桩垂直度，垂直度偏差不大于1/150，沿基坑轴线方向左右允许偏差为100mm，当偏斜过大不能用拉齐方法调正时，应拔起重打，见图6.7-51。

图6.7-51 钢板桩插打

f.钢板桩拔除。

管廊基坑回填满足设计规定高度后，进行钢板桩拔除，以便重复使用。采用振动锤将板桩锁口振活，扰动土层，破坏钢板桩周围土的黏聚力，以克服拔桩阻力，依靠附加起吊力的作用将桩拔除。对拔桩后留下的桩孔，必须及时回填粗砂处理。

钢拔桩拔除起点应离开角桩5根以上，可根据沉桩时的情况确定拔桩起点，必要时也可用跳拔的方法，拔桩的顺序最好与打桩时相反。对引拔阻力较大的板桩，采用间歇振动的方法，每次振动15min，振动锤连续不超过1.5h。

④冠梁施工。

灌注桩的冠梁宽度为100cm，高度为80cm，SMW工法桩的冠梁宽度为120cm，高度为80cm。

a.支护桩头破除。

根据冠梁设计图现场测量放样后，将灌注桩或工法桩桩顶两侧土方开挖至冠梁设计底面高程。用无齿锯绕桩头环向一周切割，深度为3~4cm，采用风镐将钢筋主筋剥离，当全部钢筋凿出后切断桩头。对已断开的桩头，钻出吊装孔，插入钢钎，用起重设备将已断裂脱离的桩头吊出，起重设备应垂直起降，不能左右晃动，避免桩头倾倒将桩基主筋压成死弯，见图6.7-52。

b.垫层施工。

为方便后续冠梁模板安装及实体浇筑，在冠梁底部设置5cm垫层，见图6.7-53。待破除桩头的残渣清理完成后，测量放样出冠梁设计边线外扩5cm，利用方木固定后作为垫层模板，进行垫层浇筑施工，垫层混凝土强度等级为C20。

图6.7-52　支护桩头破除

图6.7-53　冠梁垫层浇筑

c.钢筋绑扎。

根据设计冠梁边线进行冠梁钢筋放线定位，对冠梁钢筋进行绑扎，钢筋随铺随扎，做到纵横成线，主梁与格构柱之间绑扎搭接必须严格按设计图纸要求进行绑扎搭接，见图6.7-54。采用水泥砂浆垫块，设置50mm保护层。钢筋、预埋筋绑扎完成后需联合监理进行验收并做好隐检手续。

d.模板安装。

冠梁钢筋验收完成后，项目测量人员校核轴线，放出模板边线及高程。采用1.5mm胶合板做冠梁侧壁模板，顶部钉方木后，使用钢筋对拉固定，模板安装完成后对模板支撑系统进行内外部验收工作，见图6.7-55，确保模板具有足够的强度、刚度、稳定性要求。

e.混凝土浇筑。

混凝土浇筑前，检查清理模板内的泥土、垃圾、木屑、积水和钢筋上的油污等杂物，修补嵌填模板缝隙，加固好模板支撑，以防漏浆，并在模板上弹好混凝土浇筑高程线。采用C30混凝土进行冠梁浇筑施工，混凝土坍落度要求到场为180~220mm。浇捣过程中，应注意防止混凝土的离析，混凝土自料斗内卸出进行浇筑时，控制其自由倾落高度一般不超过2m。

图6.7-54　冠梁钢筋浇筑

图6.7-55　冠梁模板安装

冠梁混凝土振捣采用插入式振捣器，振动器移动间距不宜大于作用半径的1.5倍，单模混凝土浇筑长度30m，使用振动器快插慢拔，每点振捣时间不得小于20~30s，振捣时避免强振模板，见图6.7-56。混凝土浇捣完毕待终凝时，采用覆盖塑料薄膜及浇水保湿养护。

⑤基坑支护与开挖。

a.土方开挖。

待管廊基坑支护施工完成后，进行基坑土方开挖，见图6.7-57。总体开挖原则应遵循“分段、分层、间隔、平衡开挖”。基坑软土层应分段跳槽开挖，分段长度宜为15~30m，在基坑周边环境敏感时，应适当减小分段长度；基坑开挖分层厚度不得大于支撑的竖向间距，流塑状软土

图6.7-56　冠梁混凝土浇筑

不应超过1m；禁止采用掏脚的方法挖土。根据场地地质条件等因素选择不同型号挖机进行开挖，不得超挖，土方车车装土拉至弃土场或其他需用土区域堆放，开挖全过程安排专人旁站，见图6.7-58。

基坑开挖过程中，挖机应谨慎操作，避免破坏围护桩。施工中禁止机械碾压、碰撞支撑；必须跨越时应在支撑两侧采用道砟堆高300mm，采用路基箱或走道板跨越。

基坑开挖过程中，周边荷载应满足以下要求：

(a)基坑周边20m场地范围内地面荷载不得大于20kPa，且基坑2m范围内不得有任何荷载。

(b)坑顶堆土的坡脚至基坑上部边缘距离不宜少于1.5倍基坑深度，弃土堆置高度不宜超过1.5m，软土地区基坑周边3倍基坑深度范围内严禁堆土。

图6.7-57 土方开挖

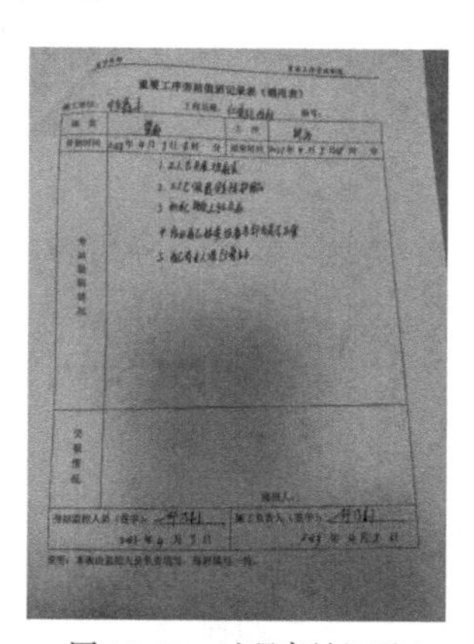

图6.7-58 过程旁站记录

针对检测需求的试验桩及部分因地质条件变化未及时调整配桩导致在管廊基坑内侧的管桩，在保证施工安全的前提下，每2m进行截断。

基坑开挖到底后应及时浇筑素混凝土垫层，并应浇筑到边，坑底无垫层暴露时间不大于24h。

b. 支撑安装。

待土方挖到设计高程后，人工清理支护桩上牛腿焊接面，见图6.7-59。采用激光水平仪控制牛腿高程，按照2m间距布置，并检查牛腿焊缝是否饱满、无焊渣等，见图6.7-60。

牛腿安装完成后，进行腰梁吊装。腰梁6m一道，通长布置。先将汽车起重机钢丝绳与腰梁和吊点绑扎好，见图6.7-61。对准基准线，指挥起重机下降，工人辅助将腰梁架在牛腿上，经过初校正后，脱钩、拆除钢丝绳。腰梁内侧面需紧靠支护桩，若间距过大，需在该处焊接工字钢，作为腰梁与支护桩之间支撑点，见图6.7-62。

腰梁架设完成后，量取腰梁内侧间距，进行钢支撑拼装，见图6.7-63。钢支撑4m一道，先将汽车起重机钢丝绳与钢支撑和吊点绑扎好。对准基准线，指挥起重机械下降，工人辅助将钢支撑两端的7字扣架在冠梁或腰梁上。利用液压顶升装置在支撑与冠梁或腰梁连接处施加预应力，见图6.7-64，在调节伸缩端塞紧钢楔块后，将千斤顶卸力拆除。

图6.7-59 牛腿安装

图6.7-60 焊缝检查

图6.7-61 腰梁架设

图6.7-62 焊接工字钢

图6.7-63 钢支撑拼装

图6.7-64 千斤顶架设

钢支撑安装需掌握好“分层、分段、分块、对称、限时”五个要点，并遵循“竖向分层、水平分区分段、开挖支撑、先撑后挖、严禁超挖、基坑底垫层要求随挖随浇”的原则。支撑的安装与土方施工紧密结合，在土方挖到设计高程的区段内，及时安装支撑并发挥作用。按时限施加支撑预应力，减少基坑暴露时间。要严格控制支撑端部的中心位置，且与支护结构面垂直，接触位置平整，使之受力均匀。

钢支撑安装轴线、高程必须做好技术复核工作。焊接管端头与法兰盘焊接处，法兰端面与轴线垂直偏差控制在1.5mm以内，每根钢支撑的安装轴线偏差不大于2cm。支撑安装完成后，应组织项目工程技术部与安监部根据支撑验收表进行联合验收，验收合格后组织与监理进行联合验收，严格控制支撑安装质量，见图6.7-65。

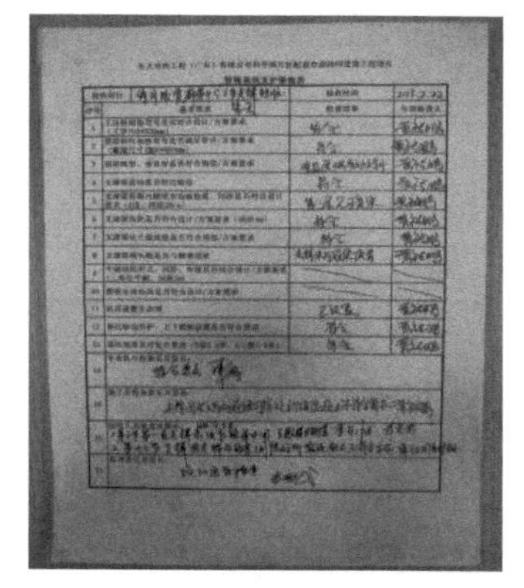

图6.7-65　支撑验收

管廊基坑施工过程中，需对支撑轴力进行监测，见图6.7-66。采用弦式反力传感器或应变片直接布置于装配式钢支撑构件主要受力点，通过传导电缆线将变形应力进行集成，监测频率正常情况下1~2次/d，异常情况下3~6次/d。监测结果由专业人员进行分析，及时通报监测数据，对基坑变形进行实时监测，见图6.7-67。

图6.7-66　支撑轴力传感器安装

翠亭新区起步区科学城片区配套市政路网建设工程监测报告

钢支撑 轴力监测成果表

天气：[illegible]　　表GCL- C138 -2

工程名称：翠亭新区起步区科学城片区配套市政路网建设工程　　工程地点：启航路管廊基坑工程三段、四段、东段、一段、二段

监测单位：湖南省勘测设计院有限公司　　监测仪器：HBO9A型振弦式测读仪　编号：295773　检定有效期：2024/4/18

本期监测时间：2023/5/26　　本期监测次数：第 198 次　　与上期间隔：2.0 天

上期监测时间：2023/5/24　　首次监测时间：2022/8/20　　与首次相隔：279.0 天

点号	轴力计编号	上期累计轴力值(kN)	本期累计轴力值(kN)	本期变化值(kN)	控制值(kN)	监测预警等级
QHL-GLC-GL07-2	3001027	323.54	483.09	159.55	4650	未预警
QHL-GLC-GL19-1	150232	371.53	374.86	3.33	4650	未预警
QHL-GLC-GL29-1	150238	497.92	505.22	7.30	4650	未预警
QHL-GLC-GL14-1	150252	356.34	339.14	-17.20	4650	未预警
QHL-GLC-GL07-1	150254	237.78	215.41	-22.37	4650	未预警
QHL-GLC-GL27-2	3001032	1618.53	1646.76	28.23	4650	未预警
QHL-GLC-GL01-2	3001033		拆除			
QHL-GLC-GL20-1	150248	129.73	115.24	-14.49	4650	未预警
QHL-GLC-GL28-1	150233	491.73	492.31	0.58	4650	未预警
QHL-GLC-GL30-1	150245	402.69	421.37	18.68	4650	未预警
QHL-GLC-GL18-2	3001018	拆除				
QHL-GLC-GL06-1	400503	362.97	390.28	27.31	4650	未预警
QHL-GLC-GL05-1	3001020	394.33	463.52	69.19	4650	未预警
QHL-GLC-GL06-2	400482	拆除				
QHL-GLC-GL05-2	400484	419.13	456.09	36.96	4650	未预警
QHL-GLC-GL14-2	400613	拆除				
QHL-GLC-GL15-1	400614	-94.67	-149.77	-55.10	4650	未预警
QHL-GLC-GL15-2	400615	182.80	139.28	-43.52	4650	未预警
QHL-GLC-GL04-1	150257	398.92	433.12	34.20	4650	未预警
QHL-GLC-GL28-2	3001017	拆除				
QHL-GLC-GL19-2	3001031	拆除				
QHL-GLC-GL29-2	150253	拆除				
QHL-GLC-GL20-2	3001030	拆除				
QHL-GLC-GL30-2	3001022	-25.71	-61.21	-35.50	4650	未预警
QHL-GLC-GL21-2	3001024	拆除				
QHL-GLC-GL31-1	150247	291.08	288.33	-2.75	4650	未预警
QHL-GLC-GL04-2	3001050	拆除				
QHL-GLC-GL32-1	3001026	436.19	1209.47	773.28	4650	未预警
QHL-GLC-GL33-1	150260	72.38	65.83	-6.55	4650	未预警
最大值		1618.53	1646.76	159.55		

备注：1．表中变化值为支撑轴力值，正值表示压力，负值表示拉力。

图6.7-67　轴力监测报告

c.支撑拆除。

传力带达设计强度后可拆除第二道支撑，回填至第一道支撑以下1m位置可拆除第一道支撑。

工人穿戴好安装带后，爬上支撑绑扎钢丝绳，拆除时起重机配合吊拆，使钢丝绳拉紧但不受力。钢支撑拆除准备工作完成后，安装千斤顶，千斤顶分级卸力，拆除时避免瞬间预加应力释放过大而导致结构局部变形、开裂。采用千斤顶支顶并适当加力顶紧，然后切开活络头钢管、补焊板的焊缝，千斤顶逐步卸力，停置一段时间后继续卸力，直至结束。

卸力后，将活络头等活动配件卸下，单独调运。卸力后工人、辅助起重机配合汽车起重机把钢支撑移向脚手架一边，避开上部支撑，然后起吊。支撑吊起后，主起重机和辅起重机配合调整支撑的位置和方向，使钢支撑倾斜一定角度，辅起重机牵引上端，避让上部支撑吊出基坑。吊出基坑并转移到基坑边后，卸去辅起重机吊钩，由主起重机放落在指定存放点。钢支撑吊装过程要缓慢，司索工看好基坑情况，利用对讲机指挥起重机司机，避免钢支撑刮碰坑壁、冠梁、上部钢支撑等。

d.基坑回填。

待管廊结构达到设计强度的80%以上后，进行回填施工。管廊基坑两侧及管廊顶部1m范围内回填应采用石屑，顶部1m范围以上应采用砂性土。

管廊两侧应对称、分层、均匀回填，下层压实度经检验合格后，再填筑上层。

管廊顶板顶部1m范围内回填材料应采用人工分层夯实，当顶板上的回填材料厚度超过1m时，才允许采用机械回填碾压；回填过程中应特别注意对已施工的结构防水层进行保护，避免破损防水层，见图6.7-68。

图6.7-68　管廊基坑分层回填

(3)管廊主体结构。

①测量放样。

根据设计图纸，由专业测量人员制作施工平面控制网，校测场地基准线和基准点、测量轴线、桩的位置及桩的地面高程。利用全站仪从已知水准点进行引测，转至管廊底后确定管廊垫层、管桩截桩高程，并用红漆做好标记，见图6.7-69。

图6.7-69　引测放样

②截桩。

根据测量放样高程，利用激光水准仪在每根管桩上标记出设计桩顶高程。调整据桩器到指定位置，依据标记线对管桩进行切割施工，严格控制桩顶高程，高程误差小于或等于50mm。管桩截桩高度不得大于2m，严禁采用大锤横向敲击截桩或强行扳拉截桩，见图6.7-70。

图6.7-70　截桩

③桩芯浇筑。

将桩芯2m范围内的杂物、泥土及积水清理干净后，放置桩芯钢筋笼，桩芯钢筋笼锚固钢筋伸入承台或底板内的长度应大于或等于92cm，伸入管桩长度应大于或等于2m。桩芯2m范围内浇筑C30微膨胀混凝土，浇筑混凝土时需采用振捣棒将混凝土振捣密实，并收面平整，见图6.7-71。

④垫层及传力带浇筑。

基底整平清理后，浇筑第一次垫层混凝土，第一次垫层为10cm厚C20素混凝土，全断面浇筑(基底土较烂时,铺设一层5cm厚石粉);管桩承台模板安装完成后,见图6.7-72,将承台外区域浇筑第二次混凝土,第二次垫层为30cm厚C20素混凝土,见图6.7-73。

图6.7-71 桩芯混凝土振捣

图6.7-72 承台模板安装

图6.7-73 承台浇筑

第二次垫层混凝土初凝后,安装传力带模板,浇筑时在传力带顶部预留10cm×10cm截水槽,并在尾端设置集水坑,见图6.7-74。

⑤主体防水。

a.管廊底板外侧防水施工。

(a)基底处理。

施工前,将混凝土垫层清理、清扫干净,必要时用吸尘器或高压吹尘机吹净,保证基层表面无灰尘、无油污,见图6.7-75。基层表面应坚实、平整、基本干燥,不得有明水,允许出现局部潮湿部位,不得有酥松、掉灰、空鼓、裂缝、剥落和污物等存在。若出现上述情况,采用聚合物砂浆修补。

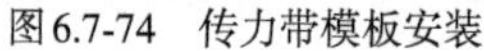

图6.7-74　传力带模板安装

图6.7-75　基底清理

(b)铺设1.5mm厚预铺式高分子自粘胶膜防水卷材(非沥青基)。

高分子自粘胶膜卷材防水卷材与底板采用预铺反粘法施工。沿管廊方向纵向铺设,在已处理好的基层表面,按照所选卷材的宽度,留出搭接缝尺寸,与侧墙搭接的尺寸预留大于或等于550mm。揭开搭接部位的隔离膜,长、短边自粘搭接,搭接宽度大于或等于80mm。搭接处用工具压实,粘贴牢固,接口封严。

(c)保护层施工。

底板防水卷材施工完毕后,为防止底板钢筋绑扎过程中对其产生破坏,浇筑一层50mm厚的细石混凝土作为保护,见图6.7-76。

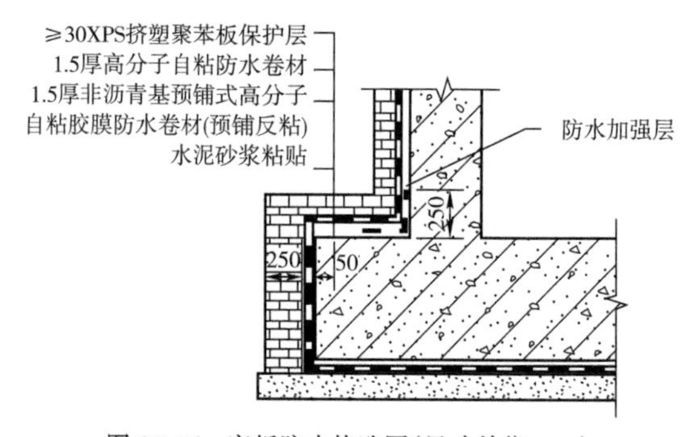

图6.7-76　底板防水构造图(尺寸单位:mm)

注:底板防水层先上翻至砖胎膜外边缘,在侧墙防水层施工前,将底板防水层翻至底板混凝土上,用水泥砂浆粘贴牢固,必要时用射钉固定,最后将侧墙防水层与底板防水层搭接好,保证防水层的完整性。

b.管廊侧墙、顶板外侧防水施工。

(a)基层处理。

施工前,将混凝土表面清理、清扫干净,必要时用吸尘器或高压吹尘机吹净,并将基面杂物、尖锐突出物及浮浆等异物清除,保证基层表面无灰尘、无油污、坚实平整。

当混凝土表面存在蜂窝麻面时,可采用涂刮1~2mm厚聚合物浆料修补孔洞及封闭混凝土表面气泡孔,并涂刷一道基层处理剂;顶板涂刷2.0mm厚双组分高分子复合防水涂料,见图6.7-77。

图6.7-77 涂刷防水涂料

(b)铺设高分子自粘防水卷材。

高分子自粘防水卷材与侧墙、顶板采用空铺法施工。铺设卷材应先铺平面，后铺立面，卷材接缝应留在平面，距立面宽度大于或等于250mm，且需使用密封膏将搭接边作密封处理。

在立面铺设卷材时自上而下铺贴，一边铺贴一边撕除隔离膜，保证粘贴密实，搭接宽度大于或等于80mm；侧墙防水卷材与底板预留防水卷材搭接时，底板防水卷材在下层，侧墙在上层，搭接宽度大于或等于150mm，见图6.7-78、图6.7-79。

图6.7-78 顶板防水卷材铺设图

图6.7-79 防水卷材搭接长度检查

c.保护层施工。

(a)侧墙防水卷材保护层。

使用强力双面胶将30mm厚挤塑聚苯板粘贴至侧墙防水卷材外侧，施工时，应错缝拼装见图6.7-80。

(b)顶板防水卷材隔离层。

顶板防水卷材铺设完成后，及时铺设一层无纺布隔离层，隔离层在管廊左右侧各预留250mm，用胶粘剂粘贴紧密，不得翘边，见图6.7-81。顶板防水卷材隔离层的作用是隔离混凝土与防水卷材，使两者之间脱离。

图6.7-80　挤塑聚苯板

图6.7-81　无纺布粘贴

（c）C20细石混凝土保护层。

进行混凝土保护层施工，保护层采用50mm厚的C20细石混凝土，保护层浇筑时，侧面需安装模板，以保证边缘保护层厚度；并要注意对防水层的保护，严禁使用铁质工具进行混凝土抹平，见图6.7-82。

图6.7-82　顶板防水保护层支模浇筑

d.管廊内侧防水施工。

管廊主体浇筑完成后，底板与侧墙内侧涂刷水泥基渗透结晶型防水涂料，用量不应少于1.5kg/m^2，且总厚度应不小于1.0mm，施工可采用横竖"十"字交叉涂刷法和喷涂法。涂刷法需用棕刷或半硬的尼龙刷刷子（采用人造纤维为较佳）施工涂刷；若以喷涂方式施工，采用坠斗式或活塞浆式器材搭配专用喷枪喷涂。共涂刷两遍，涂层要求均匀。防水层搭接宽度不小于100mm，施工时在搭接处用水湿润后直接施工防水层。

涂刷时，"十"字交叉纵横地刷，要稍加用力，保证各处都均匀涂到；喷涂时喷嘴距基面要近些，以保证灰浆能喷进表面微孔或微裂纹中。

在第一遍防水涂层完成后，侧墙部分用手指轻压无痕，底板部分用脚轻踩后不粘脚，即可进行第二遍防水涂层施工,涂刷至满足设计要求用量,如第一层防水涂层太干则应先喷水湿润养护。

水泥基渗透结晶型防水涂料完成涂刷工作后,应采取通风措施,加速空气流通,保证防水涂层正常干固。防水涂层表面初凝至足够硬度时(用手指触压无痕)应穿着软底胶鞋进入防水层施工范围,进行喷洒水养护处理,48h内须喷洒清水3~4次。

e.细部节点施工。

桩头防水处理见图6.7-83。

桩头清理:将桩身上的泥土、浮浆、松动的碎石等清理干净,保证混凝土基层的洁净,钢筋调整到位。

水泥基渗透结晶防水涂料施工:水泥基渗透结晶防水涂料涂刷部位包括桩顶、桩侧及桩体周边150mm范围,分两遍进行涂刷,见图6.7-84;为保证其厚度,材料用量控制在1.5kg/m²,整体厚度大于或等于1.0mm。

防水层铺设:底板大面防水层施工,防水卷材收于桩头距离10~20mm处。

卷材收头处理:采用与大面防水层配套的节点密封膏将防水卷材与桩头接缝处密封处理。

止水胶(条)施工:桩主筋根部打遇水膨胀止水胶(条),止水胶(条)应与钢筋贴合紧密、牢固。

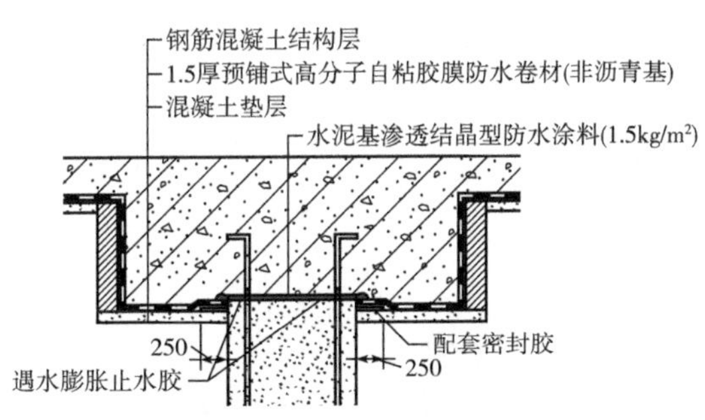

图6.7-83 底板桩头防水构造图(尺寸单位:mm)

图6.7-84 底板桩头水泥基涂刷

底板变形缝防水处理见图6.7-85。

防水加强层:采用1.5mm交叉压膜自粘防水卷材在底板变形缝处对中铺设防水加强层,加强层宽度应满足(大于或等于缝宽+500mm)。

聚乙烯泡沫棒:铺设防水加强层后,在施工缝中心位置处放置直径不小于30mm的聚乙烯泡沫棒,在一定程度上也可对变形应力予以缓冲。

外贴式橡胶止水带:底板防水层施工完成后,将外贴式橡胶止水带中心与变形缝对齐铺设,且在两边侧墙施工缝各预留超管廊顶板50cm左右长度。

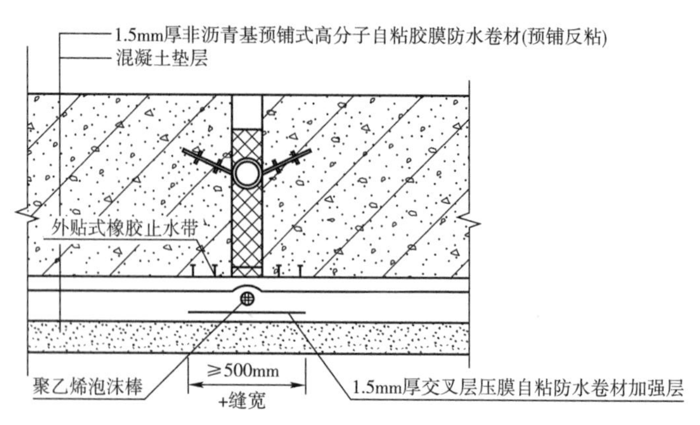

图6.7-85　底板变形缝防水构造图

安装带钢边止水带：按设计要求，将止水带放在规定的部位，利用钢边橡胶止水带两边的安装孔，用铁丝将钢边橡胶止水带与钢筋网捆扎定位。钢边橡胶止水带定位时，应两边钢带外侧高于中间橡胶止水带形成V字形安装。模板应严格按施工操作规程要求进行施工，安装在钢边止水带的中间橡胶O形环上下两面间的平面上，模板要牢固，谨防混凝土浇灌振捣时模板移位。安装好的钢边橡胶止水带在施工时一定要保护和支撑好未浇捣混凝土部分的橡胶止水带，在浇捣止水带附近混凝土时要细微振捣，尤其在水平部分，止水带下缘的混凝土更要细微，使混凝土中的气泡从钢边橡胶止水带翼下跑出来，见图6.7-86。

(a)底板侧墙施工缝防水处理。

钢板止水带安装时折边面向迎水面，并设置控制高程与位置限位，第一次混凝土浇筑高度为钢板止水带宽度的一半，见图6.7-87。

图6.7-86　止水钢板焊接图

图6.7-87　遇水膨胀止水条设置

钢板搭接方式：规范要求钢板搭接不小于20mm，双面满焊，为保证钢板焊接质量，本工程钢板双面搭接焊接长度为150mm。

钢板固定：钢板就位调整好垂直度后将上口点焊在水平定位筋，并将中部限位筋(原已焊牢在钢板上)与外墙立筋点焊牢固。

转角处工艺要求：转角处钢板优先采用成品弯折钢板，或者采用丁字形焊接现场焊接，本工程采用工厂焊制的成品转角钢板。

支模、浇筑及后续处理：本工程按照施工方案要求，在混凝土浇筑时保证止水钢固定牢靠，拆模后对混凝土表面进行了凿毛，并及时清理了止水钢板上的浮浆。

(b)带钢边止水带热硫化对接。

用铆钉将U形箍件固定在钢边上，所需胶料放入止水带预留间隙中，胶料尺寸按预留间隙尺寸裁剪，盖上模，然后拧紧螺栓。

合上电源，当温控仪温度显示达到规定温度(135~160℃)时，温控仪红灯亮起，自动断电，同时开始记录硫化时间，硫化时间根据钢边止水带的厚度确定(350mm×10mm钢边止水带硫化时间为15~30min)，达到硫化时间后，断开电源，出模，见图6.7-88。

图6.7-88　钢边止水带热熔对接

f.变形缝施工。

嵌入聚乙烯发泡填缝板：嵌填密封材料之前应对变形缝进行清理，见图6.7-89，并应涂刷基层处理剂，确保密封材料和缝两侧基面黏结紧密。

填充双组分聚硫密封胶：密封膏填充应饱满、均匀、密实。与接缝两侧混凝土面密实粘贴，任意部位均不得出现空鼓、气泡、与两侧基层脱离现象。密封膏表面应平整，不得突出接缝混凝土表面。嵌缝完毕后，密封膏未固化前，应做好保护工作。

图6.7-89　变形缝填缝板清理

铺贴防水加强层及聚乙烯泡沫棒：加强层及泡沫棒应铺贴顺直，不得有褶皱、弯曲，并且其中心线与变形缝中心线重合，见图6.7-90。

⑥主体钢筋绑扎。

a.钢筋加工。

钢筋在土方开挖前于钢筋厂统一加工，安排专人进行制作加工、钢筋验收、取样试验、焊接取样试验、进场及成品钢筋挂牌分类堆放等。钢筋制作前，首先根据设计图纸及规范要求计算下料长度、填写配料单，经审核后严格按照料单下料，每批配好的钢筋应分别编号、堆放，见图6.7-91。焊工必须持有上岗证，并且在规定的范围内操作。在正式焊接前，必须根据施工条件进行试焊，合格后方可施焊，并且在每批焊接件中按规范抽取试件进行试验。

图6.7-90　防水加强层设置

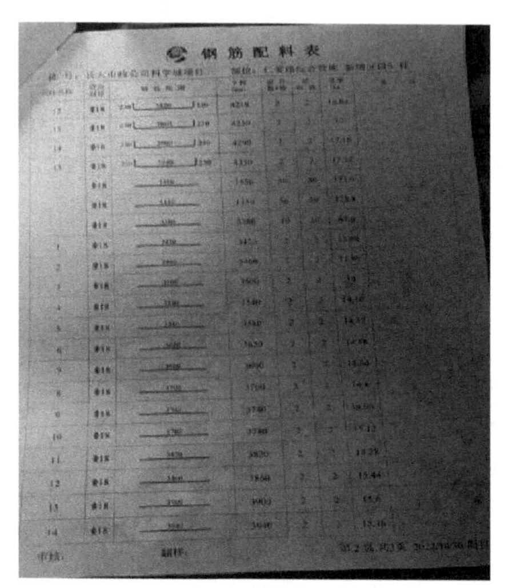

图6.7-91　钢筋翻样下料单

b.钢筋定位。

垫层表面放样出管廊主体位置，并用墨线弹痕标记，确定底板定位钢筋位置，见图6.7-92；侧墙通过焊接定位筋，将侧墙竖向钢筋和钢板桩焊接固定，保证钢筋竖向顺直，见图6.7-93。

图6.7-92　底板钢筋定位

图6.7-93　侧墙钢筋定位

c.钢筋绑扎。

钢筋绑扎自下而上进行，扎丝按梅花形布置(跳一格绑扎)，底板上下两层钢筋之间用马凳筋固定，墙体钢筋绑扎时采用临时支架固定，以防倾倒，见图6.7-94。顶板钢筋待底板浇筑完成，顶板模板搭设后进行施工，开始墙体插筋，墙体插筋应保证竖向钢筋在外侧，水平钢筋在内侧，顶板钢筋施工要求与底板钢筋相同。采用预制的M30水泥砂浆垫块，垫块要垫稳，布置间距为1m，呈梅花形布置，迎水面50mm，背水面35mm。

钢筋接头采用焊接时，焊接长度单面焊不得小于10d（d为钢筋直径），双面焊不得小于5d，焊缝饱满，采用搭接时，搭接长度不得小于46d，接头位置应相互错开，错开长度不小于35d且不小于500mm，见图6.7-95。

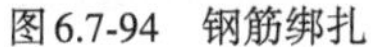

图6.7-94　钢筋绑扎

图6.7-95　钢筋搭接长度过程控制

⑦预埋件安装。

各种预埋件、预留孔都必须在模板封闭前按各专业有关图纸要求安装妥当，其高程、中心轴线偏差要求在5mm内，见图6.7-96、图6.7-97。

图6.7-96　传力杆安装

图6.7-97　预埋槽道安装

⑧模板安装。

模板采用15mm厚多层胶合板，竖向背楞、顶板底膜横向背楞为50mm×50mm×1.3mm方钢或50mm×100mm方木，布置间距均为20cm；横向背楞：48mm×3mm双钢管或100mm×100mm方木，布置间距分别为45cm及90cm；止水拉杆长度为d+30mm的ϕ10mm圆钢（d为墙壁厚度），布置间距为45cm，呈正方形布置。

模板安装前，应进行测量放线，用墨线弹出模板安装位置，拼缝应平整、严密不漏浆，背楞、拉杆严格按间距要求设置，且模板必须清理干净，脱模剂涂刷均匀，见图6.7-98。

在模板接缝处附加一根5cm×5cm方钢或5cm×10cm方木补缝，使用胶带或泡沫胶密封，施工缝位置使用5mm厚双面胶密封，防止漏浆烂根；模板必须拼缝严密，严格控制其中心线、几何尺寸、平整度、高程和起拱高度等；墙模对拉杆必须按要求设置，严禁漏设或不设，见图6.7-99。

图6.7-98 底板模板安装

图6.7-99 侧墙模板拼缝固定

顶板支架采用盘扣式支架，立杆横向间距为900mm或600mm(特定区域或需要加强的部位，立杆的横向间距会缩小到600mm；在常规区域，立杆的横向间距保持为90mm)，纵向间距900mm，步距1500mm，钢管脚部加设10cm×10cm木垫板。支撑体系必须按要求进行搭设，保证立杆间距、横杆步距、严禁漏设或不设抛竿和斜撑等；模板及其支撑体系均应落到实处，不得有"虚脚"，见图6.7-100、图6.7-101。

图6.7-100 侧墙模板固定

图6.7-101 盘扣支架搭设

实体混凝土浇筑完成后，需间隔24h且混凝土达到设计强度的80%以上方可拆除模板，拆模采取先支的后拆、后支的先拆，先拆非承重模、后拆承重模，先拆侧模、后拆底模和自上而下的拆除顺序，见图6.7-102、图6.7-103。

⑨管廊主体浇筑。

本项目管廊采用商品混凝土，采用汽车泵进行浇筑，主体分两层施工，纵向按设计变形缝分节段。混凝土浇筑前，底板积水、杂物、顶板杂物必须清理干净。浇筑前还应进行坍落度试验，见图6.7-104，确保混凝土性能符合要求。

图6.7-102 模板尺寸过程控制

图6.7-103 混凝土强度检测

图6.7-104 坍落度试验

第一次底板混凝土浇筑时，先浇筑底板，后浇筑倒角及40cm墙身部分。采用插入式振捣棒进行振捣，振捣要做到振捣布置均匀，快插慢拨；中埋式止水带位置，振捣棒应斜插入止水带下部进行振捣，防止止水带下部因振捣不到位产生空洞。墙身及顶板混凝土浇筑时，先浇筑墙身，后浇筑顶板，墙身混凝土应分层浇筑，分层厚度50cm。底板混凝土浇筑前，采用土工布覆盖模板，见图6.7-105，防止模板受混凝土污染，延长模板使用寿命；顶板完成浇筑初凝后，应进行二次收面，见图6.7-106。

模板拆除后，底板、墙身喷涂养护剂或洒水覆盖保湿土工布进行养护，养护时间不少于14d，见图6.7-107。

2)实施过程主要安全控制措施

(1)管廊地基处理。

①坑内土加固。

a.水泥搅拌桩机及水泥罐安装、拆卸时，起重机作业前应检查地基承载力是否满足，支腿有无垫板，且需配备专人佩戴对讲机进行指挥，遵循“十不吊”原则。

图6.7-105　土工布覆盖模板

图6.7-106　混凝土二次收面

图6.7-107　混凝土养护

b.泥浆搅拌池应设置围蔽并在显眼位置悬挂警示标牌，避免人员误坠泥浆池。

c.水泥搅拌桩机作业或移机前应检查地基承载力是否满足，同时检查桩机附近是否有人员逗留；若场地不平整需用挖机整平场地后方可移机。

d.水泥搅拌桩机设备维修时，维修人员登高需检查有无高处作业证件，登高作业应全程佩戴五点式安全带，作业前应向管理人员报备申请，作业时管理人员旁站监督。

e.台风等大风天气需关注风力等级，风力超过6级禁止作业，并将桩机钻杆的1/2钻入地下，加强桩机抗风强度；或者提前将桩机伏地，避免设备倾覆。

f.高温天气作业应在水泥搅拌桩机操作位上增设遮阳棚，向现场施工人员发放抗暑药品及清凉饮料，并调整作业时间，避免施工人员发生高温中暑。

②桩。

a.静压桩机作业或移机前应检查地基承载力是否满足，地质较软路段需进行砖渣或碎石换填处理，若场地不平整需用挖机整平场地后方可移机。

b.预应力管桩堆放场地应平整、坚实，桩堆存时，必须要有可靠的防滚、防滑措施。管桩堆放时管桩下方两侧应布置枕木，枕木位置位于距桩端距离为0.2*L*（*L*为管桩长度）。当场地允许时尽量采用单层叠放，受场地限制时可采用叠层堆放，叠层高度不得超过3层。管桩在现场堆放后，需要二次倒运时，宜采用起重机及平板车配合操作。

c.采用静压桩机起重机起吊管桩时，吊桩定位过程中，须将钢丝绳绑在不小于距离桩端0.3*L*处，避免管桩突然滑落。由司索工指挥管桩起吊，吊装前应检查确认吊装区域内无人。

d.静压桩机作业前，应检查桩机附近及桩机正下方是否有人员逗留。

e.管桩插打后，及时将地面空洞填埋。

(2)管廊深基坑支护。

①SMW工法桩。

a.三轴搅拌桩机作业或移机前应检查地基承载力是否满足，地质较软路段需进行砖渣或碎石换填处理，若场地不平整需用挖机整平场地后方可移机。

b.泥浆搅拌池应设置围蔽并在显眼位置悬挂警示标牌，避免人员误坠泥浆池。

c.三轴搅拌桩机及水泥罐安装、拆卸时，起重作业前应检查地基承载力是否满足，支腿有无垫板，且需配备专人佩戴对讲机进行指挥，遵循“十不吊”原则。

d.机械设备维修时，维修人员登高需检查有无高处作业证件，登高作业应全程佩戴五点式安全带，作业前应向管理人员报备申请，作业时管理人员旁站监督。

e.H型钢堆放场地应平整、坚实，当场地允许时尽量采用单层叠放，受场地限制时可采用叠层堆放，叠层高度不得超过2m。

f.H型钢起吊下放前，需在型钢顶端开一个中心圆孔，孔径约6cm，装好吊具和固定钩后，采用钢丝绳套孔（同一孔套入一根1.2m长绳作为受力绳断后保险）或副钩挂钢丝绳圈住型钢（圈住型钢位置距离桩顶需大于总桩长1/8）做保险措施。

g.H型钢起吊拔除前，将两个千斤顶对准型钢平稳地安放在冠梁上，要拔除的型钢的两边用起重机将H型钢起拔架吊起，冲头部分‘哈夫’圆孔对准插入H型钢上部的圆孔并将销子插入，销子两端用开口销固定以防销子滑落，然后插入起拔架与H型钢翼羽之间的锤型钢板夹住H型钢。开启高压油泵，两个千斤顶同时向上顶住起拔架的横梁部分进行起拔，待千斤顶行程到位时，敲松锤型钢板，起拔架随千斤顶缓缓放下至原位。待第二次起拔时，起重机需用钢丝绳穿入H型钢上部的圆孔吊住H型钢，并采用钢丝绳套孔（同一孔套入一根1.2m长绳作为受力绳断后保险）或副钩挂钢丝绳圈住型钢（圈住型钢位置距离桩顶须大于总桩长1/8）做保险措施。

②灌注桩。

a.旋挖钻机及插板机作业或移机前应检查地基承载力是否满足，地质较软路段需进行砖渣或碎石换填处理，若场地不平整，需用挖机整平场地后方可移机。

b.灌注桩护筒下放过程中，履带式起重机配合着插板机，在护筒顶部两端的孔口用钢丝绳套着吊在起重机上，再另外配一根长一点的钢丝绳挂在起重机上，当两条钢丝绳意外断裂时，还有一根钢丝绳起到防护，防止护筒倾倒对人和物造成伤害。

c.泥浆池应设置围蔽并在显眼位置悬挂警示标牌，避免人员误坠泥浆池。

d.钢筋笼堆放场地应平整、坚实，堆存时，必须要有可靠的防滚、防滑措施，当场地允许时尽量采用单层叠放，受场地限制时可采用叠层堆放，叠层高度不得超过2层。

e.钢筋笼吊装时起吊点宜设在加强筋部位，采用大小勾双点起吊。

③冠梁。

支护桩桩头凿除时，施工人员应佩戴好护目镜，避免物体溅射入眼。

④基坑支护与开挖。

a.已开挖完成工作面设置临边防护，至少设置两道横杆，上横杆距地面间距1.2m，下横杆间距小于或等于60cm，立杆间距小于或等于2m。

b.上下爬梯需设置转角平台，爬梯牢固不晃动；管廊施工作业范围设置横向人行通道间距小于或等于25m，每个工作面至少设置一套安全通道（梯笼）。

c.基坑周边20m场地范围内地面荷载不得大于20kPa，且基坑2m范围内不得有任何荷载，软土地区基坑周边3倍基坑深度范围内严禁堆土。

d.检查基坑周边有无地面下陷或开裂情况，基坑周边长期积水需及时排走。

e.在支护桩上焊接设置吊耳，高程控制在每道腰梁顶面以上1.2m左右处，设置钢丝绳连通吊耳作为生命线。当支撑安装或拆卸操作人员临边作业时，穿戴安全带，将保险扣扣在生命线上，防止意外坠落。

f.基坑开挖过程中，截桩长度不大于2m。

g.吊装大型构件时采用双点起吊，零散构件采用吊篮起吊，基坑边安排专人指挥吊装，吊装时禁止交叉作业。

⑤管廊主体。

a.钢筋绑扎或模板安装多人（3人及以上）高空作业必须搭设规范作业平台，经项目安监部门验收合格才能使用。

b.吊装大型构件时采用双点起吊，零散构件采用吊篮起吊，基坑边安排专人指挥吊装，吊装时禁止交叉作业。

c.用电器接电满足“一机一闸一漏”，采用角钢、钢管或圆钢接地，电箱检查表正常填写。确保电缆线完好无损，严禁拖地及泡水，需采用绝缘架空挂设。

d.支架使用前检查支架材料满足图纸及规范要求，无变形损坏情况，支架立杆、横杆型号及布置间距满足符合图纸要求。顶托及底部支撑需稳固且无脱空情况，钢管卡扣锁紧牢固。

e.采用标准护栏、标准通道等标准安全设施，设置基坑安全通道、临边防护及洞口防坠网，避免高空坠落事故发生。

f.针对危大工程有限空间作业管理，每日落实两把锁制度，人员出入口使用标准护栏及铁丝网封闭并安装门；严格遵守有限空间“七不准”原则；作业前需进行气体检测，作业过程中保持通风，有效减少安全隐患的产生，保障有限空间内作业人员人身安全。

6.7.2 实施过程遇到的问题及解决措施、改进计划

1)管廊地基处理

(1)坑内土加固。

问题一:袋装水泥露天存放易受潮且易淋雨,水泥结块影响水泥浆拌和均匀性,并造成材料浪费。

解决措施及后续改进计划:现场设立水泥罐,改用散装水泥,水泥进场后抽样送检。

问题二:水泥浆采用人工拌和,水灰比控制不精准,影响成桩质量。

解决措施及后续改进计划:改用全自动搅拌机拌和水泥浆,精准控制水与水泥掺量,保证水灰比符合设计要求。

(2)管桩。

问题一:管桩施工时,地质与设计不符,地层变化大,未能控制好配桩长度,导致截桩长度过长,浪费材料,且影响开挖效率。

解决措施及后续改进计划:提前抽芯取样,根据实际土层分布计算设计桩长,根据计算桩长配桩。

问题二:管桩桩头易渗水,影响主体底板防水施工。

解决措施及后续改进计划:①管桩插打时,应检查桩尖焊缝质量,确保桩尖与管桩焊缝饱满,无漏点。②管桩桩芯浇筑前,应将桩芯混凝土浇筑深度范围内泥土、杂物及积水清理干净,浇筑时宜采用细石微膨胀混凝土,并使用振捣棒将混凝土振捣密实,浇筑完成后,应对混凝土顶面进行收面处理。

2)管廊深基坑支护施工

(1)工法桩。

问题一:当型钢下放垂直度或平面位置出现误差时,易造成腰梁与型钢间存在缝隙。

解决措施及后续改进计划:①在型钢下放过程中,采用导向架定位型钢,并随时用吊锤与数显水平尺检查型钢垂直度,确保型钢下放垂直度与平面位置无误。②当腰梁与型钢间存在缝隙时,使用HN300×200型钢切割完整截面焊接于型钢与腰梁间隙中作为承载点,HN300×200型钢补焊位置应尽量与牛腿位置保持相同,以保证受力均匀。

(2)灌注桩。

问题一:灌注桩护筒施打过程只有振动锤咬合着护筒,当振动锤液压系统突然故障时,易造成护筒坠落,存在极大安全隐患。

解决措施及后续改进计划:在护筒下放过程中,履带式起重机配合着插板机,在护筒顶部两端的孔口,用钢丝绳套着吊在起重机上,再另外配一根长一点的钢丝绳挂在起重机上,当那两条钢丝绳意外断裂时,还有一根钢丝绳起到防护,防止护筒倾倒对人和物造成伤害。

问题二:混凝土灌注过程中存在下料困难或发生堵管现象。

解决措施及后续改进计划:①每车混凝土都进行质量检查,不合格混凝土严禁入孔,在

小料斗上安置过滤筛，防止大块集料或异物进入导管。②严格控制好混凝土的配合比，保证混凝土出场的坍落度在设计要求范围内。③严格控制好混凝土的灌注时间，根据现场混凝土灌注速度，计算好相邻的料车发料间隔时间，既要保证下料的连贯，也不能让混凝土到场后等待太久。④如果混凝土到场后比较干可加入适量的减水剂后让混凝土搅拌运输车充分搅拌，但不能往混凝土中随便加水，这样容易使混凝土的强度下降，更加影响混凝土的质量。⑤使用合格的软质隔水塞（如球胆、篮球），直径比导管内径小1~2cm，发生堵管时，可在孔口振动导管，若还不能解决，只能拔出导管，经采取有效措施后重新下入，进行二次初灌。

问题三：旋挖钻机显示挖到设计孔深，但经常会因为沉渣厚度太大，导致钢筋笼无法下放至设计深度。

解决措施及后续改进计划：①成孔后，先进行二次清孔再撤离钻机。②成孔后用测绳伸放到孔底，检测终孔深度是否和旋挖钻机显示挖的深度一样。如果没有，需要旋挖钻机再继续挖到该深度，然后再用测绳测量，直到挖到该设计终孔深度。③钢筋笼吊放时，使钢筋笼的中心与桩中心保持一致，避免碰撞孔壁，导致护筒壁上残渣脱落。④加快对接钢筋笼速度，减少空孔时间。

问题四：现场地质软弱，淤泥层较厚，已发生缩径、偏径或塌孔的现象。

解决措施及后续改进计划：①成孔后，待灌时间一般不应大于3h，并控制混凝土的灌注时间，在保证施工质量的情况下，尽量缩短灌注时间。②适当控制同时钻进的相邻钻孔间距，最小间距不小于5倍桩径。③严格控制旋挖钻机机手的操作，尽量保持匀速向下进行切土，防止施工过程对土层扰动过大。④制作探笼，在成孔后先下放探笼检测成孔深度，确认无误后，再下放钢筋笼。⑤严格控制循环泥浆相对密度。

问题五：灌注桩桩间土易流失，影响基坑安全及整体施工进度。

解决措施及后续改进计划：①在灌注桩上挂钢筋网片后进行喷浆锚固处理。②后续做好施工组织，优先施工止水帷幕，待止水帷幕水泥搅拌桩达到设计强度后，再进行基坑开挖。

（3）冠梁。

问题：因冠梁宽度较大，后续管廊基坑开挖与支撑安装施工过程中，指挥人员须站在冠梁上，易发生高坠事故。

解决措施及后续改进计划：在后续冠梁混凝土浇筑前，预埋ϕ48mm的钢管，后续管廊开挖与支撑安装指挥人员可穿戴安全带，并将保险绳扣在钢管上，避免意外事故发生，且方便基坑临边防护的设置。

（4）基坑支护与开挖。

问题一：支撑安装或拆卸时，基坑较高，操作人员无保护措施。

解决措施及后续改进计划：在支护桩上焊接设置吊耳，高程控制在每道腰梁顶面以上1.2m左右处，设置钢丝绳连通吊耳作为生命线。当操作人员临边作业时，可穿戴安全带，保险扣扣在生命线上，防止意外坠落。

问题二：项目建地质较差，流塑状淤泥层较厚，管廊基坑开挖长度、静动荷载过大，导致基坑支护踢脚变形。

解决措施及后续改进计划:①首先封闭基坑边便道,减少动荷载对基坑的干扰,立即进行原状土回填,并对基坑变形一侧进行降土,利用土压力调整基坑受力。②设置精轧钢在冠梁中心位置对拉,限制基坑继续变形。③采用水泥搅拌桩、钢花管注浆等方式进行坑内土加固,增加被动土重度。④后续管廊开挖控制开挖长度,分段浇筑混凝土垫层,待垫层硬化后继续开挖。

(5)管廊主体。

问题一:混凝土模板拼接缝位置易漏浆。

解决措施及后续改进计划:①模板拼接缝外侧设置长木条固定。②模板拼接缝内侧粘贴止浆双面胶。③控制混凝土坍落度,防止混凝土料过稀。

问题二:管廊底板积水较多,影响防水施工质量。

解决措施及后续改进计划:①优先施工传力带,在传力带靠近支护一侧,设置纵向排水沟,端部设置集水井进行抽排。②混凝土洒水养护改为采用养护液养护。

问题三:管廊主体施工缝浇筑质量较差,存在蜂窝、麻面、孔洞及渗水现象。

解决措施及后续改进计划:①底板浇筑完成后利用电镐进行凿毛,需凿除新鲜石子面,并利用吹雪机清理干净。②后续墙体浇筑采用分层浇筑,过程中充分振捣。③施工缝处止水钢板需双边满焊,外侧遇水膨胀止水胶条需紧贴止水钢板布置。

问题四:管廊主体施工完成后,部分变形缝存在渗水现象。

解决措施及后续改进计划:①研究图纸及规范,认真领会相关防水材料的要求,加强对钢边止水带、橡胶止水带、聚乙烯发泡填缝板及外侧防水卷材等材料的原材验收及安装质量控制。②加强控制管廊混凝土自防水质量,严格控制混凝土浇筑坍落度,浇筑过程中派专人旁站监督,保证混凝土浇筑振捣质量。③混凝土浇筑时,利用磨光机进行二次收面,减少混凝土表面收缩裂纹。

问题五:管廊顶板防水保护层施工边缘厚度控制困难,阳角部分防水卷材外露易被破坏,且参差不齐影响美观。

解决措施及后续改进计划:利用支护桩焊接钢筋作为支撑,安装木模板控制保护层厚度及外观。

问题六:管廊拆模之后存在较多细小裂缝。

解决措施及后续改进计划:①利用磨光机进行二次收面,减少混凝土表面收缩裂纹。②延迟拆模,拆模前对混凝土强度进行检测,达到设计强度的80%以上方可拆除支架模板。③采用喷雾机对管廊内侧墙体进行养护。

问题七:管廊施工完成后,管廊过渡加密段水泥搅拌桩工作面受限;后期需待回填完成后进行水泥搅拌桩施工,机械进退次数增多,施工周期长,影响后续施工进度。

解决措施及后续改进计划:调整施工顺序,优先施工管廊过渡加密水泥搅拌桩,继而进行管廊支护及主体施工。

6.7.3 施工管理中的亮点和可推广的方面

1)质量控制方面

(1)管廊主体施工过程控制。

为提高管廊主体浇筑质量与外观,现场采用拉线并焊接定位钢筋的方式控制底板模板线型;画线调直侧墙模板底托,施工缝处用双面胶进行密封处理,避免漏浆。浇筑前采用土工布覆盖模板外侧,避免模板被混凝土污染;管廊顶板浇筑混凝土初凝后,利用磨光机进行二次收面,防止混凝土表面产生收缩裂纹,影响质量观感,并为后续防水提供优质工作面,详见图6.7-108~图6.7-111。

图6.7-108 画线调直、双面胶密封

图6.7-109 模板拼接缝处理

图6.7-110 模板保护

图6.7-111 顶板二次收面

(2)管廊现浇结构示范区。

按照等比浇筑管廊模型,模拟管廊施工步骤,指导管廊实体施工。管廊结构样板见图6.7-112。管廊现浇结构示范区有助于项目管理人员与施工班组更好地掌握施工工艺流程与质量控制细节,在后续实体施工过程中能够严格地控制把关,高标准地完成项目建设。

2)可推广方面

(1)质量控制方面。

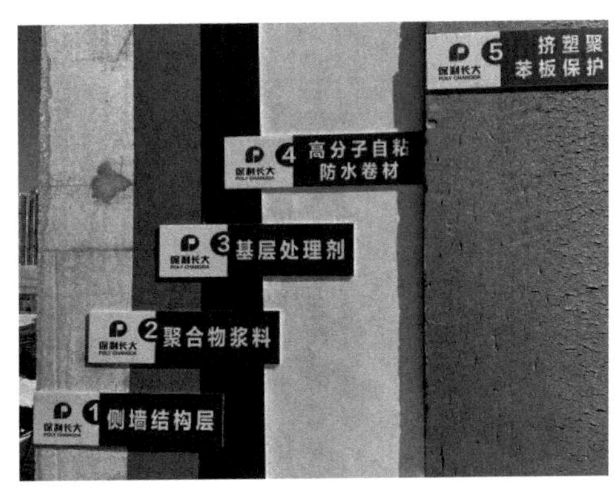

图6.7-112　管廊结构样板

①编制施工检查验收表。

编制管廊基坑支护验收表、管廊主体各工序施工三检表、管廊施工标准工艺及管廊质量控制清单等，施工过程中对照相关内容进行严格把控，确保施工质量，详见图6.7-113~图6.7-115。

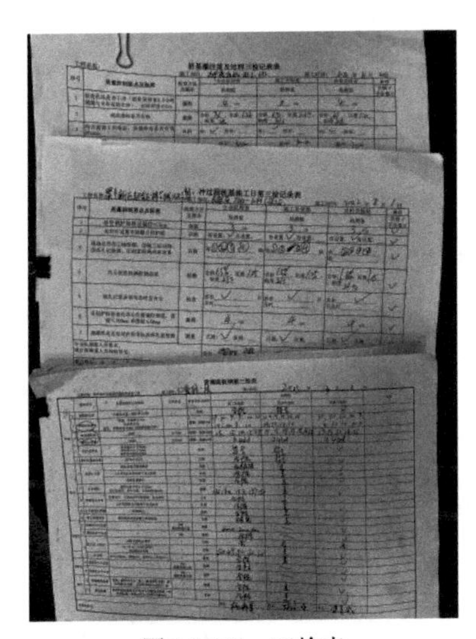

图6.7-113　三检表

综合管廊主体施工标准工艺

序号	工序	[illegible]	[illegible]	验收标准及注意事项
1	基坑开挖	1、分段、分层、对称、平衡开挖 2、[illegible] 3、基坑周边荷载控制	[illegible]	[illegible]
	支撑安装	1、测量定位 2、牛腿固定 3、腰梁架设 4、支撑安装 5、支撑拆除	[illegible]	[illegible]
2	管桩承台施工	1、管桩处理 2、垫层浇筑 3、传力带浇筑	[illegible]	[illegible]
			[illegible]	

图6.7-114　标准工艺

②现场观摩学习。

举办项目内部对标观摩会，各工区项目管理人员与班组长到管廊示范节段交叉验收及学习，通过各工区间的相互交流、观摩学习，取长补短，有效提升项目综合管廊主体建设的整体施工效率及质量，见图6.7-116。

③工艺讨论会。

邀请行业专家、施工班组一同开展管廊各工序施工工艺及施工质量安全控制讨论会，见图6.7-117。针对各工序具体施工内容，分析存在的问题，总结优质施工工艺，保障现场施工安全，提高后续施工质量，加快生产进度。

序号	检查工序	质量控制要点及标准
1	管桩处理	1. 截桩高程为基坑底往上30cm，高程误差≤50cm，确保垫层施工完后外露不少于10cm。 2. 管桩桩顶上2m桩芯范围内杂物、积水清理干净再安装钢筋和浇筑桩芯。 3. 桩芯浇筑振捣密实并收面平整
2	防水	1. 变形缝、阴阳角位置设置加强层，加强层宽度应满足(≥缝宽+500mm)。 2. 相邻防水卷材搭接宽度≥80cm，预留侧墙搭接边≥550mm，预留下节段搭接边500mm，卷材间贴合紧密。 3. 钢边止水带"V"形设置，止水带表面完整干净无浮浆，止水带必须热熔密封闭合。 4. 止水钢板居中布置，搭接长度≥15cm，搭接边满焊，迎水面设置遇水膨胀止水胶条。止水钢板需布置到伸缩缝端部，与伸缩缝中埋式止水带重叠
3	钢筋	1. 钢筋骨架定位准确，与图纸间距要求偏差≤1cm。 2. 钢筋绑扎小梅花布置、绑扎率≥50%。 3. 焊接长度：单面焊≥10d，双面焊≥5d，搭接长度≥46d(50%接头错开率，d为钢筋直径)。 4. 预埋件安装妥当，高程、中心轴线偏差≤5mm。 5. 传力杆间距50cm，钢管底部留间隙10cm，管内填满牛油，焊接定位时避免焊穿钢管
4	模板	1. 模板需采用黑色高品质模板，变形破旧的模板不允许使用。 2. 模板定位准确，线型顺直无错台，模板拼缝处及施工缝处封堵密实。 3. 拆除侧模需等强混凝土强度≥50%，顶板模板及支架需混凝土强度≥75%才可拆除。拆除模板严禁暴力拆模破坏混凝土结构
5	混凝土浇筑	1. 施工缝处用电镐凿毛处理，凿毛效果需满足露出新石子，浇筑前清理干净并湿润。 2. 振捣布置均匀，振捣棒快插慢拔，中埋止水带下部需插入振捣，重点振捣施工缝止水钢板两侧及伸缩缝止水带及传力杆等预埋件部位。 3. 底板浇筑时，检查倒角密实程度，控制底板吊模浇筑间隔时间，一般不超过3h，气温低时可适当延长。 4. 初凝及拆模后及时喷涂养护液养护
6	基坑回填	分层、对称均匀压实，终压实厚度≤20cm

序号	检查项	安全控制要点及标准
1	基坑	1. 临边防护：已开挖完成工作面设置临边防护，至少设置两道横杆，上横杆距地面间距1.2m，下横杆间距≤60cm，立杆间距≤2m。 2. 施工通道：上下爬梯需设置转角平台，爬梯牢固不晃动；管廊施工作业范围设置横向人行通道间距≤25m，每个工作面至少设置一套安全通道(梯笼)。 3. 基坑边荷载限制：基坑周边20m场地范围内地面荷载不得大于20kPa，且基坑2m范围内不得有任何荷载，软土地区基坑周边3倍基坑深度范围内严禁堆土。 4. 基坑周边环境：有无地面下陷或开裂情况，基坑周边长期积水需及时排走
2	基坑支护	1. 结构安全：支护桩、对撑、腰梁及冠梁无明显变形开裂。 2. 安全保险设施：对撑保险绳、腰梁生命线正常有效。 3. 使用安全：腰梁及支撑禁止堆放材料、及时清理杂物
3	模板支架	1. 支架材料检查：使用前检查支架材料满足图纸及规范要求，无变形损坏情况。 2. 支架布置检查：支架立杆、横杆型号及布置间距满足符合图纸要求。 3. 支撑受力检查：顶托及底部支撑稳固且无脱空情况，钢管卡扣锁紧牢固
4	临时用电	1. 用电检查：用电器接电满足"一机一闸一漏"。 2. 电箱检查：采用角钢、钢管或圆钢接地，电箱检查表正常填写。 3. 电缆线检查：完好无损，严禁拖地及泡水，需采用绝缘架空挂设
5	高空作业	1. 个人防护：超过2m高空作业必须佩戴安全绳，高挂低用。 2. 作业平台：多人(3人及以上)高空作业必须搭设规范作业平台，经项目安监部门验收合格才能使用
6	起重吊装	1. 吊具检查：吊装前检查吊绳、吊具是否匹配起重设备额定重量；制动器、安全装置及吊钩防松装置是否完善，吊绳是否存在断丝、磨损及变形现象。 2. 吊装设备检查：检查地基承载力是否满足要求，支腿有无完全伸展，支垫是否平稳。 3. 吊装作业行为：禁止交叉作业，吊装范围下不得站人；大件物双点起吊，小件物吊篮起吊

图6.7-115　质量、安全控制清单

④首件总结会。

通过实施首件工程，总结分析，完善施工工艺与技术方案。规范施工管理行为，及时收集施工记录，理顺施工管理流程，确保施工方案得到严格执行，各项质量安全控制措施落实到位，见图6.7-118。

图6.7-116 现场观摩学习管廊标准段、复杂节点舱等示范段

图6.7-117 施工工艺、质量安全专题讨论会

⑤内外部工序验收。

工区项目现场管理人员根据相关检查表内容指导现场施工，并针对施工过程中存在的问题进行自查自纠后，在项目内部进行报检。质检部联合工程技术部进行现场验收，见图6.7-119。项目内部验收合格后，各分项工序首件组织五方验收，后续组织监理联合验收，严格把控施工过程质量，见图6.7-120。

图6.7-118　科学城项目管廊首件总结会

图6.7-119　项目内部工序验收

图6.7-120　外部单位工序验收

(2)安全管理方面。

①标准化安全设施。

为确保项目危大工程管廊基坑施工安全,项目采用标准护栏、标准通道等标准安全设施,设置基坑安全通道、临边防护及洞口防坠网,减少基坑施工安全隐患,详见图6.7-121~图6.7-124。

图6.7-121　标准化通道

图6.7-122　基坑上下扶梯

图6.7-123　临边防护

图6.7-124　洞口防坠网

针对危大工程有限空间作业管理，项目每日落实两把锁制度，人员出入口使用标准护栏及铁丝网封闭并安装门；严格执行作业前气体检测、作业过程中保持通风等安全措施，有效减少安全隐患，保障有限空间内作业人员人身安全，见图6.7-125~图6.7-128。

图6.7-125　标准安全通道

图6.7-126　有限空间两把锁

②危险源动态辨识。

组织危险源动态辨识讨论会，见图6.7-129，对管廊每道施工工艺步骤性质加以判断，对可能存在的安全隐患进行讨论分析，制定具体针对措施，对可能造成的危害、影响进行提前预防，提高全员安全意识，以确保生产的安全、稳定。

图6.7-127　管廊通风设施

图6.7-128　管廊气体检测

图6.7-129　危险源动态辨识讨论会

③基坑监测数据分析。

通过监测可获得基坑的支撑轴力、支护结构桩顶水平位移和沉降、支护结构变形、地表沉降、地下水等参数，并结合周边建筑物沉降、倾斜、裂缝情况进行基坑安全性分析，见图6.7-130。明确工程施工对原始地层的影响程度及可能产生失稳的薄弱环节，掌握支护体系的受力和变形状态，并对其安全稳定性进行评价；通过现场监测信息反馈和施工中的地质调查，及时调整支护参数和采取相应的工程措施，优化施工工艺，达到工程优质、安全施工、经济合理、施工快捷的目的。

④应急演练。

项目部组织各部门及队伍针对管廊施工危险源开展高处坠落（图6.7-131）、防汛（图6.7-132）、有限空间逃生（图6.7-133）等应急救援演练（图6.7-134），提高项目管理人员及工班应对突发事件风险意识，从直观上、感性上真正认识突发事件，提高对突发事件风险源的警惕性，锻炼对紧急事件的处理能力，增强应急意识，掌握应急知识和处置技能，提高自救、互救能力，一旦临灾能够迅速有序组织群众安全撤离，最大限度减少损失，维护全项目生命财产安全。

（六）监测情况说明

基坑周边环境监测							
监测项目		变形最大位置（点号）	累计变形值（mm）	本次变形值（mm）	变形速率（mm/d）	控制值	是否预警
地表沉降	累计最大	RAL-DBC-GL177	-12.17	0.07	0.023	50mm	否
	本次最大	RAL-DBC-GL26	-7.85	-0.52	-0.173	4mm/d	否
地下水位	累计最大	RAL-DSW-GL17	-136	-19	-6	1000m	否
	本次最大	RAL-DSW-GL17	-136	-19	-6	500mm/d	否
深层水平位移	累计最大	ZQT62(4.5m)	20.88	0.55	0.18	80mm	否
	本次最大	ZQT51(4.5m)	-19.45	-0.6	-0.2	4mm/d	否
基坑围护结构监测							
监测项目		变形最大位置（点号）	累计变形值（mm）	本次变形值（mm）	变形速率（mm/d）	控制值	是否预警
桩顶水平位移	累计最大	RAL-ZQS-GL112	11.80	-0.20	-0.07	45mm	否
	本次最大	RAL-ZQS-GL71	-4.40	1.70	0.57	5mm/d	否
桩顶竖向位移	累计最大	RAL-ZQC-GL116	-22.89	-0.57	-0.190	30mm	否
	本次最大	RAL-ZQC-GL115	-15.63	-1.60	-0.533	4mm/d	否
基坑底部隆起回弹	累计最大	RAL-RHC-GL25	-16.05	-0.60	-0.200	45mm	否
	本次最大	RAL-RHC-GL48	-13.62	-0.94	-0.313	5mm/d	否
监测项目		测点编号	累计变化值（kN）	本次变化值（kN）	变化速率	控制值（kN）	是否预警
钢支撑轴力	累计最大	RAL-GLC-GL08-1	773.16	-12.31	—	4650	否
	本次最大	RAL-GLC-GL09-1	651.70	19.87	—	RAL-R	否

（六）监测情况说明

基坑围护结构监测							
监测项目		测点编号	累计变形值（mm）	本次变形值（mm）	变形速率（mm/d）	控制值	是否预警
桩顶水平位移	累计最大	QHL-ZQS-GL11	-34.50	1.30	0.65	45mm	否
	本次最大	QHL-ZQS-GL26	-19.10	-3.80	-1.90	5mm/d	否
桩顶竖向位移	累计最大	QHL-ZQC-GL01	-22.92	-1.68	-0.840	30mm	否
	本次最大	QHL-ZQC-GL29	4.09	-2.12	-1.060	4mm/d	否
基坑底部隆起回弹	累计最大	QHL-RHC-GL13	-11.37	-2.40	-1.200	45mm	否
	本次最大	QHL-RHC-GL13	-11.37	-2.40	-1.200	5mm/d	否
监测项目		测点编号	累计变化值（kN）	本次变化值（kN）	变化速率	控制值（kN）	是否预警
钢支撑轴力	累计最大	QHL-GLC-GL27-2	1404.88	30.16	—	4650	否
	本次最大	QHL-GLC-GL23-1	392.91	40.51	—	—	否
基坑周边环境监测							
监测项目		测点编号	累计变形值（mm）	本次变形值（mm）	变形速率（mm/d）	控制值	是否预警
地下水位	累计最大	QHL-DSW-GL66	684	41	21	1000m	否
	本次最大	QHL-DSW-GL59	-532	-50	-25	500mm	否
监测项目		测点编号（变形最大位置）	累计变形值（mm）	本次变形值（mm）	变形速率（mm/d）	控制值	是否预警
深层水平位移	累计最大	ZQT07(1.5m)	-53.86	-0.37	-0.05	80mm	否
	本次最大	ZQT17(0.5m)	-23.03	-3.17	-1.58	4mm/d	否

图6.7-130 管廊基坑监测数据分析

图6.7-131 高处坠落应急演练

图6.7-132 防汛逃生应急演练

图6.7-133 有限空间逃生应急演练

图6.7-134 应急救援演练

参考文献

[1] 住房和城乡建设部.城市综合管廊工程技术规范:GB 50838—2015[S].北京:中国计划出版社,2015.

[2] RIERA P,PASQUAL J.The importance of urban underground land value in project evaluation: a case study of Barcelona's utility tunnel[J].Tunnelling and underground space technology, 1992,7(3):243-250.

[3] CANO-HURTADO J J,CANTO-PERELLO J. Sustainable development of urban underground space for utilities[J].Tunnelling and underground space technology,1999,14(3):335-340.

[4] MADRYAS C. Forensic investigations of buried utilities failures in Poland[J].Tunnelling and underground space technology,2008,23(2):199-205.

[5] 田强,薛国州,田建波,等.城市地下综合管廊经济效益研究[J].地下空间与工程学报,2015(S2):373-377.

[6] 舒雪清.2022年中国地下综合管廊行业建设情况:市场供需及发展趋势分析[EB/OL].(2022-09-09)[引用日期].https://baijiahao.baidu.com/s?id=1743470447482401987.

[7] 财政部.法国大巴黎地区地下综合管廊建设与管理对宁夏回族自治区的启示[EB/OL].(2017-03-16)[引用日期].http://mof.gov.cn/.

[8] 易竞豪.城市更新改造之地下综合管廊建设——基于德国的经验借鉴[J].工程经济,2020,30(4):77-80.

[9] 梁宁慧,兰菲,庄炀,等.城市地下综合管廊建设现状与存在问题[J].地下空间与工程学报,2020,16(6):1622-1635.

[10] 张竹村.国内外城市地下综合管廊管理与发展研究[J].收藏,2018(24):42-52,59.

[11] CANTO-PERELLO J,CURIEL-ESPARZA J,CALVO V. Analysing utility tunnels and highway networks coordination dilemma[J].Tunnelling and Underground space technology,2009,24(2):185-189.

[12] VALDENEBRO J V,GIMENA F N. Urban utility tunnels as a long-term solution for the sustainable revitalization of historic centres:The case study of Pamplona-Spain[J].Tunnelling and underground space technology,2018,81:228-236.

[13] 朱思诚.探访东京港的地下综合管廊[J].现代城市研究,2005,20(2):112-114.

[14] 王长祥,屈凯,李云甄,等.国外综合管廊建设概览[J].特种结构,2019,36(4):49-57.

[15] 孙宏阳.王府井地下综合管廊主体完工大兴机场高速综合管廊延伸进城京城将再添多条"地下生命线"[EB/OL].(2023-01-13)[2024-01-20].北京市人民政府门户网站.https://

www.beijing.gov.cn/.
[16] 杨先华.广州亚运城综合管廊结构设计综述[J].市政技术,2012,30(5):71-73.
[17] 雷洪犇.超大城市综合管廊专项规划编制方法探索——以广州市综合管廊专项规划为例[J].给水排水,2018,54(4):119-124.
[18] 王璐.我国城市地下综合管廊的发展研究[D].北京:北京交通大学,2018.
[19] 肖燃,龙袁虎.老城区复杂环境下地下综合管廊工程设计[J].工程建设标准化,2017,9:24-28.
[20] 梁宁慧,兰菲,庄炀,等.城市地下综合管廊建设现状与存在问题[J].地下空间与工程学报,2020,16(6):1622-1635.
[21] 冷雪琪.城市地下综合管廊设计风险评价与防范研究[D].重庆:重庆大学,2020.
[22] 荆伟,张林林,杨超,等.综合管廊日常运维成本分摊模型研究[J].建筑经济,2019,40(4):82-86.
[23] 吴淑平.城市地下综合管廊规划及设计研究[J].智能建筑与智慧城市,2020,4:121-122.
[24] 刘长隆,马衍东,逄震,等.浅谈城市地下综合管廊运维管理[J].城市勘测,2018(S1):176-179.
[25] 深圳市城市规划设计研究院.城市地下综合管廊工程规划与管理[M].北京:中国建筑工业出版社,2016.
[26] 陈锦根.城市综合管廊专项规划编制重点问题探讨[J].城市道桥与防洪,2019,10:196-198,24-25.
[27] 周臻,吴文博,李晓昭.基于GIS的苏州城市地下空间开发综合价值评价[J].中国水运(下半月),2013,13(12):86-88,25.
[28] 赵金先,毛宁,王枫,等.基于DEMATEL-ISM的城市综合管廊建设影响因素[J].土木工程与管理学报,2023,40(3):8-16.
[29] 王冲.综合管廊与道路协同建设管理问题研究[J].市政技术,2022,40(2):64-67,90.
[30] 张建军,杨琴.集约型地下综合空间一体化设计实践——以西安西咸新区能源金贸区地下综合空间为例[J].隧道建设(中英文),2021,41(9):1538-1546.
[31] 朱安邦.新型缆线管廊规划与设计要点探讨与思考[J].市政技术,2022,40(8):146-152.
[32] 张翼.城市地下综合管廊的设计研究[J].工程技术研究,2019,4(8):171-172.
[33] 尹希.城市综合管廊标准段及其节点的设计要点探讨[J].南方能源建设,2020,4(3):80-84.
[34] 刘文,袁红.综合管廊与地下空间一体化建筑设计模式研究[J].地下空间与工程学报,2021,17(5):1362-1375.
[35] 崔琳琳.城市地下综合管廊断面设计研究[J].四川水泥,2018,4:86.
[36] 任子华,李林.城市地下综合管廊结构设计与施工解析[J].中国建筑金属结构,2022,(2):30-31.
[37] 汪一品.城市综合管廊设计要点探讨[J].江西建材,2023,11:140-142.
[38] 范翔.城市综合管廊工程重要节点设计探讨[J].给水排水,2016,42(1):117-122.

[39] 程洁群.综合管廊消防设计探讨[J].武警学院学报,2014,30(8):54-56.
[40] 唐志华.城市综合管廊通风系统设计[J].暖通空调,2018,48(3):45.
[41] 方劲松.综合管廊电力设计要点分析[J].有色冶金设计与研究,2019,4:9.
[42] 张浩.智慧综合管廊监控与报警系统设计思路研究[J].现代建筑电气,2017,4:17.
[43] 李颜艳.PHC管桩机理分析及施工工艺[J].山西建筑,2010,36(17):124-125.
[44] 刘凯杰.地下综合管廊侧穿既有桥梁明挖法施工技术[J].工程机械与维修,2020,1:98-99.
[45] 陈亮.综合管廊基坑开挖支护技术分析[J].四川水泥,2023,8:125-127.
[46] 何昌杰,陈绪林,彭亿洲,等.预制装配式混凝土综合管廊施工工艺[J].建筑施工,2020,42(5):796-800.
[47] LIU H, ZHAO D, LI G, et al. Review on operation management mode of urban underground utility tunnel[C]//2018 International Symposium on Humanities and Social Sciences, Management and Education Engineering (HSSMEE 2018). Atlantis Press, 2018: 192-195.
[48] 丁晓敏,张季超,庞永师,等.广州大学城共同沟建设与管理探讨[J].地下空间与工程学报,2010,6(S1):1385-1389.
[49] 郑立宁, 王建, 罗春燕, 等. 城市综合管廊运营管理系统构建[J]. 建筑经济, 2016, 37(10): 92-98.
[50] 孙萍, 薛涛. 城市地下综合管廊 PPP 建设模式分析[J]. 金陵科技学院学报, 2016, 32(4): 46-49.
[51] 周果林, 胡伟, 熊剑. 基于 BIM+ GIS 的城市地下综合管廊运维管理平台架构研究与应用[J]. 智能建筑与智慧城市, 2018,1: 64-68.
[52] 台启民, 史金栋, 曹蕊, 等. 综合管廊智慧运维管理系统的研究及应用[J]. 工程建设标准化, 2018,5: 14-20.
[53] 马震,陈彭,王家松,等.中国工程地质评价现状分析[J].科学技术与工程,2021,21,14:5621-5629.
[54] 任子华,李林.城市地下综合管廊结构设计与施工解析[J].中国建筑金属结构,2022,2:30-31.
[55] 陈亮.综合管廊基坑开挖支护技术分析[J].四川水泥,2023,8:125-127.
[56] 叶凌志.基于SMW工法的基坑支护方案在软土地基的应用[J].建筑安全,2023,38(1):14-19.
[57] 陈伟.地下综合管廊基坑变形监测方法研究[J].中国住宅设施,2022,3:10-12.
[58] 李鹏飞. 市政管廊施工中的质量管理要点[J]. 工程技术研究, 2021,14:184-185.
[59] 王满盈,肖国军.地下综合管廊结构工程防水措施[J].技术与市场,2022,29(3):138,140.
[60] 任清波,刘春萍,王健.综合管廊施工控制及重难点分析[J].智能建筑与智慧城市,2020,4:123-124.